Schummelseite

EINE ASTRONOMISCHE CHRONIK

2000 v. Chr. Einer Legende zufolge wurden zwei chinesische Astronomen hingerichtet, weil sie eine Sonnenfinsternis nicht vorhersagten und betrunken waren, während sie stattfand.

129 v. Chr. Hipparch vollendet den ersten Sternkatalog.

150 n. Chr. Ptolemäus veröffentlicht die Theorie des geozentrischen Universums.

970 al-Sufi erstellt einen über 1.000 Sterne umfassenden Katalog.

1420 Ulugh-Beg, der Prinz von Turkestan, errichtet ein großes Observatorium und fertigt Stern- und Planetendaten enthaltende Tabellen an.

1543 Während Kopernikus im Sterben liegt, wird seine Theorie des heliozentrischen Systems veröffentlicht, nach der die Sonne von den Planeten umkreist wird.

1609 Galileo entdeckt mithilfe des Teleskops Krater auf dem Erdmond, Monde des Jupiters, die Sonnenrotation und unzählige Sterne in der Milchstraße.

1666 Isaac Newton beginnt, an seiner universalen Gravitationstheorie zu arbeiten.

1705 Edmond Halley sagt die Wiederkehr eines großen Kometen im Jahr 1758 voraus.

1758 Der Farmer und Amateurastronom Johann Palitzch entdeckt Weihnachten die Wiederkehr des Halleyschen Kometen.

1781 Wilhelm Herschel entdeckt Uranus.

1791 Benjamin Banneker, der erste afroamerikanische Wissenschaftler, beginnt die Sternbeobachtungen, die für die geografische Durchmusterung zur Bestimmung der zukünftigen Hauptstadt der Vereinigten Staaten, Washington, D.C., erforderlich waren.

1833 Tausende von Menschen werden in der Nacht vom 12. zum 13. November Zeugen eines enormen Meteorschauers über Nordamerika.

1842 Christian Doppler entdeckt das Prinzip, auf dem die Frequenz und Wellenlängenverschiebung einer sich relativ zum Beobachter bewegenden Quelle basiert.

1846 Johann Galle entdeckt Neptun.

1910 Die Erde durchquert den Schweif des Halleyschen Kometen.

1916 Albert Einstein schlägt die Allgemeine Relativitätstheorie vor, die die Natur der Gravitation und die Ablenkung des an der Sonne vorbeiziehenden Lichts erklärt und die letztendlich die Existenz Schwarzer Löcher und die Raum-Zeit-Verzerrung in der Nähe massereicher, rotierender Objekte vorhersagt.

1923 Edwin Hubble beweist die Existenz von Galaxien jenseits der Milchstraße.

1930 Clyde Tombaugh entdeckt Pluto.

Schummelseite

1931 Karl Jansky empfängt Radiowellen aus dem All.

1939 Hans Bethe erklärt die Energiequelle der Sonne und anderer Sterne.

1940 Grote Reber kündigt die erste mit einem Radioteleskop vorgenommene Himmelsdurchmusterung an.

1957 Geoffrey Burbidge, E. Margaret Burbidge, William Fowler und Fred Hoyle erklären, wie die Elemente im Inneren der Sterne erzeugt werden.

1963 Maarten Schmidt entdeckt, dass Quasare immens weit von der Milchstraße entfernt gelegen und dementsprechend heller als die meisten anderen Objekte im Universum sind.

1996–1998 Reinhard Genzel (Deutschland) und Andrea Ghez (USA) und ihre Mitarbeiter finden überzeugende Beweise für ein supermassereiches Schwarzes Loch im Zentrum der Milchstraße.

2003–2004 Das Hubble-Weltraumteleskop macht wiederholt Aufnahmen von einer Himmelsregion, die zusammen das Hubble Ultra Deep Field (HUDF) ergeben – das tiefste Bild, das bis zu diesem Zeitpunkt vom Universum gemacht wurde.

Schummelseite

DAS WELTRAUMZEITALTER

1957 Die Sowjetunion startet Sputnik 1, den ersten künstlichen Erdsatelliten.

1958 James Van Allen entdeckt mithilfe des ersten US-amerikanischen Satelliten die Strahlungsgürtel der Erde und damit die Magnetosphäre.

1960 Frank Drake beginnt am National Radio Astronomy Observatory in Green Bank, West Virginia, die Suche nach außerirdischem Leben.

1961 Yuri Gagarin unternimmt den ersten bemannten Flug ins All.

1963 Valentina Tereschkova ist die erste Frau im Weltall.

1967 Jocelyn Bell und Anthony Hewish entdecken die Pulsare.

1969 Neil Armstrong und Buzz Aldrin spazieren auf dem Mond.

1979 Linda Morabito entdeckt auf von Voyager 1 aufgenommenen Bildern des Jupitermondes Io ausbrechende Vulkane.

1987 Ian Shelton entdeckt die erste Supernova, die seit 1604 mit dem bloßen Auge gesehen werden kann.

1990 Das Hubble-Weltraumteleskop wird gestartet.

1991 Alexander Wolszczan entdeckt Planeten um einen Pulsar, die ersten bekannten Planeten außerhalb unseres Sonnensystems.

1995 Michael Mayor und Didier Queloz entdecken 51 Pegasi B, den ersten Planeten eines gewöhnlichen Sterns jenseits unserer Sonne.

1998 Zwei Astronomenteams entdecken, dass die Expansion des Universums sich zu beschleunigen scheint. Die Ursache dafür könnte eine mysteriöse »Dunkle Energie« sein, die mit dem im Weltraum existierenden Vakuum zusammenhängt.

1999 Der Satellit Mars Global Surveyor sammelt Hinweise für die einstmalige Existenz eines riesigen Ozeans auf dem Mars.

2003 Die Mission des Satelliten Wilkinson Microwave Anisotropy Probe ergibt, dass das Universum 13,7 Milliarden Jahre alt ist.

2012 Die Kepler-Mission findet heraus, dass es vermutlich Milliarden von Planeten in der Umlaufbahn um die Sterne unserer Galaxie gibt, und der Rover Curiosity landet auf dem Mars.

Schummelseite

BERÜHMTE FRAUEN IN DER ASTRONOMIE

Caroline Herschel (1750–1848) Entdeckte acht Kometen.

Annie Jump Cannon (1863–1941) Erdachte eine grundlegende Methode zur Sternklassifikation.

Henrietta Swan Leavitt (1868–1921) Entdeckte ein Verfahren zur Bestimmung großer Abstände im All.

Sally Ride (1951-2012) Die Astrophysikerin war die erste US-amerikanische Frau im All.

Zeitgenössisch:

Jocelyn Bell Burnell Entdeckte Pulsare bei ihrer Arbeit als Doktorandin.

E. Margaret Burbidge Leistete bahnbrechende Arbeit für die Untersuchung der Galaxien und Quasare.

Wendy Freedman Ist führend auf dem Gebiet der Messung der Expansionsrate und des Alters des Universums.

Carolyn C. Porco Leitet das Imaging Science Team der Cassini-Huygens-Mission zur Erforschung von Saturn und seinen Monden und Ringen.

Nancy G. Roman Die erste Chefastronomin der NASA verfocht die Entwicklung von Teleskopen im Weltraum.

Vera C. Rubin Untersuchte die Galaxienrotation und entdeckte die Existenz Dunkler Materie.

Carolyn Shoemaker Entdeckte zahlreiche Kometen, einschließlich demjenigen, der gegen Jupiter krachte.

Jill Tarter Leiterin der umfangreichsten Suche nach außerirdischer Intelligenz, dem Phoenix-Projekt.

Astronomie für Dummies

Stephen P. Maran

Astronomie
für dummies ®

Sonderausgabe

Übersetzung aus dem Amerikanischen
von Jan Hattenbach und Oliver Fehn

WILEY-VCH GmbH

Astronomie für Dummies

Bibliografische Information der Deutschen Nationalbibliothek

Die Deutsche Nationalbibliothek verzeichnet diese Publikation
in der Deutschen Nationalbibliografie;detaillierte bibliografische
Daten sind im Internet über http://dnb.d-nb.de abrufbar.

Sonderausgabe 2025

© 2025 Wiley-VCH GmbH, Boschstraße 12, 69469 Weinheim, Germany

Coverfoto: © PaulPaladin - stock.adobe.com

Korrektur: Claudia Lötschert

Satz: Straive, Chennai, India

Druck und Bindung CPI Group (UK) Ltd, Croydon, CR0 4YY

Print ISBN: 978-3-527-72331-7

Bevollmächtigte des Herstellers gemäß EU-Produktsicherheitsverordnung ist die Wiley-VCH GmbH,
Boschstr. 12, 69469 Weinheim, Deutschland, E-Mail: Product_Safety@wiley.com.

C9783527723317_121125

Auf einen Blick

Inhaltsverzeichnis

Kapitel 12
Die Milchstraße – und darüber hinaus **255**

Kapitel 13
Schwarze Löcher und Quasare **281**

TEIL V
DER TOP-TEN TEIL

Kapitel 17
Zehn verblüffende Fakten über das Weltall und die Astronomie

Kapitel 18
Zehn verbreitete Irrtümer zum Thema Astronomie

Glossar

Stichwortverzeichnis

Einleitung

Astronomie ist das Studium des Himmels, die Wissenschaft von den kosmischen Objekten und Himmelsereignissen. Sie ist gleichsam die Erforschung der Natur des Universums, in dem wir leben. Astronomen betreiben Astronomie, indem sie Ausschau halten und (falls es sich um Radioastronomen handelt) lauschen, indem sie Teleskope in ihren Gärten aufstellen, aber auch gigantische Instrumente in Observatorien einrichten und Satelliten um die Erde kreisen lassen oder zwischen der Erde und einem anderen Himmelskörper (wie dem Mond oder einem Planeten) positionieren. Wissenschaftler senden Teleskope in Raketensonden oder unbemannten Ballons aus, manche Instrumente reisen an Bord von Raumsonden weit in unser Sonnensystem, und manche Sonden sammeln Boden- und Gesteinsproben und kehren damit zur Erde zurück.

Man kann Astronomie als Profi oder als Amateur betreiben. Etwa 20.000 professionelle Astronomen sind weltweit mit der Erforschung des Raums beschäftigt, außerdem leben auf unserem Planeten auch schätzungsweise 500.000 Amateurastronomen. Viele dieser Amateure gehören örtlichen oder nationalen Astronomieklubs in ihren Heimatländern an.

Profiastronomen führen Forschungen auf der Sonne und in unserem Sonnensystem durch; sie erkunden die Milchstraße und das noch weiter entfernte Universum. Sie lehren an Universitäten, entwickeln Satelliten in staatlichen Laboratorien und leiten Planetarien. Sie schreiben auch Bücher wie dieses (aber vielleicht nicht so gute). Viele haben einen Doktortitel. Heutzutage studieren zahlreiche Astronomen die schwer verständliche Physik des Kosmos oder arbeiten mit automatisierten, ferngesteuerten Teleskopen, sodass sie oft nicht einmal die Gestirnkonstellationen kennen.

Amateurastronomen kennen diese Konstellationen. Sie haben ein spannendes Hobby. Manche erkunden den Himmel auf eigene Faust; andere gehören Klubs und Organisationen der verschiedensten Spielarten an. In den Klubs geben die »alten Hasen« ihr Know-how an Neulinge weiter, leihen Teleskope und anderes Zubehör aus, halten Versammlungen ab, bei denen die Mitglieder über ihre neuesten Beobachtungen referieren, oder hören sich Vorträge bekannter Gastwissenschaftler an.

Amateurastronomen treffen sich auch zu Gemeinschaftsbeobachtungen, zu denen jeder sein Teleskop mitbringt (oder bei jemand anderem mitguckt). Die Amateure veranstalten solche Treffs in regelmäßigen Abständen (wie etwa jede erste Samstagnacht im Monat) oder zu besonderen Anlässen (wie der Rückkehr des ersten Meteorschauers im August oder dem Auftauchen heller Kometen wie Hale-Bopp). Und sie wissen stets, wenn ein großes Ereignis seine Schatten vorauswirft, wie etwa eine totale Sonnenfinsternis, wenn Tausende von Amateuren und Profis um den ganzen Erdball reisen, um im Kernschatten stehen und eins der größten Naturspektakel überhaupt miterleben zu können.

Über dieses Buch

In diesem Buch wird Ihnen alles erklärt, was Sie wissen müssen, um sich ins große Abenteuer Astronomie zu stürzen, und Sie erfahren auch einiges über die wissenschaftlichen Hintergründe. Die jüngsten Weltraummissionen werden für Sie dadurch mehr Sinn ergeben. Sie werden verstehen, weshalb die NASA und sonstige Organisationen Raumsonden zu anderen Planeten wie zum Beispiel dem Saturn schickt, weshalb Robotfahrzeuge auf dem Mars landen und warum Wissenschaftler Staubproben aus Kometenschweifen entnehmen. Sie erfahren, weshalb das Hubble-Weltraumteleskop das All ausspäht und wie und wo man sich auch über andere Raummissionen schlaumachen kann. Und wenn in der Zeitung oder den Fernsehnachrichten Astronomen von ihren neuesten Entdeckungen berichten – von den großen Teleskopen in New Mexico, Puerto Rico, Australien und anderen Observatorien auf der ganzen Welt –, werden Sie die Hintergründe kennen und verstehen, was Sie hören. Sie können dann sogar Ihren Freunden die eine oder andere Sache erklären.

Lesen Sie nur die Kapitel, die Sie interessieren, egal in welcher Reihenfolge. Ich erkläre Ihnen zwischendurch alles, was Sie wissen müssen, oder verweise Sie an die entsprechende Stelle im Buch. Aber lesen Sie auf jeden Fall – Astronomie ist faszinierend und macht Spaß. Und schneller als gedacht werden Sie am Nachthimmel den Jupiter entdecken, bekannte Sterne und Sternbilder finden und sogar die Internationale Raumstation sehen können, wie sie über Ihnen herumkreist. Schon bald werden Ihre Nachbarn Sie nur noch den »Sterngucker« nennen. Vielleicht werden Sie von der Polizei gefragt, warum Sie sich nachts im Stadtpark herumtreiben oder mit einem Feldstecher auf einem Dach stehen. Sagen Sie einfach, Sie seien Astronom. Das ist eine Erklärung, die sie bestimmt nicht jeden Tag zu hören bekommen (aber hoffentlich trotzdem glauben).

Konventionen in diesem Buch

Damit Sie sich nicht nur am Sternenhimmel zurechtfinden, sondern auch in diesem Buch, verwende ich folgende Konventionen:

- ✔ Neue oder unbekannte Begriffe werden *kursiv* gesetzt und mit einer kurzen Erklärung versehen.

- ✔ **Fett** werden die einzelnen Punkte von Aufzählungen und Schritt-für-Schritt-Anleitungen gedruckt.

- ✔ Webadressen werden in `Monofont` gesetzt, damit sie leichter erkennbar sind.

Was Sie nicht lesen müssen

Sie werden in diesem Buch immer wieder kleinen grauen Kästen begegnen; sie enthalten interessante Informationen, doch für das Verständnis von Astronomie sind sie nicht notwendig. Wenn Sie wollen, können Sie sie also überspringen. Das Gleiche gilt für Textpassagen, neben denen Sie das »Techniker«-Symbol sehen.

Törichte Annahmen über die Leser

Ich gehe einfach mal davon aus, dass Sie dieses Buch lesen, weil Sie ein wenig mehr darüber wissen wollen, was sich am Himmel so abspielt und was die Wissenschaftler bei ihren Raumfahrtprogrammen tun. Vielleicht haben Sie auch irgendwo gehört, Astronomie sei ein tolles Hobby, und wollen nun selbst herausfinden, ob das stimmt. Womöglich geht es Ihnen aber auch darum zu erfahren, welche Ausrüstung Sie brauchen.

Sie sind kein Wissenschaftler. Sie lieben es nur, in den Nachthimmel zu blicken und sich seinem Zauber hinzugeben, um die wahre Schönheit des Universums zu begreifen.

Sie wollen Sternbeobachtungen machen, aber Sie wollen auch wissen, was Sie da genau beobachten. Vielleicht wollen Sie auch selbst eine Entdeckung machen. Man muss kein Astronom sein, um einen neuen Kometen aufzuspüren, und Sie können sogar dabei helfen, nach außerirdischem Leben zu lauschen. Egal worum es Ihnen genau geht, dieses Buch wird Ihnen auf jeden Fall weiterhelfen.

Symbole, die in diesem Buch verwendet werden

Um das Wichtige vom Wichtigsten und das Wichtigste vom Allerwichtigsten trennen zu können, werden Sie in diesem Buch immer wieder auf Symbole stoßen, die Sie auf markante Stellen hinweisen. Hier ihre Bedeutung:

 Ohne Beobachtungen geht in der Astronomie überhaupt nichts, und mit diesen Tipps werden Sie zum Profisterngucker. Ich zeige Ihnen Techniken und Möglichkeiten, mit denen Ihre Beobachtungen effektiver und präziser werden.

 Wenn Sie diesen Brillenschlumpf sehen, heißt das: Diesen Absatz können Sie auch überspringen, sofern es Ihnen nur um Grundwissen und Beobachtungen geht. Es schadet zwar nie, auch die wissenschaftlichen Hintergründe zu kennen, aber viele wollen einfach nur in die Sterne blicken, ohne sich mit Supernovae, den mathematischen Grundlagen der Galaxienjagd sowie der detaillierten Beschaffenheit von Dunkler Energie zu beschäftigen.

 Wenn Sie diese Glühbirne sehen, weist sie stets auf wertvolle Tipps hin, die Ihnen dabei helfen, Ihr Wissen auch praktisch umzusetzen.

 Ist es gefährlich, in die Sterne zu gucken? Birgt es Risiken? Normalerweise nicht, aber vorsichtig sollte man schon sein. Es gibt ein paar Dinge, die es wirklich zu beherzigen gilt.

Wie es weitergeht

Sehr einfach – indem Sie irgendwo anfangen zu lesen, egal wo. Machen Sie sich Gedanken um das Schicksal des Universums? Dann beginnen Sie mit dem Urknall (siehe Kapitel 16, wenn es Sie echt interessiert).

Vielleicht wollen Sie auch lieber wissen, welche Wunder noch auf Sie warten, wenn Sie sich weiterhin mit der Sternguckerei beschäftigen.

Wo auch immer Sie beginnen – ich hoffe, Sie werden nicht müde und erleben all die Freude, Spannung, Erleuchtung und den Zauber, den der Nachthimmel für den Menschen schon seit jeher bereithält.

Teil I
Nach den Sternen greifen

Kapitel 1

Immer dem Licht nach: Die Kunst und Wissenschaft der Astronomie

Gehen Sie in einer klaren Nacht hinaus und blicken Sie zum Himmel. Falls Sie in einer Großstadt oder einem überfüllten Vorort leben, werden Sie Dutzende, ja vielleicht Hunderte von Sternen blinken sehen. Je nach Monatszeit entdecken Sie vielleicht auch den Vollmond und bis zu fünf der acht Planeten, die um die Sonne kreisen.

Und da – eine Sternschnuppe (ein »Meteor«) flitzt vorbei! Was Sie da sehen, ist im Grunde nur das Aufleuchten eines winzigen Körnchens Weltraumstaub, das in den oberen Atmosphärenschichten verglüht.

Danach sehen Sie ein weiteres Lichtobjekt, das langsam und stetig über den Himmel wandert. Ist es ein Weltraumsatellit, wie das Hubble-Raumteleskop oder die Internationale Raumstation? Oder nur ein Flugzeug, das weit oben fliegt? Falls Sie einen Feldstecher zur Hand haben, können Sie den Unterschied leicht feststellen. Die meisten Flieger haben Blinklichter, außerdem kann man oft ihre Umrisse erkennen.

Falls Sie auf dem Land leben – irgendwo an der Küste, weit entfernt von der nächsten Ortschaft, inmitten von Feldern oder in den Bergen, jenseits von in Flutlicht getauchten Skipisten –, können Sie sogar Tausende von Sternen sehen. Die Milchstraße erscheint als prächtiges, wie mit Perlen übersätes Band am Himmelszelt. Was Sie da sehen, ist das vereinigte Leuchten von Millionen lichtschwachen Sternen, die mit dem bloßen Auge nicht als Einzelobjekte erkannt werden können. An großen Beobachtungsstätten, wie etwa Cerro

Tololo in den chilenischen Anden, sieht man sogar noch mehr Sterne. Sie hängen wie strahlende Laternen an einem pechschwarzen Himmel, und häufig funkeln sie nicht einmal wie in van Goghs Gemälde *Sternennacht*.

Wenn Sie zum Himmel blicken, betreiben Sie bereits Astronomie. Sie beobachten das Universum, das Sie umgibt, und versuchen, in dem, was Sie sehen, einen Sinn zu erkennen. Jahrtausendelang gründete alles, was Menschen über den Himmel wussten, nur auf Beobachtungen. Nahezu alles, womit die Astronomie sich beschäftigt,

✔ ist nur aus weiter Ferne zu sehen,

✔ wird nur sichtbar durch das Licht, das die Objekte des Raums zu uns senden, und

✔ bewegt sich unter dem Einfluss von Schwerkraft durch den Raum.

Über all jene Dinge (und noch mehr) versucht dieses Kapitel, Sie aufzuklären.

Astronomie: Die Wissenschaft der Beobachtungen

Astronomie ist das Studium des Himmels, die Wissenschaft der kosmischen Objekte und Himmelserscheinungen sowie die Erforschung der Natur des Universums, in dem wir leben. Professionelle Astronomen betreiben Astronomie, indem sie mithilfe von Teleskopen das sichtbare Licht von Sternen einfangen oder Radiowellen empfangen, die aus dem All kommen. Sie haben Teleskope hinterm Haus stehen, besitzen gewaltige Beobachtungsinstrumente und Satelliten, die um die Erde kreisen und verschiedene Formen des Lichts einfangen (wie etwa UV-Strahlung), das von der Atmosphäre daran gehindert wird, den Erdboden zu erreichen. Sie schicken Teleskope in Raketensonden zum Himmel, bestückt mit Instrumenten, die wissenschaftliche Beobachtungen in solchen Höhen erst ermöglichen, aber auch an Bord von unbemannten Ballons. Und sie schicken Instrumente in unser Sonnensystem, die Gesteins- und Erdproben aus den Tiefen des Alls mit an Bord nehmen.

Profiastronomen beschäftigen sich mit der Sonne und dem Sonnensystem, der Milchstraße und noch weiter entfernten Regionen des Universums. Sie verwenden dazu die größten Teleskope der Welt – etwa das Very Large Telescope der Europäischen Südsternwarte (ESO) in Chile oder das Hubble-Teleskop im Weltall – und arbeiten an Universitäten und anderen Forschungsinstituten.

Neben den etwa 20.000 Profiastronomen weltweit genießen auch mehrere Hunderttausend Amateurastronomen den Blick in den Himmel. Sie kennen die bekanntesten Konstellationen (von denen 88 offiziell benannt und katalogisiert sind) und benutzen sie als Wegweiser, wenn sie den Himmel mit bloßem Auge, einem Feldstecher oder einem Teleskop absuchen.

Nicht alle Sterngruppen, die Sie vielleicht kennen, gehören zu den 88 international bekannten Sternbildern (die Begriffe »Sternbild« und »Konstellation« meinen dasselbe). Eine *Sterngruppe* (auch *Asterismus* genannt) kann identisch sein mit einem bestimmten Sternbild, sie kann aber auch Sterne aus mehr als nur einer einzigen Konstellation enthalten. Von den Ecksternen des großen Vierecks im Pegasus zum Beispiel entstammen drei der

Mit freundlicher Genehmigung von Jerry Lodriguss

Abbildung 1.1: Der Große Wagen (im Sternbild Ursa Major) ist eine Sterngruppe.

Pegasus-Konstellation selbst, einer davon jedoch gehört zu Andromeda. Und sicher kennen Sie alle den *Großen Wagen.* Falls nicht, können Sie ihn sich in Abbildung 1.1 einmal genau ansehen.

Zahlreiche Amateure liefern sogar wertvolle wissenschaftliche Beiträge. Sie verfolgen die wechselnde Helligkeit der sogenannten veränderlichen Sterne; sie entdecken Asteroiden, Kometen und explodierende Sterne; sie reisen durch die ganze Welt, um die Schatten einzufangen, die Asteroiden werfen, wenn sie an hellen Sternen vorbeiziehen (und helfen somit den Profis beim Aufzeichnen der jeweiligen Form der Asteroiden). Sie nehmen sogar über den heimischen PC oder das Smartphone an professionellen Citizen-Science-Forschungsprojekten teil, wie ich sie in Kapitel 2 und an anderer Stelle in diesem Buch erläutere.

Im restlichen ersten Teil des Buchs versorge ich Sie mit Informationen, die Ihre Himmelsbeobachtungen zu einem lohnenden und amüsanten Unterfangen machen werden.

Was wir sehen können: Die Sprache des Lichts

Das Licht liefert uns Informationen über die Planeten, Monde und Kometen in unserem Sonnensystem, über die Sterne, Sternhaufen und Nebel in unserer Galaxie sowie über noch weiter entfernte Objekte.

In früherer Zeit machten die Menschen sich keine Gedanken über die physikalischen und chemischen Eigenschaften der Sterne; sie übernahmen die alten Volkssagen und Mythen und gaben sie weiter: vom Großen Bären, vom Teufelsstern, vom Drachen, der die Sonne bei einer Finsternis verschlang, und so weiter. Diese Geschichten unterschieden sich von Kultur zu Kultur; die Sternmuster jedoch wurden von vielen Menschen entdeckt. In Polynesien ruderten erfahrene Seeleute Hunderte von Meilen weit über das offene Meer, ohne Orientierungspunkt und ohne Kompass. Nur die Sterne wiesen ihnen den Weg, die Sonne und ihr Wissen über den Einfluss der Winde und Strömungen.

Wenn sie einen leuchtenden Stern erblickten, notierten sich unsere Ahnen seine Helligkeit, seine Position am Himmel und seine Farbe. Diese Informationen helfen uns dabei, ein Himmelsobjekt vom anderen zu unterscheiden, und unseren Vorfahren (wie auch vielen Menschen heute) waren sie vertraut wie alte Freunde. Hier ein paar Dinge, die Sie beherrschen sollten, um zu erkennen und zu beschreiben, was Sie am Himmel sehen:

✔ Sie sollten Sterne von Planeten unterscheiden können,

✔ die Namen von Konstellationen, Einzelsternen und weiterer Himmelsobjekte kennen,

✔ die Helligkeit bestimmen können (die sogenannte *Größe*, die sich astronomisch bestimmen lässt),

✔ verstehen, was mit einem »Lichtjahr« gemeint ist, und

✔ die Himmelsposition festhalten können (angegeben in RA (Rektaszension) und Dec (Deklination)).

Wandersterne oder Wundersterne?

Der Begriff *Planet* kommt von dem griechischen Wort *planetes* (»Wanderer«). Den Griechen (und anderen antiken Völkern) war aufgefallen, dass sich fünf Lichtflecke durch das Sternmuster am Himmel bewegten. Manche davon bewegten sich stetig vorwärts; andere kehrten auf ihrer Bahn gelegentlich um – warum, wusste keiner. Außerdem funkelten diese Lichtflecke im Gegensatz zu den Sternen nicht, doch auch dafür kannte niemand den Grund. Jede Kultur hatte für diese fünf Lichtflecke, die wir heute als Planeten bezeichnen, ihre eigenen Namen. Ihre deutschen Bezeichnungen sind Merkur, Venus, Mars, Jupiter und Saturn. Diese Himmelskörper wandern keineswegs zwischen den anderen Sternen herum; sie kreisen um die Sonne, dem Zentralgestirn unseres Sonnensystems.

Moderne Astronomen wissen, dass Planeten sowohl kleiner als auch größer als die Erde sein können. Alle jedoch sind sie weitaus kleiner als die Sonne. Die Planeten in unserem Sonnensystem sind der Erde so nahe, dass man sie als kleine Scheiben wahrnehmen kann – zumindest, wenn man sie durch ein Teleskop betrachtet –, sodass sich ihre Form und Größe feststellen lassen. Die Sterne hingegen sind so weit von der Erde entfernt, dass sie selbst durch das leistungsstärkste Teleskop nur als kleine Lichtpunkte erscheinen. (Mehr über die Planeten in unserem Sonnensystem erfahren Sie in Teil II. Über Planeten bei fremden Sternen geht es in Teil IV.)

Vorsicht, Großer Bär:
Die Namen der Sterne und Sternbilder

Zu den Planetariumsbesuchern sagte ich immer, wenn sie ihre Blicke starr auf den Himmel richteten: »Falls Ihnen nirgendwo ein Bär auffällt, ist alles in Ordnung. Sollten Sie jedoch einen sehen, ist Vorsicht geboten.«

Die alten Astronomen bevölkerten den Himmel mit lauter Fantasiegestalten – wie etwa Ursa Major (lateinisch für »Großer Bär«), Cygnus (der Schwan), Andromeda (die Frau in Ketten) und Perseus (der Held). Jede dieser Gestalten setzten unsere Vorfahren mit einem Sternmuster gleich. Die meisten Leute jedoch sehen keinerlei Ähnlichkeit zwischen dem Sternbild Andromeda und einer Frau in Ketten. Sogar abstrakte Künstler müssen da vermutlich passen (siehe Abbildung 1.2).

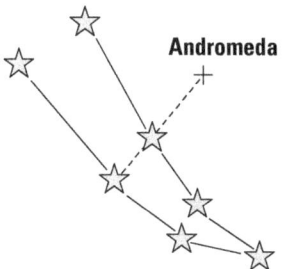

Abbildung 1.2: Der Name Andromeda stammt von einer alten griechischen Prinzessin, die an einen Felsen geschmiedet wurde; daher die Bezeichnung »Frau in Ketten«.

Heute teilen die Astronomen den Himmel in 88 Sternbilder auf, in denen alle sichtbaren Sterne enthalten sind. Die Internationale Astronomische Union (IAU), von der die Wissenschaft vertreten wird, hat hier klare Grenzen gesetzt; es geht bei Sternen also vor allem darum, zu welchem Sternbild sie gehören. Zuvor konnten sich Astronomen, die Sternkarten erstellten, oftmals nicht einigen. Wenn Sie heute lesen, dass der Tarantelnebel sich im Sternbild des Schwertfischs (Dorado) befindet, wissen Sie: Um den Tarantelnebel zu finden, muss ich am südlichen Sternenhimmel suchen, im Sternbild Dorado (auch wenn das eigentlich Goldfisch bedeutet).

Die größte Sternenkonstellation ist Hydra, die Wasserschlange. Die kleinste ist Crux, das Kreuz, von den meisten als Kreuz des Südens bezeichnet. Es gibt übrigens auch so etwas wie ein Kreuz des Nordens, das man jedoch in keiner Liste mit Sternbildern finden wird; es ist eine sogenannte Sterngruppe oder »Asterismus « (den Begriff habe ich schon definiert), der zu Cygnus gehört, dem Sternbild des Schwans. Obwohl die meisten Astronomen sich über die Namen der Sternbilder einig sind, so streiten sie sich doch manchmal darüber, was diese Namen bedeuten. Ich habe bereits erwähnt, dass Dorado so viel bedeutet wie »Goldfisch«; dennoch hat sich für die Konstellation der Name »Schwertfisch« eingebürgert. Dann gibt es ein Sternbild mit dem Namen Serpens (die Schlange), das aus zwei Abschnitten besteht, die eigentlich gar nicht zusammengehören. Diese Abschnitte, die sich zu beiden Seiten von Ophiuchus befinden, dem Schlangenträger, heißen Serpens Caput (Kopf der Schlange) und Serpens Cauda (Schwanz der Schlange).

Die einzelnen Sterne einer Konstellation haben oft gar nichts miteinander zu tun, außer dass sie sich, von der Erde aus gesehen, ziemlich nahe sind. Im Weltraum selbst können die Sterne, die zusammen eine Konstellation bilden, völlig unabhängig voneinander sein, sodass zum Beispiel einer von ihnen relativ erdnah ist, der andere sich jedoch weit draußen im All befindet. Rein optisch jedoch bilden sie vielleicht ein Muster, das uns die Sternbeobachtung auf unserem Planeten erleichtert.

Normalerweise werden die helleren Sterne einer Konstellation mit einem griechischen Buchstaben gekennzeichnet, der entweder von den alten Griechen selbst oder von Astronomen späterer Zivilisationen stammt. Der hellste Stern eines Sternbilds trägt den Beinamen Alpha (erster Buchstabe des griechischen Alphabets), der zweithellste Beta (zweiter Buchstabe) und so weiter, bis zum 24. und letzten Buchstaben, dem Omega. In der Regel werden sie als Kleinbuchstaben geschrieben, also α, β … ω.

Somit heißt Sirius, der hellste Stern am Nachthimmel, im Sternbild Canis Major (Großer Hund) gelegen, eigentlich Alpha Canis Majoris. (Die Endung -is kennzeichnet den Genitiv; Wissenschaftler haben nun mal eine Schwäche für Latein.) In Tabelle 1.1 finden Sie eine Liste der griechischen Buchstabensymbole und ihrer deutschen Bezeichnungen.

Buchstabe	Name
α	Alpha
β	Beta
γ	Gamma
δ	Delta
ε	Epsilon
ζ	Zeta
η	Eta
θ	Theta
ι	Iota
κ	Kappa
λ	Lambda
μ	My
ν	Ny
ξ	Xi
ο	Omikron
π	Pi
ρ	Rho
σ	Sigma
τ	Tau
υ	Ypsilon
φ	Phi
χ	Chi
ψ	Psi
ω	Omega

Tabelle 1.1: Die griechischen Buchstaben

Wenn Sie in einen Sternatlas schauen, fällt Ihnen auf, dass die Einzelsterne einer Konstellation nicht die Bezeichnungen α Canis Majoris, β Canis Majoris und so weiter tragen. Normalerweise machen es die Herausgeber solcher Atlanten so: Sie markieren die gesamte Fläche der Konstellation als Canis Major, dann versehen sie die einzelnen Sterne nur noch mit griechischen Buchstaben, also α, β und so weiter. Wenn zum Beispiel in einer astronomischen Fachzeitschrift (siehe Kapitel 2) ein zu beobachtender Stern in einer Liste auftaucht, steht da normalerweise nicht Alpha Canis Majoris oder α Canis Majoris. Stattdessen ist aus Platzgründen meist von αCMa die Rede. CMa ist die Abkürzung für Canis Major(is). Die Abkürzungen für sämtliche Sternbilder finden Sie in Tabelle 1.2.

Name	Abkürzung	Bedeutung	Stern	Größe
Andromeda	And	*Frau in Ketten*	Alpheratz	2,1
Antlia	Ant	Luftpumpe	Alpha Antliae	4,3
Apus	Aps	Paradiesvogel	Alpha Apodis	3,8
Aquarius	Aqr	Wassermann (eigentlich Wasserträger)Sadalsuud	2,9	
Aquila	Aql	Adler	Altair	0,8
Ara	Ara	Altar	Beta Arae	2,9
Aries	Ari	Widder	Hamal	2,0
Auriga	Aur	FuhrmannKapella	0,1	
Bootes	Boo	BärenhüterArktur	-0,04	
Caelum	Cae	Grabstichel	Alpha Caeli	4,5
Camelopardalis	Cam	Giraffe	Beta Camelopardalis	4,0
Cancer	Cnc	Krebs	Al Tarf (Beta Cancri)	3,5
Canes Venatici	CVn	Jagdhunde	Cor Caroli	2,9
Canis Major	CMa	Großer Hund	Sirius	-1,5
Canis Minor	CMi	Kleiner Hund	Prokyon	0,4
Capricornus	Cap	Steinbock	Deneb Algedi (Delta Capricorni)	2,9
Carina	Car	Schiffskiel	Canopus	-0,7
Cassiopeia	Cas	*Königin*	Schedar	2,2
Centaurus	Cen	Zentaur	Rigil Kentaurus	-0,1
Cepheus	Cep	*König*	Alderamin	2,4
Cetus	Cet	Walfisch	Diphda (Beta Ceti)	2,0

Tabelle 1.2: Die Konstellationen und ihre hellsten Sterne (Kursiv gesetzte Begriffe stehen für deutsche Entsprechungen, die aber unter Astronomen unüblich sind. In solchen Fällen ist die lateinische Bezeichnung in der ersten Spalte die gängigere.)

Name	Abkürzung	Bedeutung	Stern	Größe
Chamaeleon	Cha	Chamäleon	Alpha Chamaeleontis	4,1
Circinus	Cir	Zirkel	Alpha Circini	3,2
Columba	Col	Taube	Phakt	2,6
Coma Berenices	Com	Haar der Berenike	Beta Comae Berenices	4,3
Corona Australis	CrA	Südliche Krone	Alpha Coronae Australis	4,1
Corona Borealis	CrB	Nördliche Krone	Alphekka	2,2
Corvus	Crv	Rabe	Gienah (Gamma Corvi)	2,6
Crater	Crt	Becher	Delta Crateris	3,6
Crux	Cru	Kreuz (des Südens)	Acrux	1,3
Cygnus	Cyg	Schwan	Deneb	1,3
Delphinus	Del	Delfin	Rotanev (Beta Delphini)	3,6
Dorado	Dor	Schwertfisch	Alpha Doradus	3,3
Draco	Dra	Drache	Eltanin	2,2
Equuleus	Equ	Füllen	Kitalpha	3,9
Eridanus	Eri	*Fluss*	Achernar	0,5
Fornax	For	Chemischer Ofen	Alpha Fornacis	3,9
Gemini	Gem	Zwillinge	Pollux (Beta Geminorum)	1,1
Grus	Gru	Kranich	Alnair	1,7
Hercules	Her	Herkules	Kornephoros (Beta Herculis)	2,8
Horologium	Hor	Pendeluhr	Alpha Horologii	3,9
Hydra	Hya	Wasserschlange	Alphard	2,0
Hydrus	Hyi	Kleine Wasserschlange	Beta Hydri	2,8
Indus	Ind	Indianer	Alpha Indi	3,1
Lacerta	Lac	Eidechse	Alpha Lacertae	3,8
Leo	Leo	Löwe	Regulus	1,4
Leo Minor	LMi	Kleiner Löwe	Praecipua (46 Leonis Minoris)	3,8
Lepus	Lep	Hase	Arneb	2,6

Tabelle 1.2: Die Konstellationen und ihre hellsten Sterne (Kursiv gesetzte Begriffe stehen für deutsche Entsprechungen, die aber unter Astronomen unüblich sind. In solchen Fällen ist die lateinische Bezeichnung in der ersten Spalte die gängigere.) (*Fortsetzung*)

Name	Abkürzung	Bedeutung	Stern	Größe
Libra	Lib	Waage	Zubeneschamali (Beta Librae)	2,6
Lupus	Lup	Wolf	Alpha Lupi	2,3
Lynx	Lyn	Luchs	Alpha Lyncis	3,1
Lyra	Lyr	Leier	Vega	0,0
Mensa	Men	Tafelberg	Alpha Mensae	5,1
Microscopium	Mic	Mikroskop	Gamma Microscopii	4,7
Monocerus	Mon	Einhorn	Beta Monocerotis	3,7
Musca	Mus	Fliege	Alpha Muscae	2,7
Norma	Nor	Winkelmaß	Gamma Normae	4,0
Octans	Oct	Oktant	Nu Octantis	3,8
Ophiuchus	Oph	Schlangenträger	Rasalhague	2,1
Orion	Ori	*Jäger*	Rigel (Beta Orionis)	0,1
Pavo	Pav	Pfau	Peacock (Alpha Pavonis)	1,9
Pegasus	Peg	*Geflügeltes Pferd*	Enif (Epsilon Pegasi)	2,4
Perseus	Per	*Held*	Mirphak	1,8
Phoenix	Phe	Phoenix	Ankaa	2,4
Pictor	Pic	Maler	Alpha Pictoris	3,2
Pisces	Psc	Fische	Eta Piscium	3,6
Pisces Austrinus	PsA	Südlicher Fisch	Fomalhaut	1,2
Puppis	Pup	Achterdeck des Schiffs	Naos (Zeta Puppis)	2,3
Pyxis	Pyx	Schiffskompass	Alpha Pyxidis	3,7
Reticulum	Ret	Netz	Alpha Reticuli	3,4
Sagitta	Sge	Pfeil	Gamma Sagittae	3,5
Sagittarius	Sgr	Schütze	Kaus Australis (Epislon Sagittarii)	1,9
Scorpius	Sco	Skorpion	Antares	1,0
Sculptor	Scl	Bildhauer	Alpha Sculptoris	4,3
Scutum	Sct	Schild	Alpha Scuti	3,9
Serpens	Ser	Schlange	Unukalhai	2,7
Sextans	Sex	Sextant	Alpha Sextantis	4,5
Taurus	Tau	Stier	Aldebaran	0,9
Telescopium	Tel	Teleskop	Alpha Telescopii	3,5

Tabelle 1.2: Die Konstellationen und ihre hellsten Sterne (Kursiv gesetzte Begriffe stehen für deutsche Entsprechungen, die aber unter Astronomen unüblich sind. In solchen Fällen ist die lateinische Bezeichnung in der ersten Spalte die gängigere.) (*Fortsetzung*)

Name	Abkürzung	Bedeutung	Stern	Größe
Triangulum	Tri	Dreieck	Beta Trianguli	3,0
Triangulum Australe	TrA	Südliches Dreieck	Atria (Alpha Trianguli Australis)	1,9
Tucana	Tuc	Tukan	Alpha Tucanae	2,9
Ursa Major	UMa	Großer Bär	Alioth (Epsilon Ursae Majoris)	1,8
Ursa Minor	UMi	Kleiner Bär	Polaris (Polarstern)	2,0
Vela	Vel	Segel des Schiffs	Suhail al Muhlif (Gamma Velorum)	1,8
Virgo	Vir	Jungfrau	Spica	1,0
Volans	Vol	Fliegender Fisch	Gamma Volantis	3,8
Vulpecula	Vul	Fuchs	Anser	4,4

Tabelle 1.2: Die Konstellationen und ihre hellsten Sterne (Kursiv gesetzte Begriffe stehen für deutsche Entsprechungen, die aber unter Astronomen unüblich sind. In solchen Fällen ist die lateinische Bezeichnung in der ersten Spalte die gängigere.) (*Fortsetzung*)

Die griechischen Buchstaben rühren daher, dass die Astronomen sich nicht die Mühe machten, sich für jeden Einzelstern in Canis Major einen eigenen Namen wie etwa Sirius auszudenken. Es gibt sogar Konstellationen, in denen kein einziger Stern einen Namen hat. (Fallen Sie nicht auf diese Anzeigen herein, in denen Sie gegen eine Gebühr einen Stern »taufen« können. Solche gekauften Namen erkennt die Internationale Astronomische Union nicht an.) Und dann gibt es noch Konstellationen, die zwar auf griechische Buchstaben zurückgreifen, aber mehr als 24 Sterne (Zahl der Buchstaben im griechischen Alphabet) aufweisen. Aus diesem Grund haben manche Sterne auch arabische Zahlen oder lateinische Buchstaben, wie etwa 61 Cygni, b Vulpeculae, HR 1516 und so weiter. Sogar den Namen RU Lupi und YY Sex können Sie begegnen (kein Witz!). Doch wie alle Sterne erkennt man sie nicht nur an ihrem Namen, sondern auch an ihrer Himmelsposition (in Sternenlisten verzeichnet), ihrer Helligkeit, ihrer Farbe und anderen Eigenschaften.

Wenn Sie heute einen Blick auf die verschiedenen Konstellationen werfen, werden Sie bemerken, dass es viele Ausnahmen von der Regel gibt, nach der die griechischen Buchstaben mit der relativen Helligkeit eines Sterns in einer Konstellation zu tun haben. Dafür gibt es mehrere Gründe:

✔ Die Bezeichnungen gründeten auf ungenauen Helligkeitsbeobachtungen mit bloßem Auge.

✔ Im Laufe der Jahre verschoben die Herausgeber von Sternatlanten die Grenzen einzelner Konstellationen. So »rutschte« manchmal ein Stern von einer Konstellation in eine andere, deren Bezeichnungen aber schon vorher festlagen.

✔ Manche kleinere Sternbilder sowie Konstellationen des südlichen Sternenhimmels wurden von den Astronomen erst nach der Zeit der Griechen in Atlanten katalogisiert, wobei nicht immer der Buchstabenpraxis gefolgt wurde.

✔ Die Helligkeit mancher Sterne hat sich seit ihrer Katalogisierung durch die Griechen im Laufe der Jahrhunderte verändert.

Ein gutes (oder weniger gutes) Beispiel ist das Sternbild Vulpecula, der Fuchs, in dem nur ein einziger Stern einen griechischen Buchstaben hat (Alpha).

Da der Alphastern nun nicht immer der hellste Stern einer Konstellation war, brauchten die Astronomen eine neue Bezeichnung, um auf diesen ranghohen Status hinzuweisen – und wählten dazu das Wort *lucida* (vom lateinischen *lucidus*, das »hell« oder »leuchtend« bedeutet). Die Lucida in Canis Major ist der Alphastern Sirius, doch die Lucida von Orion, dem Jäger, ist Rigel, und der heißt auch Beta Orionis. Die Lucida von Leo Minor, dem Kleinen Löwen (einer extrem unscheinbaren Konstellation), ist 46 Leo Minoris.

In Tabelle 1.2 finden Sie alle 88 Konstellationen, zusammen mit ihrem jeweils hellsten Stern und der Helligkeit dieses Sterns. Bei einem Stern nennt man das seine *Größe*, und um alle Klarheiten zu beseitigen: Je kleiner diese Zahl ist, umso heller der Stern (mehr hierzu weiter hinten in diesem Kapitel im Abschnitt »Je kleiner, umso heller: Was Sterngröße wirklich bedeutet«). Wenn die Lucida einer Konstellation deren Alphastern ist und einen Namen hat, beschränke ich mich auf diesen Namen. Ein Beispiel: Der hellste Stern in Auriga (also Alpha Aurigae), dem Sternbild des Fuhrmanns, ist Capella. Ist die Lucida jedoch kein Alphastern, füge ich ihren griechischen Buchstaben oder eine andere Bezeichnung in Klammern hinzu. Die Lucida von Cancer (dem Sternbild Krebs) zum Beispiel ist Al Tarf – das ist aber der Betastern, Beta Cancri.

Wenn Sie langjähriger »Für Dummies«-Leser sind und vielleicht eine ältere Version dieses Buchs besitzen, werden Ihnen in der Tabelle 1.2 einige Änderungen auffallen. Im Jahr 2016 hat die Internationale Astronomische Union eine neue Liste mit offiziellen Sternnamen herausgegeben. Sieben Sterne der Tabelle sind betroffen; manchmal änderten sich nur Teile des Namens, manchmal die gesamte Bezeichnung. Ein Stern wurde sogar nach der modernen englischen Bezeichnung eines Sternbilds benannt: Die Rede ist von Alpha Pavonis, der jetzt offiziell »Peacock« heißt.

Das Identifizieren von Sternen wäre viel einfacher, wenn an ihnen kleine Zettelchen mit ihren Namen befestigt wären, die man durchs Teleskop sehen könnte . Falls Sie ein Smartphone haben, können Sie sich eine App herunterladen, die für Sie die Sterne identifiziert. Dazu laden Sie einfach eine Himmelskarte oder eine Planetariums-App (wie zum Beispiel das Programm *Stellarium* oder Google Sky Map) herunter und halten das Handy gen Himmel. Die App generiert daraufhin eine Karte mit den Konstellationen, die sich dort befinden, wohin Ihr Handy zeigt. Es gibt auch Apps, bei denen Sie nur das Bild eines Sterns mit dem Finger berühren müssen, und schon erscheint sein Name. (Weitere Apps für Astronomen stelle ich Ihnen in Kapitel 2 vor; wie Sie eine richtige Reise durchs All machen können, steht in Kapitel 11.)

Den Messier-Katalog erkunden – und noch einiges mehr

Den Sternen Namen zu geben, fiel den Astronomen nicht schwer. Doch was sollten sie mit all den anderen Himmelsobjekten machen – all den Galaxien, Nebeln, Sternhaufen und so weiter (über die wir in Teil III sprechen werden)? In diesem Punkt kam ihnen der französische Astronom Charles Messier (1730–1817) zu Hilfe: Er erstellte eine durchnummerierte Liste mit 110 Himmelsobjekten. Diese Liste ist als der *Messier-Katalog* bekannt, und wer heute die wissenschaftliche Bezeichnung für die Andromeda-Galaxie hört – sie lautet M31 –, der weiß sofort: Das ist die Nummer 31 im Messier-Katalog.

 Bilder sowie eine vollständige Liste der Messier-Objekte finden Sie auf der Website `http://www.messier.seds.org/`, die speziell für Studenten der Astronomie gedacht ist. Auf der Website `https://www.astroleague.org/al/obsclubs/messier/mess.html` erfahren Sie außerdem, wie man ein Zertifikat zur Beobachtung von Messier-Objekten des Messier-Klubs der Astronomical League erwerben kann.

Manche Amateurastronomen unternehmen schon mal Messier-Marathons, bei denen jeder Teilnehmer versucht, im Laufe einer einzigen Nacht sämtliche Objekte des Messier-Katalogs zu sichten. Doch wie gesagt, es handelt sich um einen Marathon – viel Zeit, um den Anblick eines speziellen Nebels, eines Sternhaufens oder einer Galaxie auszukosten, bleibt dabei nicht. Ich empfehle Ihnen, lieber den langsamen Weg zu beschreiten, um den oft überwältigenden Anblick solcher Objekte auch richtig genießen zu können. Ein faszinierendes Buch über die Messier-Objekte, das auch zahlreiche Tipps zur Beobachtung dieser Himmelserscheinungen bietet, ist James O'Mearas *Deep-Sky Companions: The Messier Objects* (Cambridge University Press, 2. Auflage, 2000).

Auch nach Messiers Zeit gelang es Astronomen, die Existenz Tausender weiterer, außerhalb unseres Sonnensystems gelegener Himmelsobjekte nachzuweisen. Unter Amateurastronomen hat sich für all diese Objekte (Sternhaufen, Nebel und Galaxien) der Begriff *Deep-Sky-Objekte* eingebürgert, wodurch sie von den Sternen und Planeten unterschieden werden. Astronomen benennen sie mit Nummern, unter denen sie in verschiedenen Katalogen aufgelistet sind. In Büchern zur Sternbeobachtung und auf Himmelskarten werden Sie viele dieser Objekte mit den Nummern vorfinden, unter denen sie im NGC (New General Catalogue) und im IC (Index Catalogue) verzeichnet sind. Der helle Doppelsternhaufen im Perseus zum Beispiel besteht aus den beiden Sternhaufen NGC 869 und NGC 884.

Je kleiner, umso heller:
Was Sterngröße wirklich bedeutet

Auf jeder Sternkarte, jeder Zeichnung mit Sternbildern, jeder Liste ist auch die sogenannte *Sterngröße* angegeben. Sie bezeichnet die Helligkeit – oder eigentlich die *scheinbare Helligkeit* – eines Sterns. Einer der großen griechischen Gelehrten – sein Name war Hipparch – teilte sämtliche Sterne, die er sehen konnte, in sechs Größenklassen ein. Die hellsten Sterne bezeichnete er als Sterne der ersten Größe, die zweithellsten als Sterne der zweiten Größe – und so weiter, bis hin zu den Sternen der sechsten Größe (das sind die ganz dunklen).

Sind Sterne denn nur Nummern? Die Mathematik der Sterngröße

Sterne der ersten Größe sind etwa 100-mal heller als Sterne der sechsten Größe, und etwa 2,512-mal heller als Sterne der zweiten Größe. Sterne der zweiten Größe sind wiederum ebenfalls 2,512 heller als Sterne der dritten Größe und so weiter. Das nennt man eine *mathematische Progression*. 2,512 ist die fünfte Wurzel aus 100, das heißt, wenn man 2,512 fünf Mal mit sich selbst multipliziert ($2,512 \times 2,512 \times 2,512 \times 2,512 \times 2,512$), kommt man genau auf 100. Rechnen Sie ruhig nach! Wie bitte, Sie kommen nicht genau auf 100? Das liegt sicher daran, dass ich einige Dezimalstellen weggelassen habe.

Mit dieser Formel kann man die Helligkeit von Sternen auch mühelos miteinander vergleichen. Wenn wir zum Beispiel einen Stern A der ersten Größe und einen Stern B der sechsten Größe haben, so beträgt der Unterschied zwischen ihnen fünf Sterngrößen ($6 - 1 = 5$). Wir müssen also ausrechnen, wie viel $2,512^5$ ist. Jeder gute Taschenrechner liefert den Beweis: Stern A ist 100-mal heller als Stern B. Hätte der Unterschied nicht fünf, sondern sechs Sterngrößen betragen, so wäre Stern A sogar etwa 250-mal heller ($100 \times 2,512$) als Stern B. Würden wir beispielsweise einen Stern erster Größe mit einem Stern elfter Größe vergleichen, betrüge der Unterschied zehn Sterngrößen – wir müssten also die Zahl 2,512 zehn Mal (!) mit sich selbst multiplizieren ($2,512^{10}$) und kämen auf einen Faktor von 100^2, also 10.000.

Das lichtschwächste, mit dem Hubble-Weltraumteleskop sichtbare Objekt ist etwa 25 Sterngrößen dunkler als der lichtschwächste Stern, den wir mit bloßem Auge sehen können (sofern man über eine normale Sehkraft verfügt – einige Experten und Angeber behaupten, sie könnten sogar Sterne der siebten Größe sehen). 25 Sterngrößen – das sind 5×5 Sterngrößen, was einem Helligkeitsunterschied mit dem Faktor 100^5 entspricht. Das Hubble-Teleskop sieht also Objekte, die $100 \times 100 \times 100 \times 100 \times 100$ Mal lichtschwächer sind als das lichtschwächste, mit dem Auge wahrnehmbare Objekt – und 100^5 sind immerhin zehn Milliarden. Aber von einem Teleskop, das eine Milliarde Dollar kostet, kann man das auch erwarten.

Nur ruhig Blut! Sie brauchen für Ihre Sternbeobachtungen nicht ganz so viel Geld auszugeben – ein gutes Teleskop bekommen Sie schon für weit weniger als 1.000 Euro. Die Milliarden-Dollar-Fotos von Hubble können Sie sich schließlich auch im Internet ansehen – völlig kostenlos sogar, auf der Website www.hubblesite.org.

Vorsicht! Anders als bei den meisten Mess- und Gradskalen gilt: Je heller der Stern, umso geringer die Sterngröße. Und auch die alten Griechen waren nicht immer perfekt, selbst Hipparch hatte eine Achillessehne: Sein System bot keinen Platz für die Größe der hellsten Sterne, vorausgesetzt, man misst sie ganz genau.

Aus diesem Grund gibt es heute leider einige Sterne, deren Sterngröße = 0 beträgt oder gar einen negativen Wert aufweist. Sirius zum Beispiel hat die Größe −1,5. Und unser hellster Planet, die Venus, hat manchmal sogar die Größe −4 (der exakte Wert variiert je nach Erddistanz der Venus und dem Winkel, den sie von uns aus gesehen zur Sonne einnimmt).

Hipparchs System hat noch weitere Mängel: Zum Beispiel gibt es bei ihm keine Größenklasse für Sterne, die zu dunkel sind, um mit bloßem Auge gesehen zu werden. Damals galt das aber nicht als Manko, da diese Sterne vor Erfindung des Teleskops ja niemand kannte. Heute wissen Astronomen, dass es Milliarden von Sternen gibt, die wir mit bloßem Auge nicht wahrnehmen können. Ihre Sterngröße entspricht größeren Werten: 7 oder 8 für Sterne, die man mühelos mit einem Feldstecher sieht, 10 oder 11 für Sterne, die man bereits mit einem kleinen, aber guten Teleskop erkennen kann. Es gibt so hohe Werte wie 21 für die lichtschwächsten Sterne im amerikanischen Palomar-Observatorium oder 31 für die dunkelsten Objekte, die das Hubble-Weltraumteleskop »einfangen« kann.

»Das dauert ja Lichtjahre ...«

... hört man ungeduldige Zeitgenossen oft sagen, doch die Wahrheit lautet: Ein Lichtjahr *dauert* überhaupt nicht – da es keinen Zeitraum bezeichnet (wie man aufgrund der Bezeichnung »Jahr« leicht denken könnte), sondern eine Wegstrecke. Die Entfernung von Sternen und anderen Objekten jenseits der Planeten unseres Sonnensystems wird in solchen *Lichtjahren* gemessen. Ein Lichtjahr entspricht etwa 9,461 Billionen Kilometer. Es orientiert sich an der Strecke, die das Licht innerhalb eines Jahrs im Raum zurücklegt (die Lichtgeschwindigkeit beträgt knapp 300.000 Kilometer/Sekunde).

Wenn wir ein Objekt im Raum sehen, sehen wir es so, wie es aussah, als das Licht von dort zu uns losgeschickt wurde. Das bedeutet:

✔ Wenn Astronomen eine Explosion auf der Sonne beobachten, sehen sie sie nicht in Echtzeit; das Licht von dort braucht acht Minuten, um zur Erde zu gelangen.

✔ Der Stern, der unserer Sonne am nächsten ist – nämlich Proxima Centauri –, ist etwa vier Lichtjahre entfernt. Wie Proxima jetzt aussieht, können Astronomen nicht sehen – nur, wie er vor vier Jahren aussah.

✔ Blicken Sie in einer klaren Herbstnacht hinauf zur Andromeda-Galaxie, dem fernsten Objekt, das wir mit bloßem Auge sehen können. Das Licht, das dabei auf Ihr Auge trifft, hat diese Galaxie vor 2,5 Millionen Jahren verlassen. Würde sich in Andromeda heute eine gewaltige Veränderung ereignen, würden wir das erst in über 2 Millionen Jahren erfahren. (In Kapitel 12 finden Sie Tipps zur Beobachtung von Andromeda und weiterer bekannter Galaxien.)

Was ... äh ... ist eigentlich AE?

Die Erde ist etwa 150 Millionen Kilometer von der Sonne entfernt – exakt sind es 149.600.000 Kilometer. Diese Entfernung entspricht einer *Astronomischen Einheit* (AE). Die Entfernung zwischen Objekten im

Sonnensystem wird normalerweise in AE angegeben. (Bitte als zwei Buchstaben aussprechen, nicht wie »Äh«!)

In öffentlichen Bekanntmachungen, Presseartikeln und populärwissenschaftlichen Büchern beziehen sich Astronomen bei Sternen und Galaxien oft auf ihre Entfernung »zur Erde«. In Fachkreisen und wissenschaftlichen Magazinen jedoch gehen sie von der Sonne aus, unserem Zentralgestirn. Diese Abweichung spielt in der Regel keine große Rolle, da Astronomen die Entfernung von Sternen nicht auf eine AE genau messen können, sie tun es aber der Einheitlichkeit halber.

Bringen wir es auf den Punkt:

✔ Wenn Sie hinauf ins All blicken, blicken Sie in die Vergangenheit.

✔ Astronomen haben keine Möglichkeit festzustellen, wie ein Objekt im Raum jetzt und heute aussieht.

Schlimmer noch: Wenn Sie einige große, leuchtende Sterne in einer weit entfernten Galaxie betrachten, sollten Sie immer daran denken, dass es diese Sterne vielleicht gar nicht mehr gibt. Wie ich in Kapitel 11 erkläre, werden gewisse massereiche Sterne nur 10 bis 20 Millionen Jahre alt. Wenn die Galaxie, in der Sie sie erblicken, nun aber 50 Millionen Lichtjahre entfernt ist, ist es lediglich ihr Abglanz, den Sie sehen. Ihr Licht strahlt längst nicht mehr in jener Galaxie; sie sind seit Langem tot.

Würden Astronomen einen Lichtstrahl zu einer der entferntesten Galaxien aussenden, die von Hubble und anderen großen Teleskopen entdeckt wurden, würde es Milliarden von Jahren dauern, bis dieser Lichtstrahl dort ankommt. Die Astronomen gehen jedoch davon aus, dass unsere Sonne immer mehr anschwillt und in nur 5 oder 6 Jahrmillionen alles irdische Leben vernichten wird. Das Licht wäre also ein flüchtiges Zeugnis von der Existenz unserer Zivilisation, ein im Weltall aufflackerndes Strohfeuer.

Wo laufen sie denn? Oder stehen sie etwa doch?

Um sie von den »Wanderern«, den Planeten, zu unterscheiden, bezeichneten die Astronomen die Sterne als »Fixsterne« (»stellae fixae« = an einem festen Ort stehende Sterne). In Wirklichkeit jedoch sind auch die Sterne in ständiger Bewegung – nicht nur zum Schein, sondern auch ganz real. Der ganze Himmel über uns scheint zu rotieren, nur weil die Erde sich dreht. Die Sterne gehen auf und unter, genauso wie die Sonne und der Mond, doch ihr Abstand zueinander bleibt gleich. Es kommt nicht vor, dass ein Stern, der zum Großen Bären gehört, auf einmal im Kleinen Hund oder im Wassermann auftaucht. Unterschiedliche Konstellationen gehen an unterschiedlichen Orten der Welt zu unterschiedlichen Tageszeiten auf, aber auch zu unterschiedlichen Zeiten im Jahr. In Wirklichkeit bewegen sich die Sterne im Großen Bären (und jedem anderen Sternbild) auch in Bezug aufeinander – sogar mit atemberaubender Geschwindigkeit, mit mehreren Hundert

Kilometern in der Sekunde. Doch diese Sterne sind so weit von uns entfernt, dass Wissenschaftler über längere Zeit hinweg Präzisionsmessungen anstellen müssen, um ihre Bewegung am Himmel feststellen zu können. In 20.000 Jahren zum Beispiel werden die Sterne im Großen Bären ein völlig anderes Muster bilden. (Wer weiß, vielleicht sehen sie dann ja endlich aus wie ein Bär.)

Mittlerweile haben Astronomen die Position von Millionen von Sternen gemessen, und viele davon sind in Katalogen verzeichnet und auf Sternkarten vermerkt. Ihre Position ist in Form folgender zwei Koordinaten angegeben: *Rektaszension* und *Deklination*. Die Abkürzungen dafür – das wissen sowohl Profis als auch Amateure – lauten *RA* und *DEC*.

✔ Die *Rektaszension (RA)* gibt die Position eines Sterns am Himmel in Ost-West-Richtung an (vergleichbar also mit dem Längengrad eines Orts auf der Erde, der sich nach seiner Entfernung vom Nullmeridian in Greenwich/England richtet).

✔ Die *Deklination (DEC)* gibt die Position eines Sterns am Himmel in Nord-Süd-Richtung an (vergleichbar also mit dem Breitengrad eines Orts auf der Erde, der sich nach seiner Entfernung vom Äquator richtet).

Mehr über Rektaszension (RA) und Deklination (DEC)

Ein Stern mit einer RA von 2h00m00s befindet sich zwei Stunden weiter östlich als ein Stern mit einer RA von 00h00m00s, unabhängig von der Deklination beider Sterne. Der Wert für die RA wird von Westen nach Osten immer höher. Er beginnt bei 00h00m00s auf einer gedachten Himmelslinie (eigentlich einem Halbkreis, wobei das Kreiszentrum dem Erdmittelpunkt entspricht), die vom Himmelsnordpol zum Himmelssüdpol verläuft. Es kann sein, dass ein Stern A den Deklinationswert DEC = 30° Nord hat, ein Stern B den Wert DEC = 15° 25¢12² Süd, und trotzdem sind die beiden in Ost-West-Richtung zwei Stunden voneinander entfernt (in Nord-Süd-Richtung sind es 45° 25¢12²). Der Himmelsnordpol und der Himmelssüdpol sind die beiden *exakt* in nördlicher und südlicher Richtung am Himmel gelegenen Punkte, um die sich der gesamte Himmel zu drehen scheint, wodurch es zum Auf- und Untergehen der Sterne kommt.

Beachten Sie Folgendes über die Einheiten, in denen RA und DEC gemessen werden:

✔ Ein RA-Wert von einer Stunde entspricht 15 Bogengraden am Himmelsäquator. Ein RA von 24 Stunden schließt den gesamten Himmel ein, denn 24 × 15 sind 360 Grad, also ein vollständiger Kreis am Himmel. Ein RA von einer Minute, auch als *Zeitminute* bekannt, ist ein Winkelmaß am Himmel, der einem Sechzigstel eines RA von einer Stunde entspricht. Man rechnet also 15 Grad : 60 = ¼ Grad. Ein RA von einer Sekunde, also eine *Zeitsekunde*, ist der sechzigste Teil einer Zeitminute.

✔ Die Deklination (DEC) misst man wie eine Kreislinie in Graden, die sich wiederum in *Bogenminuten* und *Bogensekunden* unterteilen. Der Durchmesser des Vollmonds nimmt am Himmel etwa die Hälfte eines Bogengrads ein, das heißt, zwei Monde nebeneinander entsprächen einem Grad. Ein Bogengrad besteht aus 60 Bogenminuten. Für unsere Augen ist sowohl die Sonne als auch der Vollmond am Himmel etwa 32 Bogenminuten breit, obwohl die Sonne in Wirklichkeit viel größer ist als der Mond. Jede Bogenminute entspricht 60 Bogensekunden (60^2). Wenn Sie durch ein Teleskop mit starker Vergrößerung blicken, lassen Luftunruhen das Bild eines Sterns unscharf erscheinen. Unter guten Bedingungen (wenig Unruhen), sollte das Bild etwa 1^2 oder 2^2 im Durchmesser betragen.

Die RA wird von Astronomen normalerweise in (Zeit-)Stunden, (Zeit-)Minuten und (Zeit-)Sekunden angegeben, die DEC in (Bogen-)Graden, (Bogen-)Minuten und (Bogen-)Sekunden. 90 Grad bilden einen rechten Winkel, 60 Bogenminuten entsprechen einem Grad und 60 Bogensekunden einer Bogenminute.

 Mit ein paar einfachen Regeln können Sie sich gut merken, wie RA und DEC funktionieren und wie man eine Sternkarte liest (siehe Abbildung 1.3):

✔ Der Himmelsnordpol (HNP) befindet sich dort, wo die Erdachse in nördliche Richtung zeigt. Wenn Sie am geografischen Nordpol stehen, befindet sich der Himmelsnordpol direkt über Ihnen (wobei das mit dem Stehen nicht einfach werden dürfte, es gibt dort nämlich keinen festen Grund; falls Sie es trotzdem irgendwie schaffen, grüßen Sie den Weihnachtsmann von mir).

✔ Der Himmelssüdpol (HSP) befindet sich dort, wo die Erdachse in südliche Richtung zeigt. Wenn Sie am geografischen Südpol stehen, befindet sich der Himmelssüdpol direkt über Ihnen (dort gibt es festen Grund, allerdings ist es noch kälter als am Nordpol; packen Sie sich also für Ihre Antarktisreise lieber eine Daunenjacke ein).

✔ Am HNP und HSP laufen alle Rektaszensionslinien zusammen. Es handelt sich um die Linien eines Halbkreises, dessen Kreiszentrum sich im Erdmittelpunkt befindet. Diese Linien sind zwar imaginär, also nur gedacht, jedoch in den meisten Himmelskarten eingezeichnet, um den Lesern auf der Suche nach Sternen mit einer bestimmten RA zu helfen.

✔ Die imaginären Deklinationslinien laufen nirgendwo zusammen; sie verlaufen einfach oberhalb der entsprechenden geografischen Breitengrade. Das heißt: Wenn Sie in New York sind (41 Grad nördlicher Breitengrad), beträgt auch die Deklination über Ihnen 41 Grad Nord, während die Rektaszension sich aufgrund der Erdrotation ständig ändert. Auch diese Deklinationslinien sind auf den Sternkarten eingezeichnet.

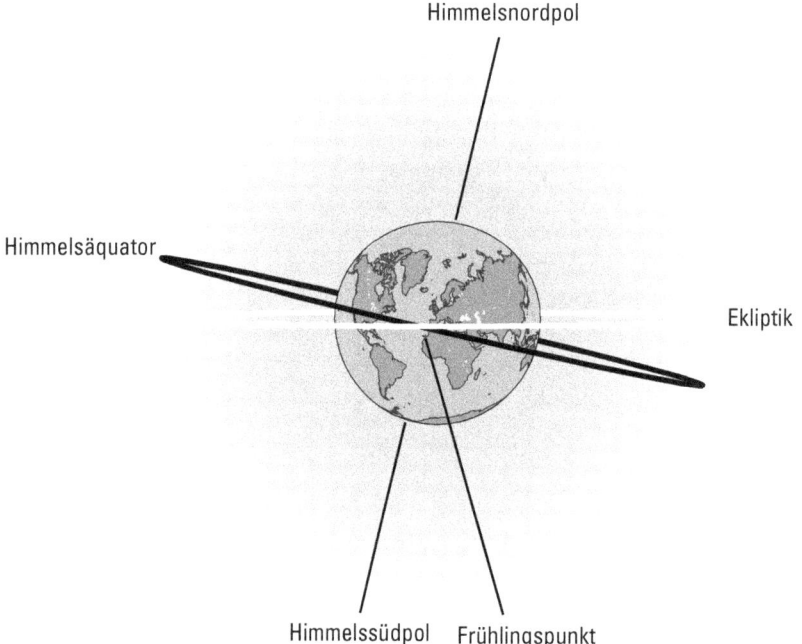

Abbildung 1.3: Die Entschlüsselung der Himmelskugel zur Richtungsbestimmung im All

 Angenommen, Sie wollen von Ihrem Grundstück aus den Himmelsnordpol suchen. Dazu müssen Sie Richtung Norden schauen und den Blick um x Grad über den Horizont richten – x steht dabei für den geografischen Breitengrad Ihres Wohnorts. Das gilt aber nur, wenn Sie in Nordamerika, Europa oder sonst irgendwo auf der Nordhalbkugel leben – als Bewohner der Südhalbkugel können Sie den HNP nicht sehen. Dafür können Sie dort aber nach dem Himmelssüdpol suchen. Richten Sie den Blick nach Süden, und Sie finden den HSP über dem Horizont auf Höhe des Breitengrads Ihres Wohnorts.

Und jetzt noch eine gute Nachricht: Wenn es Ihnen nur um die reine Beobachtung von Sternbildern und Planeten geht, brauchen Sie sich mit RA und DEC nicht weiter zu befassen. Alles, was Sie brauchen, ist eine Sternkarte mit den Konstellationen der aktuellen Woche oder des Monats. (Sie finden sie zum Beispiel auf der Website der Zeitschrift *Sterne und Weltraum* oder einem der anderen Magazine, die ich Ihnen in Kapitel 2 vorstelle, sowie in den Zeitschriften selbst. Vielleicht haben Sie ja auch ein Astronomieprogramm auf Ihrem PC oder eine Planetariums-App auf Ihrem Smartphone oder Tablet; auch dazu gebe ich in Kapitel 2 einige Empfehlungen ab.) Falls Sie jedoch wissen wollen, wie Sternkataloge und Himmelskarten aufgebaut sind und wie man ferne, schwer zu sichtende Galaxien ins Visier nimmt, ist es hilfreich, das System zu verstehen.

Sollten Sie sich übrigens zum Kauf eines dieser todschicken, neuen und erstaunlich preiswerten Teleskope mit Computersteuerung (siehe Kapitel 3) entschließen, reicht es, die RA und DEC eines gerade erst entdeckten Kometen einzutippen, damit das Auge des Teleskops sich automatisch auf ihn richtet. (Immer wenn ein neuer Komet angekündigt wird, werden in Astronomiezeitschriften oder im Internet Tabellen mit der Bezeichnung

Ephemeride veröffentlicht, in denen die vorhergesagte RA und DEC des Kometen in mehreren aufeinanderfolgenden Nächten angegeben sind.)

Auf der Schwerkraft liegt der Schwerpunkt

Seit den Untersuchungen des englischen Wissenschaftlers Sir Isaac Newton (1642–1727) liegt der Schwerpunkt der Astronomie eindeutig auf der Schwerkraft. Newton definierte die Schwerkraft (oder Erdanziehungskraft) als eine Kraft, die zwischen zwei Objekten jeglicher Art besteht. Sie hängt von der Masse und der Entfernung dieser beiden Objekte ab. Je mehr Masse ein Gegenstand hat, umso größer ist seine Anziehungskraft (bei Menschen ist das irgendwie anders, oder?). Je weiter zwei Gegenstände voneinander entfernt sind, umso weniger ziehen sie sich gegenseitig an. War ein kluges Köpfchen, dieser Newton.

Albert Einstein lieferte eine verbesserte Theorie der Schwerkraft ab, die auch experimentellen Überprüfungen standhielt, bei denen Newtons Theorie versagte. Für die Schwerkraftverhältnisse des Alltags – wie bei dem Apfel, der ihm angeblich auf die Birne gefallen sein soll – und auch bei den meisten Objekten des Sonnensystems und darüber hinaus reichte Newtons Ansatz aus. In extremen Fällen aber lieferte seine Theorie ungenaue und sogar falsche Ergebnisse. Einsteins Theorie ist besser, da sie zwar alles enthält, womit Newton richtig lag, darüber hinaus aber auch Wirkungen beschreibt, die sich in der Nähe von festen Objekten abspielen, wo die Anziehungskraft besonders stark ist. Einstein betrachtete die Schwerkraft nicht als Kraft; er interpretierte sie als die Krümmung von Raum und Zeit aufgrund der bloßen Gegenwart massereicher Objekte wie etwa eines Sterns. Wenn man so etwas hört, krümmt sich doch das Gehirn gleich mit.

Newtons Theorie gibt Antwort auf folgende Fragen:

✔ Warum der Mond sich um die Erde dreht, warum die Erde sich um die Sonne dreht, warum die Sonne sich um das Zentrum der Milchstraße dreht und warum viele andere Objekte im All sich ebenfalls um andere Objekte drehen.

✔ Warum Sterne und Planeten rund sind.

✔ Warum Gas und Staub im All sich zusammenballen, um neue Sterne zu bilden.

Einsteins Theorie der Schwerkraft, die sogenannte Allgemeine Relativitätstheorie, erklärt alles, was auch Newtons Theorie erklärt, gibt aber zusätzlich Antwort auf folgende Fragen:

✔ Warum Sterne, die während einer totalen Sonnenfinsternis in Sonnennähe sichtbar sind, sich scheinbar etwas außerhalb ihrer Position befinden.

✔ Warum wir bei Beobachtungen des weiter entfernten Weltraums auf den Gravitationslinseneffekt stoßen.

✔ Warum Schwarze Löcher existieren.

✔ Warum die Erde bei ihren Drehungen Raum- und Zeitverzerrungen mit sich herumschleppt – ein Effekt, den Wissenschaftler mithilfe von Satelliten, die um die Erde kreisen, bestätigen konnten.

✔ Wie der Zusammenstoß zweier Schwarzer Löcher Gravitationswellen erzeugt, die noch Milliarden von Lichtjahren entfernt die Dinge erzittern lassen.

Über Schwarze Löcher können Sie sich in den Kapiteln 11 und 13 informieren, über den Gravitationslinseneffekt in den Kapiteln 11, 14 und 15. Die Allgemeine Relativitätstheorie brauchen Sie dazu nicht aus dem Effeff zu beherrschen.

Wenn Sie jedes einzelne Kapitel in diesem Buch lesen, werden Sie bestimmt ein schlauer Kopf – aber noch lange kein Einstein! Einstein dürfen Sie sich erst nennen, wenn Sie sich die Haare lang wachsen lassen, in einem vergammelten alten Pulli herumstolzieren und die Zunge herausstrecken, wenn Sie fotografiert werden.

Der Weltraum ist kein Schlafzimmer

Alles im Weltraum bewegt sich und dreht sich. Himmelsobjekte haben kein Stehvermögen. Außerdem wirken sie aufgrund der Schwerkraft auf irgendeinen anderen Stern, einen Planeten, eine Galaxie, ein Raumschiff stets »anziehend«. Menschen sind oft sehr selbstzentriert, das Universum aber kennt kein Zentrum.

Die Erde zum Beispiel

✔ dreht sich um ihre eigene Achse – die Astronomen nennen das *Rotation*. Für eine vollständige Umdrehung braucht sie einen Tag.

✔ dreht sich um die Sonne – die Astronomen nennen das *Umlauf*. Um die Sonne einmal ganz zu umkreisen, braucht sie ein Jahr.

✔ bewegt sich zusammen mit der Sonne in einer riesigen Umlaufbahn um das Zentrum der Milchstraße. Um diese Strecke nur ein Mal zurückzulegen, brauchen sie 250 Millionen Jahre – das nennt man ein *galaktisches Jahr*.

✔ bewegt sich zusammen mit der Milchstraße auf einer Bahn um das Zentrum der *Galaxien der Lokalen Gruppe*, einigen Dutzend Galaxien in unserer Ecke des Universums.

✔ bewegt sich zusammen mit der Lokalen Gruppe als Teil des *Hubble Flow* voran, der allgemeinen, durch den Urknall verursachten Ausdehnung des Universums.

> Der *Urknall* ist das Ereignis, das zur Entstehung des Universums führte und bewirkte, dass es sich in einem rasanten Tempo ausdehnt. Detaillierte Theorien über den Urknall können als Erklärung für zahlreiche beobachtete Phänomene herangezogen werden; durch sie gelang es auch, Dinge zu berechnen, die vor der Verbreitung dieser Theorien nicht beobachtet worden waren. (Mehr über den Urknall und weitere Aspekte des Universums finden Sie in Teil IV.)

Ginger Rogers kennen Sie doch, oder? Sie machte alles nach, was Fred Astaire machte, wenn sie zusammen mit ihm in einem Film tanzte – allerdings rückwärts. Der Mond und die Erde sind ein bisschen wie Ginger und Fred: Der Mond ahmt gewissermaßen sämtliche Bewegungen der Erde nach (er tut es aber nicht rückwärts!), nur eins macht er völlig anders: Er rotiert viel gemächlicher, braucht für eine Umdrehung rund einen Monat. Gleichzeitig umkreist er dabei auch noch die Erde – und braucht auch dafür einen Monat.

Und Sie – als Bewohner der Erde – machen natürlich ebenfalls alles mit, was Ihr Heimatplanet so tut – von der Rotation über die Umkreisung der Sonne bis hin zum Rundlauf durch die galaktische Ebene. Sogar wenn Sie mit dem Auto zur Arbeit fahren, führen Sie gleichzeitig alle diese Bewegungen aus. Erzählen Sie das Ihrem Chef – dann regt er sich bestimmt nicht mehr auf, wenn Sie mal eine Minute zu spät kommen.

Kapitel 2
Lieber gemeinsam als einsam im All: Wie und wo Sie andere Sternfreunde treffen

D ie Faszination der Astronomie ist astronomisch groß. Von prähistorischen Zeiten bis zum 21. Jahrhundert hat der Sternenhimmel die Menschen überall auf der Welt fasziniert. Schon die frühesten Himmelsbeobachtungen führten zu den verschiedensten Theorien über das Universum und wichtigen Erkenntnissen über die Bewegung der Sterne, Planeten und Kometen. Wenn Sie jetzt, in diesem Moment den Blick zum Himmel richten, blicken Hunderttausende von Menschen auf diesem Planeten genau in die gleiche Richtung. Als Himmelsbeobachter sind Sie nie allein. Und überall warten Unmengen von Informationsquellen und Hilfestellungen auf Sie, die Ihnen den Start erleichtern: Menschen, Organisationen, Publikationen, Webseiten, Smartphone-Apps und vieles mehr. Schon bald werden Sie zum großen Kreis derer gehören, deren Wissensdurst zum Thema Universum nicht mehr zu stillen ist.

In diesem Kapitel mache ich Sie mit verschiedenen Ressourcen vertraut und gebe Ihnen ein paar Tipps, wie Sie loslegen können. Wie es dann weitergeht, liegt bei Ihnen. Seien Sie dabei!

 Wenn Sie all die Ressourcen, Organisationen, Einrichtungen und Instrumentarien kennen, die Ihnen zu mehr Freude an der Astronomie verhelfen, ist es ein Leichtes für Sie, sofort in die astronomische Materie einzusteigen und die Natur der Objekte und Erscheinungen in den Tiefen des Alls selbst zu erforschen. Welches Zubehör Sie dazu brauchen, verrate ich Ihnen in Kapitel 3.

Sie sind nicht allein: Astronomieklubs, Webseiten, Smartphone-Apps und mehr

Wenn Sie in die Astronomie einsteigen und dort aktiv bleiben wollen, wartet eine wahre Fülle von Informationen, Organisationen, Menschen und Einrichtungen auf Sie. Sie können einem Verein beitreten oder Profiastronomen Ihre Hilfe ehrenamtlich zur Verfügung stellen. Sie können an Astronomentreffs teilnehmen, Vorträge und Lehrgänge besuchen, Sie können sich mit anderen Astronomen an bestimmten Orten treffen, um gemeinsam den Himmel beobachten und deren Instrumente mitbenutzen zu können. Außerdem gibt es eine Vielzahl von Zeitschriften, Webseiten, Büchern, Computerprogrammen und Smartphone-Apps, mit deren Hilfe Sie sich das notwendige Grundwissen über Astronomie und das aktuelle Himmelsgeschehen aneignen können.

Sternstunden im Astronomieklub

Die beste Methode, um so mühelos und kostensparend wie möglich in die Astronomie einzusteigen, besteht sicher darin, einem Astronomieklub beizutreten und an dessen regelmäßigen Zusammenkünften teilzunehmen. Viele dieser Klubs veranstalten monatliche Treffs, bei denen »alte Hasen« den Neulingen eine Menge Tipps in Sachen Technik und Zubehör geben oder örtliche Koryphäen oder Gastredner zu Gesprächsrunden oder Diavorträgen einladen. Oft können Mitglieder Ihnen wertvolle Tipps geben, wie Sie an ein preisgünstiges Teleskop oder Fernrohr kommen und welche Produkte auf dem Markt ihr Geld auch wirklich wert sind. (Mehr zu diesem Thema lesen Sie in Kapitel 3.)

Es kommt noch besser: Astronomieklubs sponsern nicht selten Sternguckermeetings, meist an Wochenenden sowie zu speziellen Anlässen wie Sternschnuppenregen, Sonnen- oder Mondfinsternissen und anderen Himmelsspektakeln. Bei solchen Treffs erlernen Sie den praktischen Umgang mit der Astronomie und ihrem Instrumentarium am besten, ja Sie müssen nicht einmal ein eigenes Teleskop mitbringen. Viele Teilnehmer freuen sich sogar, wenn sie Ihnen anbieten können, ihres mitzubenutzen. Ziehen Sie sich ein Paar feste Schuhe an, vergessen Sie nicht Ihre Handschuhe und eine Mütze zum Schutz vor der kalten Nachtluft, und lächeln Sie! Wenn Sie in der Stadt oder einem Vorort leben, kann es sein, dass der Himmel zu hell ist; fahren Sie also lieber hinaus an einen dunklen Ort auf dem Land. Wahrscheinlich hat Ihr örtlicher Astronomieklub für Sie eine Empfehlung parat, und zu fürchten brauchen Sie sich an diesem abgeschiedenen Ort auch nicht: Sie sind ja nicht allein.

Überall auf der Welt: Sterne zum Greifen nah!

Ein guter Anlaufpunkt für Sterngucker sind die Seiten der Vereinigung der Sternfreunde (www.vds-astro.de), der größten Vereinigung der Amateurastronomen in Deutschland. Hier finden Sie Fachgruppen für praktisch alle Spielarten der Amateurastronomie: Von der Fotografie über die Sonnen-, Mond- und Planetenbeobachtung bis zur Radioastronomie. Die VdS koordiniert landesweite Aktionen wie den jährlichen Tag der Astronomie (www.astronomietag.de) und bringt eine eigene Zeitschrift heraus, das *Journal für Astronomie* (kostenlos für Mitglieder).

In der Schweiz bildet die Schweizerische Astronomische Gesellschaft (SAG) den Dachverband der Amateurastronomen: www.sag-sas.ch. Gute Anlaufstellen für Hobbyastronomen in Österreich sind die Webseiten der Wiener Arbeitsgemeinschaft für Astronomie, WAA (www.waa.at), und die der Kuffner-Sternwarte, ebenfalls in Wien: www.kuffner-sternwarte.at, oder der Kepler-Sternwarte in Linz (www.sternwarte.at).

Die Internationale Astronomische Union mit Sitz in Paris richtet alle drei Jahre ein Treffen an wechselnden Orten aus. Sie bietet auch jede Menge Literatur und Lehrmittel an. Besuchen Sie doch einmal ihre Website www.iau.org.

In Großbritannien ist noch immer die im Jahre 1890 gegründete, altehrwürdige British Astronomical Union federführend. Ihre Webadresse lautet www.britastro.org. Und die Society for Popular Astronomy, nach eigener Einschätzung »Großbritanniens klügste astronomische Vereinigung«, berichtet stets über die neuesten Ereignisse rund um Planeten und helle Sternschnuppen auf ihrer Website www.popastro.com.

Die Astronomical Society of the Pacific in den USA (www.astrosociety.org), deren Zentralsitz sich in San Francisco befindet, ist Herausgeber des vierteljährlichen Onlinemagazins für Amateure *Mercury*. Sie veranstaltet ein jährliches Treffen an wechselnden Orten im Westen der USA, oft sogar ziemlich weit östlich wie in Toronto oder Boston. Auch Lehrern stellt sie Unmengen an Lernmaterial zur Verfügung.

Auch in den meisten anderen Ländern gibt es Astronomieklubs. Wie gesagt: Die Faszination der Astronomie ist astronomisch groß.

 Wenn Sie in einer einigermaßen großen Stadt oder einer Universitätsstadt wohnen, finden Sie dort wahrscheinlich auch einen Astronomieklub. Wenn Sie in Deutschland, Österreich oder in der Schweiz leben, finden Sie alle Klubs und Sternwarten in Ihrer Umgebung auf der Website www.astronomie.de/gad/astronomische_Vereine.htm.

Websites, Magazine, Software und Apps

Astronomisches Wissen zu erwerben, ist einfach, denn es gibt unglaublich viele Informationsquellen, wie etwa Websites, Apps für das Smartphone oder Tablet sowie Magazine und spezielle Software für den PC. Hier ein paar Tipps, damit Sie sich in der Fülle an Informationen nicht verlieren:

Unterwegs im Cyberspace

Im Internet finden sich Informationen zu jedem Themenbereich der Astronomie – und es werden immer mehr! In diesem Buch weise ich Sie immer wieder auf interessante Webseiten hin, auf denen Sie alles über Planeten, Kometen, Meteore und Finsternisse nachlesen können, was Sie wissen wollen.

Die bekannteste Zeitschrift für Astronomie im deutschsprachigen Raum ist *Sterne und Weltraum* (`https://www.spektrum.de/magazin/sterne-und-weltraum/`). Auf der Website können Sie ins neue Heft hineinschnuppern, Leserfotos bestaunen (und natürlich auch die von Satelliten aufgenommenen, gestochen scharfen Bilder von weit entfernten Himmelsobjekten), Sie können alles Wichtige für eigene Sternbeobachtungen und Forschungen lernen und, und, und. Ein Besuch dieser Website ist für Himmelsfreaks einfach ein Muss.

Auch ein Blick in das US-Magazin *Sky & Telescope* lohnt sich. Auf der Website `www.skyandtelescope.com/` finden Sie neben aktuellen Informationen aus der Welt der astronomischen Forschung auch Hinweise zu aktuellen Beobachtungsobjekten. Wenn sich also die Venus mal wieder von ihrer eindrucksvollsten Seite zeigt oder am Himmel gar dem ähnlich prächtigen Jupiter begegnet, wenn ein neuer Komet erstrahlt oder Sie sich beim Anblick eines Meteorschauers tausend

Zeitschriften zum Blättern

… und damit meine ich Printmagazine, im Gegensatz zu Onlinezeitschriften, sind eine feine Sache: Man kann sich zurücklehnen oder sie sogar im Bett vor dem Einschlafen lesen, was sie dem Internet stets voraushaben werden. Was gibt es Schöneres, als noch eben eine kleine Sternreise zu unternehmen, bevor der Sandmann kommt? Die meisten Astronomiefans haben mindestens eine der drei großen deutschen Astromagazine (*Sterne und Weltraum*, das *Journal für Astronomie* der VdS oder *Space*) abonniert, aber Sie können auch auf die abonnierten Hefte von Astronomieklubs zurückgreifen und dort in Ruhe in alten wie auch neuen Ausgaben schmökern. VdS-Mitglieder (`www.vds-astro.de`) erhalten das *VdS-Journal*, eine sehr gute Zeitschrift mit vielen Beobachtungstipps, übrigens kostenlos, und können *Sterne und Weltraum* zum Vorzugspreis beziehen. (Wie man einen Klub findet, erfahren Sie weiter vorn in diesem Kapitel im Abschnitt »Sternstunden im Astronomieklub«.)

Ich empfehle Ihnen, sich ein Probeheft aller drei großen Weltraummagazine zu bestellen (die gibt es meist gratis). Dann können Sie zu Hause in Ruhe prüfen, welche Veröffentlichung für Sie am geeignetsten ist. Wenn Sie sich entschieden haben, können Sie Ihr Abonnement auch online auf der Website des betreffenden Magazins abschließen. Dann bekommen Sie nicht nur das Magazin jeden Monat frei Haus, sondern haben oft auch Zugang zu bestimmten Inhalten auf der Website, die nur Abonnenten zur Verfügung stehen.

Lohnenswert ist es auch, sich ein astronomisches Jahrbuch zuzulegen. In solchen Jahrbüchern steht nicht nur, welche kosmischen Ereignisse im folgenden Jahr für den Weltraumfan von Interesse sind; sie enthalten auch Tabellen mit den jeweiligen Himmelpositionen der Planeten und wichtigsten Konstellationen im Jahreslauf. Unter den Jahrbüchern bekannt sind zum Beispiel das *Kosmos Himmelsjahr,* oder *Der Sternenhimmel (erscheint ebenfalls im Kosmos-Verlag).*

Das Planetarium für zu Hause

Ein Planetarium auf Ihrem Desktop, für Sternbeobachtungen direkt am heimischen PC – wäre das nichts? Auch für Ihr Smartphone oder Tablet gibt es solche Apps, die Ihnen Nacht für Nacht den Himmel so zeigen, wie er von Ihnen zu Hause aus aussieht. Solchen Programmen können Sie auch entnehmen, welche Sterne und Planeten zu einem bestimmten Tag in der Zukunft an einem bestimmten Ort am Himmel sichtbar sein werden. Damit können Sie sich schon ein kleines Beobachtungsprogramm für die Sommerferien zusammenstellen oder vorausplanen, zu welchem Beobachtungsort Sie an welchem Tag fahren müssen, damit Ihnen das ersehnte Himmelsspektakel nicht entgeht. Auch wenn Sie noch nicht so weit sind, um Ihre Erkundungen ins Freie zu verlegen, werden Sie mit diesen Apps viel Spaß haben. Viele Astronomen benutzen sie als Zeitplaner für bevorstehende Sternbeobachtungen oder erstellen sich einen Plan, um zur richtigen Nachtstunde mit den richtigen Instrumenten ans Werk gehen zu können. Amateuren, die ein computergesteuertes Teleskop besitzen, helfen solche Programme oft, ihr Beobachtungsgerät genau dorthin zu richten, wo es Sterne, Planeten und andere Himmelserscheinungen gibt, deren Anblick sich lohnt.

Solche Desktopplanetarien gibt es in den verschiedensten Preisklassen, von gratis bis krachteuer. Der Preis hängt von den Möglichkeiten ab, die sie bieten. Oft finden sich Anzeigen für Programme dieser Art in astronomischen Fachmagazinen oder im Internet (siehe die beiden vorherigen Abschnitte). Vom Hersteller werden solche Heimplanetarien regelmäßig auf den neuesten Stand gebracht und den Erfordernissen der Zeit angepasst. Es genügt, wenn Sie mit nur einem dieser Programme anfangen, das höchstwahrscheinlich auch Ihr einziges bleiben wird. Um herauszufinden, welche dieser Planetariums-Apps für Ihre Zwecke am geeignetsten ist, lassen Sie sich am besten von einem erfahrenen Hobbyastronomen in Ihrem örtlichen Astronomieklub beraten. Was für ihn passt, passt wahrscheinlich auch für Sie.

 Hier einige Programme, die Sie in Erwägung ziehen können:

✔ **Stellarium:** Ein kostenloses Planetarium für zu Hause, das auf den meisten PC-Betriebssystemen läuft. Um zu sehen, was es alles bietet, besuchen Sie am besten die Stellarium-Website unter `www.stellarium.org/de/`. Sie werden staunen, was für tolle Sachen man mit dem Programm machen kann, Sie können auch gleich einige Testfotos bestaunen, und falls Sie Lust haben, können Sie es sich auch sofort herunterladen.

✔ **Celestia Portable:** Ebenfalls ein kostenloses Programm, mit dessen Hilfe Sie im eigenen Raumschiff durch die Tiefen des Alls reisen und von Ihrem Ausflug auch jeweils ein Video aufnehmen und abspeichern können. Ihre Reiseroute können Sie ständig erweitern, indem Sie auf die ebenfalls frei erhältlichen Zusatzpakete zugreifen. Alles über dieses Programm auf der deutschen Website `www.celestia.info`.

- ✔ **WorldWide Telescope:** Originalaufnahmen der Weltraumteleskope Hubble, Chandra und Spitzer lassen sich mit diesem kosmischen Erkundungsprogramm bestaunen. Auf Herz und Nieren prüfen und herunterladen können Sie das von Microsoft entwickelte Programm auf der Website `www.worldwidetelescope.org`.

- ✔ **Google Sky:** Das kosmische Gegenstück zu Google Earth, mit Blick auf galaktische Nebel, ferne Galaxien, aber auch den guten alten Mond. Auf der Website `www.google.de/intl/de/sky/` können Sie sofort loslegen.

Auch für Smartphones und Tablets gibt es wie erwähnt zahlreiche Apps für Sterngucker. Hier eine Auswahl:

- ✔ **SkySafari 5:** Diese App gibt es in unterschiedlichen Preisklassen. Sie ist einsetzbar für Android, iPhone und iPad, und je teurer die Version, die Sie sich leisten, umso mehr Extras haben Sie natürlich zur Verfügung. Die einfachste Variante funktioniert wie folgt: Sie halten das Gerät gen Himmel, daraufhin identifiziert es für Sie alle sichtbaren (nachts) und unsichtbaren (tagsüber) Himmelsobjekte. Für den Anfang reicht die einfache Version; wenn Sie damit zurechtkommen, können Sie immer noch »aufsteigen«.

- ✔ **CraterSizeXL:** Diese iPad- und iPhone-App berechnet, was passiert, wenn ein gefährlicher Asteroid auf die Erde trifft (mehr zu Asteroiden und die von ihnen ausgehenden Gefahren steht in Kapitel 7). Geben Sie die Größe des Asteroiden und andere Daten ein, und die App spuckt die Einschlagenergie, die Größe des entstehenden Kraters und noch Weiteres aus. Ein Asteroideneinschlag kann Schäden in Milliardenhöhe verursachen, aber die App kostet nur ein paar Euro.

- ✔ **SkyGuide:** Diese preisgekrönte App erzeugt wunderschöne Himmelskarten, und wenn man will, untermalt sie diese auch mit Musik. Sie sehen Sterne, die Sie einfach keinem Sternbild zuordnen können? Einfach das Smartphone zücken, SkyGuide-App anwerfen, auf das Kompass-Symbol drücken und das Smartphone nach oben halten: SkyGuide (gibt es für das iPhone, iPad und sogar für die Apple Watch) zeigt Ihnen eine Karte der betreffenden Himmelsregion, auf der die Sterne mit ihren Namen angezeigt sind, und dazu alle weiteren Informationen zu den zugehörigen Sternbildern und so weiter. Natürlich weiß die App auch immer, wo gerade die Planeten stehen. Mehr dazu steht auf der Entwicklerseite `www.fifthstarlabs.com`.

- ✔ **Galaxy Zoo:** Gibt es kostenlos sowohl für Android- und Apple-Smartphones als auch fürs Tablet. Für alle Laienwissenschaftler, die ihren Beitrag zur Astronomie leisten wollen, indem sie Fotos unzähliger Galaxien, aufgenommen vom Hubble-Weltraumteleskop und anderen, sichten und in Kategorien einteilen. Mehr als eine Viertelmillion Freiwilliger weltweit sind schon dabei. (Wie Sie auch mitmachen können und was Sie dazu über Galaxien wissen müssen, beschreibe ich in Kapitel 12.)

- ✔ **Google Sky Map:** Für Smartphones und Tablets mit Android-Betriebssystem gibt es diese kostenlose App, mit der man alle sichtbaren Sterne und Planeten leicht identifizieren und sich außerdem an zahlreichen Bildern verschiedenster Himmelsobjekte der NASA und aus anderen Quellen erfreuen kann.

✔ **GoSatWatch** (für iPhone und iPad) und **Satellite Safari** (Android und Apple) sind zwei Apps, mit denen Sie sich die gerade sichtbaren künstlichen Satelliten anzeigen lassen können, die von einem bestimmten Standort aus sichtbar sind. In Kapitel 4 reden wir noch ausführlich über Satelliten im Erdorbit.

✔ **Stellarium:** Diese App fürs iPhone orientiert sich an der gleichnamigen Version für den Desktopcomputer (siehe weiter vorn in diesem Kapitel).

✔ **Star Chart:** Diese kostenlose App für iPhone und Android bietet einen weiteren einfachen Weg, Sterne und Sternbilder schnell zu identifizieren.

Große und kleine Sternwarten besuchen

Es gibt zwei Arten von Sternwarten: die großen, *professionellen Observatorien* mit Hightechausrüstung und riesigen Teleskopen, die von Astronomen und Wissenschaftlern zu Studienzwecken eingerichtet wurden, und die kleineren *Planetarien* und *Volkssternwarten*, die ihre Aufgabe vor allem darin sehen, Sterne und andere Himmelsobjekte mithilfe spezieller Gerätschaften in einen dunklen Raum zu projizieren und die Phänomene des Weltraums auf einfache Weise zu erläutern. Ihr Wissen über Teleskope, Astronomie und Forschungsprogramme können Sie hier wie dort erweitern.

Wohin die Reise geht

Ins All natürlich, wohin sonst? Aber das ist von Ihrem Wohnort weit entfernt – zumindest so weit wie bis zum nächsten Planetarium. Damit Sie wenigstens die süße Qual der Wahl haben, habe ich für Sie ein paar gute Adressen von Sternbeobachtungshäusern im deutschsprachigen Raum zusammengestellt:

Deutschland

✔ Ein atemberaubendes Erlebnis ist das *Zeiss-Planetarium Bochum*. Dort kann man Zeitreisen machen, sich Schwarze Löcher aus der Nähe ansehen, Workshops besuchen, sich mit einer Gruppe von Amateurastronomen auf zur Weltallfotosafari machen und, und, und. Auch für Kinder und Jugendliche bietet das Zeiss-Planetarium Erlebnis- und Fantasiereisen in die unendlichen Weiten des Universums. Wie und wo Sie sich anmelden können und was gerade alles im Angebot ist, erfahren Sie auf der Website www.planetarium-bochum.de.

✔ Gleich zwei große Planetarien hat die Hauptstadt Berlin: Da ist einmal das Planetarium am Insulaner am Fuße des gleichnamigen Hügels im Westteil der Stadt, gleich bei der Wilhelm-Förster-Sternwarte. Im Stadtteil Prenzlauer Berg steht das Zeiss-Großplanetarium, das als einer der letzten Repräsentationsbauten der ehemaligen DDR anlässlich der 750-Jahr-Feier Berlins im Jahr 1987 errichtet wurde. Seine 30-Meter-Kuppel ist von innen und außen beeindruckend. Das Planetarium wurde 2016 nach umfangreichen Renovierungsarbeiten wiedereröffnet und verfügt heute über modernste Fulldome-Medientechnik. Beide Berliner Planetarien findet man im Internet unter `https://www.planetarium.berlin`.

✔ Eines der bekanntesten Planetarien Deutschlands ist das *Planetarium Hamburg*. Es ist auf einem mehr als 40 Meter hohen Wasserturm errichtet, der beste Aussichtsmöglichkeiten bietet. Unter `www.planetarium-hamburg.de` finden Sie alles, was Sie als Besucher wissen müssen, von Öffnungszeiten über Gruppenbuchungen bis hin zu Preisermäßigungen für Kinder, Schulklassen und sozial Benachteiligte. Es ist das deutsche Planetarium mit den meisten Besuchern pro Jahr (um die 300.000).

✔ Neben Hamburg, Berlin und Bochum ist zweifellos Jena die vierte große Weltraumstadt in Deutschland: Das *Zeiss-Planetarium Jena* (`www.planetarium-jena.de`) bietet nach eigenen Angaben »den zweitbesten Sternenhimmel nach der Natur«, und auf den Besucher warten zahlreiche Erlebnisse der besonderen Art. Auch Konzerte und Musikfestivals finden dort in Weltraumatmosphäre statt.

✔ Ein Schmankerl für Astronomie- und Geschichtsfans ist zweifellos die *Arche Nebra*. Seit im Jahre 1999 auf dem Mittelberg in Sachsen-Anhalt die »Himmelsscheibe von Nebra« entdeckt wurde, die sich als eine Darstellung des Sternenhimmels aus der Bronzezeit entpuppte, wissen wir eine ganze Menge mehr über das Bild, das unsere Ahnen von der Unendlichkeit um uns hatten. In der Arche Nebra kann man diese Himmelsscheibe in Aktion erleben und im angeschlossenen Planetarium eine virtuelle Reise in die Bronzezeit machen. Das vollständige Programm finden Sie unter `www.himmelsscheibe-erleben.de`.

✔ Wenn es Ihnen weniger ums große Event geht als um reine Wissensvermittlung in nüchterner Atmosphäre, sollten Sie statt eines Planetariums eine der wissenschaftlichen *Sternwarten* oder ein *Observatorium* besuchen – es gibt sie unter anderem in Bamberg, München und Sonneberg (Forschungsinstitute) sowie in kleinerer Ausführung als Volkssternwarten in allen möglichen Orten Deutschlands – genannt seien als Beispiele nur Aachen, Bonn, Hagen oder Rostock. Am besten, Sie informieren sich im Internet, wo in Ihrer Umgebung die nächste gute Sternwarte zu finden ist. Ein empfehlenswertes Buch, in dem über 300 Sternwarten, Institute, Museen mit astronomischer Ausstellung und Planetarien gelistet sind, ist der »Reiseführer Astronomie in Deutschland«, erschienen im Oculum-Verlag.

Österreich

Das *Planetarium Wien* (`www.planetarium-wien.at`) bietet eine bunte Mischung aus Wissensvermittlung und Erlebnis: Regelmäßige Lehrveranstaltungen zum Thema Weltraum wechseln sich ab mit der jeden Freitag stattfindenden »Reise durch die Nacht«, die einen Blick auf das jeweils aktuelle Geschehen am Himmel und die besten Beobachtungsmöglichkeiten gewährt. Ferner findet zweimal pro Woche eine Beobachtungsführung mit erfahrenen Sternenkennern statt. Die Gesellschaft Österreichischer Planetarien zeigt eine aktuelle Liste aller Planetarien der Alpenrepublik auf ihrer Internetseite: `www.planetarien-oesterreich.at`.

Schweiz

Das *Planetarium Zürich* ist ein sogenanntes *mobiles Planetarium*. Das heißt, es geht regelmäßig »auf Tournee« und zeigt seine Vorführungen an verschiedenen Orten. Das Team baut dazu seine Projektionsanlage vor Ort in großen Sälen auf und schickt sein Publikum mittels Echtzeit-Computersteuerung quer durch das ganze Sonnensystem. Den aktuellen Tourneeplan sowie einen Überblick zum Gesamtangebot finden Sie unter www.plani.ch. Einen Überblick über weitere Planetarien und Sternwarten bietet die Webseite der SAG: www.sag-sas.ch/sternwarten-und-planetarien.

Die Sterne immer im Gepäck

Auf astronomische Art verreisen – das ist oft eindrucksvoller, preiswerter und stressfreier als das Pauschalangebot aus dem Reisebüro. Man muss nicht mit den Nachbarn wetteifern, wer das exklusivere Urlaubsziel hatte; man muss nicht zuvor herausfinden, »wo am meisten los ist«; man muss sich nicht damit herumärgern, dass das »Zimmer mit Aussicht« einen direkten Einblick in die Schlafecke der Gäste von gegenüber gewährte – und kommt trotzdem mit tausend Erinnerungen nach Hause.

Eine Art von Astroreise kann allerdings ganz schön ins Geld gehen: die Jagd nach Sonnenfinsternissen. Es gibt Enthusiasten, die ständig unterwegs sind zu irgendeinem Ort auf dieser Welt, an dem es eine totale Sonnenfinsternis zu bestaunen gibt. Aber auch da gibt es mittlerweile Schnäppchenangebote. Als weitere Alternative bieten sich Sternenpartys an, Nächte in Sternenhotels oder ein Erlebnis im Dark Sky Park (einer Lichtschutzzone, in der es nach Sonnenuntergang richtig stockfinster wird). Ich habe für Sie ein paar Orte ausgesucht, zu denen die Reise nicht allzu lang ist.

Let's Have a Party Tonight!

Star Partys (Sternenpartys) sind seit Längerem sehr beliebt. Häufig sind es Privatleute oder Händler, die solche Partys veranstalten: Es bringt einfach jeder sein bestes handgemachtes Fernrohr mit, dann geht's hinaus in die Felder, den Blick zum Himmel gerichtet. Gelegentlich erhält der Besucher mit der besten Ausrüstung einen Preis. Falls es regnet, steht meist ein Zelt oder eine Aufenthaltshalle zur Verfügung, wo die Besucher sich mit einer eindrucksvollen Diashow trösten dürfen.

Abhängig von den Gegebenheiten, übernachten die Teilnehmer solcher Sternenpartys oft in Zelten in der Natur; andere mieten sich eine kleine Hütte oder logieren in einem preiswerten Gasthof in der Nähe. Normalerweise dauern diese Events eine oder zwei Nächte, manchmal aber bekommen die Teilnehmer eine ganze Woche lang nicht genug. In Amerika sind es oft mehrere Tausend Teleskophersteller und Amateurastronomen, die sich zu einem solchen Treffen einfinden.

Im deutschsprachigen Raum werden solche Sternpartys häufig noch immer mit dem etwas lieblosen Wort *Teleskoptreffen* bezeichnet.

✔ Der »Klassiker« unter den Teleskoptreffen in Deutschland ist das »Internationale Teleskoptreffen Vogelsberg« (ITV). Es findet Jahr für Jahr im Mai auf dem Campingplatz »Am Gederner See« im Naturpark Hoher Vogelsberg statt. Jedes Jahr treffen sich hier Hunderte Gleichgesinnter mit ihren eigenen, teils gekauften, teils selbstgebauten Teleskopen zum gemeinsamen Beobachten und zum Erfahrungsaustausch: www.teleskoptreffen.de/itv.html. Unter der Webseite www.teleskoptreffen.de finden Sie auch Informationen zu weiteren, kleineren Treffen.

✔ Schon beinahe Kult ist seit über 20 Jahren das *Herzberger Teleskoptreffen (HTT)*, zu dem sich auch zahlreiche Besucher aus dem Ausland einfinden (Herzberg liegt in Brandenburg, an der Schwarzen Elster). Gemeinsame Beobachtungen, Fachvorträge, ein Fotoabend, eine Fachmesse mit den modernsten Innovationen in Sachen Zubehör – hier ist für jeden Geschmack etwas dabei. Informieren Sie sich ausführlich auf der Website www.herzberger-teleskoptreffen.de.

✔ Besonders attraktiv in Österreich ist das *Internationale Teleskoptreffen (ITT)*, das regelmäßig auf der Emberger Alm in Kärnten stattfindet. Ein professionelles 12-Zoll-Teleskop Meade LX200 sowie ein 17,5-Zoll-Newton-Teleskop stehen den Teilnehmern für ihre Sternbeobachtungen zur Verfügung. Weitere Informationen finden Sie auf der Website www.alpsat.at.

✔ In der Schweiz sehr beliebt ist die große, alljährlich stattfindende *Swiss Star Party*. Sie findet auf dem Gurnigel in den Berner Voralpen (westlich von Thun) statt; übernachtet werden kann im nahe gelegenen Berghaus (Reservierung notwendig; sagen Sie einfach, Sie seien ein »Starpartygast«). Weitere Informationen zu diesem und anderen Schweizer Teleskoptreffen sowie eine Anfahrtsskizze finden Sie auf der Website www.teleskoptreffen.ch.

Die (Astro-)Feste feiern, wie sie fallen

Mit Fachleuten sprechen, einschlägige Buchautoren kennenlernen und die heißesten Neuigkeiten aus dem Weltraum erfahren – all das können Sie bei einem sogenannten Astrofest. Der Schwerpunkt dieser häufig von Astronomiearbeitsgruppen oder Fachhändlern veranstalteten Treffs liegt meist auf einer Expo, bei der neue Teleskope und anderes brandaktuelles Zubehör vorgestellt werden. Die größte Astronomiemesse in Europa ist seit Jahren der Astronomische Tausch- und Trödeltreff ATT (www.att-essen.de) in Essen. Der altertümliche Name deutet auf die Ursprünge dieser Veranstaltung hin – einst war es ein lokaler Astronomieflohmarkt, heute treffen sich dort Teleskophersteller, Händler und natürlich Hobbyastronomen aus vielen Ländern Europas. Eine ähnliche Astronomiemesse, die aber zusätzlich mit hochkarätigen Vorträgen und Gästen aufwartet, ist das European AstroFest. Es findet alljährlich im Londoner Stadtteil Kensington statt. Weitere Informationen finden Sie unter europeanastrofest.com. Im Süden Deutschlands gibt es die Astronomiemesse AME (www.astro-messe.de) – nicht ganz so groß wie der ATT, aber ebenso hochkarätig besetzt.

Urlaub in der Sonne

… ist vielleicht nicht ganz die richtige Bezeichnung für das Hobby sogenannter Sonnenfinsternistouristen: Sie begeben sich auf organisierte Schiffsreisen und Flüge, um im Laufe ihres Lebens so viele Finsternisse wie möglich sehen zu können. Ein Glück, dass Astronomen schon lange vorausberechnen können, wann und wo eine totale Sonnenfinsternis zu erwarten ist. Allerdings ist sie immer nur auf einen schmalen Gebietsstreifen beschränkt, die *Totalitätszone*. Natürlich können Sie sich auch zu Hause hinsetzen und warten, bis eine Finsternis zu Ihnen kommt – es ist aber möglich, dass Sie sie dann nicht mehr miterleben. Wenn Sie auf Nummer sicher gehen wollen, seien Sie also bereit zu reisen.

Ein paar gute Gründe, in die Finsternis zu reisen

Wenn eine Sonnenfinsternis nicht weit von Ihnen entfernt stattfindet, können Sie natürlich selbst hinfahren – dann brauchen Sie keine Tour zu buchen. Dies ist aber nur selten der Fall; eine Liste bevorstehender totaler Sonnenfinsternisse finden Sie in Kapitel 10, Tabelle 10.1.

Wenn Sie reiseerfahren sind, können Sie auch Finsternisse, die in weiter Ferne stattfinden, auf eigene Faust besuchen. Eins jedoch sollten Sie dabei bedenken: Meteorologen und Astronomen wissen schon Jahre im Voraus, wo die besten Beobachtungsorte sind. Und da es sich oft nur um kleine Ortschaften handelt, sind die Übernachtungsmöglichkeiten rasch ausgebucht. Die Veranstalter solcher Reisen (und auch manch gewitzte Einzelperson) jedoch kennen die von den Experten ermittelten »Hotspots« und machen dort schon lang vorher Reservierungen klar. Kurzentschlossene und Blauäugige werden dann nicht mehr viel Glück haben.

Normalerweise engagieren solche Reiseveranstalter einen Meteorologen und einige Profiastronomen (auch ich durfte schon mal). Ein Wetterkundiger ist insofern von Vorteil, als er den Beobachtungsort, falls schlechtes Wetter droht, in letzter Sekunde irgendwohin verlegen kann, wo die Aussichten besser sind. Ein Astronom wiederum wird Ihnen genau erklären, wie Sie die Finsternis gefahrlos fotografieren können. Meist ist auch noch ein Kollege dabei, der von früheren Sonnenfinsternissen berichtet und Ihnen die neuen Forschungsergebnisse rund um die Sonne und das Weltall vorstellt.

Am Abend nach der Finsternis zeigen alle ihre Videos, auf denen man sieht, wie der Himmel sich plötzlich verdunkelt, und mitbekommt, wie die Vögel am helllichten Tag verstummen (und manchmal auch, wie ein hochsensibler Typ im spannendsten Moment auf sein Teleskop zu trommeln beginnt), und die Menge hört, die begeistert »Hurra« oder »Wow« ruft. Und die gelungensten Szenen bekommt man natürlich nicht nur läppische ein- oder zweimal zu sehen.

Konnte ich Ihnen ein wenig Appetit darauf machen, selbst zum Finsternistouristen zu werden? Dann noch ein Tipp: Ins Ausland zu reisen, ist in einer Gruppe oft billiger als auf eigene Faust (und auf jeden Fall klüger, als jahrelang darauf zu warten, dass eine Sonnenfinsternis vor Ihrer Haustür stattfindet). Außerdem lernen Sie neue Freunde kennen, die Ihre Interessen für den Sternenhimmel und Sonnenfinsternisse teilen – zumindest mir ist es so gegangen.

Der Vorteil von Schiffsreisen

Eine Finsternisschiffsreise ist in der Regel die bessere Wahl, kommt aber auch teurer. Auf dem Meer haben der Kapitän und der Steuermann »2 Grad Spielraum«. Wenn also der Meteorologe am Abend vor der Sonnenfinsternis sagt: »200 Meilen in südwestlicher Richtung die Totalitätszone abwärts« (weil dort laut Vorhersage am wenigsten Wolken den Himmel trüben werden), kann die Schiffscrew sich nach diesen Anweisungen richten. An Land geht das nicht: Dort kann der Bus nicht einfach die Straße verlassen, und die Straße führt nicht immer dorthin, wohin man gern möchte. Ich erinnere mich an eine Sonnenfinsternis in Libyen, bei der unser Buskonvoi die Straße einfach »links liegen ließ« und quer durch die Wüste zum festgesetzten Beobachtungsort fuhr, wo es Wasser, Dixiklos, Sicherheitsleute und T-Shirt-Händler gab. Auf einer Seereise kann man das Steuern der Crew überlassen, sich in einem Liegestuhl entspannen, eine Piña Colada schlürfen, die Kamera bereithalten und darauf warten, dass der Himmel sich verdunkelt.

 Ich habe schon viele Sonnenfinsternisse miterlebt und weiß aus Erfahrung, dass man an Land etwa nur die Hälfte der Zeit eine klare Sicht hat. Wenn Sie jedoch mit einem Ozeandampfer fahren, kann eigentlich nichts schiefgehen.

Die richtige Entscheidung treffen

Anzeigen für Finsternisreisen zu Land und zu Wasser finden Sie in zahlreichen Astronomie- und Naturzeitschriften, ferner im Internet auf Astro- oder Reisewebsites. Astronomieklubs und Studentenvereinigungen bieten oft Gruppenunterbringung bei Finsternisreisen mit dem Schiff an.

 Hier ein paar Tipps, damit Sie die richtige Wahl treffen:

✔ **Blättern Sie in aktuellen und älteren Ausgaben von Astronomiezeitschriften.** Die meisten enthalten Tipps für die optimale Beobachtung von Sonnenfinsternissen – auch solchen, die erst in einigen Jahren stattfinden. Schenken Sie den Experten Ihr Vertrauen.

✔ **Achten Sie auf die Anzeigen von Reiseveranstaltern.** Was für Fahrten und Schiffsreisen zu welchen Orten werden angeboten? Im Reisebüro erhalten Sie Broschüren von Organisatoren und Kreuzfahrtgesellschaften. Viele davon enthalten Listen mit erfolgreichen Finsternisreisen der Vergangenheit – immer ein Zeichen dafür, dass Sie es hier mit erfahrenen Leuten zu tun haben.

Auch Sie können einen wissenschaftlichen Beitrag leisten

Sie können sich mit Ihrem Hobby Astronomie sogar nützlich machen und nebenbei noch etwas für Ihr Ego tun – indem Sie sich auf nationaler oder internationaler Ebene am Sammeln wissenschaftlicher Fakten beteiligen. Mag sein, dass Sie nur einen kleinen

Feldstecher haben und keine zwei 10 Meter breite Megateleskope wie das Keck-Observatorium –, aber wenn an dem Ort, an dem sich das Observatorium befindet, ein diesiger Tag ist, sieht auch Keck nichts. Und wenn ein atemberaubender Feuerball über Ihr Wohnviertel hinwegzischt, sind Sie vielleicht der einzige Astronom, der ihn sieht.

Geheimen Satelliten des US-Verteidigungsministeriums sowie einem Amateurfilmer, der auf Urlaub im Glacier National Park in den Rocky Mountains war, gelang es, einen der eindrucksvollsten und interessantesten Meteore aller Zeiten aufzunehmen. Fast jede wissenschaftliche Dokumentation über Meteore, Asteroiden und Kometen, die im Fernsehen kommt, enthält den Videoclip, den sie drehten. Es lohnt sich, zur rechten Zeit am rechten Ort zu sein. Und eines Tages werden auch Sie das Glück haben.

Tun Sie sich mit anderen Astronomen im Rahmen sogenannter *Citizen-Science-Projekte* (Forschungsarbeiten von Nichtwissenschaftlern) zusammen und haben Sie viel Spaß mit den Projekten, die ich Ihnen in diesem Buch vorstelle. Sie können sich mithilfe Ihres Smartphones an der Meteorenzählung der NASA beteiligen (siehe Kapitel 4), Sie können auch Fotos durchforsten, die von einem den Mond umkreisenden NASA-Satelliten gemacht wurden, um kleine Mondkrater ausfindig zu machen (siehe Kapitel 5), Sie können Funkdaten vom Allen Telescope Array (einem Radio-Interferometer) analysieren, um Hinweise auf intelligentes außerirdisches Leben zu entdecken (siehe Kapitel 14), Sie können Wissenschaftlern dabei helfen, Planeten in anderen Sonnensystemen zu finden (ebenfalls Kapitel 14), oder nach Blasennebeln in der Milchstraße suchen und zu Hause vor Ihrem PC Galaxien klassifizieren, die vom Hubble-Weltraumteleskop fotografiert wurden (siehe beides Kapitel 12).

Hotels mit Weltraumblick

Motels sind eine Spezialität amerikanischer Highways – deshalb ist der Begriff »Teleskopmotel« in Deutschland so gut wie unbekannt. Ein *Teleskopmotel* ist eine Übernachtungsstätte, deren Reiz darin besteht, dass Sie dort Ihr eigenes Teleskop an einem idealen Beobachtungsort aufstellen können. Meist sind auch hauseigene Teleskope vorhanden, die Sie gegen einen kleinen Preisaufschlag nutzen dürfen. Teleskopmotels sind also eine gute Wahl, falls Sie keine Lust haben, Ihre gesamte Ausrüstung mit sich durchs Land oder gar durch die ganze Welt zu schleppen.

✔ In den USA gibt es eine ganze Reihe solcher Teleskopmotels. Eines der bekanntesten ist das *Observer's Inn* in der kalifornischen Goldgräberstadt Julian. Was Sie als Hobbyastronom dort erwartet, können Sie auf der Homepage des Motels (`www.observersinn.com`) nachlesen. Außerdem zu empfehlen ist das *Primland* in den Blue Ridge Mountains, Virginia (`primland.com`) – eine Luxusunterkunft mit eigenem Observatorium (falls Sie mal im Lotto gewinnen).

✔ Im Luftkurort St. Andreasberg (Harz) beispielsweise plant das *Hotel Tango Garni* (www.tangopension.de) schon seit Längerem den Bau einer eigenen Sternwarte. Bis dahin werden regelmäßig Astronomieferien angeboten, zu denen die Teilnehmer allerdings ihr eigenes Zubehör mitbringen müssen.

✔ In Europa sind vor allem die Kanarischen Inseln ein beliebter Anziehungspunkt für Sternfreunde von nah und fern. Im *Hotel Puerto Santiago* an der Westküste Teneriffas etwa befindet man sich in unmittelbarer Nähe großer Sternwarten und Observatorien.

Dark Sky Parks: Das Licht muss draußen bleiben

Deutschland ist sehr dicht besiedelt, und die Gegenden, in denen ein ungehinderter Blick in den Nachthimmel noch möglich ist, entsprechend rar – deshalb müssen sie geschützt werden wie Biotope. Die *International Dark-Sky Association* (www.darksky.org) hat es sich zum Ziel gesetzt, möglichst viele solcher Gebiete zu erhalten; Voraussetzungen sind ein klarer Sternenhimmel und so gut wie keine künstlichen Lichteinflüsse. In diesen Sternenparks (Dark Sky Parks) finden sich vor Ort vielleicht keine Teleskope, aber wenn Sie ihnen einen Besuch abstatten, dürfen Sie gern Ihr eigenes tragbares Teleskop mitbringen.

In Deutschland wird die Organisation von der *Fachgruppe Dark Sky* (www.lichtver schmutzung.de) vertreten. Sie hat Karten erstellt, die sich an Satellitenaufnahmen orientieren und die Intensität des Lichts flächendeckend aufzeigen. Falls auch Sie den Anblick des Himmels in einem jener Parks genießen wollen, hier eine Liste bekannter Orte in Europa und den USA:

✔ **Sternenpark Westhavelland**, das erste Dark-Sky-Reservat in Deutschland

✔ **Nationalpark Eifel**, Deutschland (www.nationalpark-eifel.de)

✔ **Biosphärenreservat Hessische Rhön**, Deutschland

✔ **Galloway Forest Park**, Schottland

✔ **Sark Dark Sky Island**, Frankreich (Normandie)

✔ **Exmoor National Park**, England

✔ **Hortobagy National Park**, Ungarn

✔ **Natural Bridges National Monument**, Utah, USA

✔ **Cherry Springs State Park**, Pennsylvania, USA

✔ **Clayton Lake State Park**, New Mexico, USA

Auf der Südhalbkugel ist die heißeste Adresse das mehr als 2.000 Quadratkilometer große *Aoraki Mackenzie International Dark Sky Reserve.*

Kapitel 3

Den Himmel erkunden – gut vorbereitet und mit dem richtigen Equipment

Haben Sie schon einmal in den Nachthimmel geblickt? Dann haben Sie das gemacht, was Menschen seit Anbeginn der Zeit taten: Sie haben »in die Sterne geguckt«. Schon mit bloßem Auge kann man eine Menge am Himmel entdecken, vor allem die unterschiedlichen Farben der Sterne oder die Muster, die sie am Himmel bilden. Etwa den Großen Wagen mit seinen »Zeigersternen«, die Ihnen den Weg zum Polarstern weisen.

Der nächste logische Schritt ist, sich die Himmelsobjekte im Detail anzusehen. Verwenden Sie dazu ein Fernglas oder ein Teleskop – am besten in genau dieser Reihenfolge. Ehe Sie sich versehen, sind Sie zum Astronomen geworden!

Aber ich greife voraus: Zunächst sollten Sie sich den Kosmos in aller Ruhe anschauen und seine Schönheit auf sich wirken lassen. Sie benötigen dazu nur drei grundlegende Werkzeuge – mindestens eines davon besitzen Sie bereits.

 Ob Sie nur Ihre Augen, ein Fernglas oder gar ein Teleskop einsetzen, jede Methode eignet sich für den Blick in den Kosmos:

✔ **Bloßes Auge:** Ihre Sehorgane sind alles, was Sie brauchen, um zum Beispiel die Aurora Borealis (das berühmte Polar- oder Nordlicht) oder Meteorströme (auch Sternschnuppenregen genannt) zu sehen. Und auch eine Planetenkonjunktion (wenn sich zwei oder mehr Planeten nahe beieinander am Himmel befinden) oder eine Konjunktion von Planeten und Mond schauen Sie sich am besten ohne weitere Hilfsmittel an.

✔ **Ferngläser:** Gute Ferngläser sind ideal, um etwa helle veränderliche Sterne zu beobachten, die weit von ihren *Vergleichsternen* (Sterne mit bekannter, konstanter Helligkeit) entfernt stehen. Und natürlich eignen sich Ferngläser prima dazu, einfach durch die Sternwolken der Milchstraße zu schweifen und die weit verteilten hellen Gasnebel und Sternhaufen zu finden. Einige der helleren Galaxien – zum Beispiel die Andromedagalaxie M31, die Dreiecksgalaxie M33 oder die Magellanschen Wolken – sehen unter einem dunklen Himmel im Fernglas einfach großartig aus.

✔ **Teleskop:** Um ferne Galaxien im Detail zu betrachten oder enge Doppelsterne »aufzulösen« und für vieles mehr, benötigen Sie ein Teleskop. (Ein Doppelstern besteht aus zwei eng zusammen stehenden Sternen. Nicht immer befinden sie sich tatsächlich eng beieinander, aber wenn sie es tun, spricht man von einem Doppelsternsystem (auch Binärsystem genannt).)

In diesem Kapitel erkläre ich Ihnen diese Werkzeuge, versorge Sie mit einem kurzen Überblick über die Geografie des Nachthimmels und gebe Ihnen einen Plan an die Hand, mit dem Sie sich weiter in die Astronomie vertiefen können.

Sterne sehen – eine Einführung in die Geografie des Himmels

Von der Nordhalbkugel der Erde aus gesehen scheint sich der gesamte Himmel um den nördlichen Himmelspol (NHP) zu drehen. Direkt beim nördlichen Himmelspol steht der Polarstern (auch Nordstern oder Polaris genannt). Der Polarstern steht immer am (fast) gleichen Ort – die ganze Nacht lang (und den ganzen Tag lang, aber dann sehen Sie ihn nicht).

In den folgenden Abschnitten zeige ich Ihnen, wie Sie sich mit dem Polarstern vertraut machen, und versorge Sie mit ein paar Fakten zu den Sternbildern.

Wenn die Erde sich dreht ...

Unsere Erde dreht sich. Das hatte der griechische Philosoph Herakleides Pontikos schon im vierten Jahrhundert vor Christus behauptet. Aber seine Zeitgenossen glaubten ihm nicht, denn, so argumentierten sie, würde sich die Erde drehen, erginge es ihnen wie auf einem Karussell – sie würden die Drehung spüren. Weil sie das aber nicht taten, glaubten sie weiterhin daran, dass die Erde stillstünde und sich die Sonne, die Planeten und der gesamte Himmel um die Erde drehten – mit einer kompletten Umdrehung pro Tag. (Sie bemerkten die Drehung der Erde nicht – ebenso wenig wie Sie und ich –, weil die physikalischen Effekte zu schwach sind, um im Alltag aufzufallen.)

Der Beweis für die Drehung der Erde erfolgte erst 1851, fast zwei Jahrtausende nach Herakleides (die Wissenschaft erhielt auch damals zu wenig Geld, daher der langsame Fortschritt). Er gelang mit einer schweren Metallkugel, die an einer 67 Meter langen Schnur hing, zuerst im Pariser Observatorium, später im Panthéon, der nationalen Ruhmeshalle des Lands. Dieses Ding nennt sich *foucaultsches Pendel*, benannt nach seinem Erfinder, einem französischen Physiker. Wenn man sich die Bewegung des Pendels im Laufe eines Tags genau anschaut, stellt man fest, dass sich seine Schwingungsebene langsam ändert, und zwar so, als ob sich der Boden unter der schwingenden Kugel dreht. Und der Boden dreht sich tatsächlich – weil er sich mit der Erde dreht!

Das glauben Sie nicht? Dann schauen Sie es sich doch selbst an! Foucaultsche Pendel finden Sie zum Beispiel im Deutschen Museum in München (www.deutsches-museum.de/ausstellungen/museumsinsel/museumsturm/foucault-pendel) und im Jahrtausendturm in Magdeburg (www.jahrtausendturm-magdeburg.de). Wenn Sie nicht selbst hinfahren wollen, können Sie sich auch das Pendel der Universität Heidelberg im Internet anschauen: pendelcam.kip.uni-heidelberg.de.

Wenn Sie's aber ohnehin schon glauben, dann genießen Sie die Drehung der Erde einfach bei Ihrem Lieblingsgetränk und einem schönen Sonnenuntergang.

Wie in Kapitel 1 erklärt, bewirkt die Erddrehung, dass sich alle Sterne, die Sonne und die Planeten täglich von Ost nach West über den Himmel zu bewegen scheinen. Zusätzlich bewegt sich die Sonne im Laufe eines Jahrs über einen Kreis namens *Ekliptik*. (Könnten Sie die Sterne auch am Tag sehen, würden Sie erkennen, dass sich die Sonne langsam Richtung Westen durch die Sternbilder bewegt.) Die Ekliptik ist 23,5 Grad gegen den Himmelsäquator geneigt, der gleiche Winkel, unter dem die Erdachse gegen die Umlaufbahnebene der Erde um die Sonne gekippt ist.

Die Planeten bewegen sich immer entlang der Ekliptik. Sie durchqueren dabei zwölf Sternbilder, die als *Tierkreis* oder *Zodiak* bekannt sind: Widder, Stier, Zwillinge, Krebs, Löwe, Jungfrau, Waage, Skorpion, Schütze, Steinbock, Wassermann und Fische. Unter Astrologiegläubigen sind diese Sternbilder als »Tierkreiszeichen« bekannt. Tatsächlich kreuzt die Ekliptik ein dreizehntes Sternbild, den Schlangenträger. Im Altertum gehörte der allerdings nicht zum Tierkreis und gilt daher nicht als Tierkreiszeichen.

Der stetige Lauf der Erde um die Sonne bewirkt, dass sich der Himmelsanblick im Laufe des Jahrs ändert. (Aus demselben Grund scheint sich die Sonne entlang der Ekliptik zu bewegen – wir sehen sie von der Erde aus stets vor dem Hintergrund anderer Sternbilder.) Die Sterne stehen im Laufe einer Nacht oder eines Jahrs nicht an festen Himmelspositionen (der Polarstern ist eine Ausnahme, man findet ihn immer am ungefähr gleichen Ort). Sternbilder, die vor einem Monat abends noch hoch am Himmel standen, sind heute zur gleichen Uhrzeit bereits tiefer im Westen zu sehen. Und Sternbilder, die Sie heute früh morgens tief am Osthorizont sehen, finden Sie ein paar Monate später gegen Mitternacht hoch am Himmel.

Um die Sternbilder im Jahreslauf zu verfolgen, nutzen Sie Monatssternkarten, wie sie zum Beispiel in monatlichen Astronomiemagazinen wie *Sterne und Weltraum* abgedruckt werden (mehr zu Astronomiemagazinen in Kapitel 2). Manchmal finden Sie solche Sternkarten auch in Zeitungen. Am besten kaufen Sie sich eine sogenannte Planisphäre – eine drehbare Sternkarte –, die Ihnen dank eines drehbaren Deckblatts immer den Ausschnitt des Himmels zeigt, den Sie zu einem bestimmten Zeitpunkt sehen können.

Drehbare Sternkarten (berechnet für Mitteleuropa; sie gelten im gesamten deutschsprachigen Raum) gibt es vom Kosmos-Verlag (`www.kosmos.de`) oder vom Oculum-Verlag (`www.oculum.de`). Es sind Sternkarten für Einsteiger und Fortgeschrittene auf dem Markt; manche haben sogar einen Zeiger, mit dem Sie die Planeten finden können. Es gibt Sternkarten in Miniausgabe (ideal auf Reisen) und mit nachtleuchtender Farbe (können ohne Taschenlampe gelesen werden).

Eine drehbare Sternkarte hilft Ihnen dabei, sich mit dem bewegten Himmel vertraut zu machen. Sie können verschiedenste Uhrzeiten und Tage einstellen und lernen so die besten Beobachtungszeiten für bestimmte Sternbilder kennen. Wenn Sie aber nur kurz wissen wollen, was gerade jetzt am Himmel zu sehen ist, laden Sie sich am besten eine der vielen Planisphären-Apps (oder Planetarium-Apps) für Smartphone oder Tablet-PC herunter! Mehr zu Astronomie-Apps und -programmen lesen Sie in Kapitel 2. Solche eine App ist ganz besonders empfehlenswert, wenn Sie einmal auf die südliche Halbkugel reisen. Dort sieht man ganz andere Sternbilder als bei uns, und das kann schon mal ziemlich verwirrend sein …

… immer ein Auge auf den Polarstern

Jeder kann die Sterne sehen. Aber wissen Sie auch, *was* Sie sehen? Wie finden Sie sich zurecht? Worauf müssen Sie achten?

Die für Bewohner der Nordhalbkugel wohl altehrwürdigste Art, sich mit dem Himmel vertraut zu machen, ist die Suche nach dem Polarstern. Wenn Sie mit seiner Hilfe den Himmelsnordpol gefunden haben, finden Sie auch die anderen Himmelsrichtungen und erkunden damit den gesamten Nachthimmel. Auf der Südhalbkugel sehen Sie den Polarstern nicht und müssen daher nach den »Zeigersternen« Alpha und Beta Centauri Ausschau halten, die Ihnen den Weg zum Kreuz des Südens weisen (eine Smartphone-App oder eine drehbare Sternkarte helfen dabei).

Sie finden den Polarstern am einfachsten mithilfe des Großen Wagens, einer Sterngruppe im Sternbild Großer Bär. Der Große Wagen ist eines der bekanntesten und am leichtesten zu erkennenden Sternmuster, in Mitteleuropa ist er das ganze Jahr über zu sehen.

 Die beiden hellsten Sterne des Großen Wagens, Dubhe und Merak, bilden das hintere Ende des »Wagenkastens«. Sie weisen direkt zum Polarstern.

Die Sterne in der Umgebung des Himmelsnordpols gehen in gemäßigten nördlichen Breiten niemals unter. Man nennt sie *zirkumpolare Sterne*: Sie befinden sich innerhalb eines gedachten Kreises um den Pol. In Mitteleuropa zählt der gesamte Große Wagen zu den zirkumpolaren Sternen. Wie viele Sterne niemals untergehen, hängt von der geografischen Breite ab. Je weiter nördlich Sie wohnen, desto mehr Sterne sind zirkumpolar. Das Gleiche gilt auch für den südlichen Himmelspol auf der Südhemisphäre. Wenn ein Sternbild auf der Nordhalbkugel zirkumpolar ist, kann es das nicht auch auf der Südhalbkugel sein, und umgekehrt.

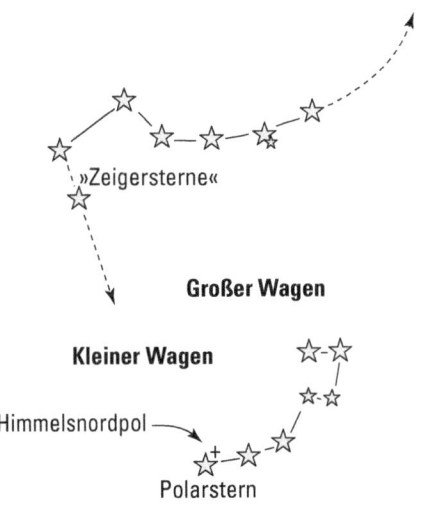

Abbildung 3.1: Der Große Wagen weist
den Weg zum Polarstern.

Orion ist ein sehr auffälliges Sternbild. Es steht auf der Nordhalbkugel am Winterhimmel und besteht aus drei etwa gleich hellen Sternen, die eine markante Linie bilden: den »Gürtel« des Orions. Dieser weist nach links zu Sirius im Großen Hund und nach rechts zu Aldebaran im Stier. Orion enthält außerdem Rigel und Beteigeuze, zwei Sterne erster Größe, die als helle Leuchtfeuer am Himmel glänzen (siehe Abbildung 3.2). Mehr zu den Größenklassen und der Helligkeit von Sternen finden Sie in Kapitel 1.

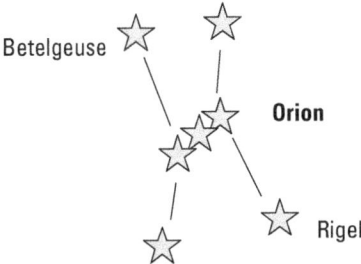

Abbildung 3.2: Orion und seine
hellen Sterne Rigel und Beteigeuze

Die Sternbildkarten in Anhang A dieses Buchs helfen Ihnen, sich schnell mit den Sternbildern vertraut zu machen. Versuchen Sie einfach, die dort abgebildeten Muster am Himmel wiederzufinden. So wie Sie mit einer guten Straßenkarte Ihren Weg durch die Stadt schneller finden, bewegen Sie sich mit den Sternkarten flinker und sicherer durch den Nachthimmel und finden so später auch die Objekte, die Sie beobachten wollen, viel leichter.

Auf geht's! Mit den bloßen Augen den Nachthimmel erkunden

Wenn Sie sie nicht schon kennen, machen Sie sich zunächst mit den Himmelsrichtungen an Ihrem Beobachtungsplatz vertraut. Sie sollten wissen, wo Norden, Süden, Osten und Westen sind. Dann nämlich können Sie eine drehbare Sternkarte oder eine Monatskarte richtig einsetzen und finden schnell heraus, wo welche Sterne und Planeten zu sehen sind (mehr zu diesen Hilfsmitteln in Kapitel 2 oder weiter vorn in diesem Kapitel). Wenn Sie dann erst einmal die helleren Sterne und Sternbilder ausgemacht haben, finden Sie auch die schwächeren dazwischen.

In Tabelle 3.1 sind einige der hellsten Sterne des Himmels zusammen mit ihren jeweiligen Sternbildern und scheinbaren Helligkeiten aufgeführt (mehr zum Thema Sternhelligkeiten in Kapitel 1). Viele davon sind vom deutschsprachigen Raum aus sichtbar. Manche dagegen sehen Sie nur von sehr weit südlichen Breiten aus, etwa in Australien oder Südafrika. Die Spektralklasse ist ein Maß für die Temperatur und Farbe eines Sterns (mehr dazu in Kapitel 11). B-Sterne sind beispielsweise eher heiß, M-Sterne dagegen »kühl«.

Sternname	Scheinbare Helligkeit	Sternbild	Spektralklasse
Sirius	−1,5	a Canis Majoris	A
Canopus	−0,7	a Carinae	A
Rigil Kentaurus	−0,1	a Centauri	G
Arktur	−0,05	a Bootis	K
Wega	0,03	a Lyrae	A
Kapella	0,1	b Aurigae	G
Rigel	0,1	a Orionis	B
Prokyon	0,4	a Canis Minoris	F
Achernar	0,5	a Eridani	B
Beteigeuze	0,5	a Orionis	M
Hadar	0,6	b Centauri	B
Acrux	0,8	a Crucis	B
Altair	0,8	a Aquilae	A
Aldebaran	0,9	a Tauri	K
Antares	1,0	a Scorpii	M
Spica	1,0	a Virginis	B
Pollux	1,1	b Geminorum	K
Fomalhaut	1,2	a Piscis Austrini	A
Deneb	1,3	a Cygni	A

Tabelle 3.1: Die hellsten Sterne am irdischen Nachthimmel

 Beginnen Sie Ihre Beobachtungen, indem Sie die hellsten Sterne der Tabelle am Himmel identifizieren. Sodann versuchen Sie, schwächere Sterne aufzufinden. Und halten Sie immer die Augen offen nach den hellen Planeten Merkur, Venus, Mars, Jupiter und Saturn (siehe Kapitel 6 und 8).

Im Winter und im Sommer verläuft die Milchstraße hoch über dem Himmel. Wenn Sie das Band der Milchstraße erkennen, haben Sie einen ziemlich guten Beobachtungsplatz ohne allzu sehr störende Lichtquellen in der Nähe (siehe Kapitel 2).

 Die wichtigste Bedingung für Ihre unbeschwerte Himmelsbeobachtung ist ein dunkler, von künstlichen Lichtquellen ungestörter Ort. Wenn Sie nicht zu einem richtig dunklen Platz fahren können oder wollen, suchen Sie sich zumindest einen dunklen Winkel in Ihrem Garten oder Hof oder auf dem Dach eines Gebäudes. Sie werden der Lichtverschmutzung der Stadt so nicht entkommen, aber zumindest sollten Sie verhindern, dass Straßenlampen oder Ähnliches direkt in Ihre Augen leuchten. Warten Sie 10 bis 20 Minuten im Dunkeln, dann sehen Sie auch schwächere Sterne – man sagt, Sie sind »dunkeladaptiert«.

Als ich 1996 den wunderbaren Kometen Hyakutake von einer kleinen Stadt in den Finger Lakes, nördlich von New York aus beobachtete, nutzte ich ein Gebäude, um die Straßenbeleuchtung abzuschirmen – der Komet sah gleich viel besser aus.

Ideal wäre ein dunkler Platz mit guter Horizontsicht, an dem allenfalls flache Gebäude oder Bäume in der Ferne zu sehen sind. In einer städtischen Umgebung werden Sie solch einen Platz aber wohl kaum finden.

 Die wichtigste Himmelsrichtung (für einen Beobachter auf der Nordhemisphäre) ist Süden (mit Osten links und Westen rechts). Hier erreichen die Himmelsobjekte ihren höchsten Stand und sind deshalb am besten zu sehen. Blicken Sie nach Süden, steigen die Sterne links von Ihnen nach oben und sinken rechts von Ihnen wieder zum Horizont. Auf der Südhalbkugel ist das umgekehrt: Sie blicken am besten nach Norden, die Sterne steigen rechts von Ihnen und sinken zu Ihrer Linken.

Wie hell ist hell?

In Kapitel 1 konnten Sie bereits etwas zum Thema Helligkeiten erfahren, doch ist es gut zu wissen, dass Astronomen für verschiedene Zwecke unterschiedliche Definitionen für die Helligkeit eines Objekts verwenden:

✔ Die **absolute Helligkeit** ist die Helligkeit, die ein Objekt in einer Standardentfernung von 32,6 Lichtjahren hätte. Astronomen betrachten diese als die »wahre« Helligkeit des Objekts.

✔ Die **scheinbare Helligkeit** ist die Helligkeit, die das Objekt von der Erde aus gesehen hat. Die scheinbare Helligkeit ist typischerweise von der absoluten Helligkeit verschieden, je nachdem, wie weit das Objekt von der Erde entfernt ist. Ein

Stern, der der Erde näher steht, kann weit heller erscheinen als ein weiter entfernter Stern, auch wenn seine absolute Helligkeit geringer ist.

✔ Die **Grenzhelligkeit** oder Grenzgröße ist die Helligkeit der Sterne, die Sie gerade noch mit bloßem Auge erkennen können. Sie hängt davon ab, wie klar und wie dunkel der Himmel über Ihnen ist. Selbst ein heller Stern kann beispielsweise durch Wolken verdeckt sein, und bei starker Lichtverschmutzung oder hellem Mondlicht sehen Sie viele Sterne nicht, die Sie unter besseren Beobachtungsbedingungen problemlos erkennen können. Die Grenzhelligkeit ist besonders bei Meteor- und Deep-Sky-Beobachtungen wichtig. In einer klaren Nacht kann die Grenzhelligkeit im Zenit 6 betragen, in einer hellen Stadt dagegen nur 3 bis 4.

Viele Sternkarten zeigen die scheinbaren Helligkeiten der Sterne an, um deren Erscheinung am Himmel zu simulieren.

Verwenden Sie beim Sternegucken immer eine schwache, rote Taschenlampe. Es gibt speziell für solche Zwecke geeignete Lampen mit roten LEDs, aber auch eine normale Lampe lässt sich mit rotem Zellophanpapier leicht zur Astrolampe umrüsten. Weißes Licht ruiniert Ihre Dunkeladaptation, rotes dagegen weit weniger.

Als ich jung war, verwendeten manche Beobachter einen tragbaren Kassettenrekorder, um ihre Beobachtungsergebnisse in Echtzeit aufzuzeichnen. So brauchten sie kein Licht, kein Schreibzeug und kein im kalten Wind flatterndes Papier. Heutzutage haben Sie ein solches Gerät sehr wahrscheinlich sowieso dabei: als App auf Ihrem Smartphone!

Schärfere Blicke mit Fernglas und Teleskop

Es ist wie bei jedem Hobby: Bevor Sie sich teures Equipment kaufen, sollten Sie sich informieren. Machen Sie sich also mit den verschiedenen Arten und Bauweisen der auf dem Markt erhältlichen Teleskope vertraut. Am besten, Sie schauen sich erst einmal verschiedene Teleskope im Einsatz an und unterhalten sich darüber mit den jeweiligen Besitzern. In den folgenden Abschnitten gebe ich Ihnen einige Ratschläge für den Kauf Ihres ersten Fernglases oder Teleskops an die Hand.

Denken Sie nicht einmal daran, mit Ihrem Fernglas oder Teleskop in die Sonne zu schauen, bevor Sie meine Hinweise im Kasten »In die Sonne schauen – aber Vorsicht!« gelesen haben (siehe auch Kapitel 10). Schwere und irreparable Augenschäden können die Folge sein!

Ferngläser – durch die Milchstraße schweifen

Ein gutes Fernglas ist ein Muss für jeden ernsthaften Sterngucker. Kaufen oder leihen Sie sich eines, bevor Sie sich ein Teleskop anschaffen. Ferngläser eignen sich für eine Menge interessanter astronomischer Objekte, und sollten Sie einmal die Sterneguckerei an den Nagel hängen (seufz ...), können Sie Ihr Fernglas noch für vieles andere verwenden.

 Ferngläser sind perfekt für die Beobachtung veränderlicher Sterne, heller Kometen oder Novae – und einfach genial, um die Milchstraße zu durchstreifen. Sie mögen zwar niemals selbst einen Kometen entdecken, aber Sie sollten nicht verpassen, mit Ihrem Fernglas auf die Pirsch zu gehen, wenn mal wieder ein heller Schweifstern zu sehen ist.

Die folgenden Abschnitte beschäftigen sich mit der Art und Weise, wie Ferngläser gemäß ihrer Leistungsfähigkeit klassifiziert werden, und zeigen Ihnen, wie Sie Ihr erstes Fernglas finden. Zunächst einmal zeigt Ihnen Abbildung 3.3 das Innere eines typischen Fernglases.

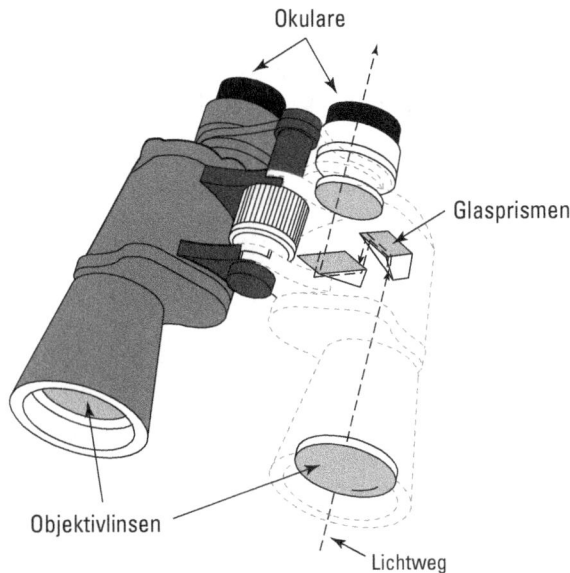

Abbildung 3.3: Ein Fernglas ist wie ein Paar Teleskope, das an Ihre Augen angepasst ist.

Prismen und Gläser

Die Glasprismen lenken das Licht von den Objektivlinsen in die Okulare, in die Sie mit Ihren Augen blicken. Das ist notwendig, denn die Okulare müssen genau auf Ihre beiden Augen passen. Die Objektive sind größer als Ihre Augen und daher weiter voneinander entfernt, deshalb muss das Licht umgelenkt werden.

Es gibt zwei unterschiedliche Fernglasbauarten, je nach Art ihrer Prismen:

✔ **Dachkantprismen**-Ferngläser sind gerade und recht schmal, sie sind besonders unter Vogelbeobachtern beliebt.

✔ **Porroprismen**-Ferngläser sind dagegen eher kurz und breit. Sie eignen sich besser für die Astronomie, da sie hellere Bilder ergeben als Dachkantprismengläser bei gleicher Linsengröße. Sie lassen sich außerdem ruhiger halten.

Zwei Glastypen werden typischerweise in Ferngläsern verbaut:

- ✔ **BK-7-Glas**, ein Handelsbegriff für ein ziemlich durchschnittliches optisches Glas, das oft in preiswerteren Ferngläsern zu finden ist.

- ✔ **BaK-4**, oder Barium-Kron-Glas, findet sich oft in teureren Ferngläsern und liefert meist ein helleres Bild als BK-7-Glas.

Was bedeuten die Nummern auf dem Fernglas?

Es mag zwar eine große Vielfalt von Fernglasherstellern und -formen geben, aber alle Gläser werden durch eine Nummernkombination beschrieben, die Sie irgendwo auf dem Gehäuse finden – zum Beispiel 7×35, 7×50, 16×50, 11×80 (gelesen: sieben mal 35 und so weiter). Das bedeuten diese Angaben:

- ✔ Die erste Zahl gibt die optische Vergrößerung des Fernglases an. Ein 7×35- oder 7×50-Fernglas vergrößert die Objekte sieben Mal im Vergleich zum bloßen Auge.

- ✔ Die zweite Zahl gibt die Lichtsammelkraft des Fernglases an, auch *Apertur* genannt. Das ist einfach der Durchmesser der Objektivlinsen (der großen Linsen vorn) in Millimeter. Ein 7×35 und ein 7×50 haben also zwar die gleiche Vergrößerungsleistung, das 7×50 hat aber größere Objektivlinsen und sammelt daher mehr Licht – die Objekte erscheinen heller als im 7×35.

Die beiden Zahlen verraten schon eine Menge über die Leistungsfähigkeit des Fernglases, aber es gibt noch ein paar Dinge mehr zu berücksichtigen:

- ✔ Größere Ferngläser zeigen Ihnen mehr Details und liefern hellere Bilder als kleine, sind aber auch schwerer und mit der Hand weniger leicht ruhig zu halten.

- ✔ Höher vergrößernde Ferngläser, wie etwa 10×50 oder 16×50, zeigen Ihnen zwar mehr Details (vorausgesetzt, Sie können sie ruhig halten), haben aber auch kleinere Gesichtsfelder, zeigen also weniger »Himmel«. Das macht es schwieriger, Objekte zu finden, als mit kleineren Ferngläsern.

- ✔ »Riesenferngläser« – 10×80, 20×80 und größer – sind sehr schwer und können nur auf einem Stativ sinnvoll eingesetzt werden. Das gilt erst recht für die ganz großen Dinger, etwa ein 40×150. Solche Brummer kosten schnell mehrere Tausend Euro – sie sind ganz sicher nichts für Einsteiger.

- ✔ Es gibt auch eine Vielzahl von Zwischengrößen, etwa 8×40 oder 9×56.

 Interessiert Sie meine Meinung? Kaufen Sie sich ein 7×50. Das ist die beste Größe für astronomische Zwecke und sicherlich die beste Wahl für den Einstieg. Kleinere Ferngläser sind besser für Vogelbeobachtung geeignet als für die Astronomie, in der es oft um lichtschwache Objekte geht. Ein 7×50 können die meisten Menschen noch wackelfrei mit der Hand halten (auch wenn man sich besser dabei abstützt).

Kaufen Sie sich ein wesentlich größeres Fernglas, ist das womöglich eine Fehlinvestition, weil Sie es kaum richtig nutzen können, es Sie aber viel Geld kostet.

Das richtige Fernglas

Zunächst einmal: Kaufen Sie nur Ferngläser, die Sie ausprobieren und zurückgeben können, falls sie Ihnen nicht gefallen. Auf Folgendes sollten Sie achten:

✔ Wenn Sie auf einen beliebigen Ausschnitt des Himmels blicken, sollten die Sterne scharf sein, möglichst bis zum Rand.

✔ Sie sollten beide Gläser (links und rechts) leicht fokussieren können – mindestens eines sollte sich am Okular (die kleine Linse, in die Sie hineinschauen) einzeln scharf stellen lassen.

✔ Das Scharfstellen sollte gleichmäßig und ohne Ruckeln erfolgen. Im Fokus sollten die Sterne als feine Punkte erscheinen, außerhalb als kreisförmige Scheibchen.

✔ Spezielle Beschichtungen (Vergütungen) auf den Objektivlinsen lassen mehr Licht passieren und sorgen für hellere, klarere Bilder. Bei einem guten Fernglas sind alle Linsen vergütet (zu erkennen an dem Begriff *fully multicoated*).

 Manche Astronomen lassen ihre Brille auf, wenn sie durch ein Fernglas blicken. Andere, auch ich, nehmen sie lieber ab und verwenden nur das Fernglas. Ob Sie die Brille auflassen oder nicht, bleibt Ihnen überlassen, allerdings könnten Sie ohne Brille Probleme haben, andere Dinge zu tun, etwa eine Sternkarte zu lesen, Notizen zu machen und so weiter. Ob Sie mit oder ohne Brille beobachten, beeinflusst allerdings auch die Auswahl »Ihres« Fernglases.

Wenn Sie mit Brille beobachten möchten, benötigen Sie ein Fernglas mit ausreichend großem *Augenabstand*. Das ist der Abstand zwischen der Okularlinse und Ihren Augen, in dem Sie das volle Bild erfassen können. Sind Ihre Augen zu weit von den Okularen entfernt – etwa weil Ihre Brille Sie nicht näher heranlässt –, sehen Sie nur den innersten Teil des Himmelsausschnitts, den Ihr Fernglas zeigt. Mein Tipp: Vergessen Sie Herstellerangaben und Verkäuferversprechen bezüglich des Augenabstands, probieren Sie es lieber selbst aus:

1. **Nehmen Sie Ihre Brille ab und fokussieren Sie das Fernglas auf eine Szene in ausreichender Entfernung (100 Meter oder mehr).** Merken Sie sich, wie viel von der Szene im Fernglas zu sehen ist.

2. **Setzen Sie Ihre Brille auf. Haben die Okulare Gummiaugenmuscheln?** Dann falten Sie diese zurück, um so nah wie möglich mit Ihren Brillengläsern an die Okularlinsen zu kommen.

3. **Fokussieren Sie das Glas auf dieselbe Szene wie zuvor.** Wenn Sie einen kleineren Ausschnitt sehen als zuvor, hat das Fernglas einen zu kleinen Augenabstand.

 Gute Ferngläser finden Sie bei Astronomiehändlern und in spezialisierten Geschäften. Manche Fotofachhändler haben ebenfalls gute Fernglasabteilungen. Vermeiden Sie aber Kaufhäuser oder Supermärkte. Die Gläser, die Sie dort finden, sind oft billigste Ware, für die Sie im schlimmsten Fall viel zu viel zahlen. Und die Verkäufer dort haben meist weniger Ahnung als Sie selbst!

Für ein gutes 7×50 können Sie leicht mehrere Hundert oder gar ein paar Tausend Euro ausgeben. Mit etwas Recherche finden Sie aber sicher auch eines um die 100 Euro. Pfandleihhäuser oder Militärshops sind gute Anlaufstationen. Natürlich können Sie auch ein gutes Gebrauchtmarktschnäppchen machen, aber testen Sie unbedingt, bevor Sie kaufen – das gute Stück könnte kaputt oder dejustiert sein.

Viele Hobbyastronomen kaufen ihre Ausrüstung bei spezialisierten Händlern im Internet, von denen wiederum viele in einschlägigen Zeitschriften inserieren (in Kapitel 2 finden Sie mehr Information zu diesen Quellen). Wenn Sie per Internet bestellen, fragen Sie zuvor bei versierten Astronomen nach (Sie finden sie in Vereinen, Volkssternwarten oder Planetarien) und lassen sich einen Händler empfehlen.

Seriöse Hersteller sind zum Beispiel Bushnell, Canon, Celestron, Fujinon, Meade, Nikon, Orion, Pentax und Vixen. Manche hochpreisigen Canon- oder Nikon-Gläser haben eine integrierte Bildstabilisierung, die das Wackeln der Arme und Hände ausgleicht. Sie sind selbst auf einem wackligen Boot zu gebrauchen und machen sich auch an Land gut.

Teleskope – wenn's ein bisschen mehr sein soll

Wenn Sie die Mondkrater sehen wollen oder die Ringe des Saturns, Jupiters Großen Roten Fleck (alles das beschreibe ich in Teil II), schwache Galaxien oder veränderliche Sterne, benötigen Sie ein Teleskop. Auch die interessanten planetarischen Nebel erkennen Sie nur richtig im Teleskop (sie haben aber nichts mit Planeten zu tun, mehr dazu in Kapitel 11 und 12).

 Bevor Sie aber die Sonne beobachten oder Ihr Teleskop auch nur in die Nähe des Tagesgestirns schwenken, lesen Sie die Warnhinweise in Kapitel 10 – damit Sie Ihre Augen richtig schützen und nicht erblinden!

Die folgenden Abschnitte enthalten alles über die Einteilung der verschiedenen Teleskoparten und ihre Montierungen und geben Ihnen Einkaufstipps für Ihr erstes astronomisches Fernrohr.

Fokus auf die Teleskoptypen

Teleskope sind in drei Grundtypen auf dem Markt:

✔ In einem *Refraktor* sammeln und fokussieren Glaslinsen das Licht (siehe Abbildung 3.4). In den meisten Fällen blicken Sie gerade durch einen Refraktor.

✔ *Reflektoren* verwenden Spiegel, um das Licht zu verstärken (siehe Abbildung 3.5). Es gibt verschiedene Bauarten von Reflektoren:

   • Bei einem *Newton-Reflektor* blicken Sie rechtwinklig durch das am oberen Ende des Tubusrohrs angebrachte Okular.

   • Bei einem *Cassegrain-Reflektor* schauen Sie durch das am unteren Ende befestigte Okular.

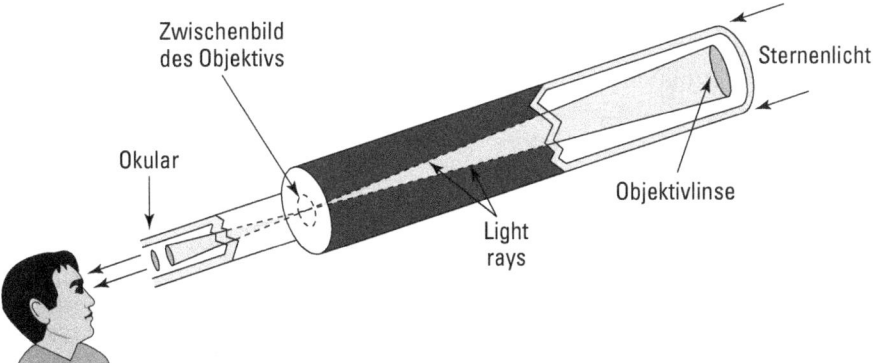

Abbildung 3.4: Ein Refraktorteleskop verwendet Linsen, um das Licht zu sammeln und zu verstärken.

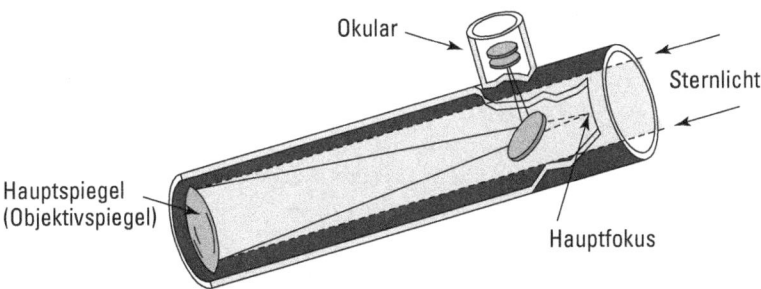

Abbildung 3.5: Ein Spiegelteleskop oder Reflektor verwendet statt Linsen Spiegel , um das Licht zu sammeln und ins Okular zu bringen.

- *Dobson-Teleskope* liefern die mit Abstand größte Lichtsammelkraft fürs Geld, weil sie preiswert gebaut werden können. Es handelt sich im Prinzip um Newton-Reflektoren, die in einer drehbaren Kiste gelagert sind. Die größten Amateurteleskope sind meistens Dobsons.

✔ *Schmidt-Cassegrains* und *Maksutov-Cassegrains* sind Mischformen, bei denen sowohl Spiegel als auch Linsen zum Einsatz kommen. Sie sind teurer als andere Teleskope vergleichbarer Größe, aber auch kompakter und transportabler.

Neben diesen Grundtypen existiert eine Vielzahl verschiedener Spezialarten. Allen gemeinsam ist, dass sie ein Okular besitzen, eine Linse (tatsächlich handelt es sich um eine Kombination von mehreren Linsen), durch die man mit dem Auge blickt. Das Okular vergrößert das vom Objektiv gelieferte Bild. Wenn Sie ein Foto durch das Teleskop aufnehmen wollen, entfernen Sie gewöhnlich das Okular und setzen an seiner Stelle die Kamera ein.

Ähnlich den Objektiven bei Mikroskopen oder manchen Kameras lassen sich die Okularlinsen bei den meisten Teleskopen austauschen. So lassen sich verschiedene Vergrößerungsstufen einstellen. Manche Hersteller bauen gar keine eigenen Teleskope, sondern haben sich ganz auf die Produktion hochwertiger Okulare spezialisiert, die bei verschiedenen Teleskopen funktionieren.

Viele Einsteiger kaufen sich gerne das höchstvergrößernde Okular, das sie kriegen können – ein prima Weg, möglichst viel Geld zu verbrennen. Ich empfehle schwach bis mittelhoch vergrößernde Okulare, denn je höher die Vergrößerung, desto kleiner das sichtbare Gesichtsfeld und umso schwieriger lassen sich schwache (und selbst helle) Objekte finden und nachführen. Die Beobachtung mit kleinen Teleskopen ist am einfachsten bei 25x oder 50x, aber nicht mit 200x oder mehr. (Das »x« steht hier für »mal«, 25x heißt also »25-mal so groß wie mit dem bloßen Auge«). Wenn ein kleines Teleskop mit seiner hohen Vergrößerungskraft angepriesen wird, versuchen die Anbieter eigentlich immer, mittelmäßige Ware an ahnungslose Käufer zu bringen. Wenn ein Verkäufer also die »besonders hohe Vergrößerung« seines Teleskops anpreist, wählen Sie einen anderen Anbieter.

Die Vergrößerung berechnen

Okulare tragen normalerweise ihre Brennweite in Millimeter aufgedruckt, und ein bestimmtes Okular liefert verschiedene Vergrößerungen mit verschiedenen Teleskopen. Wenn Sie die Brennweite Ihres Teleskops (seines Objektivs) kennen, können Sie die mit einem bestimmten Okular erzielte Vergrößerung einfach berechnen, und zwar so:

1. **Bestimmen Sie die Brennweite Ihres Teleskops.**

   Wenn die Brennweite Ihres Teleskops auf dem Tubus abgedruckt ist, notieren Sie sie und machen weiter mit Schritt 2.

   Um die Brennweite zu berechnen, multiplizieren Sie die f-Nummer mit dem Durchmesser des Objektivs in Millimeter. Die f-Nummer (zum Beispiel f/5,6 oder f/8) sollte irgendwo auf dem Teleskop zu finden sein. Ist zum Beispiel der Durchmesser der Objektivlinse oder des Objektivspiegels 150 Millimeter und die f-Nummer f/8, ergibt sich die Brennweite zu 150 × 8 = 1.200 Millimeter.

2. **Teilen Sie die Brennweite Ihres Teleskops durch die Brennweite des verwendeten Okulars.**

   Wenn beispielsweise die Brennweite Ihres Teleskops 1.200 Millimeter ist und die Brennweite des Okulars 25 Millimeter, ergibt sich seine Vergrößerung zu 1.200 / 25 = 48-fach.

Nicht die Vergrößerung des Okulars begrenzt die Feinheit der Details, die Sie sehen können, sondern die Turbulenz der Luft über Ihnen (der gleiche Effekt, der die Sterne »funkeln« lässt) und das Zittern Ihres Teleskops im Wind.

Die Farbe des Kosmos

Was sehen Sie beim Blick durch Ihr Teleskop oder Fernglas? Die leuchtend bunten Sterne, Planeten und Deep-Sky-Objekte, die beispielsweise auf den Farbfotos dieses Buchs oder einschlägigen Webseiten abgebildet sind? Bestimmt nicht!

Tut mir leid, wenn ich Sie enttäuschen muss! Die meisten Sterne sehen weiß oder grauweiß aus, wenn Sie sie im Teleskop betrachten, oder gelblich statt gelb. Am ehesten sehen Sie Sternfarben, wenn zwei benachbarte Sterne einen besonders markanten Farbkontrast aufweisen, zum Beispiel im Falle einiger Doppelsterne.

Die meisten Fotos von Himmelsobjekten wurden farbverstärkt, manche sind auch Falschfarbenbilder. Die Astronomen wollen damit aber nicht das Universum aufhübschen oder Sie in die Irre führen. Die Farbspielereien (sofern es sich nicht von vornherein um »pretty pictures« zum reinen Genießen handelt) dienen schließlich der Forschung. Biologen und Mediziner verwenden ja auch kontrast- oder farbverstärkende Mittel, wenn sie Bilder von Zellen oder Gewebe anfertigen.

Je nach verwendeter Methode können verschiedene Bilder von ein und demselben astronomischen Objekt sehr unterschiedlich aussehen. Aber sie verraten den Astronomen viel über den inneren Aufbau und die Struktur des Objekts oder über die in ihm enthaltenen Substanzen und die ablaufenden physikalischen Prozesse. Außerdem sind viele astronomische Bilder in für das Auge unsichtbaren Wellenlängen aufgenommen (etwa Radio-, Röntgenlicht, UV oder Infrarot). Die Astronomen verwenden die Falschfarben dann, um die »fehlende« Farbe irgendwie darzustellen.

Der feste Stand zählt – Teleskopmontierungen

Teleskope werden für gewöhnlich auf einem Stativ oder einer Säule montiert, und zwar in einer der beiden folgenden Weisen:

✔ *Altazimutal*, also so, dass man das Teleskop frei in der Höhe (Altitude, die vertikale Achse) und im Azimut (der horizontalen Achse) schwenken kann. Weil sich die Erde dreht, muss das Teleskop ständig in beiden Achsen nachgestellt werden, um ein einmal eingestelltes Objekt nicht aus dem Gesichtsfeld zu verlieren. Dobson-Teleskope sind zum Beispiel immer altazimutal montiert.

✔ *Äquatorial* oder *parallaktisch*, wobei eine Achse parallel zu Erdachse ausgerichtet ist und dabei auf den (nördlichen beziehungsweise südlichen) Himmelspol zeigt. Einmal im Okular eingestellt, kann man einem Objekt einfach folgen, indem das Teleskop um diese Polachse geschwenkt wird. Wichtig ist, zunächst den Pol genau einzustellen.

Eine altazimutale Montierung ist in der Regel stabiler und für Anfänger einfacher zu bedienen als eine parallaktische, wobei Letztere einmal eingestellte Objekte nachführen kann. Bei computergesteuerten Modellen allerdings (etwa bei den beiden, die ich weiter hinten in diesem Kapitel näher vorstelle) ist es egal, welche Montierungsart gewählt wird, weil hier der Computer das Nachführen übernimmt.

Im Teleskop (anders als im Fernglas) sind »oben« und »unten« vertauscht, was beim Beobachten eigentlich egal ist. Dennoch ist es gut zu wissen, dass das so ist, wenn Sie das Teleskop entsprechend schwenken. Es gibt zwar Linsen, die das Bild wieder »auf die Füße« stellen, doch diese rauben ein wenig Licht, das Bild wird dunkler. Man sollte daher auf sie verzichten. In einem äquatorial montierten Teleskop behält ein bestimmtes Sternenfeld seine Orientierung die gesamte Nacht über bei, im altazimutalen dreht sich das Gesichtsfeld zusätzlich.

Teleskopshopping (schlau und preisbewusst)

 Ein billiges, in Massen gefertigtes Teleskop (oft abwertend »Kaufhausteleskop« genannt) ist üblicherweise Geldverschwendung. Und es kostet Sie leicht einige Hundert Euro.

Ein gutes, neues Teleskop kostet Sie leicht einige Hundert oder auch mehr als tausend Euro. Aber es gibt Alternativen:

✔ Gebrauchte Teleskope werden oft im Internet angeboten, zum Beispiel auf den Gebrauchtmarktseiten der Astronomieportale www.astronomie.de und www.astrotreff.de. Wenn Sie sich das Gerät vorher in Ruhe ansehen können und es Ihnen gefällt, kaufen Sie es! Ein gut gepflegtes Teleskop kann Jahrzehnte überdauern.

✔ Vielerorts können Amateurastronomen größere Gerätschaften in Klubs, Sternwarten oder Planetarien gemeinsam benutzen.

Die Teleskoptechnologie rast, und was früher ein Trauminstrument war, kann heute bereits als veraltet gelten. Die Qualität und die Leistungsfähigkeit moderner Amateurteleskope nehmen stetig zu, und die Preise sind fair – vielleicht weil sich die Hersteller im Konkurrenzkampf um Ihr Geld befinden.

Allgemein zeigt ein Refraktor ein besseres Bild als ein Reflektor gleicher Apertur (die Fläche des Objektivs oder, bei Reflektoren, die Größe der nicht vom Sekundärspiegel verdeckten Fläche des Objektivs). Ein guter Refraktor ist allerdings auch deutlich teurer als ein gleich großer Reflektor.

In die Sonne schauen – aber Vorsicht!

Auch der kürzeste Blick mit einem Teleskop oder Fernglas in die Sonne ist hochriskant. Um so etwas überhaupt zu wagen, muss das Instrument mit einem zuverlässigen und eigens dafür hergestellten Sonnenfilter versehen sein. Der muss außerdem fest vor dem Objektiv sitzen und darf keinesfalls herunterfallen können.

Ein solcher Sonnenfilter ist ebenfalls erforderlich, wenn Sie den Planeten Merkur vor der Sonne vorbeiziehen sehen wollen (mehr zu Merkurtransits in Kapitel 6). Ein geeigneter Sonnenfilter ist immer notwendig, wenn Sie etwas vor der Sonne vorbeiziehen sehen wollen, denn Sie schauen schließlich gleichzeitig in die Sonne. Bei Refraktoren oder Newton-Teleskopen können Sie auch die Projektionsmethode anwenden (mehr dazu in Kapitel 10).

Gutes Seeing – schlechtes Seeing

Die Erdatmosphäre bestimmt, wie gut Sie die Sterne sehen können. Turbulenz in unserer Lufthülle sorgt dafür, dass die Sterne »funkeln«. Der englische Begriff *Seeing* beschreibt diesen Effekt und macht eine Aussage darüber, wie ruhig das Bild in Ihrem Teleskop ist. Gutes Seeing sorgt für ruhige und klare Bilder im Teleskop. Schlechtes Seeing äußert sich dagegen durch aufgeblähte, unruhige und regelrecht umhertanzende Sterne; Doppelsterne verschmieren zu einem einzigen Lichtfleck. Tief am Horizont funkeln die Sterne meist deutlich heftiger, dort ist das Seeing am schlechtesten.

Die hellen Planeten Merkur, Venus, Mars, Jupiter und Saturn funkeln meist deutlich weniger als die Sterne. Sie erscheinen nämlich nicht als einzelne Lichtpunkte, sondern als kleine Scheibchen, die aus vielen einzelnen Lichtstrahlen bestehen. Auch wenn Sie diese Scheibchen nicht mit bloßem Auge sehen, mittelt sich das Funkeln der einzelnen Lichtstrahlen heraus, und die Planetenscheibe erscheint ruhig und ohne Funkeln.

Ein warmes, aus dem Wohnzimmer nach draußen getragenes Teleskop verursacht ein eigenes »Teleskopseeing«. Warten Sie etwa 30 Minuten, bis sich das Instrument an die kühlere Umgebung angepasst hat, dann sollte sich das Bild deutlich ruhiger zeigen.

Schmidt-Cassegrain- oder Maksutov-Cassegrain-Teleskope sind Kompromisslösungen zwischen dem preiswerteren Design eines Reflektors und der teureren, aber optisch besseren Refraktorvariante. Viele Astronomen bevorzugen deshalb solche »Bindestrichteleskope«.

Eines der besten unter den kleinen Teleskopen ist das ETX-90 von Meade. Seine Öffnung beträgt 90 Millimeter, fast die kleinste Größe, mit der man beginnen kann. (Wenn Sie ein kleines Teleskop ab etwa 6 Zentimeter Öffnung aufwärts für einen guten Preis finden, ziehen Sie einen Kauf in Erwägung.)

Das Meade ETX-90 ist für etwa 500 Euro zu haben und wird komplett mit Stativ und Computersteuerung geliefert. Damit können Sie sich Objekte auf Knopfdruck anzeigen lassen. Eine Alternative zum ETX-90 ist das SkyProdigy 90 von Celestron, das ähnlich ausgestattet ist wie das ETX, allerdings etwas teurer ist.

Aber natürlich sollten Sie nicht so viel Geld ausgeben, ohne das Instrument vorher einmal in Aktion erlebt zu haben. Wenden Sie sich dazu am besten an Ihren lokalen Astronomieklub, Ihre Volkssternwarte oder Ihr Planetarium. Und für 500 Euro gibt es definitiv größere Teleskope, die zwar keine Computersteuerung haben, dafür aber mehr Objekte zeigen als die kleinen.

Markenteleskope werden von autorisierten Händlern vertrieben, die eigentlich Experten sein sollten. Vertrauen Sie deren Ratschlägen aber dennoch nicht blind und vergleichen Sie!

Hier einige deutsche Händler:

✔ Astroshop (`www.astroshop.de`)

✔ Teleskop-Express (`www.teleskop-express.de`)

✔ Intercon Spacetec (`www.intercon-spacetec.de`)

 Vertrauen Sie nicht nur den Beschreibungen auf den Webseiten, sondern lassen Sie sich persönlich beraten. Vergleichen Sie die Angebote und Aussagen der Händler und sprechen Sie mit anderen Amateurastronomen darüber. Internetforen wie `www.astrotreff.de` und `www.astronomie.de` sind eine Fundgrube in Sachen Wissen und eine prima Möglichkeit, sich mit anderen Hobbyastronomen auszutauschen. Achten Sie auch darauf, dass den Teleskopen Ihrer Wahl gute deutschsprachige Bedienungsanleitungen beiliegen.

Die ersten Schritte in die Astronomie planen

 Ich empfehle Ihnen, dass Sie sich langsam, aber stetig in Ihr neues Hobby vertiefen. Geben Sie zunächst nur wenig Geld dafür aus. Erst wenn Sie wissen, was Sie wollen, sollten Sie mehr investieren. Hier nun finden Sie einige grundlegende Schritte, mit denen Sie sowohl das notwendige Wissen als auch die erforderliche Ausrüstung erwerben sollten:

1. Nutzen Sie freie oder preiswerte Planetariumsprogramme oder Apps für Ihren Computer, Ihr Smartphone oder Ihren Tablet-PC. Erforschen Sie den Nachthimmel mit bloßem Auge und machen Sie sich mit den wichtigsten Sternbildern und dem Lauf von Mond und Planeten vertraut.

   Auch ohne technisches Gerät können Sie das tun: Verwenden Sie einfach die gedruckten Sternkarten und Informationen in den monatlich erscheinenden Zeitschriften wie *Sterne und Weltraum* oder schauen Sie auf deren Webseite `https://www.spektrum.de/magazin/sterne-und-weltraum/`.

2. Wenn Sie sich ein, zwei Monate mit dem Himmel beschäftigt haben, investieren Sie in ein gutes 7×50-Fernglas.

   Haben Sie die hellen Sterne und Sternbilder zur Genüge erkundet, kaufen Sie sich einen Sternatlas, der Ihnen auch die schwächeren zeigt. Auch hier helfen Ihnen die Planetariumsprogramme für den PC.

3. Eine gute Wahl für Einsteiger ist der »Klassiker« von Erich Karkoschka, der *Atlas für Himmelbeobachter*, erschienen im Kosmos-Verlag, Stuttgart.

4. Treten Sie Ihrem lokalen Astronomieverein bei und treffen Sie Gleichgesinnte – lernen Sie von deren Erfahrung (mehr zu Astroklubs in Kapitel 2).

5. Wenn alles so weit gut verlaufen ist und Sie sich weiter mit der Astronomie beschäftigen wollen (ich wette, dass Sie das wollen), kaufen Sie ein gutes und stabiles Teleskop mit mindestens 7 bis 10 Zentimeter Öffnung.

   Studieren Sie dazu die hier im Buch angegebene Webseiten, oder besser: Sprechen Sie mit den erfahrenen Astronomen Ihres Klubs. Vielleicht hat sogar einer ein gutes Gebrauchtgerät zu verkaufen.

Wenn Sie von der Astronomie so begeistert sind, wie ich glaube, können Sie nach ein, zwei Jahren an den Kauf eines größeren Teleskops denken, etwa in der 20- bis 25-Zentimeter-Klasse. Schauen Sie sich auch dieses Mal die Teleskope vorher im Betrieb an, am besten auf einem Teleskoptreffen, bei denen viele Hobbyastronomen ihre eigenen Instrumente für die Beobachtungen verwenden und Sie so alle möglichen Teleskoptypen testen können (mehr zum Thema Teleskoptreffen in Kapitel 2).

Kapitel 4

Was da oben kreucht und fleucht: Meteore, Kometen und künstliche Satelliten

Angenommen, Sie sehen ein Etwas am Himmel, das sich bewegt – mitten am Tag. Dann wissen Sie wahrscheinlich, ob es ein Vogel ist, ein Flugzeug oder Superman. Anders sieht es am Nachthimmel aus: Können Sie zum Beispiel eine Sternschnuppe von einem Lichtblitz unterscheiden, der von einem Satelliten ausgeht? Und falls Sie ein Objekt sehen, das ganz langsam vor der Sternenkulisse dahinwandert, aber erkennbar nicht dazugehört, wissen Sie dann, ob es ein Komet ist oder ein Asteroid?

Meteore: Sie haben einen Wunsch frei!

Das Wort *Meteor* wird in der Astronomie immer wieder falsch verwendet: Viele sagen Meteor, wenn sie in Wirklichkeit einen *Meteoroiden* oder *Meteoriten* meinen. Bringen wir doch mal etwas Licht ins Dunkel:

✔ Ein *Meteor* ist der Lichtstreif, der entsteht, wenn ein kleines, festes Objekt (ein Meteoroid) aus dem All in die Erdatmosphäre eintritt. Meteore sind das, was wir meinen, wenn wir von »Sternschnuppen« sprechen.

✔ Ein *Meteoroid* ist ein kleines, festes Objekt im All, meist ein winziges Stück von einem Asteroiden oder Kometen, der um die Sonne kreist. Es gibt auch seltene Formen von Meteoroiden, bei denen es sich tatsächlich um vom Mars oder unserem Mond abgesprengte Gesteinsbrocken handelt.

✔ Ein *Meteorit* ist ein festes Objekt aus dem All, das auf die Erdoberfläche gefallen ist. Etwa 100 Tonnen Meteoritentrümmer stürzen jeden Tag über uns herab (manche schätzen sogar noch mehr).

Wenn ein Meteoroid in die Erdatmosphäre eintritt, erzeugt er möglicherweise einen Meteor, der hell genug ist, um von uns gesehen zu werden. Falls ein Meteoroid groß genug ist, um auf dem Erdboden aufzuschlagen, anstatt bereits vorher in der Luft zu zerfallen, wird er zum Meteoriten. Viele Leute sammeln Meteorite, da sie für Wissenschaftler und Sammler von so hohem Wert sind.

Es gibt zwei Hauptarten von Meteoroiden. Was sie unterscheidet, ist ihr Entstehungsort:

✔ Manche Meteoroiden wurden durch den Einfluss der Sonne aus Kometen ausgelöst. Es handelt sich also um kleine, flockenartige Staubpartikel von Kometen – ich will sie einmal »Kometenmeteoroiden« nennen.

✔ Andere Meteoroiden entstehen beim Zusammenprall von Asteroiden (also Kleinplaneten), ganz selten auch bei Kollisionen zwischen Asteroiden und Planeten oder Monden. Bei diesen »planetaren Meteoroiden« kann es sich um mikroskopisch kleine Teilchen, aber auch richtig große Gesteinsbrocken handeln. (Mehr zu Asteroiden, also jenen Kleinplaneten, die aus Felsmasse bestehen und um die Sonne kreisen, erfahren Sie in Kapitel 7.)

Wenn Sie in ein Naturkundemuseum gehen, in dem es einen Meteoriten zu bestaunen gibt, handelt es sich mit Sicherheit um einen »planetaren Meteoriten«, der auf die Erde gestürzt ist (in seltenen Fällen sogar um ein Stückchen Mond oder Mars, das von einem größeren Objekt getroffen und abgespalten wurde). Es kann aus Stein oder aus Eisen (genau genommen, einer nahezu rostfreien Mischung aus Nickel und Eisen) bestehen oder aus beidem. Die Wissenschaftler sprechen (auf verblüffend unkomplizierte Weise) von Steinmeteoriten, Eisenmeteoriten und Stein-Eisen-Meteoriten.

Sternenstaub in unseren Haaren

Mikrometeoriten (also so winzige Meteoriten, die nur durchs Mikroskop sichtbar sind) sind Partikel, die meist aus einem Kometen ausgestoßen wurden, vielleicht aber auch als extrem kleine »planetare Meteoroiden« begannen.

Mikrometeorite sind so klein, dass sie nicht genügend Reibungskraft erzeugen können, um zu verglühen oder in der Atmosphäre zu zerfallen, also taumeln sie wie Schnee auf die Erde herab. Wahrscheinlich haben Sie jetzt gerade zwei oder drei davon in Ihren Haaren hängen; sie sind aber nahezu unmöglich zu finden unter den vielen Millionen anderer mikroskopisch kleiner Teilchen in Ihrem Haar (ich meine das nicht persönlich).

Wie gelangen aber nun Wissenschaftler zu ihren Mikrometeoriten? Nun, sie schicken Düsenjets mit ultrasauberen Auffangplatten hinauf in schwindelnde Höhen. Und sie durchkämmen den Schlamm auf dem Meeresgrund mit magnetischen Rechen, an denen die aus Eisen bestehenden Mikrometeorite haften bleiben.

Aber so viel Aufwand ist gar nicht nötig. Wenn Sie nur genügend Dreck aus den Regenrinnen Ihres Hausdachs sammeln, werden Sie darin auch ein paar Mikrometeorite finden. Das ist kein Witz! Sie brauchen allerdings ein paar Hundert Kilo Staub und Ablagerungen und moderne Laborinstrumente. Wissenschaftler haben auf diese Weise in 300 Kilogramm Staub, die sie auf Hausdächern in Oslo und Paris gesammelt hatten, 48 zertifizierte Mikrometeorite gefunden. Wenn Sie also demnächst Ihr Nachbar fragt, warum Sie ständig ihren Regenabfluss säubern, antworten Sie ihm, dass Sie auf Meteoritenjagd sind!

Am 2. Januar 2004 flog die NASA-Raumsonde Stardust am Kometen Wild-2 vorbei (der etwa alle sechs Jahre in die Umlaufbahn des Mars eintritt und von Raumsonden leicht zu erreichen ist). Die Sonde beendete ihre waghalsige Mission, indem sie eine Kapsel mit Staubproben von dem Kometen losschickte, die am 15. Januar 2006 mit einem Fallschirm im Bundesstaat Utah zur Erde sank. Ein 200-köpfiges Expertenteam analysierte die winzigen Partikel. Sie fanden heraus, dass manche Staubkörnchen von anderen Sternen stammten; die meisten jedoch waren in der Umgebung der Sonne entstanden, manche davon in so unmittelbarer Nähe zu ihr und noch immer so heiß, dass man – wie Stardust-Forscher Donald Brownlee es ausdrückte – mit ihnen »kleine Löcher in Ziegelsteine« hätte brennen können. Die Sonde, umbenannt in Stardust-NeXT, flog weiter, um am Valentinstag 2011 Fotos von dem Kometen Tempel 1 zu schießen.

In den folgenden Abschnitten spreche ich über drei Arten von Meteoren: sporadische Meteore, Feuerbälle und Boliden. Auch über Meteorschauer (Sternschnuppenschwärme) will ich Sie aufklären.

 Um sich gezielt darüber zu informieren, wie Sie Meteore beobachten, aufzeichnen und melden können, besuchen Sie die Homepage des Arbeitskreises Meteore e. V. www.meteoros.de. Hilfreich sind außerdem http://www.imo.net/ das Berliner Institut für Planetenforschung (www.dlr.de/pf) und die International Meteor Organization (www.imo.net), die eine Anleitung zur Meteorbeobachtung sowie Formulare zur Verfügung stellt, in die Sie die von Ihnen gesichteten Sternschnuppen und Feuerbälle eintragen können. Eine gute Lektüre für Meteorbeobachter und solche, die es werden wollen, ist das Buch *Meteore – Eine Einführung für Hobbyastronomen* von Jürgen Rendtel und Rainer Arlt (erschienen im Oculum-Verlag). http://www.namnmeteors.org/

Sporadische Meteore, Feuerbälle und Boliden

Bestimmt haben Sie schon einmal nachts im Freien eine »Sternschnuppe« gesehen (das ist der Lichtblitz, den ein beliebiger, herabfallender Meteoroid verursacht). Und höchstwahrscheinlich handelt es sich dabei um einen *sporadischen* Meteor. Wenn zahlreiche Meteore am Himmel erscheinen, entsteht der Eindruck, sie würden alle dem gleichen Punkt entspringen; man spricht dann von einem *Meteorschauer*. Meteorschauer gehören mit zum

Eindrucksvollsten, was es am Nachthimmel zu sehen gibt. Im nächsten Abschnitt dieses Kapitels gehe ich näher auf sie ein.

Einen strahlend hellen Meteor bezeichnet man als *Feuerball*. Es gibt keine offizielle Definition, was unter einem Feuerball zu verstehen ist, aber die meisten Astronomen bezeichnen damit Meteore, die heller erscheinen als der Planet Venus. Es kann aber sein, dass die Venus an dem Tag, an dem Sie den Meteor erblicken, gar nicht zu sehen ist. Woher sollen Sie also wissen, dass Sie einen Feuerball gesichtet haben?

Hier meine persönliche Methode zur Identifizierung von Feuerbällen: Wenn die Leute, die den Meteor sehen, alle »Ooooh!« und »Aaaah!« rufen (eine ganz normale menschliche Reaktion), ist es vielleicht nur ein sehr heller Meteor. Wenn die Leute aber *in eine andere Richtung blicken* und trotzdem dem Himmel oder sogar den Erdboden für einen Moment erleuchtet sehen wie durch ein großes Blitzlicht, war es vermutlich ein Feuerball.

Feuerbälle sind gar nicht so selten. Wenn Sie in dunklen Nächten regelmäßig ein paar Stunden hintereinander zum Himmel blicken, bekommen Sie pro Jahr ungefähr zwei Feuerbälle zu Gesicht. Sehr selten jedoch sind *Tageslichtfeuerbälle*. Wenn die Sonne am Himmel steht und Sie trotzdem einen Feuerball sehen, haben Sie unwahrscheinlich viel Glück gehabt und sind einem ungeheuer hellen Feuerball begegnet. Wenn Nichtwissenschaftler einen Tageslichtfeuerball sehen, halten sie ihn meist für ein brennendes Flugzeug oder Raketengeschoss, das gleich abstürzen wird.

Bei jedem extrem leuchtenden Feuerball (der mindestens so hell wie der Halbmond ist) und jedem Tageslichtfeuerball besteht die Chance, dass der Meteoroid, der das Licht erzeugt, es bis zum Erdboden schafft. Frisch aufgekommene Meteorite sind oft von beträchtlichem wissenschaftlichem Wert, deshalb gibt man auch gern eine Stange Geld für sie aus. Falls Sie einen Feuerball sichten, der meiner Beschreibung entspricht, notieren Sie sich folgende Informationen; Ihr Bericht wird Wissenschaftlern dabei helfen, den Meteoriten zu finden und herauszufinden, woher er kommt:

1. **Halten Sie die Uhrzeit fest.**

   Die Uhrzeit lesen Sie zunächst von Ihrer Armbanduhr ab, Sie sollten aber schnellstmöglich überprüfen, wie sehr sie von der exakten Uhrzeit abweicht, zum Beispiel mithilfe der Atomuhr der Physikalisch-Technischen Bundesanstalt in Braunschweig unter der Webadresse uhr.ptb.de/. Natürlich müssen Sie die Zeit in die Uhrzeit Ihres Lands umrechnen, wenn Sie außerhalb der mitteleuropäischen Zeitzone beobachten.

2. **Notieren Sie Ihren genauen Standort.**

   Falls Sie ein Handy mit GPS (Global Positioning System) haben, stellen Sie fest, wo genau Sie sich befinden. Andernfalls zeichnen Sie einfach eine kleine Skizze davon, wo Sie standen, als Sie den Feuerball sahen – notieren Sie sich Straßen, Gebäude, große Bäume und weitere Orientierungspunkte.

3. Fertigen Sie eine Zeichnung des Himmels an und skizzieren Sie die Bahn des Feuerballs in Relation zum Horizont.

Selbst wenn Sie nicht genau wissen, ob Sie nach Südosten oder Nordwesten blickten – eine Zeichnung von Ihrem Standort sowie der Bahn des Feuerballs hilft den Experten, die genaue Flugbahn des Feuerballs sowie die Wahrscheinlichkeit zu ermitteln, dass er gelandet ist.

Wenn ein extrem heller Feuerball bei Nacht oder ein Tageslichtfeuerball gesichtet wird, suchen Wissenschaftler meist nach Augenzeugen, die sich melden sollen. Sie sammeln die Informationen, vergleichen die Berichte von Personen, die den Feuerball von unterschiedlichen Standorten aus gesichtet haben, und ziehen daraus Rückschlüsse, in welchem Bereich er gelandet sein könnte. Übrigens: Selbst ein strahlend heller Feuerball ist meist nicht größer als ein kleiner Stein, den man leicht in der Hand verstecken kann. Deshalb müssen Wissenschaftler, wenn sie ihn finden wollen, ihren Suchbereich ziemlich eingrenzen. Senden Sie Ihre Feuerballsichtung am besten direkt an die IMO, die dazu ein spezielles Onlineformular eingerichtet hat: `fireballs.imo.net/members/imo/report_intro`. Falls Sie mit dem Formular nicht zurechtkommen – die nächste Sternwarte oder das nächste Naturkundemuseum interessiert sich vielleicht für Ihren Bericht.

Ein *Bolid* ist ein Feuerball, der explodiert oder ein lautes Geräusch verursacht, auch wenn er nicht auseinanderbricht. So lautet jedenfalls meine Definition. Es gibt auch Leute, die zu jedem Feuerball *Bolid* sagen. (Eine verbindliche Definition gibt es nicht; selbst seriöse Quellen enthalten oft widersprüchliche Angaben.) Das Geräusch, das Sie dabei hören, ist der Überschallknall des Meteoroiden, der bei seinem Absturz die Schallgeschwindigkeit übersteigt.

Wenn ein Feuerball auseinanderbricht, sehen Sie mindestens zwei helle Meteore gleichzeitig, die sich eng beieinander befinden und sich in die gleiche Richtung bewegen. Der Meteoroid, der den Feuerball verursachte, ist geborsten, vermutlich infolge aerodynamischer Kräfte, so wie auch ein Flugzeug, das in beträchtlicher Höhe außer Kontrolle gerät, manchmal auseinanderbricht, auch wenn es nicht explodiert ist.

Helle Meteore hinterlassen oft eine Leuchtspur. Der Meteor selbst ist höchstens ein paar Sekunden sichtbar, doch dieser Lichtstreif – der *Schweif* des Meteors – kann mehrere Sekunden, selten sogar minutenlang am Himmel verweilen. Bleibt er lange genug bestehen, wird er von den Höhenwinden verformt, so wie auch die Buchstaben, die Flugzeuge über Stränden und Sportstadien in den Himmel schreiben, nach und nach aus der Form geraten.

 Nach Mitternacht (Ortszeit) werden Sie übrigens mehr Meteore sehen als vor Mitternacht, da wir uns von Mitternacht bis Mittag auf der Seite der Erde befinden, die in »Fahrtrichtung« liegt und die dann bei ihrem Flug durchs All jede Menge Meteoroiden einfängt. Von Mittag bis Mitternacht befinden wir uns auf der Erdrückseite, und die Meteoroiden müssen uns hinterhereilen, um in die Erdatmosphäre eindringen zu können und sichtbar zu werden. Sie müssen sich die Meteore wie Mücken vorstellen, die beim Autofahren auf Ihre Windschutzscheibe prallen. Auf der Frontscheibe haben Sie immer jede Menge davon kleben, auf der Heckscheibe fast keine. Völlig klar: Die Frontscheibe bewegt sich auf die Insekten zu, die Heckscheibe von ihnen weg.

Ein Anblick zum Staunen: Der Sternschnuppenregen

Normalerweise sieht man nur ein paar Meteore pro Stunde – die meisten davon nach Mitternacht, und (das gilt nur für Beobachter auf der Nordhalbkugel) im Herbst sind sie zahlreicher als im Frühling. Es gibt jedoch gewisse Zeiten im Jahr, zu denen man in dunklen, mondlosen Nächten fernab von den Lichtern der Stadt oft 10, 20, 50, manchmal sogar noch mehr Meteore pro Stunde sehen kann. Ein solches Ereignis bezeichnet man als *Meteorschauer* (im Volksmund auch »Sternschnuppenregen« genannt). Die Erde durchquert dabei einen großen Ring aus Milliarden von Meteoroiden, der durch die gesamte Umlaufbahn des Kometen verläuft, von dem sie stammen. (Genauere Informationen über Kometen finden Sie weiter hinten in diesem Kapitel.) In Abbildung 4.1 sehen Sie eine Skizze von einem solchen Meteorschauer.

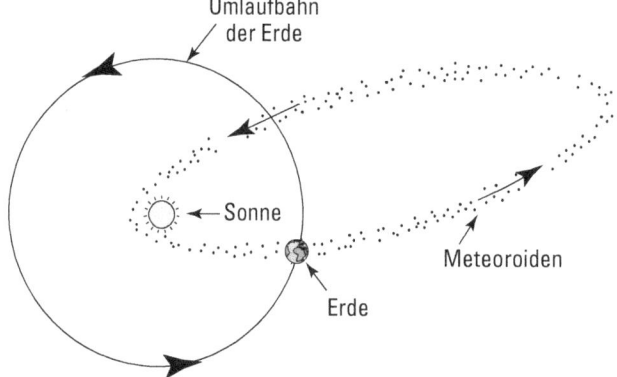

Abbildung 4.1: Die Erdbahn kreuzt einen Meteoroidengürtel, wodurch es zu einem Meteorschauer kommt.

Die Richtung oder der Himmelsbereich, aus der beziehungsweise dem dieser Meteorschauer zu kommen scheint, bezeichnet man als *Radiant.* Der bekannteste Meteorschauer sind die Perseiden, die einen Spitzenwert von bis zu 80 Meteoren pro Stunde erreichen. (Die Bezeichnung Perseiden geht darauf zurück, dass diese Meteore scheinbar aus dem Sternbild Perseus herbeiströmen, das sich zufällig in der gleichen Richtung befindet wie ihr Radiant. Dass Meteorschauer nach Sternbildern oder hellen Sternen in der Nähe ihres Radianten benannt werden, wie zum Beispiel Eta Aquarii, ist völlig üblich.)

Es gibt noch weitere Meteorschauer, die ebenso viele Meteore erzeugen wie die Perseiden, doch nur wenige Leute nehmen sich die Zeit, sie zu beobachten. Die Perseiden kommen in lauen Augustnächten, die oft ideal sind für Sternbeobachtungen; die anderen Meteorschauer jedoch – die Geminiden und die Quadrantiden – durchstreifen den Himmel im Dezember und Januar, wenn das Wetter auf der Nordhalbkugel schlechter ist und die Beobachtungsmöglichkeiten eingeschränkt sind.

In Tabelle 4.1 finden Sie eine Liste der größten alljährlich wiederkehrenden Meteorschauer. Das Datum in der zweiten Spalte betrifft die Nacht oder Nächte, in denen der jeweilige Sternschnuppenschwarm am dichtesten ist. Manche Meteorschauer dauern mehrere Tage,

Name des Meteorschauers	Ungefähres Datum	Meteore pro Stunde
Quadrantiden	3./4. Januar	90
Lyriden	21. April	15
Eta-Aquariden	4./5. Mai	30
Delta-Aquariden	28./29. Juli	25
Perseiden	12. August	80
Orioniden	21. Oktober	20
Geminiden	13. Dezember	100

Tabelle 4.1: Die größten jährlichen Meteorschauer

andere sogar wochenlang, doch bei ihnen sind die Spitzenwerte geringer. Die Quadrantiden dauern oft nur eine Nacht oder ein paar Stunden lang.

Der Radiant der Quadrantiden befindet sich im nordöstlichen Winkel von Bootes, dem Sternbild des Bärenhüters. Ihren Namen haben die Meteore von einer Konstellation, die auf den Sternkarten des 19. Jahrhunderts noch verzeichnet war, inzwischen aber von Astronomen nicht mehr anerkannt wird. Doch nicht nur ihren Namenspatron verloren die Quadrantiden, sondern scheinbar auch den Kometen, der sie zeugte: Bis zum Jahr 2003 war ihr Ursprung ein Mysterium; dann entdeckte der Astronom Petrus Jenniskens ein Objekt namens 2003 EH, das allem Anschein nach ihr Mutterkomet ist.

Die Geminiden sind ein Meteorschauer, der vermutlich nicht mit der Umlaufbahn eines Kometen, sondern eines Asteroiden zu tun hat. Trotzdem, dieser »Asteroid« ist wahrscheinlich nur ein toter Komet, dem kein Gas und Staub mehr entweicht, aus denen sich Kopf und Schweif bilden könnten. Das Objekt 2003 EH, der mutmaßliche Mutterkomet der Quadrantiden, könnte ebenfalls ein toter Komet sein. (Mehr über Kometen erfahren Sie im folgenden Abschnitt.)

Die Leoniden sind ein ungewöhnlicher Meteorschauer, der alljährlich etwa zum 17. November niedergeht, meist ohne große Wirkung. Alle 33 Jahre jedoch führt er mehr Meteore mit sich als gewöhnlich, manchmal mehrere Jahre lang in Folge. Eine gewaltige Zahl von Leoniden wurde im November 1966 gesichtet, danach jeweils im November der Jahre 1999, 2000, 2001 und 2002 – zumindest für kurze Zeit und an bestimmten Orten. Der nächste Leonidenschauer soll 2032 kommen. Nehmen Sie sich schon mal frei.

Die Wahrscheinlichkeit, dass Sie tatsächlich so viele Meteore pro Stunde sehen werden wie in Tabelle 4.1 angegeben, ist gering. Diese offiziellen Zahlen gelten nur für ausgesprochen gute Beobachtungsbedingungen – und die sind heutzutage nur wenigen Menschen vergönnt. Aber Meteorschauer variieren auch von Jahr zu Jahr, ebenso wie Regenfälle. Manchmal können Sie tatsächlich so viele Perseiden sehen wie angegeben, in seltenen Ausnahmefällen sogar mehr. Aufgrund solcher Schwankungen ist es besonders wichtig, dass Sie Ihre Meteorbeobachtungen so präzise wie möglich protokollieren, denn dadurch werden auch die wissenschaftlichen Aufzeichnungen genauer.

Damit Ihnen kein Meteorschauer mehr entgeht, laden Sie sich am besten den jährlichen »Schauerkalender« der IMO herunter. Es gibt ihn auch auf Deutsch: `www.imo.net/resources/calendar/`.

Um Meteoren nachzuspüren, brauchen Sie eine genau eingestellte Uhr, ein Notizbuch, einen Bleistift oder Kugelschreiber für Ihre Beobachtungsprotokolle sowie eine schwache Taschenlampe, um zu sehen, was Sie schreiben.

 Das ideale Licht für astronomische Beobachtungen ist eine rote Taschenlampe. Natürlich gibt es solche Lampen zu kaufen, Sie können sich aber auch selbst eine basteln, indem Sie die Birne mit rotem transparentem Kunststoff umhüllen. Einige Astronomen bemalen die Lampe auch mit einer dünnen Schicht aus rotem Nagellack. Wenn Sie weißes Licht verwenden, werden Sie nur geblendet und sind 10 bis 30 Minuten lang nicht mehr in der Lage, die schwächeren Sterne und Meteore zu sehen, je nach Einzelfall. Wenn Sie Ihr Sehvermögen den schwächeren Lichtverhältnissen anpassen, nennt man das *Dunkeladaptation* – und das sollten Sie jedes Mal tun, bevor Sie in den Nachthimmel blicken. Warten Sie einfach 10 bis 15 Minuten (besser länger), nachdem Sie aus dem Hellen in die Dunkelheit getreten sind. Erst dann haben Ihre Augen sich ausreichend an die Dunkelheit gewöhnt. Vermeiden Sie dann unbedingt helles Licht, sonst müssen Sie sich erneut »adaptieren«!

 Die beste Methode zum Beobachten und Zählen von Meteoren besteht darin, sich in einem Polsterstuhl zurückzulehnen. (Sie können sich auch nur mit einem Kissen unter dem Kopf auf eine Decke legen, doch in dieser Position ist die Gefahr größer, dass Sie einschlafen und das Beste verpassen.) Neigen Sie den Kopf, sodass Sie den Blick etwas oberhalb der Mittellinie zwischen Horizont und Zenit richten – die optimale Richtung zum Zählen von Meteoren. Machen Sie sich schriftliche Notizen und vergessen Sie nicht, eine Thermosflasche mit heißem Kaffee, Tee oder Kakao mitzunehmen.

Wenn Sie einen Meteorschauer beobachten, müssen Sie nicht in Richtung Radiant blicken, obwohl viele Leute es tun. Die Meteore flitzen überall am Himmel herum, und ihr sichtbarer Weg beginnt oder endet vielleicht weit vom Radianten entfernt. Sie können ihren Weg aber visuell aus der Richtung ableiten, aus der sie kommen. Wenn es Ihnen gelingt, auf diese Weise den Radianten zu finden, können Sie auch Schauermeteore von sporadischen Meteoren unterscheiden.

Wenn Sie zum Radianten blicken, werden Ihnen einige Meteore auffallen, die anscheinend nur sehr kurze Wege haben, obwohl sie leuchtend hell sind. Ihr Weg erscheint Ihnen deshalb so kurz, weil diese Meteore fast direkt auf Sie zufliegen. Ein Glück, dass diese Schauermeteore mikroskopisch klein sind und den Erdboden nicht erreichen.

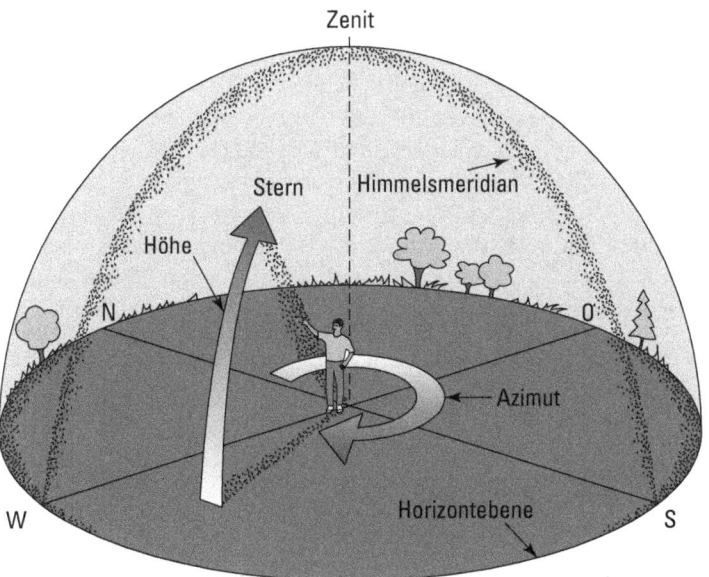

Himmelspositionen

Abbildung 4.2: Am besten ist es, wenn Sie bei der Beobachtung von Meteoren den Blick etwa auf halbe Höhe zwischen Horizont und Zenit richten.

Mehr als nur ein Lichtblitz

Ein extremes Beispiel eines Feuerballs konnten die Bewohner der russischen Stadt Tscheljabinsk am 15. Februar 2013 am helllichten Tag erleben. Beobachter berichteten, dass ein Bolide heller als die Sonne am Morgen kurz nach Sonnenaufgang am Himmel erschien und noch im Flug auseinanderbrach. Der Meteor erzeugte eine Druckwelle, die zahllose Fenster in der Stadt zerspringen ließ. Dieses zerbrochene Glas war für einen Großteil der über 1000 Verletzten verantwortlich. Als der Himmelskörper auf die Erde traf, wurde er vom Meteor zum Meteorit – auch wenn vielen Reportern dieser Unterschied nicht wichtig war. Wenig später fiel Anwohnern ein großes Loch im Eis des nahen und im sibirischen Winter normalerweise zugefrorenen Tschebarkulsees auf. Acht Monate später gelang es Tauchern, ein über 650 Kilogramm schweres Fragment des Meteoriten vom Seegrund zu bergen. Es war das größte je gefundene Teil des ursprünglich viel größeren Meteoroiden.

Das »Tscheljabinsk-Ereignis« war der bedeutendste Einschlag eines Himmelskörpers auf der Erde seit dem 30. Juni 1908. An jenem Tag hatte sich eine noch viel energiereichere Explosion in der Erdatmosphäre über Sibirien ereignet, die in wenigen Sekunden Millionen Bäume auf einer Fläche von mindestens 2.000 Quadratkilometer wie Streichhölzer umknickte. Glücklicherweise lebten kaum Menschen in dem betroffenen Gebiet, und es gab wahrscheinlich keine Toten zu beklagen. Die Region nahe des Flusses »Steinige

Tunguska« war so abgelegen, dass der erste Wissenschaftler erst acht Jahre nach dem Einschlag eintraf! Noch heute streiten die Forscher darüber, ob das sogenannte Tunguska-Ereignis durch einen Asteroiden oder einen Kometenkern ausgelöst worden ist. In jedem Fall war die Explosion so heftig, dass sie ein noch Tausende Kilometer entfernt nachweisbares Erdbeben verursachte. Auch schleuderte sie Staubteilchen in die Atmosphäre, die selbst im entfernten England den Nachthimmel aufhellten. Ob es nun ein Asteroid oder ein Kometenkern war, wäre das Tunguska-Objekt über einem besiedelten Gebiet niedergegangen, hätte es leicht eine große Stadt zerstören und Hunderttausenden Menschen das Leben kosten können.

Die harten Fakten zu Asteroiden, auch zu den potenziell gefährlichen, stehen in Kapitel 5.

Meteore und Meteorschauer fotografieren

Sie können Meteore filmen oder mit einer Digitalkamera fotografieren. Um digitale Fotos zu machen, brauchen Sie jedoch eine ziemlich teure digitale Spiegelreflexkamera (DSLR; Kompaktkameras und Mobiltelefon-Kameras eignen sich nur in seltenen Fällen wie einem grell leuchtenden Feuerball); außerdem werden Ihnen die Fotos nur gelingen, wenn Sie schon etwas Erfahrung haben. Wichtig ist auch, dass Ihre DSLR eine Buchse zum Anschluss eines programmierbaren Fernauslösers hat. Eine gute Meteorkamera kostet schnell mal so viel wie ein kleines Teleskop, aber sie lässt sich auch für andere Spielarten der Astrofotografie einsetzen.

Hier ein paar wertvolle Hinweise für die erfolgreiche Meteorfotografie:

✔ Ihr Beobachtungsort sollte so dunkel wie möglich sein, fernab jeglicher Straßenbeleuchtung.

✔ Versuchen Sie nur, Meteore zu fotografieren, wenn der Mond unterhalb des Horizonts steht.

✔ Verwenden Sie ein standfestes Stativ, damit die Kamera während der Belichtungszeit nicht wackelt.

✔ Benutzen Sie ein Weitwinkelobjektiv, da Sie damit mehr Meteore auf einem einzigen Foto ablichten können, und stellen Sie es auf »unendlich«. Verwenden Sie kein Teleobjektiv!

✔ Arbeiten Sie mit einem programmierbaren Fernauslöser (Intervallometer); auf diese Weise können Sie über einen längeren Zeitraum ein Foto nach dem anderen schießen (von denen ein paar wenige dann hoffentlich einen Meteor zeigen).

✔ Richten Sie die Kamera etwa auf halber Strecke zwischen Horizont und Zenit in die Richtung mit den wenigsten Störeinflüssen (wie etwa Straßenlampen, Lichtreklamen und so weiter).

✔ Machen Sie zuvor einige Testaufnahmen, um die richtigen Einstellungen für die jeweilige Nacht zu ermitteln. (Was am besten ist, hängt davon ab, wie hell der Himmel ist.) Machen Sie mehrere Aufnahmen mit einer Belichtungszeit von 10 Sekunden, dann mit 20, dann mit 30 Sekunden. Versuchen Sie, herauszufinden, wie lange Sie belichten können, ohne dass das Bild aufgrund der Helligkeit des Himmels überbelichtet wird – je länger, desto besser. Wahrscheinlich müssen Sie die ganze Serie mit Belichtungszeiten zwei- bis dreimal wiederholen, und zwar jeweils mit einer anderen ISO-Einstellung. (Bei einem höheren ISO-Wert können Sie lichtschwächere Meteore aufnehmen – und das bedeutet: mehr Meteore. Bei einem höheren ISO-Wert jedoch macht sich aber auch die Helligkeit des Himmels rasch bemerkbar, und Sie können nicht so lange belichten.) Mit ein wenig Erfahrung finden Sie mit Sicherheit die Idealwerte für Belichtungszeit und ISO, speziell für Ihre Kamera, speziell für Ihren Beobachtungsort.

✔ Informationen zur Meteorfotografie finden Sie auch beim Arbeitskreis Meteore (www.meteoros.de) und bei der IMO (www.imo.net).

Wenn Sie sporadische Meteore fotografieren wollen, sollten Sie sich an folgende Richtlinien halten, aber sporadische Meteore sind nicht jede Nacht allzu zahlreich. Ein Meteorschauer bietet Ihnen die Chance auf mehr Meteore, vorausgesetzt, der Mond steht nicht am Himmel. Bei Mondlicht bekommt man weitaus weniger Meteore vor die Linse, manchmal auch gar keine. Wenn Sie einen Meteorschauer fotografieren wollen, machen Sie die Aufnahmen am besten, wenn der Radiant des Meteorschauers (die Sternkonstellation, von der die Meteorschwärme scheinbar ausgehen) sich ein Stück weit über dem Horizont befindet, vielleicht 40 Grad oder mehr. Der Horizont befindet sich auf einer Höhe von 0 Grad, der Zenit (Scheitelpunkt) auf 90 Grad. Die halbe Strecke wäre also bei 45 Grad, zwei Drittel der Strecke bei 60 Grad und so weiter.

Kometen: Nichts als Eis und Dreck

Kometen sind große Klumpen aus Eis und Staub, die gemächlich ihre Bahn am Himmel ziehen. Sie sehen aus wie konturlose Bälle, die eine Spur aus Gas hinter sich herziehen, und kommen oft aus den Tiefen unseres Sonnensystems zu uns. Das Interesse an ihnen ist ungebrochen. Alle 75 bis 77 Jahre verirrt sich der wohl bekannteste Eisball, der Halleysche Komet, in unsere Gegend. Falls Sie ihn 1986 verpasst haben, freuen Sie sich auf 2061! Und falls Ihnen das Warten schwerfällt, bekommen Sie in der Zwischenzeit einige andere interessante Kometen zu sehen. Manchmal kommt es vor, dass ein nicht so berühmter Komet – wie im Jahre 1997 Hale-Bopp – viel heller am Himmel erstrahlt als Halley.

 Viele Leute verwechseln Meteore mit Kometen. Wenn Sie das Folgende wissen, kann Ihnen das nicht passieren:

✔ Ein Meteor ist nach wenigen Augenblicken wieder verschwunden. Kometen bleiben mehrere Tage, Wochen oder sogar Monate lang sichtbar.

✔ Meteore fallen mit einem Lichtblitz vom Himmel herab und sind nicht weiter als 100 bis 150 Kilometer vom Betrachter entfernt. Kometen kriechen langsam über den Himmel und sind manchmal Millionen von Kilometern entfernt. Ohne Teleskop scheint es meist, als stünden sie fest am Himmel.

✔ Meteore sind recht verbreitet. Kometen, die wir mit dem bloßen Auge sehen können, tauchen durchschnittlich weniger als ein Mal pro Jahr auf.

Astronomen glauben, dass Kometen in der Nachbarschaft der äußeren Planeten geboren werden, angefangen bei der Umlaufbahn des Jupiters bis über die Regionen des Neptuns hinaus. Die Kometen in Jupiter- und Saturnnähe wurden immer mehr von der Anziehungskraft dieser gewaltigen Planeten beeinträchtigt und weit hinaus ins All geschleudert, wo sie ein ganzes Stück jenseits von Pluto eine gewaltige, kugelförmige Region bilden, etwa 10.000 AE von der Sonne entfernt: die *Oortsche Wolke*. (Eine Astronomische Einheit (AE) ist eine Distanz von rund 150 Millionen Kilometern.) Andere Kometen wurden in den Kuipergürtel geschleudert oder sind dort entstanden, um dort zu verbleiben. Der *Kuipergürtel* (siehe Kapitel 9) beginnt etwa in der Umlaufbahn des Neptuns und erstreckt sich bis zu einer Entfernung von 50 AE von der Sonne oder etwa 10 AE jenseits von Pluto. Vorbeiziehende Sterne bilden in diesen Regionen oft Störeinflüsse und versetzen Kometen auf neue Umlaufbahnen, auf denen sie der Erde und der Sonne gelegentlich recht nahe kommen und von uns gesehen werden können.

In den folgenden Abschnitten spreche ich mit Ihnen über den Aufbau von Kometen, stelle Ihnen ein paar Kometenberühmtheiten aus verschiedenen Zeiten vor und verrate Ihnen außerdem, wie es Ihnen am besten gelingt, einen Kometen zu sichten.

Mit freundlicher Genehmigung von S. Deiries/ESO

Abbildung 4.3: Komet McNaught am Himmel über dem Paranal-Observatorium in Chile, im Jahr 2007.

Kometen – eine Sache mit Hand und Fuß ... äh, Kopf und Schweif

Ein Komet ist eine zusammengepappte Masse aus Eis, gefrorenen Gasen (wie etwa dem Eis von Kohlenmonoxid und Kohlendioxid) und festen Teilchen – dem Staub oder »Dreck«, den Sie in Abbildung 4.4 sehen können. In früherer Zeit versicherten Astronomen, Kometen

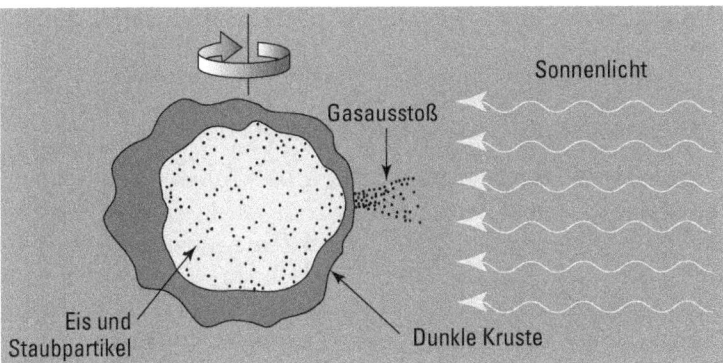

Abbildung 4.4: Ein Komet ist eigentlich nur ein schmutziger Eisball.

hätten sowohl einen Kopf als auch einen Schweif (oder mehrere davon), doch im Verlauf weiterer Forschungen kamen sie bald dem tatsächlichen Aufbau von Kometen auf die Spur.

Der Nukleus

Im Kopf eines Kometen entdeckten Astronomen einen hellen Lichtpunkt, den sie zunächst als *Nukleus* bezeichneten. Heute wissen wir, dass dieser Nukleus tatsächlich nur der innerste Teil der sichtbaren Gas- und Staubwolke um den eigentlichen Kometenkern ist. Der Kern selbst, der sogenannte schmutzige Eisball, ist so klein und dunkel, dass er nur mit Raumsonden sichtbar ist.

Ein Komet, der weit von der Sonne entfernt ist, besteht nur aus diesem Kern; er hat weder Kopf noch Schweif. Der Eisball kann einen Durchmesser von mehreren Dutzend, aber auch nur von ein oder zwei Kilometern haben. Nach astronomischen Maßstäben ist das ziemlich klein, und da der Nukleus nur strahlt, weil er das Licht der Sonne reflektiert, sind entfernte Kometen recht lichtschwach und nur schwer zu entdecken.

Fotos vom Nukleus des Halleyschen Kometen, aufgenommen von einer Raumsonde der Europäischen Weltraumbehörde, die ihm 1986 sehr nahe kam, zeigen, dass der rotierende Eisklumpen von einer dunklen Kruste bedeckt ist wie eins dieser Tartufo-Desserts (Vanillekugel mit Schokoüberzug) im Schickimicki-Restaurant. Nur mit dem Unterschied, dass man Kometen nicht zum Dessert verspeist – obwohl sie eigentlich recht verlockend aussehen. An manchen Stellen des Nukleus fotografierte die Raumsonde Gas- und Staubschwaden, die aus Geysir-ähnlichen Spalten oder Löchern entwichen und ins All gesprüht wurden, ohne dass die Sonne ihre Oberfläche auf nennenswerte Weise erwärmte. Ganz schöne Kruste, was? Und im Jahre 2004 machte die NASA-Raumsonde Stardust Nahaufnahmen vom Nukleus des Kometen Wild-2. Dieser Nukleus scheint Einschlagkrater aufzuweisen und ist von Gebilden bedeckt, die wohl so etwas wie Eisspitzen sind.

Längst nicht alle Kometenkerne sehen aus wie der von Komet Halley: Im August 2014 erreichte die Raumsonde Rosetta den Kometen 67P/Tschurjumow-Gerassimenko (unter Freunden: einfach »67P«). Zwei Jahre lang umkreiste Rosetta den Kometen, während dieser seinerseits die Sonne umrundete. Im September 2016 beendete die ESA schließlich die Mission. Rosettas Fotos zeigen einen sehr ungewöhnlich geformten Kometenkern, der irgendwie wie eine Hantel mit zwei ungleichen Gewichten aussieht. Astronomen grübeln immer noch, wie es zu dieser Form gekommen ist. Als wahrscheinlichstes Szenario gilt die langsame Kollision zweier kleinerer Objekte.

Noch mehr Highlights aus Rosettas Reisetagebuch

Ganze 19 Oberflächendetails haben die Wissenschaftler auf Rosettas Fotos ausgemacht und nach alten ägyptischen Gottheiten benannt, etwa nach Apis, den heiligen Stier, Nut, der Himmelsgöttin, und Imhotep, einer historischen Figur, die nach ihrem Tod zur Gottheit befördert wurde. (Wäre Ihre Familie nicht auch stolz, wenn nach Ihrem Tod ein kosmisches Grundstück nach Ihnen benannt würde? Besser als Namenspatron für ein Fußballstadion zu sein, wenn Sie mich fragen.)

Die Rosettasonde ließ auch einen 100 Kilogramm schweren Landeroboter namens Philae auf die Kometenoberfläche absteigen. Unglücklicherweise hüpfte Philae zweimal wieder zurück ins All, ehe er auf dem Kometenkern liegen blieb – allerdings schräg und was noch schlimmer war, im Schatten eines Kliffs. Aus sicherer Entfernung konnte Rosetta auch beobachten, wie der Kometenkern immer mehr Gase ausstieß, als sich 67P der Sonne näherte.

Die Koma

Wenn ein Komet sich der Sonne nähert, verdunstet infolge der Hitze mehr gefrorenes Gas und wird hinaus ins All gespuckt, wobei es auch etwas Staub mitnimmt. Das Gas und der Staub vereinigen sich zu einer dunstigen, leuchtenden Wolke, die den Nukleus umgibt und die man als die *Koma* bezeichnet (nicht zu verwechseln mit *dem* Koma, einem Zustand tiefer Bewusstlosigkeit). Nahezu jeder betrachtet die Koma als den Kopf des Kometen, doch der Kopf besteht genau genommen aus Koma *und* Nukleus.

Mein Komet, der hat zwei Schweife ...

Der Staub und das Gas in der Koma eines Kometen sind Störkräften unterworfen, die zur Entstehung eines Schweifs oder deren zwei führen kann: des Staubschweifs und des Plasmaschweifs. Manchmal sieht man nur einen der beiden Schweife, mit etwas Glück aber auch alle beide.

Der Druck des Sonnenlichts treibt die Staubpartikel in die entgegengesetzte Richtung zur Sonne (siehe Abbildung 4.5), wodurch der *Staubschweif* des Kometen entsteht. Der Staubschweif leuchtet beim Reflektieren des Sonnenlichts und hat folgende Eigenschaften:

✔ Er ist von glatter Beschaffenheit und oft sanft geschwungener Form.

✔ Er ist von blassgelber Farbe.

Die andere Art von Kometenschweif ist der Plasmaschweif (auch Ionenschweif oder Gasschweif genannt). Ein Teil des Gases in der Koma wird *ionisiert*, das heißt, es bekommt eine elektrische Ladung, wenn es vom ultravioletten Licht der Sonne getroffen wird. In diesem Zustand sind die Gase dem Druck des *Sonnenwinds* ausgesetzt, eines unsichtbaren Stroms aus Elektronen und Protonen, der sich von der Sonne aus ins All ergießt (siehe Kapitel 10). Der Sonnenwind treibt das elektrisierte Kometengas ebenfalls in eine Richtung, die der Sonne ungefähr gegenüberliegt, woraus der Plasmaschweif des Kometen entsteht.

Dieser Plasmaschweif ist wie ein Windsack am Flughafen: Er zeigt den Astronomen, die den Kometen aus der Ferne beobachten, woher der Sonnenwind zum Aufenthaltsort des Kometen im Weltraum weht.

Im Gegensatz zum Staubschweif hat der Plasmaschweif folgende Eigenschaften:

✔ Er wirkt faserig, verformt, manchmal sogar brüchig.

✔ Er ist von blauer Farbe.

Ab und zu bricht ein Stück des Plasmaschweifs von dem Kometen ab und fliegt davon ins All. Der Komet bildet dann einen neuen Plasmaschweif, so wie einer Eidechse ein neuer Schwanz wächst, wenn sie ihren ursprünglichen verliert. Die Schweife eines Kometen können Millionen bis Hunderte von Millionen Kilometer lang sein.

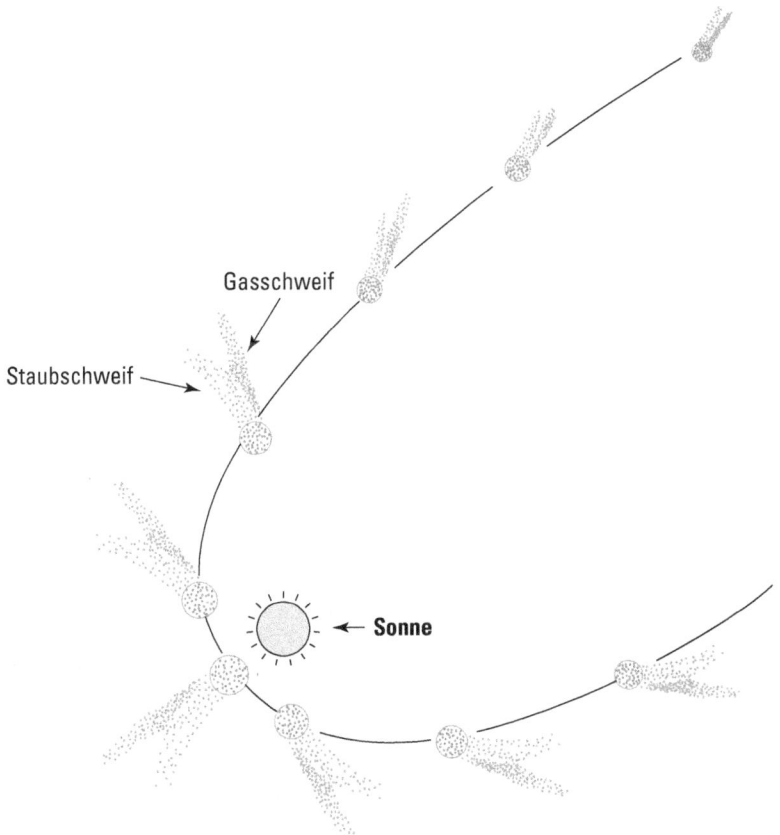

Abbildung 4.5: Der Schweif eines Kometen ist von der Sonne abgewandt.

Wenn ein Komet sich auf die Sonne zubewegt, zieht er seinen Schweif oder seine Schweife hinter sich her. Umkreist er die Sonne und zieht sich wieder zurück in die äußeren Regionen des Sonnensystems, ist sein Schweif noch immer von der Sonne abgewandt, sodass der

Komet ihm jetzt gewissermaßen hinterherfliegt. Der Komet verhält sich der Sonne gegenüber wie ein Höfling aus alter Zeit gegenüber seinem Herrscher; er wendet seinem Herrn und Meister nie den Rücken zu. Der Komet in Abbildung 4.5 könnte sich sowohl im als auch entgegen dem Uhrzeigersinn bewegen – sein Schweif bliebe dennoch in beiden Fällen der Sonne abgewandt.

Die Koma und die Schweife eines Kometen leben nicht ewig. Das Gas und der Staub, das der Nukleus ausscheidet, damit Koma und Schweife sich bilden können, gehen dem Kometen für immer verloren – sie verwehen einfach. Bis der Komet sich weit von der Umlaufbahn des Jupiters entfernt hat, besteht er wiederum nur noch aus seinem Kern. Der Staub, den der Komet verliert, erzeugt vielleicht eines Tags einen Meteorschauer (siehe hierzu weiter vorn in diesem Kapitel), wenn er die Umlaufbahn der Erde kreuzt.

Junge, koma bald wieder ...

Die wichtigste Regel für Kometenbeobachtungen: Raus aus der Stadt! Auch wenn der Nukleus eines Kometen vielleicht nur einen Durchmesser von 7 bis 19 Kilometern hat – die Koma, die sich um ihn herum bildet, kann sich über mehrere Zehntausend oder Hunderttausend Kilometer erstrecken. Die Gase dehnen sich aus wie die Rauchschwaden einer Zigarette. Sie werden immer dünner und blasser und damit immer schwerer sichtbar. Somit hängt die Größe der Koma eines Kometen nicht nur davon ab, wie viel Materie der Komet ausstößt, sondern auch von der Empfindlichkeit des menschlichen Auges oder des Sensors der Digitalkamera, die Sie benutzen. Ferner hängt die scheinbare Größe der Koma auch vom Dunkelheitsgrad des Himmels ab, vor dem der Komet zu sehen ist. Ein heller Komet wirkt im Zentrum einer Stadt weitaus schwächer als auf dem Land, wo der Himmel richtig dunkel ist.

Der Halleysche Komet bietet ein gutes Beispiel für das allmähliche Dahinsiechen dieser Himmelskörper. Sein Nukleus schrumpft alle 75 bis 77 Jahre, wenn er sich der Sonne nähert, um gut einen Meter. Der Nukleus misst inzwischen nur noch 10 Kilometer im Durchmesser, und das heißt: Der Halley-Komet wird nur noch etwa 10.000-mal seine Bahn vollenden; in 75.000 Jahren wird er verschwunden sein. Der Staub, den dieser berühmte Planet abstößt, ist verantwortlich für zwei jährliche Meteorschauer, die Eta-Aquariden und die Orioniden (siehe Tabelle 4.1).

Das Warten auf den »Jahrhundertkometen«

Alle paar Jahre gibt es einen Kometen, der hell genug ist und eine so ideale Position am Himmel einnimmt, dass Sie ihn leicht mit bloßem Auge oder einem kleinen Fernrohr beobachten können. Leider kann ich Ihnen nicht sagen, wann Sie das nächste Mal mit so einem Kometen rechnen können, da sämtliche Kometen, deren Rückkehr in naher Zukunft von Astronomen vorausgesagt werden kann, ziemlich klein und nicht besonders hell sind. Fast alle hellen, beeindruckenden Kometen werden entdeckt, nicht vorhergesagt.

Der Halleysche Komet ist der bekannteste der Kometen, deren Gastauftritte von Astronomen präzise vorhergesagt werden können; leider besucht er uns nicht sehr oft. Als er 1910 am Himmel erschien, verbreitete sich die Kunde von ihm wie ein Lauffeuer, und fast jeder bekam ihn zu Gesicht. Im gleichen Jahr jedoch tauchte ein viel hellerer Komet auf – der Große Komet von 1910 –, dessen Besuch von keinem Astronomen prophezeit worden war. Alles, was man tun kann, ist also, die Augen nach oben zu richten. Werfen Sie immer mal einen Blick in astronomische Fachzeitschriften oder besuchen Sie die am Ende dieses Abschnitts erwähnten Websites. Dort können Sie nachlesen, welche neuen Kometen entdeckt wurden und was Sie tun müssen, um sie beobachten zu können. Mit ein wenig Glück sind Sie vielleicht sogar der Erste, der einen neuen Kometen entdeckt, und die Internationale Astronomische Union wird Sie zu seinem Namenspatron machen.

Alle fünf oder zehn Jahre taucht ein Komet auf, der so hell ist, dass die Astronomen ihn zum »Jahrhundertkometen« ernennen. Die Menschen haben eben ein schlechtes Gedächtnis. Aber bleiben Sie interessiert, dann haben Sie bestimmt die Gelegenheit, irgendwann einen ansehnlichen Kometen zu erblicken:

✔ 1965 war der Komet Ikeya-Seki am helllichten Tag in Sonnennähe sichtbar; man musste nur den Daumen heben, um das grelle Licht der Sonnenscheibe auszublenden. Ich werde seinen Anblick nie vergessen – und auch nicht den Sonnenbrand an meinem Daumen.

✔ 1976 konnte man den Kometen West mit bloßem Auge am Nachthimmel über Los Angeles sehen – einem der ungünstigsten Orte für Himmelsbeobachtungen, den ich kenne. Ich konnte ihn von dort erkennen, aber weit besser sah ich ihn von Arizona aus.

✔ 1983 konnte man den Kometen IRAS-Iraki-Alcock mit bloßem Auge sehen, wie er sich am Nachthimmel tatsächlich bewegte. (Die meisten Kometen sind so langsam, dass man erst nach etwa einer Stunde eine Veränderung ihrer Position in Relation zu den Sternbildern feststellen kann.) Er sah aus wie eine kleine, über den Himmel getriebene Wolke, ich sah ihn von einem Schulparkplatz in Washington D.C.

✔ In den 1990er-Jahren tauchten wie aus dem Nichts die hellen Kometen Hyakutake und Hale-Bopp auf und wurden von Millionen Menschen auf der ganzen Welt gesehen. Es gab tatsächlich Leute, die behaupteten, ein UFO folge dem Kometen. In Kalifornien nahmen sich sogar 39 Mitglieder einer Sekte das Leben, um auf das nicht existierende Raumschiff teleportiert zu werden. Vermeiden Sie fatale Irrtümer dieser Art und beschaffen Sie sich Ihre Kometeninformationen aus vertrauenswürdigen Quellen!

✔ 2007 erschien der Komet McNaught. Er war der hellste Komet seit Ikeya-Seki im Jahre 1965. Genau wie jener Komet war auch er am Taghimmel sichtbar, aber nur für die glücklichen Beobachter der Südhemisphäre.

✔ 2011 passierte der von einem Amateurastronomen aus Australien entdeckte Komet Lovejoy die Sonne so dicht, dass er in die Korona, die äußerste Sonnenatmosphäre eindrang (die Korona erkläre ich in Kapitel 10 näher). Ich befürchtete schon, dass der Komet diesen Höllenritt nicht überstehen würde, doch er schaffte es, wenn auch nur knapp.

Der nächste große Komet kann schon morgen da sein. Halten Sie die Augen offen, dann sehen Sie ihn vielleicht.

Websites mit Informationen zu momentan sichtbaren Kometen, mit vielen Amateurfotos und Aufnahmen von Profiastronomen gibt es in Hülle und Fülle. Meist jedoch leuchten diese Kometen so schwach, dass sie nur mithilfe hochentwickelter Amateurteleskope gesehen werden können. Hier ein paar gute Quellen, damit Sie sich ganz sicher sein können:

✔ Die Webseite der Fachgruppe der Kometen der Vereinigung der Sternfreunde liefert stets den aktuellen Stand in Sachen heller Kometen, die neuesten Bilder und eine Prognose für die kommenden Wochen: `www.fg-kometen.vdsastro.de`. Im Forum der VdS (`forum.vdsastro.de`) diskutieren die Fachleute die Chancen auf den nächsten hellen Kometen. Lesen sie ruhig erst mal mit, Sie werden sehen, dass die Meinungen dort manchmal ganz schön weit auseinandergehen können!

✔ Zeitschriften wie Sterne und Weltraum informieren monatlich über die zu erwartenden Kometen. Manchmal kommt es vor, dass ein neuer Komet nach Drucklegung des Hefts entdeckt wird und alle Pläne über den Haufen wirft, deshalb sollte man immer mal einen Blick auf die Webseite werfen: `www.spektrum.de/astronomie`.

✔ Die englischsprachige Website `www.cometchasing.skyhound.com` ist geradezu ideal für alle Kometenjäger. Sie bietet detaillierte Informationen für Beobachter auf fast allen Breitengraden dieser Welt, von 55 Grad nördlich bis 30 Grad südlich.

✔ Der japanische Amateurastronom Seiichi Yoshida gilt als einer der besten Kometenexperten der Welt, seine Helligkeitsprognosen für neue Kometen zählen zu den genauesten: `aerith.net`.

✔ Himmelskarten fürs Auffinden der neuesten Kometen gibt es auf der Seite `heavens-above.com`. Dem Himmel sei Dank dafür!

Die Jagd nach dem großen Kometen

Einen Kometen zu entdecken, ist nicht schwer, aber bis Sie Ihren *ersten* Kometen entdecken, das kann viele Jahre dauern. Der bekannte Kometenjäger David Levy suchte den Himmel neun Jahre lang systematisch ab, ehe er seinen ersten Kometen fand. Seitdem entdeckte er mehr als zwanzig weitere.

Das ideale Teleskop für die Kometensuche ist ein *kurzbrennweitiges* oder *lichtstarkes Teleskop*. Es zeichnet sich aus durch eine niedrige Blendenzahl (die Zahl hinter dem f, wie bei einer Kameralinse) von f/5.6 oder, noch besser, f/4. Außerdem brauchen Sie ein leistungsschwaches Okular, mit etwa 20- bis 30-facher Vergrößerung (siehe Kapitel 3). Wozu sind diese niedrige Blendenzahl und die geringe Vergrößerung gut? Nun, Sie sollen damit einen so großen Himmelsausschnitt wie möglich in Ihr Teleskop bekommen. (Das nennt man Weitwinkelbeobachtung.) Die hellen Kometen, die Sie womöglich entdecken können, sind dünn gesät; damit sie Ihnen nicht entgehen, müssen Sie also ziemlich weit in Ferne und Breite sehen können.

 Ein relativ preiswertes Teleskop für angehende Kometenjäger ist das Kurzteleskop vom Typ Orion 80 mit äquatorialem Refraktor und 80-Millimeter-Objektiv. Es verfügt über eine gute Optik, äquatoriale Montierung und ein Stativ. Seine Blendenzahl von f/5.0 und seine Weitwinkelokulare sind für die Kometenjagd genau das Richtige. Solche Teleskope gibt es schon für unter 300 Euro. (Mehr über Teleskope und Montierungen erfahren Sie in Kapitel 3; dort finden Sie auch die Abbildung von einem Refraktor mit Objektiv und Okular.)

Es gibt zwei Arten, nach unbekannten Kometen zu suchen: die einfache und die systematische. Beide Methoden werden Sie gleich näher kennenlernen; außerdem sage ich Ihnen, was Sie beachten müssen, wenn Sie Meldung von einem Kometen erstatten wollen.

Kometensuche auf einfache Art

 Die einfache Art der Kometensuche besteht darin, sich gar nicht speziell darum zu bemühen. Man muss nur hin und wieder auf verschwommene Lichterscheinungen achten, wenn man nachts mit seinem Teleskop nach Sternen und anderen Objekten Ausschau hält. Haben Sie so einen verwaschenen Lichtfleck entdeckt (anders als Sterne, die bei Scharfeinstellung Ihres Teleskops als klar abgegrenzte Lichtpunkte erscheinen)? Grenzen Sie diesen Bereich ein und schlagen Sie in Ihrem Sternatlas nach, ob in der betreffenden Region nicht von Natur aus etwas Verschwommenes zu sehen ist, wie etwa ein Nebel oder eine Galaxie. Ist dies nicht der Fall, haben Sie womöglich einen Kometen entdeckt. Aber machen Sie nicht gleich einen Champagner auf und laden Ihre Freunde ein. Warten Sie erst ein paar Stunden und prüfen Sie dann, ob der mutmaßliche Komet vor dem Hintergrund des Sternenhimmels seine Position verändert hat. Falls inzwischen schon die Sonne aufgegangen ist oder Wolken die Sicht versperren, tun Sie es am nächsten Tag. Falls es sich wirklich um einen Kometen handelt, wird er seinen Standort in Relation zu den Sternen etwas verändert haben. Und wenn die fusselige Himmelserscheinung hell genug ist, können Sie eventuell sogar einen Schweif erkennen – und dann … ja gut, dann machen Sie den Champagner auf.

Kometensuche auf systematische Art

Die Grundregel der systematischen Kometensuche lautet: Man suche dort, wo der Komet am hellsten und der Himmel am dunkelsten ist. Je näher sich Kometen bei der Sonne befinden, umso heller sind sie. Der Himmel jedoch ist am dunkelsten, je weiter er von der Richtung entfernt ist, in die die Sonne scheint.

 Hmm … erst so nahe wie möglich an der Sonne, dann wieder so weit wie möglich von ihr entfernt. Ein Kompromiss wäre es, vor Sonnenaufgang nach Kometen am östlichen Himmel zu suchen, und zwar

✔ mindestens 40 Grad von der Sonne entfernt (die sich noch unterhalb des Horizonts befindet),

✔ höchstens 90 Grad von der Sonne entfernt.

Sie wissen ja, der gesamte Horizont in allen Richtungen umfasst 360 Grad. 90 Grad wären also genau ein Viertel dieses Wegs.

Mithilfe eines Desktopplanetariums können Sie die Konstellationen ausfindig machen, die diese Voraussetzungen in jeder beliebigen Nacht des Jahrs erfüllen (mehr über solche Programme in Kapitel 2). Und natürlich können Sie bei gleicher Höchst- und Mindestentfernung zur Sonne auch nach Kometen am Westhorizont suchen – nur dann eben bei Sonnenuntergang. Aus Erfahrung weiß ich, dass die ersten »Kometen«, die Sie entdecken werden, wahrscheinlich die Kondensstreifen von Düsenjets sind, die ab einer gewissen Höhe die Sonnenstrahlen einfangen, selbst wenn die Sonne an Ihrem Beobachtungsort schon untergegangen ist.

Wie spricht man einen Himmelskörper an?

Falls Sie einen Kometen entdecken, wird die Internationale Astronomische Union ihn nach Ihnen benennen – und vielleicht nach den nächsten zwei oder drei Personen, die ihn unabhängig von Ihnen melden.

Wenn Sie einen Meteor sehen, haben Sie keine Zeit, ihm einen Namen zu geben, bevor er wieder verschwindet. Sie können natürlich laut »Hansi« rufen, aber der Name wird sich nicht durchsetzen, und Sie werden nur Aufsehen erregen. Die einzigen Meteore, die einen Namen bekommen, sind die, die von Tausenden von Leuten gesehen werden. Die heißen dann so ähnlich wie »Großer Taglichtfeuerball vom 10. August 1972«, doch ein offizielles Verfahren zur »Sternschnuppentaufe« gibt es nicht.

Wenn Sie einen Meteoriten entdecken, wird er nach der Stadt oder der Gegend benannt, in der Sie über ihn gestolpert sind. Der Meteorit gehört dem Eigentümer des Stück Lands, auf dem Sie ihn entdeckt haben, und wenn er in Amerika auf Staatseigentum fällt (wie einen Nationalpark), geht er in den Besitz der Smithsonian Institution über.

Wenn Sie einen Asteroiden entdecken, können Sie einen Namensvorschlag machen – es darf aber nicht Ihr eigener Name sein. Andererseits kann ein anderer Asteroidenentdecker seinen Fund nach Ihnen benennen. Auf die richtigen Freunde kommt es an. (Mehr über Asteroiden erfahren Sie in Kapitel 7.)

Fangen Sie in einer bestimmten Ecke des Himmelsbezirks an, den Sie absuchen wollen, dann schwenken Sie Ihr Teleskop ganz langsam durch dieses Areal. Bewegen Sie das Teleskop behutsam nach oben und unten, dann nehmen Sie sich den nächsten Himmelsstreifen vor. Sie können dabei von links nach rechts vorgehen, aber auch in bustrophedonaler Richtung. (Ein Begriff aus der Zeit, in der man Felder noch mithilfe von Ochsen umpflügte, die eine Furche erst in eine Richtung pflügten, dann über das Feld zurückkehrten, um die gleiche Furche in der Gegenrichtung zu pflügen.)

Wenn Sie von Ihrer »bustrophedonalen Kometensuchmethode« berichten, können Sie bei manchen Leuten vielleicht mehr Eindruck schinden, als wenn Sie tatsächlich einen Kometen entdecken. Bustrophedonal – das Wort ist einfach superkalifragilistisch!

Wie man Meldung von einem Kometen erstattet

Wenn Sie einen Kometen entdecken, halten Sie sich an die Anweisungen auf der Homepage der Internationalen Astronomischen Union, Zentralbüro für astronomische Telegramme (was nicht heißen soll, dass man dort noch Telegramme verschickt) und melden Ihre Entdeckung per E-Mail. Die Webadresse lautet: `www.cbat.eps.harvard.edu`.

Aber lösen Sie keinen falschen Alarm aus – das finden die dort gar nicht witzig. Ziehen Sie lieber einen Freund zurate, der sich mit Sternbeobachtungen auskennt, und bitten Sie ihn, Ihre Entdeckung zu prüfen, bevor Sie alle Welt damit beglücken. Falls Ihre Vermutung sich bestätigt, haben Sie – als Amateurentdecker eines Kometen – Anspruch auf einen Anteil des Edgar Wilson Award in Form von Bargeld (mehr darüber auf der Website des Zentralbüros).

Doch selbst wenn Sie nie einen Kometen entdecken (so geht es den meisten Astronomen), können Sie sich immer noch an den Fundstücken anderer erfreuen.

Künstliche Satelliten: Die Geschichte einer Hassliebe

Ein künstlicher Satellit ist etwas, das gebaut und ins All hinausgeschossen wird, wo es die Erde oder einen anderen Himmelskörper umkreist. Die künstlichen Satelliten, die um die Erde kreisen, geben uns Auskunft über das Wetter, behalten El Niño im Auge, übertragen die Programme von Fernsehanstalten und überwachen den Abschuss interkontinentaler Flugkörper seitens feindlicher Mächte. Und auch der Astronomie leisten sie gute Dienste.

Das Hubble-Weltraumteleskop ist so ein künstlicher Satellit, und die Astronomen lieben es. Es gestattet einen beispiellosen Blick auf Sterne und ferne Galaxien und ermöglicht Ihnen, das Universum in ultraviolettem und infrarotem Licht zu sehen, wie es normalerweise von den dicken Schichten der Erdatmosphäre abgeblockt wird. (Wenn wir der Presse glauben dürfen, plant die USA, das Hubble-Teleskop noch mehrere Jahre lang einzusetzen; irgendwann in den 2020ern jedoch wird es die Umlaufbahn verlassen und ins Meer fallen.) Künstliche Satelliten können noch viel mehr: zum Beispiel die Strahlen der Sonne einfangen, wenn sie untergeht oder für den Beobachter auf der Erde sogar schon untergegangen ist. Sie reflektieren das Sonnenlicht und können Lichtpunkte erzeugen, die sich ausgerechnet durch das Himmelsareal bewegen, in dem ein Astronom Fotos von einem lichtschwachen Stern zu machen plant. Dieser Störfaktor gefällt den Astronomen ganz und gar nicht. Schlimmer noch, manche künstlichen Satelliten übertragen auf einer Funkfrequenz, die sich mit der des Big Dish oder anderer Radioantennen überlagern, mit deren Hilfe Astronomen die natürliche Radiostrahlung aus dem All empfangen wollen. Die kosmischen Radiowellen waren vielleicht fünf Milliarden Jahre lang von einem Quasar aus unterwegs oder haben 5.000 Jahre gebraucht, um von einem anderen Sonnensystem in der Milchstraße zu uns zu gelangen, um womöglich Grüße von liebenswerten Aliens zu senden, die uns endlich das Heilmittel gegen Krebs überbringen wollen. Doch ausgerechnet dann, wenn die Radiowellen hier ankommen, stören der plärrende Ton und die schrillen Modulationen eines dort oben vorbeiziehenden Satelliten den Empfang – und wir erfahren nie, was die Aliens auf dem fernen Planeten uns zu verkünden hatten.

Deshalb lieben Astronomen Satelliten, wenn sie etwas Gutes ausrichten, hassen sie aber, wenn sie ihre Beobachtungen stören. Um die Not zur Tugend zu machen, wurden Amateurastronomen bereits zu begeisterten Beobachtern und Fotografen vorbeiziehender künstlicher Satelliten.

Künstliche Satelliten beobachten

Hunderte von Satelliten im Einsatz umkreisen die Erde, zusammen mit Tausenden Trümmern von Weltraummüll – das heißt funktionsuntüchtigen Satelliten, den oberen Stufen von Satellitenabschussraketen, den Bruchteilen beschädigter und sogar explodierter Satelliten sowie winzigen Farbsplittern von Satelliten und Raketen.

Vielleicht gelingt es Ihnen, das reflektierte Licht eines der größeren Satelliten oder Müllteile zu erspähen. Ein leistungsstarker Abwehrradar kann sogar ganz kleine Teilchen erkennen.

Der ideale Einstieg in die Beobachtung künstlicher Satelliten besteht darin, zunächst nach den großen Exemplaren Ausschau zu halten, wie etwa die Internationale Raumstation oder das Hubble-Weltraumteleskop, und natürlich nach den hellen, leuchtenden Objekten (wie Dutzenden von Nachrichtensatelliten aus Iridium).

 Die Suche nach einem großen oder hellen Satelliten kann für den angehenden Astronomen recht vielversprechend sein. Denn die Vorhersagen von Kometen oder Meteorschauern werden manchmal missverstanden, die Kometen erscheinen in der Regel schwächer als erwartet, und häufig sieht man weniger Sternschnuppen als angekündigt. Die Vorhersagen von künstlichen Satelliten jedoch treffen in der Regel auch ein. Sie können Ihre Freunde verblüffen, indem Sie früh an einem hellen Abend mit ihnen hinausgehen, auf Ihre Armbanduhr blicken und sagen: »Ach ja, die ISS müsste auch gleich dort vorbeikommen (dabei deuten Sie mit dem Finger in die entsprechende Richtung), ich schätze mal, so in zwei oder drei Minuten.« Und sie *wird* kommen.

Ich weiß, was Sie jetzt gerade denken: Worauf muss ich eigentlich achten? Woran erkenne ich sie? Hier ein paar Merkmale, die sowohl auf große als auch helle Satelliten zutreffen:

 Ein großer Satellit wie das Hubble-Weltraumteleskop oder die Internationale Raumstation (ISS) erscheint normalerweise am Abend als Lichtpunkt, der sich zielstrebig und deutlich sichtbar in der westlichen Hälfte des Himmels von West nach Ost bewegt. Mit einer Sternschnuppe können Sie ihn nicht verwechseln – dafür ist er viel zu langsam; für einen Kometen aber wiederum zu schnell. Sie können ihn leicht mit bloßem Auge erkennen, somit kann es sich also auch nicht um einen Asteroiden handeln – und vor allem ist er auch viel schneller als ein Asteroid.

Gelegentlich kann es vorkommen, dass Sie ein in großer Höhe fliegendes Flugzeug für einen Satelliten halten. Dann sollten Sie einen Blick durch Ihr Fernrohr werfen. Falls das gesichtete Objekt ein Flugzeug ist, sollten Sie eigentlich Fluglichter erkennen oder sogar die Umrisse des Fliegers am spärlich beleuchteten Himmel. Und falls es an Ihrem Beobachtungsort still ist, müssten Sie sogar das Geräusch des Flugzeugs hören. Satelliten hört man nicht.

Satellitenvorhersagen finden

Falls Sie sich noch eingehender informieren wollen, versuchen Sie es mit folgenden Internetseiten:

✔ Auf der Website www.heavens-above.com finden Sie (in deutscher Sprache) eine ständig aktualisierte 10-Tage-Voraussage für Satellitenbeobachtungen sowie Informationen zum günstigsten Beobachtungsstandort. Sie bietet auch einen Überblick über das aktuelle »Satellitenleben« und klärt darüber auf, welche und wie viele Satelliten derzeit auf Achse sind, welche als verschollen gelten und welche in der Erdatmosphäre verglühten.

✔ Viele Tipps, wertvolle Informationen und Empfehlungen für Ausrüstung und Hardware finden Sie auf der Seite www.satellitenwelt.de. Dort finden Sie, falls Sie tiefer einsteigen wollen, sogar einige interessante Beiträge über Satellitenbeobachtungen der Vergangenheit sowie unzählige Links zu weiterführenden Domains.

Teil II
Rundreise durch unser Sonnensystem

Vielleicht haben Sie es sich schon gedacht: Männer stammen nicht vom Mars und Frauen nicht von der Venus. Auf keinem der uns bekannten Planeten kann Leben entstehen, wie wir es kennen. Die Venus ist zu heiß, der Mars zu kalt, und auf keinem von beiden gibt es wissenschaftliche Hinweise auf die Existenz von Wasser in flüssiger Form.

In diesem Teil des Buchs kläre ich Sie darüber auf, wie die Planeten in unserem Sonnensystem tatsächlich sind. Hat es auf dem Mars jemals Leben gegeben? Und wie sieht es mit dem Jupitermond Europa aus? Neue Forschungs- und Raummissionen sind unterwegs. Inzwischen informiere ich Sie über den derzeitigen Stand der Wissenschaft.

Und falls Sie je einen Film von der Art »Oh Gott, ein Riesenasteroid rast auf die Erde zu!« gesehen haben, fragen Sie sich vielleicht, ob man solche Bedrohungen ernsthaft fürchten muss. Ich habe dem Thema Asteroiden ein ganzes Kapitel gewidmet, in dem ich auch darauf eingehe, ob die Gefahr eines Zusammenstoßes eines solchen Himmelskörpers mit der Erde besteht.

Kapitel 5

Die Erde und ihr Gefährte, der Mond

D ie alten Griechen stellten sich die Welt ein wenig anders vor: Für sie war die Erde das Zentrum des Universums, und die Planeten deuteten sie als kleine Lichter, die um die Erde kreisten.

Heute wissen wir es besser. Auch die Erde ist nur ein Planet und nicht etwa das Zentrum des Universums. Sie ist nicht einmal das Zentrum unseres Sonnensystems – dieser Rang steht der Sonne zu. Der Mond umkreist die Erde, zusammen mit Hunderten künstlicher Satelliten (siehe Kapitel 4), und damit wäre das Wichtigste schon gesagt. Auf ihrer Sonnenbahn wird die Erde von sieben weiteren Planeten begleitet, ferner von Pluto (und mehreren weiteren Objekten, die man als Zwergplaneten bezeichnet), einer gewaltigen Zahl weiterer Monde, einem Asteroidengürtel, Millionen von Kometen und mehr. Dennoch gibt es, soviel wir wissen, in unserem Sonnensystem nur auf der Erde so etwas wie Leben.

Die Erde stürzte vom Podest der menschlichen Vorstellung, sie sei das Zentrum des Universums, und wurde auf ihren richtigen (und dennoch wichtigen) Platz verwiesen: als unser Heimatplanet. Und Sie wissen ja: Das Sonnensystem mag noch so groß sein – daheim ist daheim.

Die Astronomen zählen die Erde zu den *terrestrischen* Planeten – eine Katze, die sich ein wenig in den Schwanz beißt, denn das Wort *terrestrisch* bedeutet schon so viel wie »irdisch«. Im wissenschaftlichen Sinne ist damit jedoch ein Planet gemeint, der aus Gestein besteht und um die Sonne kreist. Die vier sonnennächsten Planeten sind auch die vier terrestrischen Planeten unseres Sonnensystems: Merkur, Venus, Erde und Mars, in der Reihenfolge ihrer Entfernung zur Sonne.

Einige Leute betrachten das System Erde/Mond als einen Doppelplaneten. Außerirdischen, die uns einen Besuch abstatten wollen, kann das durchaus weiterhelfen: »Sucht zuerst nach dem gelbweißen Stern in Sektor 49.832 des Orionarms in der Milchstraße und landet auf dem dritten Gesteinsbrocken im Umkreis dieser Sonne. Es ist ein Doppelplanet, ihr könnt ihn nicht verfehlen.«

Die Erde unter dem astronomischen Mikroskop

Unter allen bekannten Planeten ist die Erde einzigartig. In den folgenden Abschnitten erkläre ich Ihnen, weshalb das so ist, und biete Ihnen eine kurze Übersicht über ihre Haupteigenschaften und deren Auswirkungen auf astronomische Themenbereiche wie Zeit und Jahreszeit. Und falls Sie sich beim besten Willen nicht erinnern können, wie sie aussieht, finden Sie ein NASA-Foto in unserem Teil mit den Farbtafeln, auf dem sie zusammen mit dem Mond zu sehen ist.

Das gibt's nur einmal: Die Eigenheiten der Erde

Was ist so Besonderes an der Erde? Zunächst einmal weist sie als einziger Planet im Sonnensystem folgende Merkmale auf:

- ✔ **Flüssiges Wasser auf der Oberfläche:** Auf der Erde gibt es Seen, Flüsse und Meere, was auf keinen weiteren bekannten Planeten zutrifft. Leider gibt es auch Tsunamis und Wirbelstürme. Die Meere bedecken 70 Prozent der Erdoberfläche.

- ✔ **Beträchtlicher Sauerstoffanteil in der Luft:** Die Luft auf der Erde besteht zu 21 Prozent aus Sauerstoff; die derzeitigen Atmosphären anderer Planeten enthalten Sauerstoff nur in Spuren. Der größte Teil der Erdatmosphäre, etwa 78 Prozent, besteht aus Stickstoff.

- ✔ **Plattentektonik (auch bekannt als *Kontinentalverschiebung*):** Die Erdkruste besteht aus riesigen, beweglichen Gesteinsplatten; wenn sie aufeinanderstoßen, kommt es zu Erdbeben und zur Entstehung neuer Gebirge. Die Entstehung neuer Krusten in den mittelozeanischen Rücken, tief unterhalb des Meeresspiegels, führt zu einer Ausweitung des Meeresbodens. (Falls Sie Erstaunliches über den Meeresgrund erfahren wollen, lesen Sie den Kasten »Der Meeresboden und seine magnetischen Eigenheiten« in diesem Kapitel.)

- ✔ **Aktive Vulkane:** Heißes, geschmolzenes Gestein, das von tief unterhalb der Erdoberfläche emporquillt, bildet riesige Vulkanlandschaften wie die hawaiianischen Inseln. Irgendwo auf der Erde brechen jeden Tag Vulkane aus.

- ✔ **(Mehr oder weniger) Intelligentes Leben:** Die Frage nach der Intelligenz überlasse ich Ihnen, auf jeden Fall aber bietet die Erde Leben im Überfluss, von einzelligen Amöben, Bakterien und Viren über Blumen, Bäume, Fische, Vögel und Insekten bis hin zu den Säugetieren. Mehr zum Leben im Weltraum und zur Suche nach extraterrestrischer Intelligenz steht in Kapitel 14.

Forscher beschäftigen sich mit der reizvollen Möglichkeit, auch Venus und Mars könnten früher einige dieser Merkmale aufgewiesen haben (siehe Kapitel 6). Soviel wir jedoch wissen, gibt es dort heute kein Leben, und es existieren auch keine Beweise dafür, dass dies jemals anders war.

Nach Meinung von Wissenschaftlern ist die Existenz von flüssigem Wasser auf der Erdoberfläche einer der Hauptgründe für das Gedeihen von Leben. Wir können uns höher entwickelte Lebensformen auch auf anderen Planeten vorstellen – im Fernsehen und im Kino bekommen wir so etwas ständig zu sehen. Aber die Bilder, die uns dort serviert werden, sind nichts als reine Fantasie. Die Wissenschaft verfügt über keinen einzigen Beweis dafür, dass es anderswo als auf der Erde Leben gibt oder je gegeben hat.

Einflussgebiete: Die verschiedenen Erdregionen

In Abbildung 5.1 sehen Sie die Erde, vom Weltraum aus betrachtet. Das von Festland, Meeren und Wolken gebildete Muster ist deutlich zu erkennen.

Mit freundlicher Genehmigung der NASA

Abbildung 5.1: Die Erde fotografiert vom Deep Space Climate Observatory

Wenn es am Himmel spukt: Alles über Polarlichter

Das Polarlicht ist eines der eindrucksvollsten Schauspiele am Nachthimmel – aber es gibt Menschen, die bekommen es selten oder nie zu sehen. Je nachdem, ob Sie auf der Nord- oder der Südhalbkugel leben, können Sie entweder die *Aurora Borealis* oder die *Aurora Australis* (Südlicht) bestaunen.

Polarlichter entstehen, wenn Elektronenströme von der Magnetosphäre der Erde auf die Atmosphäre herabregnen und auf diese Weise Sauerstoffatome und andere Atome zum

Leuchten bringen. Das unheimliche Schimmern am Nachthimmel kann mehrere Minuten oder Stunden an einem Ort verweilen, es kann sich aber auch ständig fortbewegen (wodurch es für Neulinge schwer zu identifizieren ist). Es kann schimmern, pulsieren oder überall am Himmel aufblitzen. Das Polarlicht tritt in zahlreichen Formen auf; hier einige der verbreitetsten:

✔ **Leuchterscheinung:** Die einfachste Form. Sie ähnelt dünnen Wolken, die das Mondlicht oder das Licht der Städte reflektieren. Es sind jedoch keine Wolken – nur das gespenstische Leuchten eines Polarlichts.

✔ **Bogen:** Hat die Form eines Regenbogens, obwohl keine Sonne da ist, die ihn erzeugen könnte. Die häufigste Form ist ein grüner, unbewegter oder auch pulsierender Bogen, gelegentlich aber tauchen auch schwachrote Bogen auf.

✔ **Schleier (auch Vorhang genannt):** Dieses eindrucksvolle Polarlicht erinnert an einen sich bauschenden Theatervorhang, doch in diesem Fall ist der Star des Abends die Natur.

✔ **Lichtstrahl:** Ein oder mehrere lange, schmale Lichtstreifen am Himmel, als würde schwaches Scheinwerferlicht vom Himmel kommen.

✔ **Korona:** Eine Korona ähnelt einer hoch am Himmel erscheinenden Krone, die Strahlen nach allen Seiten aussendet.

Polarlichter treten fortwährend innerhalb zweier geografischer Bereiche auf, die in hohen nördlichen oder südlichen Breiten bandförmig um den Erdball verlaufen. Die Leute, die unterhalb dieser *Polarlichtovale* leben, können jede Nacht Polarlichter sehen. Doch es gibt auch Ausnahmen: Wenn der Sonnenwind (siehe Kapitel 10) die irdische Magnetosphäre stark beeinträchtigt, verschieben sich die Ovale in Richtung Äquator. Bewohnern der *Polarlichtzonen* (der Regionen unterhalb der Ovale) mag das Himmelsschauspiel dann zwar entgehen, doch auf Beobachter, die näher am Äquator leben und sonst nur selten ein Polarlicht sehen, wartet eine große Show. Die Wahrscheinlichkeit, helle Polarlichter auch außerhalb der Polarlichtzonen zu erblicken, ist am größten in den ersten Jahren nach dem Höhepunkt eines Sonnenfleckenzyklus – das bedeutet, in den Jahren 2024 und den folgenden Jahren sollten Sie auf jeden Fall die Augen offen halten.

Tipp: Wenn sie eine Aurora beobachtet haben, helfen Sie doch der Wissenschaft, indem Sie Ihre Sichtung melden. Gehen Sie dazu auf aurorasaurus.org und klicken Sie bei der Frage DID YOU SEE THE AURORA? auf YES. Dann füllen Sie einfach den kurzen Fragebogen aus, und das war's schon!

Falls Sie nicht warten wollen, bis ein Polarlicht zu Ihnen kommt, fahren Sie an einen Ort in höheren Breiten, in der Nähe eines Polarlichtovals, und Sie werden in fast jeder klaren, dunklen Nacht Polarlichter sehen können. Zu den beliebtesten Orten gehören:

✔ **Tromsö (Norwegen) und Umgebung:** Dort können Sie die Polarlichter direkt vor Ihrem Hotel beobachten, aber auch zu Pferd in einem Fjord, auf eigene Faust bei einer Wanderung in Schneeschuhen, auf einem Rentierschlitten, der Sie zu einem abgelegenen Beobachtungsort führt, wo Sie auch übernachten können, oder mit einem Hundeschlittengespann: www.norway-lights.com/#tromso.

✔ **Auf den Küstenschiffen der ehemaligen Postschifflinie Hurtigruten** werden mehrmals im Jahr spezielle Themenreisen zum Polarlicht angeboten. Das Fotografieren der Aurora auf dem schwankenden Schiff ist nicht ganz einfach, aber dafür entkommt man auf der langen Seefahrt den Wolken leichter als an Land: www.hurtigruten.de.

✔ **Yellowknife (Kanada)**, Hauptstadt der kanadischen Nordwest-Territorien: Im sogenannten Aurora Village (Dorf der Polarlichter) können Sie das Himmelsschauspiel »auf beheizten Sitzen im Freien oder in einem Tipi« entspannt genießen (www.auroravillage.com).

Der Vorteil dieser nordischen Schauplätze ist die großartige Sicht auf die Polarlichter, die sie bieten (vorausgesetzt, das Wetter spielt mit). Ihr Nachteil ist, dass die beste Zeit für Polarlichtbeobachtungen in diesen ohnehin schon kalten Gegenden auch noch in die kälteste Zeit des Jahrs fällt, etwa von Dezember bis März. In den anderen Monaten wiederum sind die Nächte kürzer, was die Beobachtungsmöglichkeiten einschränkt.

Wenn Sie auf der Nordhalbkugel leben und nach Polarlichtern suchen, werfen Sie täglich einen Blick auf die Aurora-Borealis-Vorhersage des geophysikalischen Instituts der Universität von Alaska (www.gi.alaska.edu/AuroraForecast). Noch besser ist es, sich die Vorhersage aufs Smartphone senden zu lassen; laden Sie sich einfach die notwendige App von der erwähnten Seite herunter. Gute und aktuelle Informationen in deutscher Sprache erhalten Sie auch auf den Websites www.spaceweatherlive.com/de/polarlicht/polarlicht-vorhersage und www.polarlicht-vorhersage.de.

Wenn das Polarlicht an Ihrem Ort nicht zu sehen ist, können Sie stattdessen Livebilder von anderswo betrachten. Besuchen Sie einfach die Seite auroranotify.com und klicken Sie auf Webcams, Links und Apps. Dort finden Sie eine lange Liste mit Webcams aus Skandinavien, Kanada, den nördlichen USA und sogar Tasmanien und der Antarktis. Bedenken Sie, dass manche Stationen temporär offline sein können, etwa wenn dort heller Tag oder der Himmel gerade bewölkt ist.

Die vielen Gesichter der Erde

Wissenschaftler haben die Erdregionen in folgende Kategorien unterteilt:

✔ **Lithosphäre:** die Gesteinsregionen unseres Planeten

✔ **Hydrosphäre:** das Wasser der Meere, Seen und sonstigen Gewässer

✔ **Kryosphäre:** die gefrorenen Regionen – vor allem die Antarktis und die grönländischen Eiskappen

✔ **Atmosphäre:** die Luft von Erdbodennähe bis in mehrere Hundert Kilometer Höhe

✔ **Biosphäre:** alles Lebende auf unserem Planeten – an Land, in der Luft, im Wasser sowie unter der Erdoberfläche

Wir sind also Teil der Biosphäre, leben in der Lithosphäre, trinken von der Hydrosphäre und atmen aus der Atmosphäre. (Auch die Kryosphäre können wir besuchen.) Ich kenne sonst im ganzen Weltraum niemanden, der das kann.

Zu den Regionen in obiger Liste kommt noch ein weiterer wesentlicher Bestandteil unseres Planeten hinzu: die *Magnetosphäre*. Sie spielt eine wichtige Rolle dabei, die Erde von schädlichen Sonneneinwirkungen abzuschirmen (siehe Kapitel 10). Als Magnetosphäre bezeichnet man den Bereich, in dem das Magnetfeld der Erde wirkt. In ihr gibt es Zonen, in denen elektrisch geladene Teilchen, hauptsächlich Elektronen und Protonen, gefangen sind, die im Magnetfeld über der Erde hin- und herprallen. Man nennt diese Regionen auch die Van-Allen-Gürtel, nach dem amerikanischen Physiker James Van Allen, der ihn mithilfe des ersten künstlichen Satelliten Explorer I entdeckte.

Gelegentlich entweichen einige der Elektronen und regnen auf die Erdatmosphäre herab, wo sie mit Atomen und Molekülen zusammenstoßen und sie zum Leuchten bringen. Dieses Leuchten erzeugt das Polarlicht. (Mehr zum Thema Polarlichter finden Sie in dem Kasten »Wenn es am Himmel spukt: Alles über Polarlichter«.)

Der Meeresboden und seine magnetischen Eigenheiten

Geophysikalischen Forschungen zufolge gibt es auf beiden Seiten der mittelozeanischen Rücken magnetisierte Gesteinsformationen. Das Gestein wurde magnetisch, als es aus seinem geschmolzenen Zustand erstarrte, dabei einige der Magnetfelder der Erde einfing und in sich »einfror«, als es sich verfestigte. Deshalb ähnelt die felsige Landschaft des Meeresbodens einem Magneten mit einem Magnetfeld einer bestimmten Stärke und Ausrichtung. Nachdem das Gestein erstarrt war, wurde es zum fossilen Magnetfeld. Es ist wie ein fossiler Dinosaurier, der für immer die Form beibehalten wird, die er bei seinem Tod hatte.

Die Formationen, die nahe den mittelozeanischen Rücken entdeckt wurden, bestehen aus Streifen von magnetisiertem Gestein, Hunderte von Kilometern lang, die parallel zu den Rücken verlaufen und in ihrer Polung abwechseln. Der eine Streifen ist ein magnetischer Nordpol, wie das Ende eines Stabmagneten, dessen Nadel immer den Norden »sucht«; der nächste Streifen ist gegensätzlich gepolt und so weiter.

Diese Felsstreifen, deren Magnetfelder sich abwechseln, entstanden aus neuem Gestein, das von den mittelozeanischen Rücken gebildet worden war: Es kühlte ab, wurde magnetisch und löste sich, abgestoßen durch ständig nachwachsende Gesteinsschichten, von den Rücken. Die gegensätzlich gepolten Magnetstreifen belegen, dass das geomagnetische Feld selbst seine Richtung von Zeit zu Zeit ändert, wie ein Stabmagnet, der in gewissen Zeitabständen um 180 Grad gedreht wird – nur, dass diese Zeitabstände beim geomagnetischen Feld zwischen eintausend und eine Million Jahre dauern.

Es ist ein unbekannter Vorgang, der das geomagnetische Feld, das tief im Erdkern entsteht, derart häufig seine Richtung wechseln lässt. Dieser Effekt ist den fossilen Magnetfeldern des Meeresbodengesteins sowie dem Gestein der Kontinente, die sich früher tief unterhalb des Meeresspiegels befanden, gewissermaßen einverleibt.

Warum geht ein Astronomiebuch so ausführlich auf die Vorgänge auf dem Meeresboden ein? Weil diese beispiellose Eigenschaft der Erde einem Phänomen entsprechen könnte, das auf dem Mars beobachtet wurde. Beim Vergleich der Phänomene, denen wir auf den terrestrischen Planeten einschließlich der Erde begegnen, stoßen wir sowohl auf Gemeinsamkeiten als auch auf Unterschiede, die uns helfen, die Dinge besser zu verstehen. Solche Untersuchungen bezeichnet man als *vergleichende Planetologie*, und ich gehe in Kapitel 6, in dem sich alles um den Mars und die Venus dreht, noch genauer darauf ein.

Der extrem hohe Druck der übereinander gelagerten Schichten bringt das heiße Eisen im inneren Erdkern zum Erstarren. Beim Abkühlen der Erde in künftigen Jahrmillionen wird der feste Teil des Zentrums an Größe zunehmen, während der ihn umgebende geschmolzene Kern an Volumen abnimmt, wie bei einem Eiswürfel, der größer wird, wenn die Flüssigkeit um ihn herum abkühlt.

Der Erdkern ist viel weiter entfernt als Grabungen gehen können, doch er ruft ein Phänomen hervor, das sich auch auf der Erdoberfläche beobachten lässt: Bewegliche Ströme geschmolzenen Eisens im äußeren Kern erzeugen ein Magnetfeld, das sich durch den gesamten Planeten hindurch fortpflanzt, bis weit hinaus ins All. Das ist das *geomagnetische Feld*.

Das geomagnetische Feld

✔ sorgt dafür, dass eine Kompassnadel nach Norden (oder Süden) zeigt,

✔ bietet ein unsichtbares Orientierungssystem, das es zum Beispiel Tauben ermöglicht, nach Hause zu finden, ebenso wie manchen Zugvögeln und einigen im Ozean lebenden Schildkröten, Fischen oder sogar Bakterien,

✔ bildet weit von der Erde entfernt die Magnetosphäre und

✔ schirmt die Erde vor aus dem Weltraum eindringenden elektrisch geladenen Teilchen ab, wie etwa dem Sonnenwind und zahlreichen kosmischen Strahlungen (superschnellen und energiereichen Teilchen, die von Explosionen auf der Sonne sowie weit entfernten Orten im All stammen).

Das geomagnetische Feld ist ein globales Magnetfeld, das heißt, es erstreckt sich über die gesamte Erde und erneuert sich ständig. Der Mars, die Venus, unser Mond – ihnen allen fehlt ein solches globales Magnetfeld, und dieser wesentliche Unterschied gestattet den Wissenschaftlern Rückschlüsse über den Kern dieser Objekte. Wenn Sie mehr über den Kern des Monds erfahren wollen, lesen Sie den Abschnitt »Eine Theorie über die Entstehung des Monds« weiter hinten in diesem Kapitel.

Tageszeiten, Jahreszeiten und Zeitalter

Die Erdrotation war einst die Grundlage unserer Zeitmessung. Auch wissen wir heute, dass die Kreisbahn der Erde um die Sonne sowie eine Neigung ihrer Achse für die Jahreszeiten verantwortlich ist. Unser jahreszeitlicher Reigen um die Sonne findet schon seit langer Zeit statt; die Erde ist mittlerweile 4,6 Milliarden Jahre alt.

Ein Tanz, der niemals endet

Die Wissenschaftler unserer Tage arbeiten mit Atomuhren, deren Zeitmessung von allergrößter Präzision ist. Ursprünglich jedoch, bis in die neuere Zeit, orientierte sich unser Zeitsystem allein an der Erdrotation.

Wie im Flug

… vergeht die Zeit, wenn wir uns gut fühlen, an anderen Tagen scheint sie sich hinzuziehen. Doch es geht alles mit rechten Dingen zu: Die Erde dreht sich einmal in 24 Stunden um die eigene Achse, und zwar von West nach Ost (wenn man vom Weltraum auf den Nordpol blickt, heißt das *gegen* den Uhrzeigersinn). Die 24 Stunden, die ein Tag dauert, sind die Zeit, die die Sonne im Durchschnitt benötigt, um aufzugehen, unterzugehen und wieder aufzugehen. Diesen Prozess nennt man *mittlere Sonnenzeit* – sie entspricht der Standardanzeige auf Ihrer Armbanduhr.

Die Länge eines Tags beträgt somit 24 Stunden mittlere Sonnenzeit. Und ein Jahr besteht aus annähernd 365 Tagen – das ist die Zeit, die die Erde braucht, um sich einmal komplett um die Sonne zu drehen.

Da die Erde sich um die Sonne bewegt, hängt die Zeit, zu der Sie die Sonne aufgehen sehen, sowohl von der Rotation der Erde als auch ihrer Kreisbewegung um die Sonne ab.

Nimmt man die Sterne als Bezugspunkt, dreht sich die Erde ein Mal in 23 Stunden, 56 Minuten und 4 Sekunden um sich selbst. Das nennt man einen *Sterntag oder siderischen Tag* (*siderisch* bedeutet »in Bezug auf die Sterne«). Wenn Sie die Differenz zwischen 24 Stunden und 23 Stunden, 56 Minuten und 4 Sekunden ausrechnen, kommen Sie auf 3 Minuten und 56 Sekunden – das ist etwa 1/365 des Tags. Was kein Zufall ist: Es hat damit zu tun, dass die Erde im Laufe eines Tags 1/365 ihrer Kreisbahn um die Sonne zurücklegt.

Früher griffen Astronomen auf spezielle Uhren zurück, die Sternzeituhren hießen und mit denen sie die siderische Zeit maßen, indem sie die 23 Stunden, 56 Minuten und 4 Sekunden der mittleren Sonnenzeit in 24 gleich große siderische Stunden aufteilten. Natürlich waren diese Sternstunden, Sternminuten und Sternsekunden alle eine Idee kürzer als ihre gleichnamigen Entsprechungen in Sonnenzeit. Mithilfe dieser Sternzeituhren konnten die Astronomen den Lauf der Sterne genau verfolgen und ihre Teleskope danach ausrichten. Heute erledigen den mathematischen Teil Computerprogramme, die die Teleskope ausrichten und den Sternenhimmel auf einem Desktopplanetarium oder dem Smartphone abbilden, wie ich es in Kapitel 2 beschreibe. Es genügt also die Normalzeit des Aufenthaltsorts, um zu ermitteln, wo wir bestimmte Sterne und Konstellationen am Himmel finden können.

Andererseits nutzen Astronomen beim Aufzeichnen ihrer Beobachtungen ein System, das sich an der *Weltzeit* oder *Mittleren Greenwich-Zeit* orientiert. Damit ist einfach die

Normalzeit an dem Ort Greenwich in England gemeint. Wenn man in Nordamerika lebt, ist die Normalzeit an dem Ort, an dem man wohnt, immer früher als die Greenwich-Zeit. In New York zum Beispiel geht die Sonne fünf Stunden später auf als in Greenwich. Wenn früh um sechs in Greenwich schon die Hähne krähen, ist es in New York gerade mal eine Stunde nach Mitternacht.

Als internationaler Standard gilt übrigens die *koordinierte Weltzeit* (*Coordinated Universal Time*, kurz *UTC*), die zwar genauer definiert, in praktischer Hinsicht jedoch mit der Greenwich-Zeit identisch ist.

Achtung, Schaltsekunden

Die Erde braucht 365,25 Tage, um die Sonne zu umrunden, ein normales Kalenderjahr jedoch umfasst nur 365 Tage. Aus diesem Grunde schalten wir alle vier Jahre einen Extratag dazwischen – den 29. Februar. Ein solches Jahr mit 29. Februar nennt man *Schaltjahr*, und der zusätzliche Tag sorgt dafür, dass Erde und Kalender wieder übereinstimmen.

Auch zwischen der Erdrotation und der Länge eines Kalendertags gibt es eine Abweichung: Hin und wieder dreht sich die Erde ein wenig langsamer als normal, womöglich aufgrund heftigerer Wettereinflüsse wie El Niño. Diese kleinen Abweichungen aber addieren sich auf, und ehe man sich versieht, zeigen selbst die ultrapräzisesten Atomuhren nicht mehr die richtige Zeit an. Wenn es so weit ist, fügen die internationalen Behörden immer eine *Schaltsekunde* ein, die zur UTC hinzugerechnet wird. Nach dieser kleinen Korrektur halten in der Regel Ingenieure auf der ganzen Welt den Atem an und hoffen inbrünstig, dass dadurch die Navigationssysteme, die Luftverkehrskontrolle und sonstige zeitabhängige Systeme nicht aus dem Lot geraten.

Aus diesem Grund würden manche Nationen gerne ganz auf die Schaltsekunden verzichten und sich nur noch auf Atomuhren verlassen. Dann allerdings würde sich unsere Zeit nicht mehr an der Erdrotation orientieren, und Mittag würde irgendwann auf den Sonnenaufgang oder Mitternacht fallen. Die letzte Schaltsekunde wurde jedenfalls am 31. Dezember 2016 kurz vor Mitternacht eingefügt. Vielleicht war es die letzte, je nachdem wie sich die Länder entscheiden. Die Zeit wird's zeigen.

Auf der Suche nach der richtigen Zeit

In Deutschland ist die Physikalisch-Technische Bundesanstalt (PTB) in Braunschweig für die Zeitmessung und die Verbreitung der entsprechenden Zeitsignale zuständig. In ihren Laboratorien betreibt die PTB zwei Cäsiumatomuhren. Deren Signale werden über den Sender DCF77 bei Mainflingen (bei Aschaffenburg) auf 77,5 kHz verbreitet. Jede Funkuhr richtet sich nach diesen Signalen – und das genauer als eine Tausendstelsekunde. Die Zeit können Sie sich auf den Seiten der PTB auch im Internet ansehen: uhr.ptb.de/.

Die wahre Sternzeit an Ihrem Wohnort richtet sich nach der Rektaszension (siehe Kapitel 1) der Sterne auf Ihrem Meridian – der imaginären Linie vom Zenit zum Südpunkt am Horizont. Der ideale Ort für einen Stern, um beobachtet zu werden, befindet sich auf dem Meridian.

Falls Sie die Standardzeitzone für eine bestimmte Gegend feststellen wollen, finden Sie sie für nahezu jeden Ort der Welt unter der Webadresse `https://www.weltzeit.de/`. Es handelt sich um eine Website, auf der Sie eine Landkarte mit den verschiedenen Zeitzonen finden und die betreffenden Zeiten in Universalzeit umrechnen können.

Wahrscheinlich wird auch in Ihrem Land die Uhr einmal pro Jahr auf Sommerzeit umgestellt. Dann ist es dort eine Stunde später als Normalzeit. Aber nicht überall auf der Welt gibt es die Sommerzeit: In Arizona zum Beispiel, wo die Sonne fast das ganze Jahr über scheint, gehen die Uhren immer gleich.

Die Jahreszeiten – eine Frage der Neigung

Kaum etwas ist für einen Professor der Astronomie frustrierender, als seinen Studenten erklären zu müssen, wie es zur Entstehung der Jahreszeiten kommt. Tausendmal erklärt er ihnen, dass es nichts damit zu tun hat, wie weit die Erde von der Sonne entfernt ist – manche wollen es einfach nicht begreifen. Eine Umfrage unter Absolventen der Harvard-Universität ergab, dass sogar die klügsten Köpfe unter den Studenten oft der Meinung sind, Sommer werde es, wenn die Erde sich am nächsten bei der Sonne befindet, und Winter dann, wenn sie von ihr am weitesten entfernt ist.

Diese Studenten übersehen eine wichtige Tatsache: dass nämlich immer wenn es auf der Nordhalbkugel Sommer wird, für die Menschen auf der Südhalbkugel der Winter beginnt. Und während die Australier surfen, fahren die Bewohner der Vereinigten Staaten dafür Ski oder Schlitten. Doch beide Erdteile – Amerika und Australien – befinden sich auf dem gleichen Planeten. Die Erde kann nicht gleichzeitig so nahe wie möglich bei der Sonne sein und doch so weit wie möglich von ihr entfernt. Das würde an Zauberei grenzen.

Die wahre Ursache für die Existenz der Jahreszeiten hat mit der Neigung der Erdachse zu tun (siehe Abbildung 5.2). Die Erdachse – also die gedachte Linie vom Nord- zum Südpol – verläuft nicht senkrecht zur Bahn der Erde um die Sonne. Sie weicht um 23,5 Grad von einem rechten Winkel ab. Die Achse zeigt nach Norden an einen bestimmten Ort am Himmel – in die Nähe des Polarsterns (jedenfalls im Augenblick; denn die Erdachse ändert ihre Richtung allmählich, und irgendwann in ferner Zukunft wird der Polarstern nicht mehr der Stern im Norden sein).

Zurzeit ist der Nordstern am Himmel ein Stern im Kleinen Wagen (Teil des Sternbilds Ursa Minor, des Kleinen Bären). Er heißt Alpha Ursae Minoris und wird auch Polaris oder Polarstern genannt. Wenn Sie sich nachts verirren und nicht weiterzugehen »wagen«, dann suchen Sie am Himmel den Kleinen Wagen (wie Sie Polaris am besten finden, steht in Kapitel 3).

Stellen Sie sich vor, dass die Erdachse am Nord- und am Südpol aus der Erde »hinauszeigt«. Befindet sich die Erde auf der einen Seite ihrer Umlaufbahn, weist auch ihre Achse grob gesehen in Richtung Sonne, die dann in der Nordhemisphäre zu Mittag hoch am Himmel prangt. Sechs Monate später jedoch zeigt diese verlängerte Erdachse nicht mehr in Richtung Sonne, sondern eher von ihr weg. Vom All aus gesehen zeigt sie natürlich immer in die gleiche Richtung, aber die Erde befindet sich ja jetzt auf der anderen Seite der Sonne.

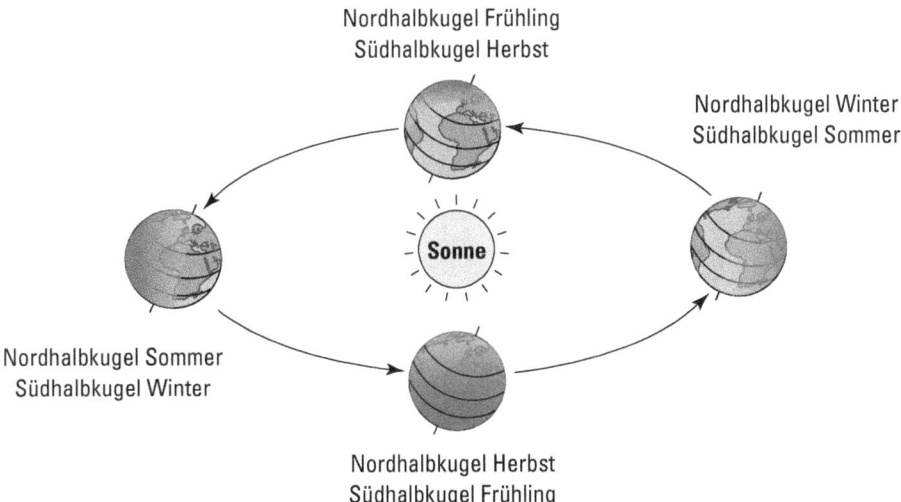

Abbildung 5.2: Die Neigung der Erdachse ist verantwortlich für die Jahreszeiten.

Auf der Nordhalbkugel ist immer dann Sommer, wenn die Achse über den Nordpol hinaus in Richtung Sonne weist. Dann steht die Sonne um die Mittagszeit höher als zu anderen Jahreszeiten, scheint also steiler auf die Nordhemisphäre und sorgt für mehr Hitze. Das andere Ende der Achse, das über den Südpol hinausweist, ist zur gleichen Zeit von der Sonne abgewandt, die Sonne steht also mittags tiefer am Himmel als zu anderen Jahreszeiten, und die Sonnenstrahlen kommen in einem flacheren Winkel. Deshalb ist in Australien um diese Zeit Winter.

Im Sommer bekommen wir einige Stunden mehr an Sonnenlicht ab, weil die Sonne höher am Himmel steht. Sie braucht dann länger, um sich bis zu diesem Punkt zu erheben, und auch länger, um wieder unterzugehen.

Wir drehen uns zwar um die Sonne, aber von hier unten sieht es aus, als wäre es die Sonne, die sich über den Himmel bewegt. Die Bahn, die sie dabei scheinbar durchläuft, bezeichnet man als *Ekliptik* (wie in Kapitel 3 erwähnt). Die Ekliptik ist im gleichen Winkel gegen den Himmelsäquator geneigt wie die Sonnenbahn der Erde gegen den Erdäquator: 23,5 Grad. Hier einige wichtige Ereignisse, die im Verlauf der alljährlichen Reise der Sonne entlang der Ekliptik stattfinden (von der Nordhalbkugel aus betrachtet):

✔ **Frühlingsäquinoktium (Frühlingstagundnachtgleiche):** Am ersten Frühlingstag wechselt die Sonne über den Äquator von »unten« (Süden) nach »oben« (Norden).

✔ **Sommersonnenwende:** Die Sonne erreicht den höchsten Punkt im Norden der Ekliptik.

✔ **Herbstäquinoktium (Herbsttagundnachtgleiche):** Die Sonne überquert den Äquator in Richtung Süden, es wird Herbst.

✔ **Wintersonnenwende:** Die Sonne erreicht den tiefsten Punkt im Süden der Ekliptik.

Auf der Nordhalbkugel ist zur Sommersonnenwende der »längste Tag des Jahrs«; die Sonne scheint am längsten, denn sie hat ihre höchste Position am Himmel erreicht. An diesem Tag braucht sie am längsten, um ihren Gipfelpunkt zu erreichen und auch am längsten, um wieder hinab zum Horizont zu sinken. Ebenso ist die Wintersonnenwende auf der Nordhalbkugel der Tag mit der geringsten Sonnenlichtmenge des Jahrs.

Nun wissen Sie alles Wichtige über die Entstehung von Tags- und Jahreszeiten.

Das Alter der Erde schätzen

Der einzig präzise Weg, um zu bestimmen, wie lange sehr alte Dinge auf der Erde oder im Sonnensystem schon existieren, besteht darin, ihre Radioaktivität zu messen. Manche Elemente, wie zum Beispiel Uran, verfügen über eine instabile Form, die man als *radioaktives Isotop* bezeichnet. Ein radioaktives Isotop verwandelt sich in ein anderes Isotop des gleichen Elements oder in ein anderes Element mit einer Geschwindigkeit, der von der *Halbwertzeit* der radioaktiven Substanz abhängt. Beträgt die Halbwertzeit zum Beispiel eine Million Jahre, hat sich nach dieser Zeit die Hälfte des ursprünglich vorhandenen radioaktiven Isotops in eine andere Substanz verwandelt (die man das *Tochterisotop* nennt), die andere Hälfte ist noch immer radioaktiv, und erneut dauert es eine Million Jahre, bis von diesem Restbestand *die Hälfte* zum Tochterisotop geworden ist. Es müssen also zwei Millionen Jahre vergehen, bis von der ursprünglich radioaktiven Substanz nur noch 25 Prozent übrig sind. Nach drei Millionen Jahren sind es nur noch 12,5 Prozent und so weiter.

Wenn die von Beginn an existierenden radioaktiven Isotopatome, auch *Mutteratome* genannt, und die Tochteratome zusammen in einem Gesteins- oder Metallstück wie einem Meteoriten eingeschlossen sind, haben Wissenschaftler die Möglichkeit, ihren jeweiligen Anteil festzustellen, um daraus zu schließen, wie alt das Gestein ist. Diesen Vorgang nennt man *radiometrische Datierung.*

Mithilfe radiometrischer Datierung konnten Wissenschaftler feststellen, dass die ältesten Gesteine auf der Erde etwa 4 Milliarden Jahre alt sind. Die Erde selbst ist aber zweifellos älter. Das Gestein auf der Erdoberfläche wird fortwährend durch Erosion, die Bildung von Gebirgen und *Vulkanismus* (die Eruption geschmolzenen Gesteins aus dem Erdinneren, einschließlich der Entstehung neuer Vulkane) zerstört, sodass die ursprüngliche Gesteinsdecke des Planeten längst nicht mehr existiert.

Die radiometrische Datierung von Meteoriten jedoch führt zu einem Ergebnis von 4,6 Milliarden Jahre. Meteorite gelten als die Überreste von Asteroiden, und Asteroiden wiederum als die Überreste des sehr jungen Sonnensystems, als die Planeten sich gerade bildeten (mehr über Asteroiden in Kapitel 7).

Deshalb glauben Wissenschaftler, dass die Erde und weiteren Planeten etwa 4,6 Milliarden Jahre alt sind. Unser Mond jedoch ist ein wenig jünger, wie ich im nächsten Abschnitt erkläre.

Warum es der Mann im Mond so schwer hat

Der Mond hat einen Durchmesser von 3.476 Kilometern, das ist etwas mehr als ein Viertel des Erddurchmessers. Er verfügt über keine nennenswerte Atmosphäre – nur einige Spuren von Sauerstoff-, Helium-, Neon- und Argonatomen sowie ein paar weitere Elemente in noch geringeren Spuren. Er besteht ganz (oder fast ganz) aus festem Gestein (siehe Abbildung 5.3), und manche Experten glauben, er hätte so etwas wie einen kleinen Kern aus geschmolzenem Eisen. Seine Masse beträgt nur 1/81 der Erdmasse, seine Dichte ist dreimal größer als die von Wasser, und das ist erheblich viel weniger als die Erddichte (die 5,5-mal größer ist als die von Wasser).

Goinyk.stock.adobe.com

Abbildung 5.3: Der Mond besteht aus Felsen und Rillen, Kratern und Ebenen aus erstarrter Lava

In den folgenden Abschnitten gebe ich Ihnen einen Überblick über die Mondphasen, Mondfinsternisse und die Geologie des Monds; außerdem enthalten Sie nützliche Tipps, wie Sie eine Menge Eigenheiten des Monds selbst beobachten können. Auch eine Theorie über die Entstehung des Monds möchte ich Ihnen vorstellen.

Wichtig für Werwölfe: Die Mondphasen

Wenn nicht gerade eine Mondfinsternis ist (siehe nächster Abschnitt), wird eine Hälfte des Monds stets von der Sonne angestrahlt, die andere Hälfte liegt im Dunkeln. Doch anders als die meisten Leute glauben, haben diese helle und dunkle Hälfte nichts damit zu tun, welche Mondseite uns zugewandt ist und welche abgewandt. Es ist nämlich so, dass wir immer die gleiche Mondhemisphäre sehen; die gegenüberliegende bekommen wir nie zu Gesicht. Ob eine Mondhemisphäre hell oder dunkel erscheint, liegt vielmehr daran, ob sie von der

Sonne angestrahlt wird oder nicht. Und das ist, während der Mond sich um die Erde bewegt, nicht immer die gleiche Seite (siehe Abbildung 5.4).

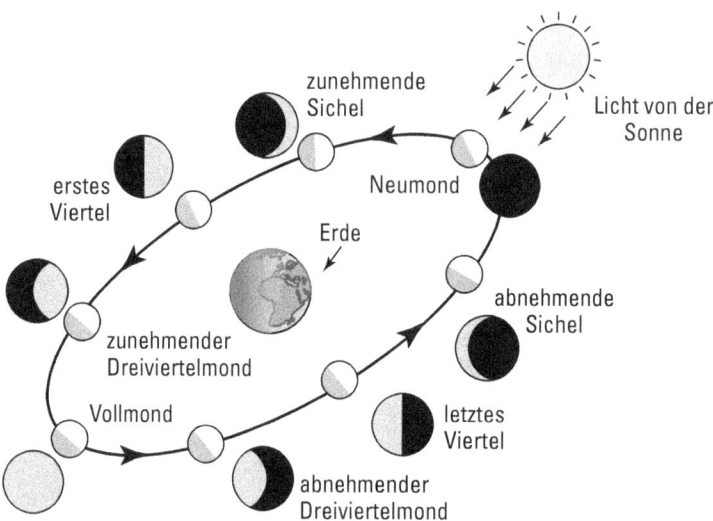

Abbildung 5.4: Eine Seite des Monds bekommen Sie nie zu sehen – da hilft es auch nichts, wenn Sie jetzt umblättern.

Der *Neumond* ist der Beginn des monatlichen Mondzyklus (der *Lunation*). Zu diesem Zeitpunkt ist die uns zugewandte Seite des Monds von der Sonne abgewandt – und wird dadurch zur dunklen Seite. Ein paar Stunden oder Tage später sehen wir wieder einen kleinen Teil von ihm – die *zunehmende Sichel*, also eine Sichel, deren heller Teil immer größer wird. Zu dieser Phase kommt es, wenn der Mond sich von der Sonne-Erde-Linie wegbewegt, während er um die Erde kreist. Eine Mondhälfte ist immer voll beleuchtet, da sie der Sonne zugewandt ist; bei einer Mondsichel jedoch bleibt ein Großteil der beleuchteten Fläche unsichtbar, da er von der Erde abgewandt ist.

Während der Mond seine Bahn zieht, gerät er irgendwann an einen Punkt, an dem die Erde-Mond-Linie genau senkrecht auf der Erde-Sonne-Linie steht. Dann sehen wir einen *Halbmond*, den die Astronomen jedoch als *Viertel* bezeichnen.

Hä, was nun? Halbmond oder Viertel? Kann der Mond denn beides gleichzeitig sein? Wenn die Astronomen es wollen, kann er das. Denn was wir sehen, wenn der Halbmond am Himmel steht, ist nicht die Hälfte des ganzen Monds, sondern nur die Hälfte einer Hälfte – nämlich der hellen, uns zugewandten Seite. Das heißt: Auch wenn wir vom Halbmond sprechen, haben die Astronomen natürlich recht. Das ist, als würden wir von einer Geschichte, die ohnehin halb erlogen ist, wiederum nur die Hälfte erzählen – mehr als ein Viertelchen Wahrheit bleibt da nicht übrig.

Wenn der erleuchtete Teil des Monds, den wir sehen, größer wird als ein Viertel- (oder Halb-)Mond, aber immer noch kleiner ist als der Vollmond, sprechen Astronomen vom *zunehmenden Dreiviertelmond*.

Wenn der Mond sich auf der anderen Seite seiner Umlaufbahn befindet, also der Sonne am Himmel gegenübersteht, ist seine uns zugewandte Seite vollständig erleuchtet. Das ist dann der *Vollmond*. Läuft er danach auf seiner Bahn weiter, wird dieser erleuchtete Teil immer kleiner, und es entsteht erneut ein Dreiviertelmond – nicht ganz voll, aber größer als ein Viertelmond. Das ist der *abnehmende Dreiviertelmond*. Kurz darauf erscheint der Mond wieder als Viertelmond (oder Halbmond, wenn Ihnen das lieber ist), als das *letzte Viertel*. Wenn er sich der gedachten Linie zwischen Erde und Sonne nähert, wird er zur *abnehmenden Sichel*. Und schon bald darauf ist er wieder zum Neumond geworden, und der Zyklus beginnt von vorn.

Die Zeitspanne, die der Neumond braucht, um alle Phasen zu durchlaufen und wiederum zum Neumond zu werden, bezeichnet man als *synodischen Monat*. Er dauert im Schnitt 29 Tage, 12 Stunden und 44 Minuten.

Manche Leute fragen, wieso es dann nicht jeden Monat bei Neumond eine Sonnenfinsternis gibt. Das liegt daran, dass die Erde, der Mond und die Sonne sich während einer Neumondphase meist nicht exakt auf einer Linie befinden. Bilden sie jedoch eine schnurgerade Linie und ist Neumond, dann findet auch immer eine Sonnenfinsternis statt (siehe Kapitel 10). Und wenn die drei Himmelskörper eine exakte Linie bilden und Vollmond ist, dann kommt es zu einer Mondfinsternis.

Auch die Erde kennt übrigens so etwas wie Phasen. Um sie zu sehen, müssten wir jedoch ins All hinausreisen, um unseren Planeten aus einer gewissen Distanz betrachten zu können. Wenn die Bewohner der Erde einen wunderschönen Vollmond sehen, würde ein Beobachter auf der uns zugewandten Mondseite eine »Neuerde« erblicken. Und während der Erdling den Neumond bestaunt (oder auch nicht), bekäme der Beobachter auf dem Mond eine »Vollerde« serviert.

Im Schatten der Erde: Eine Mondfinsternis beobachten

Eine Mondfinsternis findet statt, wenn der Vollmond genau auf einer Linie mit der Erde und der Sonne liegt. Der Mond befindet sich dann im Erdschatten oder *Kernschatten*, auch *Umbra* genannt. Bei einer Mondfinsternis kann Ihnen übrigens nichts passieren – es sei denn, Sie stolpern im Dunkeln über einen Pflasterstein oder stoßen sich irgendwo den Kopf an.

 Während einer totalen Mondfinsternis bleibt der Mond sichtbar, auch wenn er in den Schatten der Erde getaucht ist (siehe Abbildung 5.5). Es fällt zwar kein unmittelbares Sonnenlicht auf ihn, doch es wird (wie man vom Mond aus sehen kann) ein wenig Sonnenlicht um die Erdatmosphäre herumgeleitet und trifft auf dem Erdtrabanten auf. Das Sonnenlicht wird auf seinem Weg durch unsere Atmosphäre stark gefiltert, und hauptsächlich ist es rotes und orangefarbenes Licht, das durchdringt. Dieser *Erdscheineffekt* variiert von einer Mondfinsternis zur nächsten, je nach meteorologischen Voraussetzungen und der Wolkendichte der Erdatmosphäre. Deshalb kann der vollständig verdunkelte Mond von einem trüben Orange, ja sogar von einem noch trüberen oder sehr dunklen Rot sein. Manchmal jedoch können Sie den verdunkelten Mond kaum erkennen.

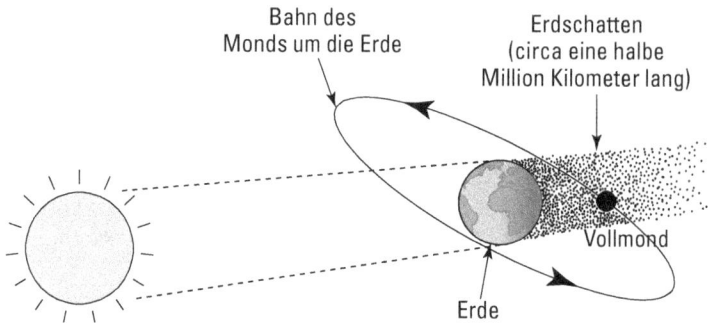

Abbildung 5.5: Eine totale Mondfinsternis Aus Dinah L. Moché, Astronomy. A Self-Teaching Guide, 7. Auflage

Hier eine Liste aller bevorstehenden totalen Mondfinsternisse bis 2029:

2021:   *26. Mai*

2022:   *16. Mai*

             8. November

2025   *14. März*

             7. September

2026   *3. März*

2028   *31. Dezember*

2029   *26. Juni*

             20. Dezember

Damit Sie auf jede bevorstehende Finsternis gut vorbereitet sind, sollten Sie sich zuvor noch einmal über die genaue Uhrzeit und die Gegenden der Erde informieren, in denen sie zu sehen ist. Werfen Sie einen Blick in die Zeitschrift *Sterne und Weltraum*s, wenn der Tag der Finsternis näher rückt. Mond- und Sonnenfinsternisse für das aktuelle Jahr sind auch immer in Jahrbüchern (wie etwa dem *Kosmos Himmelsjahr*) beschrieben.

Totale Mondfinsternisse sind etwa ebenso häufig wie totale Sonnenfinsternisse; trotzdem sieht man sie häufiger, da eine totale Sonnenfinsternis im Gegensatz zu einer Mondfinsternis nur auf einem schmalen Erdstreifen zu sehen ist, den man als *Totalitätszone* bezeichnet. Wenn jedoch der Erdschatten auf den Mond fällt, können Sie den verdunkelten Mond auf dem halben Erdball sehen, vorausgesetzt, es ist Nacht.

Partielle Finsternisse sind nicht ganz so interessant. Bei einer *partiellen Mondfinsternis* fällt der Erdschatten nur auf einen Teil des Monds, und es sieht aus, als wäre der Mond lediglich in eine neue Phase eingetreten. Wenn Sie nicht wissen, dass gerade eine Finsternis stattfindet oder eigentlich Vollmond sein müsste, bekommen Sie gar nicht mit, dass sich da ein einzigartiges astronomisches Schauspiel ereignet. Wahrscheinlich denken Sie, es handle sich um einen ganz normalen Viertel- oder Sichelmond. Wenn Sie jedoch eine Stunde oder so zuschauen, können Sie sehen, wie der Vollmond aus dem Erdschatten hervortritt.

Nicht finster, aber bedeckt

Auf seinem Weg über die Himmelssphäre verfinstert der Mond manchmal auch helle Sterne. Das nennt man dann aber nicht »Finsternis«, denn dunkler wird es durch ein solches Ereignis nicht. Der richtige Ausdruck dafür ist »Bedeckung«.

Sternbedeckungen passieren alle paar Tage; man findet sie zum Beispiel jeden Monat in der Zeitschrift *Sterne und Weltraum* aufgelistet. Als Erstes ist wichtig zu wissen, ob eine bestimmte Bedeckung an Ihrem Wohnort zu sehen ist. Falls das so ist, achten Sie auf die genaue Uhrzeit. Keine zwei Sternbedeckungen sind gleich: Manchmal ist nur der Eintritt des Sterns am Mondrand zu sehen, also der Moment, in dem der Stern hinter der Mondscheibe verschwindet. Manchmal sieht man hingegen nur den Austritt und manchmal sowohl den Ein- als auch den Austritt. Einige wenige Sterne sind so hell, dass man die Bedeckung mit dem bloßen Auge verfolgen kann, für die meisten braucht man ein Fernglas oder ein kleines Teleskop.

Wenn Sie der Wissenschaft einen Dienst erweisen sollen, dann schreiben Sie sich die Zeiten des Ein- und Austritts (auf die Sekunde genau) auf und schicken die Werte an die International Occultation Timing Association (IOTA): www.iota-es.de. Die Zeiten hängen von Ihrem genauen geografischen Ort, der Mondbewegung, der Position des Sterns und der Unebenheit des Mondrands ab.

Besonders spannend ist es, wenn der Mond den Stern gerade eben mit seinem Rand »schrammt«, aber nicht vollständig bedeckt. Bei einer solchen »streifenden Sternbedeckung« kann der Stern in wenigen Sekunden mehrmals verschwinden und wieder aufblitzen, weil er von den Bergen am Mondrand bedeckt und in den dazwischenliegenden Tälern freigegeben wird. Man muss aber genau am richtigen Ort stehen, um ein solches Ereignis erleben zu können. Nicht verpassen sollten Sie außerdem die nächste Planetenbedeckung: Weil die Planeten im Teleskop eine gewisse Ausdehnung zeigen, zieht sich eine solche Bedeckung im Gegensatz zu einer Sternbedeckung über mehrere Sekunden. Außerdem sehen Sie dann mal, wie klein die Planeten neben unserem Mond aussehen! Die nächsten streifenden Sternbedeckungen und Planetenbedeckungen sind in *Sterne und Weltraum* oder auf der Webseite der IOTA angegeben.

Echt die Härte: Die Geologie des Monds

Der Mond sieht aus wie ein Gesicht voll Pockennarben. Es handelt sich dabei um Krater in allen Größen, von mikroskopisch kleinen Dellen bis hin zu Becken von mehreren Hundert Kilometern Durchmesser. Der größte davon ist das Südpol-Aitken-Becken, mit etwa 2.600 Kilometern Durchmesser. Diese Krater stammen von Objekten, die – meist vor sehr langer Zeit – mit dem Mond zusammengestoßen sind (Asteroiden, Meteoroiden und Kometen). Die allerkleinsten Krater, von Wissenschaftlern auf Steinen entdeckt, die Astronauten von der Mondoberfläche mitbrachten, rühren von Mikrometeoriten her – winzigen Gesteinspartikeln, die durchs All fliegen. Man fasst alle Krater und Becken unter dem Begriff *Impaktkrater* (*Einschlagkrater*) zusammen, um sie von vulkanischen Kratern zu unterscheiden.

Es gibt auf dem Mond so etwas wie Vulkanismus, doch in einer völlig anderen Form als auf der Erde. Auf dem Mond gibt es keine *Vulkane*, also keine Vulkanberge mit einem Krater auf der Spitze. Allerdings gibt es kleine Vulkandome oder Berge mit abgerundetem Gipfel, wie sie auch in manchen Vulkangebieten auf der Erde vorkommen. Hinzu kommen gewundene Kanäle auf der Mondoberfläche (auch *Rillen* genannt), bei denen es sich vermutlich um Lavaröhren handelt, die ebenfalls eine verbreitete Landschaftsform in Vulkangebieten auf der Erde darstellen (wie zum Beispiel das Lava Beds National Monument in Nordkalifornien). Am bemerkenswertesten sind die riesigen Lavaebenen auf dem Mond, die den Boden der großen Impaktbecken füllen. Diese Lavaebenen heißen auch *Maria*, das lateinische Wort für »Meere«. (Wenn Sie hinaufblicken und den Mann im Mond sehen, so handelt es sich bei den dunklen Stellen, die seine Gesichtszüge bilden, um solche Maria.)

Früher glaubten manche Wissenschaftler, bei den Maria könne es sich um Ozeane handeln. Wäre das jedoch der Fall, so könnte man sehen, dass Sonnenlicht sich in ihnen spiegelt wie auf dem Meer, wenn man tagsüber aus einem Flugzeug herabblickt. Die hellen, größeren Bereiche im Gesicht des Mondmanns sind die *lunaren Hochländer*, mit zahlreichen Kratern bedeckte Landschaften. Auch die Maria haben Krater, allerdings weniger pro Quadratkilometer als die Hochländer, woraus wir schließen können, dass die Maria jünger sind. Durch gewaltige Impakte entstanden die Becken, in denen sich die Maria befinden. Später füllten sich die Becken mit Lava aus der Tiefe, wodurch all die neuen Krater, die aufgrund der Impakte entstanden waren, zunichtegemacht wurden. Sämtliche Krater, die Sie heute in den Maria sehen können, stammen von Einschlägen, die nach dem Erstarren der Lava stattfanden.

Lust auf lecker Mondeis?

Die Mondoberfläche ist bedeckt mit feinem Gesteinsstaub, den man als *Mondstaub* bezeichnet. Er stammt von unzähligen Meteoroiden- und Asteroideneinschlägen, die seit Urzeiten auf den Mond niedergehen, wodurch es immer wieder zur Bildung von Kratern und pulverisiertem Gestein kam. In vielen Fällen haften gefrorene Wassermoleküle an den Staubpartikeln, vor allem auf dem Boden von Kratern in Nähe der Mondpole. In der näheren Umgebung dieser Krater steht die Sonne niemals hoch am Himmel, und ihr Boden befindet sich im Schatten der Kraterwälle. Diese Bereiche sind die kältesten Gegenden auf dem ganzen Mond. Zumindest in einem dieser Südpolkrater wird es bis zu −200 Grad Celsius kalt. Aber kommen Sie nicht auf die Idee, sich eine Portion Mondstaub zu holen, um daraus erfrischendes Eiswasser »direkt vom Mond« zu machen. Außer den Wassermolekülen sind auch Silber- und Quecksilberatome am Mondstaub festgefroren, und deren Genuss könnte Sie teuer zu stehen kommen.

Haben Sie Lust, mit mir ein wenig die uns zugewandte Seite des Monds zu erforschen, um danach auch über die andere Seite besser Bescheid zu wissen? Dann folgen Sie mir.

Die sichtbare Seite des Monds

Den Mond zu beobachten, kann vielversprechend sein. Sie können ihn sehen, wenn der Himmel trüb oder zum Teil bewölkt ist, und manchmal bekommen Sie ihn sogar tagsüber zu Gesicht. Krater können Sie mithilfe kleinster Teleskope erkennen. Und falls Sie ein qualitativ hochwertiges kleines Teleskop haben, werden Sie auch Hunderte oder gar Tausende anderer Eigenheiten des Monds sehen, darunter die im Kapitel oben bereits genannten, aber auch:

✔ **Zentralberge:** Hügel aus Bruchgestein, die bei mächtigen Impakten entstanden, die von der Mondoberfläche abgefedert wurden. Zentralberge finden sich in etlichen, wenn auch nicht allen Impaktkratern.

✔ **Mondgebirge:** Die Wälle gewaltiger Krater oder Einschlagbecken, die teilweise zerstört sein können aufgrund nachfolgender Impakte, wobei Teile ihrer Mauern stehen blieben wie Gebirgszüge, wenn auch von anderer Art als auf der Erde.

✔ **Strahlen:** Helle Linien, die aus dem pulverisierten Schutt entstanden, der bei etlichen Impakten ausgeworfen wurde. Sie gehen strahlenförmig von jungen, hellen Impaktkratern wie Tycho oder Kopernikus aus (siehe Abbildung 5.6).

Abbildung 5.6: Nahaufnahme des Mondkraters Kopernikus, fotografiert vom Hubble-Weltraumteleskop

 Wenn Sie beim Blick durch Ihr Teleskop die einzelnen Krater, Rillen oder lunaren Gebirgszüge voneinander unterscheiden wollen, brauchen Sie eine Mondkarte oder einen Mondatlas. Solche Hilfsmittel bekommen Sie für wenig Geld im nächsten Zubehörladen für Hobbywissenschaftler, manchmal auch dort, wo es Landkarten gibt.

✔ Bei der Firma Astro-Shop (`www.astroshop.de`) und beim Oculum-Verlag (`www.oculum.de`) gibt es Mondkarten und Mondatlanten in allen Ausführungen und für alle Ansprüche.

Aber nicht vergessen: Diese Karten zeigen Ihnen nur eine Seite des Monds – nämlich die uns zugewandte. Für die erdabgewandte Seite des Monds brauchen Sie keine Karte, da Sie sie von der Erde aus sowieso nicht sehen können. Auf Mondgloben finden Sie die abgewandte Seite natürlich.

 Für so ziemlich alles, was es auf dem Mond zu sehen gibt, ist die beste Beobachtungszeit dann, wenn das Objekt sich in der Nähe des *Terminators* befindet – das ist die Trennlinie zwischen Hell und Dunkel. Einzelheiten können Sie am besten erkennen, wenn die Dinge sich dort befinden, wo die helle Seite des Terminators beginnt.

Tipp

Starten Sie Ihre Monderkundung mit den auffälligsten Mondmeeren und Kratern. Sie finden Sie recht einfach mit einem kleinen Teleskop und einer Mondkarte. Etwas schwieriger gelingt das mit einem guten Fernglas und (im Falle der Mondmeere) mit dem bloßen Auge. Haben Sie nur ein Fernglas zur Verfügung, halten Sie als Erstes Ausschau nach den drei markantesten Meeren: Mare Crisium, das Krisenmeer; Mare Tranquilitatis, das Meer der Ruhe (wo Neil Armstrong und Buzz Aldrin 1969 ihre Fußabdrücke hinterlassen haben); und Oceanus Procellarum, der Ozean der Stürme (das größte der Mondmeere). Meine Top 5 der Mondkrater stehen in der Tabelle 5-1. Sie finden alle diese Meere und Krater auf jeder guten Mondkarte.

Name	Durchmesser	Anmerkung
Aristarchus	40 km	sehr hell und mit hellen Strahlen
Copernicus	93 km	helle Strahlen
Grimaldi	174 km	sehr dunkler Kraterboden
Plato	109 km	dunkler Boden
Tycho	85 km	helle Strahlen, liegt im lunaren Hochland

Tabelle 5-1: Die Top 5 der Mondkrater

Im Laufe eines Monats, was in etwa der Zeitspanne zwischen zwei Vollmonden entspricht, bewegt sich der Terminator systematisch über die sichtbare Mondseite, sodass alles, was Sie gern sehen wollen, sich irgendwann in Terminatornähe befindet. Je nach Monatszeit ist der Terminator entweder der Ort auf dem Mond, an dem die Sonne aufgeht, oder der, an dem sie untergeht. Wie Sie von der Erde her aus Erfahrung wissen, sind die Schatten beim Sonnenaufgang und Sonnenuntergang am längsten und schrumpfen umso mehr, je höher die Sonne steigt. Die Länge eines Schattens bei bekannter Sonnenhöhe hängt von der Höhe der Monderscheinung ab, die diesen Schatten wirft. Je länger der Schatten, umso größer die Erscheinung.

Den Mond zeichnen

Sie können den Mond beobachten oder ihn fotografieren; Sie können, falls Ihnen das lieber ist, seine Maria, Krater und sonstigen topografischen Eigenheiten auch auf Ihrer Mondkarte suchen. Es gibt jedoch einige Amateurastronomen, die es ganz anders machen: Sie zeichnen den Mond. Sie sehen sich die Dinge, die es auf ihm zu bestaunen gibt, erst durchs Teleskop an, dann bringen sie sie zu Papier. Falls Sie eine künstlerische Ader haben, sind Mondzeichnungen vielleicht genau das richtige Hobby für Sie. Der Mond ist das einzige Himmelsobjekt mit unverkennbarem Oberflächenrelief. Sie können dreidimensionale Skizzen von seiner Oberfläche anfertigen, Sie können ihn aber auch so zeichnen, wie Sie ihn von zu Hause aus sehen. Das wird Ihnen mit keinem anderen Himmelskörper gelingen, es sei denn, Sie stützen sich nicht auf eigene Beobachtungen, sondern auf die Nahaufnahmen von einer Raumsonde. Es gibt dazu ein prima Anleitungsbuch, wenn auch nur in englischer Sprache: *Sketching the Moon: An Astronomical Artist's Guide* von Richard Handy, Deirdre Kelleghan, Thomas McCague, Erika Rix und Sally Russell (erschienen im Springer-Verlag). Es enthält illustrierte Beispiele und Schritt-für-Schritt-Anleitungen zum Anfertigen Ihrer eigenen teleskopischen Mondzeichnungen. Auch das Wechselspiel von Licht und Schatten auf der schroffen Mondoberfläche wird dabei berücksichtigt.

Wenn der Erdschein er(d)scheint

Beim Beobachten des Monds fällt Ihnen vielleicht auf, dass der Teil auf der dunklen Seite des Terminators nicht immer tiefschwarz ist. Man kann dort oft ein trübes Leuchten erkennen, auch wenn die Sonne an dieser Stelle nicht scheint. Das ist der *Erdschein* (auch *Erdlicht* genannt). Er ähnelt dem rötlichen Schimmern der Mondoberfläche während einer totalen Mondfinsternis, wie ich es zuvor in diesem Kapitel beschrieben habe. Der *Erdschein* besteht aus Sonnenlicht, das die Erdatmosphäre durchdringt, sich dabei rötlich färbt (wie die Sonne, wenn sie auf- oder untergeht) und auch eine leichte Krümmung (Abweichung) erfährt. Diese Abweichung reicht aus, damit das Licht auf dem Mond landet und dort ein trübes Schimmern erzeugt. Am leichtesten erkennt man den Erdschein während einer Sichelmondphase; bei Vollmond ist er nie zu sehen.

 Egal was Sie sich auf dem Mond ansehen wollen, Vollmond ist fast immer die ungünstigste Zeit. Während einer Vollmondphase steht die Sonne so gut wie überall auf der sichtbaren Mondseite hoch am Himmel, und die Schatten sind spärlich und kurz. Doch erst wenn die Dinge auf dem Mond einen Schatten werfen, kann man sein *Oberflächenrelief* (also so etwas wie seine Landschaftsformen in 3-D) so richtig erfassen.

Auf zur erdabgewandten Seite des Monds!

Von der Ihnen abgewandten Seite des Monds brauchen Sie keine Karten oder Atlanten – was sollen sie Ihnen nützen, wenn Sie diese Mondhälfte ohnehin nie zu sehen bekommen? Ja, wirklich *nie* – daran wird sich nichts ändern. Denn der Mond befindet sich in einer *gebundenen Rotation* zur Erde – das heißt, er braucht für eine Umrundung der Erde und eine Drehung um seine eigene Achse genau die gleiche Zeit (27 Tage, 7 Stunden und 43 Minuten). Aus diesem Grund wendet er uns auch immer die gleiche Hemisphäre zu.

Geschäfte für astronomisches Zubehör und Fachmärkte für Wissenschaftler handeln mit Mondgloben, die den *gesamten* Mond zeigen, also sowohl seine helle als auch seine dunkle Seite. Das sowjetische Raumfahrtprogramm machte schon ziemlich zu Beginn der Raumfahrtära die ersten Fotos von der Mondrückseite, und zwar mithilfe der Raumsonde Luna 3. Seitdem wurde der Mond von zahlreichen Weltraumfahrzeugen wie den Lunar Orbiters, Clementine und dem Lunar Reconnaissance Orbiter sorgfältig kartografiert.

Extreme auf dem Mond: Nicht ohne Sonnencreme, Sauerstoffgerät und Parka

Wenn die Sonne aufgegangen ist, beträgt die Temperatur auf der Mondoberfläche bis zu 117 Grad Celsius, in der Nacht jedoch sinkt sie auf etwa –169 Grad Celsius. Solche extremen Temperaturschwankungen sind die Folge einer kaum vorhandenen Mondatmosphäre, die seine Oberfläche isolieren und verhindern könnte, dass er nachts zu viel Wärme einbüßt. Die Mondoberfläche ist zu heiß, zu kalt und zu trocken, um Leben nach unserer Vorstellung zu ermöglichen. Außerdem fehlt die Luft zum Atmen.

Eine Theorie über die Entstehung des Monds

Wissenschaftler wissen eine Menge über das Alter des Gesteins in unterschiedlichen Gegenden und Landschaften des Monds. Sie gelangten zu diesen Daten durch die radiometrische Datierung von zentnerweise Mondgestein, das die sechs Apollo-Astronautencrews der NASA, die zwischen 1969 und 1972 den Mond mehrmals besuchten, mit zur Erde brachten.

Vor diesen Apollo-Missionen prophezeiten führende Experten überzeugt, der Mond würde sich als der Stein von Rosette unseres Sonnensystems erweisen. Sie glaubten, mangels flüssigen Wassers zwecks Erosion, mangels einer nennenswerten Atmosphäre und mangels aktiven Vulkanismus müsse die Mondoberfläche eine Menge ursprünglicher Materie bergen, die noch aus der Zeit der Entstehung des Monds und der Planeten stamme. Die Bodenproben der Apollo-Mission jedoch brachten ihre Träume zum Platzen.

Wenn Gestein schmilzt, abkühlt und erstarrt, wird seine radioaktive Uhr gewissermaßen neu gestellt. Radioaktive Isotope beginnen mit der Produktion junger Tochterisotope, die in den neu gebildeten Mineralkristallen eingeschlossen werden. Die Mondsteine der Apollo-Mission beweisen, dass der gesamte Mond – oder zumindest seine Kruste bis hin zu einer beträchtlichen Tiefe – erst eine Weile später zum Schmelzen kam als schon vor 4,6 Milliarden Jahren. Das älteste Oberflächengestein auf dem Mond ist *erst* 4,5 Milliarden Jahre alt. Die Differenz zwischen 4,6 und 4,5 Milliarden Jahren beträgt 100 Millionen Jahre. Und im Gegensatz zu den Mineralien im Erdgestein, deren mineralische Struktur Wasserverbindungen enthält, ist das Gestein auf dem Mond knochentrocken.

Die ursprüngliche Theorie, die sich zur Erklärung all jener Phänomene herauskristallisierte und mit deren Hilfe man sich auch die von Wissenschaftlern gegen frühere Theorien erhobenen Einwände vom Leib zu halten versuchte, ist die sogenannte *Giant-Impact-Theorie*. Sie besagt, dass der Mond aus Materie besteht, die durch den Einschlag eines riesigen, längst verschwundenen Objekts (von etwa der dreifachen Masse des Planeten Mars) aus dem Erdmantel herausgesprengt wurde. Die Erde muss in ihrem Jugendalter also einmal einen gewaltigen Kinnhaken eingesteckt haben – zumindest dieser Theorie zufolge. Einige dieser abgesprengten Felstrümmer wurden auch dem daraufhin entstehenden Mond einverleibt, und die Erde erhielt ihre geneigte Rotationsachse.

Der gewaltige Impakt auf die junge Erde schleuderte das gesamte Material in Form einer dampfenden Gesteinswolke hinaus in den Raum. Der Dampf kondensierte und verfestigte sich wie Schneeflocken. Diese Schneeflocken prallten zusammen und blieben aneinander haften, und ehe man sich versah, war daraus der Mond entstanden. Er entstand durch den mächtigen Zusammenstoß der letzten großen Trümmer von angehäuftem Gestein, deren Hitzeeinwirkung das Gestein zum Schmelzen brachte.

All die anderen Impakte, von denen heute die Mondkrater zeugen, ereigneten sich erst später, die meisten davon vor mehr als 3 Milliarden Jahren.

Der Mond ist weniger dicht als die Erde in ihrer Gesamtheit – seine Dichte entspricht etwa der des Erdmantels (der Schicht unterhalb der Erdkruste und oberhalb des Erdkerns), schließlich ist er (laut dieser Theorie) ja aus diesem Material entstanden. (Die Dichte eines Objekts ergibt sich aus seiner Masse im Verhältnis zum Volumen. Wenn Sie zum Beispiel zwei Kanonenkugeln von gleicher Größe und Form haben, haben beide das gleiche Volumen. Es kann aber sein, dass die eine Kugel aus Blei besteht, die andere aus Holz – in diesem Fall ist die Bleikugel schwerer und hat somit die größere Dichte.) Diese Theorie lässt darauf schließen, dass der Mond höchstens einen kleinen Eisenkern haben kann, vielleicht sogar überhaupt keinen. Und der kleine Kern eines kleinen Objekts (damit ist der Mond gemeint) hätte eigentlich längst abgekühlt und gefroren sein müssen, bevor er jemals flüssiges Eisen hätte enthalten können. Dennoch vermuten Wissenschaftler, dass der Mond über einen Eisenkern verfügt, der auch teilweise geschmolzen sein könnte.

Die Giant-Impact-Theorie stellt im Augenblick die beste Einschätzung dar. Leider gibt es noch keine Möglichkeit, sie zu überprüfen. Zum Beispiel bietet diese Theorie keinerlei Hinweis auf eine spezielle Gesteinsart, nach der wir in den Zentnern von Mondgestein suchen könnten, die uns die Apollo-Astronauten mitbrachten. Manche Astronomen vermuten, dass beim Einschlag des Asteroiden, der den größten Mondkrater verursachte, aus dessen Tiefen Gesteinsbrocken herausgeschleudert worden sind. Diese Gesteinsbrocken, die sich im Südpol-Aitken-Becken befinden, könnten aus einer so großen Tiefe stammen, dass sie bei der Entstehung des Beckens nicht aufgeschmolzen wurden. Sie stammen demnach also aus dem Mondmantel, der Schicht unterhalb der Kruste. Eine Untersuchung dieser Gesteinsbrocken könnte den Wissenschaftlern verraten, ob die Giant-Impact-Theorie korrekt ist oder nicht. Das Südpol-Aitken-Becken ist der größte Krater auf dem Mond – oder sonst irgendwo in unserem Sonnensystem. Unter Astronomen ist dieses Becken jedoch auch ein strittiges Thema. Manche Experten glauben, der Ort, von dem die dortigen Felsen stammen, sei nicht tief genug, um die Theorie damit überprüfen zu können. Schlimmer noch: Sämtliche Pläne, das Becken von Astronauten oder Roboterfahrzeugen erkunden zu lassen, wurden erst mal auf Eis gelegt, da die NASA sich schwertut, ein neues Mondforschungsprogramm zu starten. Falls Wissenschaftler die Giant-Impact-Theorie bestätigen können, wird das die Wissenschaft auf entscheidende Weise beeinflussen – aber seien Sie geduldig. Bis es so weit ist, wird der Mond noch oft auf- und untergehen. (Tatsächlich halten Wissenschaftler es auch für möglich, dass die Erde einmal viele Monde hatte – die sich später zu dem Mond vereinten, den wir heute bewundern können.)

Ich hoffe, unsere kleine Mondreise hat Ihnen Spaß gemacht und Sie sind nicht enttäuscht, dass sie schon vorbei ist. Zum Schluss noch ein kleiner Extrawissenshappen: Während der Mond die Erde umrundet, entfernt er sich auch gleichzeitig von ihr – jedes Jahr ein winziges Stückchen mehr, etwa drei bis vier Zentimeter. Somit braucht er auch jedes Jahr eine Idee länger, um seine Bahn um die Erde zu vollenden.

Kapitel 6
Unsere nächsten Nachbarn: Merkur, Venus und Mars

Unsere unmittelbaren Nachbarn im Sonnensystem, die drei terrestrischen Planeten Merkur, Venus und Mars, können Sie sowohl mit bloßem Auge sehen als auch durchs Teleskop betrachten. Doch damit kommen Sie nicht sehr weit und erfahren über diese Planeten nur das Notwendigste. Ein Großteil von dem, was Wissenschaftler über ihre physikalischen Eigenschaften, ihre geologischen Formen und ihre Geschichte wissen, stützt sich auf Bilder und Messergebnisse, die uns von interplanetaren Raumsonden gesandt wurden.

Zwei Sonden der NASA haben den Merkur bisher besucht. Die eine flog dreimal an ihm vorbei, die andere umkreiste ihn. Mehrere Raumsonden besuchten und umrundeten auch die Venus – und landeten sogar auf ihr. Der Mars war das Ziel zahlreicher Raumsonden, Landefahrzeuge und Robot-Rover. Einige von ihnen kreisten um den Planeten, andere landeten auf ihm, wieder andere gingen unglücklicherweise zu Bruch oder verfehlten den Planeten.

In diesem Kapitel verrate ich Ihnen faszinierende Details über die Planeten in unserer nächsten Nachbarschaft – und gebe Ihnen natürlich auch Tipps, wie Sie sie beobachten können.

Bizarr, heiß und fast nur aus Metall: Der Merkur

In einem Punkt sind die Astronomen sich einig: dass der Merkur ein sonderbarer, ein bizarrer Planet ist. Im Gegensatz zur Erde (und auch dem Mond, dem Mars oder der Venus) besteht er größtenteils nicht aus Gestein, sondern aus Metall – ein großer Eisenball mit einer dünnen Gesteinsschale. Die Erde hat zwar auch einen Kern aus Eisen – aber der reicht nur etwa halb bis zur Oberfläche. Beim Merkur umfasst der Kern 85 Prozent der Gesamtstrecke vom Zentrum bis zur Oberfläche, und es handelt sich zumindest teilweise um geschmolzenes Eisen. Der Merkur verfügt außerdem über eine Schicht, die es im Inneren anderer Planeten so nicht gibt: eine Zone aus solidem Eisen und Schwefel zwischen dem Eisenkern und der Gesteinsoberfläche.

Mit freundlicher Genehmigung von NASA/Johns Hopkins University Applied Physics Laboratory/Carnegie Institution of Washington

Abbildung 6.1: Überstrahlt vom Licht der Sonne ist der Planet Merkur für das bloße Auge häufig unsichtbar.

Auch in seiner Oberfläche äußert sich die seltsame Beschaffenheit des Merkurs: Sie ist – wie ein Gesicht voller Pockennarben – übersät von zahllosen Impaktkratern, wie wir es vom Mond her kennen (siehe Kapitel 5). Viele der Merkurkrater jedoch sind schräg geneigt, als wäre nach ihrer Entstehung der Boden verrutscht. Der größte Merkurkrater, das sogenannte Caloris-Becken (etwa 1.500 Kilometer Durchmesser), ist ebenfalls seltsam: Ein großer Teil seines *Bodens* erhebt sich über den Kraterrand. Können Sie sich vorstellen, wie so etwas entstehen kann?

Fast alles, was wir über den Merkur wissen, stammt von der NASA-Raumsonde MESSENGER, die fast 10 Jahre im Weltraum verbracht hat und den Merkur von 2011 bis 2015 umkreiste. Davor hatte bereits Mariner 10 den Planeten 1974 und 1975 insgesamt dreimal kurz besucht. Sie finden die besten Bilder der MESSENGER-Mission auf der Website der Johns Hopkins Universität (`messenger.jhuapl.edu/Explore/Images.html#highlights-collection`). Aufnahmen von Mariner 10 finden Sie auf der Website der Arizona State University (`ser.sese.asu.edu/M10/IMAGE_ARCHIVE/Mercury_search.html`). Und falls Sie sofort ein Bild vom Merkur sehen wollen, finden Sie eins unter den Farbtafeln in diesem Buch.

Warum wird MESSENGER großgeschrieben? Nun, die Leute bei der NASA lieben Akronyme, also Wörter, die aus den Initialen anderer Wörter zusammengesetzt sind. Tatsächlich ist auch NASA ein Akronym: Es steht für National Aeronautics and Space Administration. MESSENGER jedenfalls bedeutet MErcury Surface, Space ENvironment, GEochemistry, and Ranging.

Hier einige Fakten über den Merkur:

✔ Auf dem Merkur gibt es lange, gewundene Gebirgszüge, die durch Impaktkrater und andere geologische Formationen hindurchschneiden. Vermutlich sind sie das Ergebnis eines Schrumpfungsprozesses der Kruste, der sich zutrug, als Merkur aus seinem geschmolzenen Zustand erstarrte: Der gesamte Planet könnte um bis zu 13 Kilometer im Durchmesser geschrumpft sein.

✔ Auf dem Merkur gibt es, im Verhältnis zur Gesamtzahl, weniger kleine Krater als auf dem Mond.

✔ Hochländer, die mit zahlreichen Kratern übersät sind, gibt es auf dem Merkur ebenso wie auf dem Mond (von einem eigenen Merkurmond ist nichts bekannt). Anders als auf dem Mond jedoch werden die Hochländer des Merkurs von sanft abfallenden Ebenen unterbrochen.

✔ Auf der Merkurseite, die dem Caloris-Becken genau gegenüberliegt, befindet sich eine brüchige, zerrissene Landschaft. Der Zusammenstoß, der zur Entstehung des Kraters führte, muss gewaltige Erdbebenwellen erzeugt haben, die den Merkur durchdrangen und sich außerdem über seine Oberfläche fortpflanzten, um sich auf der anderen Seite des Planeten wieder zu vereinigen – mit katastrophalen Folgen.

✔ Der Merkur hat ein globales Magnetfeld, das in seinem Kern aus geschmolzenem Eisen von einem natürlichen Dynamo erzeugt wird – ganz ähnlich wie auf der Erde, nur dass die Erde ein 100 Mal stärkeres Magnetfeld hat. (Mars, Venus und der Mond verfügen nicht über ein globales Magnetfeld.)

✔ Auf dem Merkur gibt es gewaltige Temperaturschwankungen von sage und schreibe 465 Grad Celsius am Tag bis hin zu −180 Grad Celsius in der Nacht.

✔ Tief im Innern einiger Krater am Merkurnordpol, in die nie Sonnenlicht gelangt, gibt es Eis.

✔ Vor langer Zeit ist einmal Lava über die Oberfläche des Planeten geflossen und hat ganze Täler ausgehoben.

Die chemische Zusammensetzung des Merkurs ist eigenartig: Seine Oberfläche enthält eine Menge der flüchtigen (leicht verdampfenden) Elemente Kalium, Natrium und Schwefel. Diese Entdeckung stellt eine Herausforderung für die Astronomen dar, die zu klären versuchen, weshalb der Merkur größtenteils aus Eisen besteht. Älteren Theorien zufolge war der Gesteinsanteil auf dem Merkur einst größer als heute. Wenn es stimmt, muss er sogar höher gewesen sein als auf der Erde und dem Mond. Diese Theorien erwogen zwar verschiedene Ursachen für eine Absprengung der ursprünglichen äußeren Gesteinsschicht; doch bei einer so gewaltigen Krafteinwirkung wären auch das Kalium, Natrium und der Schwefel verdampft, von denen die Merkuroberfläche heute durchdrungen ist.

Je mehr Astronomen sich mit dem Merkur beschäftigen, umso rätselhafter wird er.

Trocken, sauer, hügelig: Die Venus, der lieblose Liebesplanet

Wolkenlose Tage gibt es auf der Venus nicht. Der Planet ist vom Äquator bis zu den Polen permanent von einer 15 Kilometer dicken Wolkenschicht umhüllt, die aus hochkonzentrierter Schwefelsäure besteht. Und Erlösung von der Hitze gibt es für die Oberfläche nicht: Die Venus ist der heißeste Planet in unserem Sonnensystem, mit einer Oberflächentemperatur von 460 Grad Celsius, die immer und überall gleich ist, am Äquator wie an den Polen, tagsüber und nachts.

Schrecklich, diese Hitze, meinen Sie? Dann sollten Sie sich erst mal den atmosphärischen Druck ansehen. Er ist rund 92-mal so hoch wie der irdische Luftdruck auf Meereshöhe – das entspricht dem Druck in einer Tiefe von über 900 Metern unter der Meeresoberfläche. Aber Meere auf der Venus können Sie ohnehin vergessen. Es gibt dort kein Wasser. Über die Hitze dürfen Sie sich beschweren, nicht aber über die Luftfeuchtigkeit – es ist ein heißtrockenes Klima wie in Arizona.

Das Schlimmste am Wetter auf der Venus ist der ständige Schwefelsäureregen, der über den gesamten Planeten niedergeht. Das Gute daran ist, dass es sich bei diesem Regen um eine *Virga* handelt – so bezeichnet man einen Regen, der verdunstet, bevor er den Boden berührt. Sollten Sie also jemals auf der Venus stranden, werden Sie immerhin nicht in Säure gebadet.

Die hohe Temperatur auf der Venus ist das Ergebnis einer extremen Form von *Treibhauseffekt*. Um es einfach zu erklären: Die dichte Atmosphäre (die zu mehr als 95 Prozent aus Kohlendioxid besteht, aber keinen Sauerstoff enthält) und die Wolken lassen das meiste Sonnenlicht durch, das auf die Venus scheint. Es erhitzt die Oberfläche und erdbodennahen Luftschichten. Die warme Oberfläche und die Luft geben Hitze in Form von infraroter Strahlung ab. Auf der Erde verflüchtigt sich ein Großteil dieser Infrarotstrahlung in den Weltraum, sodass der Boden nachts abkühlt. Auf der Venus jedoch hält die Kohlendioxidatmosphäre dieses Infrarot fest, und es kommt zu einer ungewöhnlichen Aufheizung des Planeten. Viele der hervorragenden Aufnahmen von der Venusoberfläche, die Sie auf den Webseiten der NASA (und auch anderswo im Internet) finden, sind in Wirklichkeit gar keine

tsuneomp.stock.adobe.com

Abbildung 6.2: Ein mittels Radar erstelltes Bild der wolkenverhangenen Venus.

Fotos. Es handelt sich vielmehr um detaillierte Radarkarten, die größtenteils von der NA-SA-Raumsonde Magellan stammen. Die Wolken auf dem Planeten schirmen die Venus vor den Blicken der Teleskope auf der Erde ab, ebenso vor den Kameras der Satelliten, die den Planeten umkreisen. Die Wolkenobergrenze befindet sich in 65 Kilometer Höhe.

 Die wenigen Bilder von Raumsonden der ehemaligen Sowjetunion, die auf der Venus landeten, zeigen uns Landschaften voll flacher Felsplateaus, mit dazwischengestreuten kleineren Erdflächen. Diese Plateaus ähneln Landstrichen mit erstarrter Basaltlava auf der Erde. Auf der Venus jedoch erscheint ihre Oberfläche orange, da die dicke Wolkenschicht das Sonnenlicht filtert. Sie finden einige der alten sowjetischen Bilder von der Venusoberfläche auf der NASA-Webseite nssdc.gsfc.nasa.gov/photo_gallery. Klicken Sie auf VENUS und dann auf SURFACE VIEWS.

Flache Ebenen, bei denen es sich um vulkanische Tiefländer mit *Rillen* handelt (gewundene Gebirgsschluchten, verursacht von den Lavaströmen), machen den Großteil der Venusoberfläche aus (etwa 85 Prozent). Auf diesem Territorium befindet sich auch Baltis Vallis, die längste bekannte Rille in unserem Sonnensystem, die sich 6.800 Kilometer weit über die Venus erstreckt. Anzutreffen sind ferner mit Kratern bedeckte Hochländer und deformierte Plateaus.

Auch gewaltige Vulkane (von denen einige heute noch aktiv sein könnten, zumindest aber in den letzten paar tausend Jahren noch Lava ausgespuckt haben) und Gebirgszüge bedecken die Venusoberfläche, nichts jedoch, das den nicht vulkanischen Gebirgen auf der Erde nahekommt (wie die Rocky Mountains im Westen der USA oder der Himalaya in Asien), die aus einer Reihe ineinandergeschobener Krustenplatten bestehen. Auch Vulkangürtel, die sich an den Kanten von Plateaus erheben wie der bekannte pazifische »Feuerring«, findet man auf der Venus nicht. Plattentektonik und Kontinentalverschiebung wie auf der Erde finden dort ebenfalls nicht statt.

Die Raumsonde Venus Express der europäischen Raumfahrtagentur ESA erreichte im Jahr 2006 die Venus und blieb bis 2014 im Orbit um den Planeten. Sie fand unter anderem Hinweise auf aktiven Vulkanismus und entdeckte auch, dass sich die Rotation der Venus verlangsamt. Bilder von Venus Express finden Sie auf der Webseite `www.esa.int/spaceinimages/Missions/Venus_Express/`. Bilder von Raumsonden der Nasa, darunter von Magellan, Galileo oder dem Hubbleteleskop, sind unter `photojournal.jpl.nasa.gov` zu finden (einfach auf VENUS klicken).

Rot, kalt und unfruchtbar: Alles über die Geheimnisse des Mars

Wissenschaftler haben die Oberfläche des Mars kartografiert und die Höhe von Gebirgen, Schluchten und anderen Landschaftsformen so exakt wie möglich ausgemessen. Eine Gesamtkarte des Planeten, erstellt von der Zeitschrift National Geographic, finden Sie auf der NASA-Website (`tharsis.gsfc.nasa.gov/ngs.html`). Sie stützt sich auf die Messergebnisse zweier Instrumente an Bord des Satelliten Mars Global Surveyor (MGS), der zwischen 1997 und 2006 in der Umlaufbahn des Mars operierte. Eines dieser Instrumente – ein Laserhöhenmesser – sandte Lichtimpulse von der Marsoberfläche aus, um die Höhe der einzelnen Oberflächenformationen zu bestimmen, die das Licht reflektierten. Das andere Instrument – eine Kamera – machte Fotos von den Geländeformen.

Noch während der Tätigkeit des MGS stieß eine weitere Raumsonde der NASA hinzu, Mars Odyssey. Sie umkreist den Planeten seit Oktober 2001. Zum Zeitpunkt, an dem dieses Buch in den Druck ging, war Mars Odyssey immer noch aktiv und damit die längste aktive Raumsonde beim Roten Planeten. Was sie entdeckte – Höhlen, weitverbreitete Hinweise auf Wasser und Eis –, können Sie auf `https://mars.nasa.gov/odyssey/`nachlesen.

Die Europäische Weltraumbehörde ESA bekommt keine so große Öffentlichkeit wie die NASA – deshalb wissen Sie vielleicht gar nicht, dass auch wir Europäer einen Marssatelliten besitzen. Er heißt Mars Express und begann am 25. Dezember 2003 mit seiner Umkreisung des Planeten. Dieser Sonde verdanken wir eine Reihe großartiger Bilder, die Sie sich auf der Website `www.esa.int/SPECIALS/Mars_Express` ansehen können.

Obgleich Wissenschaftler den Mars mithilfe von Satelliten sehr genau kartografierten und Teile seiner Oberfläche mit Landefahrzeugen erkundeten, sind noch viele Geheimnisse des

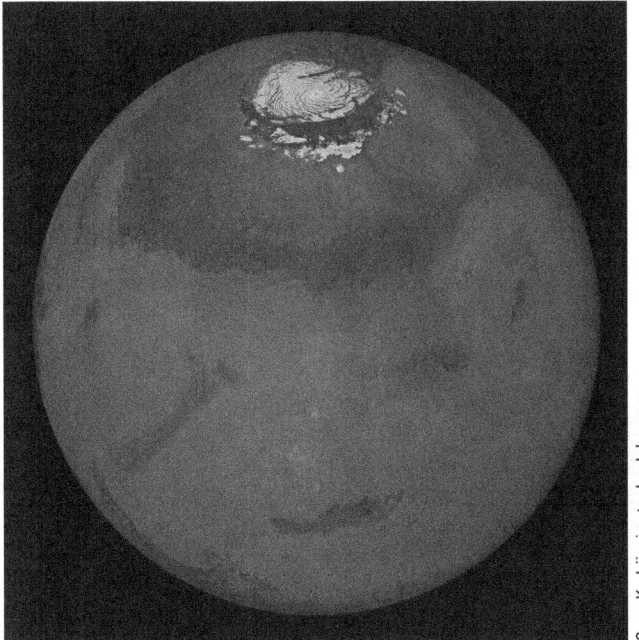

Sasa Kadrijevic.stock.adobe.com

Abbildung 6.3: Der Mars wird vielleicht der erste Planet sein, den Menschen von der Erde aus besuchen.

Roten Planeten ungelüftet. In den folgenden Abschnitten beschäftige ich mich mit Theorien zur Existenz von Wasser und Leben auf dem Mars.

Sag mir, wo das Wasser ist

Die topografische Karte des Mars verdeutlicht, dass ein Großteil der nördlichen Hemisphäre erheblich tiefer ist als die südliche Hemisphäre. Manche Astronomen glauben, diese unwirtliche nördliche Region, deren Geländestruktur einem Küstenstreifen aus antiken Zeiten ähnelt, sei vor langer Zeit einmal ein Meer gewesen. Die Wissenschaftler bedienten sich eines in den Mars Express integrierten Bodenradarsystems, um einen Blick unter die mögliche Küstenstreifenregion zu erhaschen. Im Jahre 2012 berichteten sie, die Untergrundschicht würde wie *Sediment* anmuten (das sind Bruchstücke von Gestein, Erde und/oder Sand, die sich auf dem Boden eines Gewässers absetzen). Man ging davon aus, dass dieses Sediment (falls es wirklich welches ist) sich in dem angeblichen ehemaligen Ozean abgelagert hatte. Manche Experten sind noch nicht so überzeugt davon, dass es auf dem Mars einen Ozean gab, ich persönlich aber glaube daran.

Doch unabhängig davon, ob das nördliche Tiefland einst ein Meer war oder nicht – es gibt noch andere Hinweise darauf, dass Wasser in früheren Zeiten auf dem Mars nichts Ungewöhnliches war:

✔ Der Mars ist heute kalt und trocken, an seinen Polen jedoch gibt es eine Menge Eis. Einer Schätzung zufolge würde dieses Eis in geschmolzenem Zustand ausreichen, um den gesamten Planeten bis zu einer Tiefe von 30 Metern zu überfluten. (Aber dieses Polareis wird nicht schmelzen; der Mars ist zu kalt.)

✔ Manche Schluchten auf dem Mars sehen aus, als seien sie vor langer Zeit von einer großen Flut in die Landschaft gespült worden.

✔ Der Erkundungssatellit Mars Reconnaissance Orbiter fotografierte zahlreiche schmale, linienförmige Gebilde, die über steile Abhänge verlaufen. Wenn auf dem Mars Sommer ist, werden sie dunkler; wenn es abkühlt, verblassen sie. Sie könnten von salzigem Wasser in der Oberflächenschicht stammen, das nur dann schmilzt und fließt, wenn es auf dem Mars warm genug ist, (Salzwasser hat einen niedrigeren Gefrierpunkt als Süßwasser, das heißt, es könnte auf dem Mars auch dann noch fließen, wenn das Süßwasser bereits zu Eis geworden ist.)

✔ Das Erdreich auf dem Mars enthält in vielen Teilen Substanzen, die sich unter der Einwirkung von Wasser bilden, zum Beispiel Minerale, die in bestimmten Lehmarten vorkommen.

✔ Es gibt Formationen auf dem Mars, die ausgetrockneten Flussbetten ähneln, mit stromlinienförmigen Inseln und Kieseln, die anscheinend von einem heftigen Wasserstrom rundgeschliffen wurden. Solche Kiesel wurden vom Landefahrzeug Pathfinder und seinem kleinen Roboter, dem Sojourner, auf Bildern verewigt. Mars Odyssey fand Hinweise auf die Existenz großer, hauptsächlich gefrorener Wassermengen direkt unter der Oberfläche zahlreicher Gegenden auf dem Mars.

✔ Curiosity, der größte bisher von der NASA auf dem Mars gelandete Rover, fand die Überreste eines einst mit Wasser gefüllten Sees.

Die Marsatmosphäre besteht (ebenso wie die der Venus) weitgehend aus Kohlendioxid; sie ist aber weitaus dünner als die Erd- oder die Venusatmosphäre. Auf dem Mars gibt es auch Wolken aus Wasser-Eis-Kristallen, die den Zirruswolken (Federwolken) auf der Erde ähneln. Im Winter gefriert ein Teil des Kohlendioxids der Marsatmosphäre auf der Oberfläche, wobei sich kleine Mengen von trockenem Eis ablagern. Die südliche Polkappe ist stets von einer Schicht aus Trockeneis bedeckt, unter der sich Wassereis verstecken könnte. An der nördlichen Polkappe tritt das Wassereis an die Oberfläche, wenn im Sommer die darüber liegende Trockeneisschicht verdampft. Falls es auf dem Mars jemals einen Ozean gab, muss es damals auf dem Planeten sehr viel wärmer gewesen sein als heute. Falls die Kohlendioxidatmosphäre zu jener Zeit dicker war, speicherte sie Hitze wie beim Treibhauseffekt der Venus, den ich weiter vorn in diesem Kapitel beschrieben habe. Wenn der Mars über eine warme Atmosphäre und einen Ozean verfügte, muss das Kohlendioxid der Atmosphäre sich im Wasser aufgelöst haben. Aufgrund chemischer Reaktionen wäre es dann

Mit freundlicher Genehmigung von NASA/JPL-Caltech/MSSS

Abbildung 6.4: Ein Selbstportrait des Marsrovers Curiosity

zur Bildung von Karbonaten (Mineralen, die aus Kohle und Sauerstoff bestehen) gekommen. Diese Theorie führt zu dem Schluss, dass es auf dem Mars Karbonatgestein gibt. Das NASA-Marserkundungsfahrzeug Spirit entdeckte solches Karbonatgestein im Jahre 2010!

Marsexperten vertreten die unterschiedlichsten Ansichten, ich aber glaube, der Fall ist gelöst: Auf dem Mars herrschte einst ein warmes Klima, und es gab eine Menge flüssiges Wasser.

Zurzeit wird es tagsüber am Marsäquator angenehm warm, bei Mittagstemperaturen bis zu milden 17 Grad Celsius. Über Nacht jedoch sollten Sie nicht bleiben – denn nach Sonnenuntergang sinken die Temperaturen auf –133 Grad Celsius. Auch die Jahreszeiten auf dem Mars unterscheiden sich von denen auf der Erde. Wie ich in Kapitel 5 erkläre, kommen die Jahreszeiten auf der Erde aufgrund der Neigung der Erdachse im Verhältnis zu ihrer Umlaufbahn um die Sonne zustande und haben *nichts* damit zu tun, wie weit die Erde von der Sonne entfernt ist (dieser Wert ist vernachlässigbar). Auf dem Mars sind sowohl die Neigung der Planetenachse als auch die erhebliche Abweichung seiner Entfernung zur Sonne auf seiner Umlaufbahn verantwortlich für die (zumindest für uns Erdlinge) ungewöhnlichen Jahreszeiten, denn es handelt sich nicht wie bei der Erde um eine fast kreisrunde Bahn, sondern um eine deutliche Ellipse. Der Sommer auf der Südhalbkugel des Mars ist kürzer und heißer als der Sommer auf der Nordhalbkugel; der Winter auf der Nordhalbkugel des Mars ist kürzer und wärmer als der Winter auf der Südhalbkugel.

Ein Magnetfeldstärkenmessgerät auf dem MGS entdeckte lange, parallele Streifen mit gegenläufig ausgerichteten Magnetfeldern, die in der Gesteinskruste des Mars eingefroren waren. Heute besitzt der Mars kein globales Magnetfeld, diese Entdeckung jedoch könnte bedeuten, dass er irgendwann mal eines hatte, das sich periodisch umkehrte wie das Magnetfeld der Erde (siehe Kapitel 5). Es könnte außerdem bedeuten, dass der Mars einen Verkrustungsprozess erlebte, der vergleichbar ist mit der Ausdehnung des Meeresbodens auf der Erde und ein ähnliches Muster erzeugte. Der geschmolzene Eisenkern des Mars jedoch sollte sich schon vor langer Zeit verfestigt haben, sodass heute kein neues Magnetfeld mehr entsteht, und der Hitzestrom vom Inneren zur Oberfläche ist so gering, dass es vermutlich auch keine Vulkantätigkeit mehr gibt. Es gibt allerdings auch Hinweise darauf, dass der Marskern auch heute noch teilweise heiß und flüssig ist.

Der Vulkanismus, der auf dem Mars herrschte, führte zur Entstehung gigantischer Vulkane, wie etwa des Olympus Mons, der etwa 600 Kilometer breit und 24 Kilometer hoch ist, fünfmal breiter und fast dreimal höher als der Mauna Loa auf Hawaii, der größte Vulkan der Erde. Auf dem Mars gibt es auch zahlreiche Schluchten, darunter das gewaltige Valles Marineris mit einer Länge von 4.000 Kilometern. Auch viele Impaktkrater punktieren den Planeten. Diese Krater sind verschlissener als die auf dem Erdmond, da häufiger Erosionen stattfanden, die womöglich von dem Wasser verursacht wurden, das auf dem Mars zu großen Überflutungen führte.

Paopano.stock.adobe.com

Abbildung 6.5: Eine Nahaufnahme vom Marsrover Curiosity

So lebensfreundlich ist der Mars wirklich

Die Menschen haben eine Menge falscher Vorstellungen vom Mars, einige ihrer Theorien jedoch könnten tatsächlich stimmen; sie konnten nur noch nicht bewiesen werden. Diese

Vorstellungen kreisen allesamt um die Frage, ob Leben auf dem Mars überhaupt möglich ist. Die meisten davon sind ebenso unwahrscheinlich wie die Geschichte von dem Astronauten, der in ferner Zukunft von dem Roten Planeten zurückkehrt. »Ist da Leben auf dem Mars?«, fragen ihn die Reporter. »Die Woche über nicht sehr viel«, antwortet er. »Aber Samstagnachts ...«

Keine Spur von Marsmenschen

Nach der Entdeckung der »Kanäle« auf dem Mars überschlugen sich die Spekulationen um die Möglichkeit von Leben dort. Zu denen, die Bericht von diesen Kanälen erstatteten, gehörten einige der berühmtesten Astronomen des späten 19. und frühen 20. Jahrhunderts. Das Fotografieren von Planeten war zu jener Zeit noch nicht allzu populär, da lange Belichtungszeiten notwendig waren und die Sicht oft von atmosphärischen Einflüssen getrübt wurde (Näheres dazu in Kapitel 3). Deshalb glaubten die Wissenschaftler, dass von professionellen Fachleuten erstellte Zeichnungen des Planeten wohl die wirklichkeitsgetreuesten Bilder lieferten. Einige dieser Zeichnungen zeigten ein Muster aus sich schneidenden Linien, das sich über die gesamte Marsoberfläche erstreckte. Percival Lowell, ein amerikanischer Astronom, vertrat die Theorie, es handle sich bei diesen geraden Linien um Kanäle, die von einer vorzeitlichen Kultur zur Konservierung und zum Transport von Wasser erbaut worden sei, als der Mars austrocknete. Er schloss daraus, dass es sich an den Kreuzungspunkten der Linien um Oasen handle.

Im Laufe der Jahre wurde diese Vorstellung von »Kanälen« auf dem Mars ebenso wie andere angebliche Belege für früheres oder gegenwärtiges Leben auf dem Mars widerlegt.

✔ Als 1965 die amerikanische Raumsonde Mariner 4 den Mars fotografierte, war auf den Aufnahmen von Kanälen nichts zu sehen – eine Entdeckung, die von späteren Raumsonden exakt bestätigt wurde. Dieses war der erste Streich.

✔ Zwei spätere Raumsonden – die Viking-Landefahrzeuge – führten robotergesteuerte chemische Experimente auf dem Mars durch, um nach Anhaltspunkten für biologische Vorgänge wie Photosynthese oder Atmung zu suchen. Zunächst schienen sie tatsächlich Hinweise auf biologische Aktivitäten gefunden zu haben, als eine Bodenprobe mit Wasser vermengt wurde. Die meisten Wissenschaftler jedoch, die das Experiment prüften, gelangten zu dem Schluss, dass die Reaktion des Bodens auf Wasser ein natürlicher Prozess sei, bei dem das Vorhandensein von Leben nicht notwendig ist. Auch spätere Marsfahrzeuge, zum Beispiel Curiosity, fanden ebenfalls keine überzeugenden Hinweise auf Marsleben. Dieses war der zweite Streich.

✔ Auch die Viking-Orbiter, die den Mars nur umkreisten, schickten Fotos zur Erde. Diese Aufnahmen zeigen an einer bestimmten Stelle eine Krustenformation, die manchen Betrachtern wie ein Gesicht erscheint. Und obwohl es auch auf der Erde viele Berggipfel und Gesteinsformationen gibt, in denen man zum Beispiel das Antlitz großer Indianerhäuptlinge zu erkennen glaubte, waren einige Personen felsenfest davon überzeugt, bei dem »Gesicht auf dem Mars« handle es sich um eine Art Denkmal, erbaut von einer hochentwickelten Zivilisation. Später machte der Satellit MGS schärfere Aufnahmen von dieser Landschaft – und man erkannte, dass sie überhaupt keine Ähnlichkeit mit einem Gesicht hatte. Der dritte Streich gegen die Befürworter von Leben auf dem Mars.

Die Vorstellung von Leben auf dem Mars jedoch war dadurch noch nicht aus der Welt geschafft. 2003 entdeckten Astronomen erstmals Spuren von Methan, auch »Sumpfgas« genannt, auf dem Roten Planeten. Methan zerfällt unter Marsbedingungen blitzschnell zu anderen Substanzen, und einige Wissenschaftler vermuteten, das frische Methangas werde von einer primitiven Lebensform auf dem Mars produziert. (Auf der Erde zum Beispiel gibt es Mikroben namens Methanogene, die Methan abgeben.) Das Methan auf dem Mars kann jedoch auch durch geologische Prozesse entstehen, und so tasten die Experten dieses Geheimnis nach wie vor behutsam ab.

Die Suche nach Fossilien

Im Jahre 1996 analysierten Wissenschaftler Gesteinsproben von einem Meteoriten, der ihrer Vermutung nach durch den Einschlag eines kleineren Asteroiden oder Kometen vom Mars abgesprengt worden sei. Sie entdeckten chemische Verbindungen und winzige Mineralstrukturen, die sie als chemische Nebenprodukte und mögliche fossile Überreste mikroskopisch kleiner Lebensformen aus grauer Vorzeit deuteten. Ihre Ergebnisse sind umstritten, und zahlreiche spätere Studien widersprechen ihren Schlussfolgerungen. Nach dem jetzigen Stand der Forschung kann die Wissenschaft nicht einen überzeugenden Beweis für die Theorie einstigen Lebens auf dem Mars vorlegen – allerdings auch keine Gegenbeweise.

Bleibt nur, weiterhin systematisch nach Hinweisen auf vergangenes oder gegenwärtiges Leben auf dem Mars zu suchen, und zwar an Orten, an denen diese Suche am sinnvollsten ist, zum Beispiel dort, wo große Wassermengen in der Vergangenheit Sedimentschichten abgelagert haben. Solche Gegenden sind es, in denen man auch auf der Erde die meisten Fossilien vorfindet.

Die Erde ist anders: Vergleichende Planetologie

Der Merkur ist eine kleine Welt mit extremen Temperaturen. Er hat ein globales Magnetfeld wie die Erde, das aber schwächer ist. Weder die Venus noch der Mars verfügen über ein solches Magnetfeld, auch wenn sie der Erde in vielerlei anderer Hinsicht ähneln. Flüssiges Wasser und Leben jedoch gibt es, soviel wir wissen, heute nur auf der Erde. Was ist es, das unseren Heimatplaneten so anders macht?

Die Temperaturen auf der Venus sind, anders als die auf der Erde, heiß wie die Hölle. Die Venus ist weiter von der Sonne entfernt als der Merkur, und trotzdem ist sie heißer. Diese hohe Temperatur ist das Ergebnis eines extremen *Treibhauseffekts* – eines Prozesses, bei dem atmosphärische Gase die Temperatur in die Höhe treiben, indem sie den Hitzefluss von außerhalb absorbieren. Auch die Erdatmosphäre könnte einmal reich an Kohlendioxid gewesen sein, so wie die Venusatmosphäre jetzt. Auf der Erde jedoch wurde ein Großteil des Kohlendioxids von den Ozeanen absorbiert, sodass dieses Gas nicht so viel Hitze an die Atmosphäre binden konnte wie auf der Venus.

Der Mars wiederum ist (soweit wir wissen) zu kalt, um Leben hervorzubringen. Er hat einen Großteil seiner ursprünglichen Atmosphäre eingebüßt, und seine derzeitige Atmosphäre ist nicht dicht genug für einen Treibhauseffekt, der zumindest einen Teil der Oberfläche des Planeten öfter oder dauerhaft auf eine Temperatur oberhalb des Gefrierpunkts von Wasser erhitzen könnte.

Die drei großen terrestrischen Planeten sind wie die drei Schüsseln Brei in dem Märchen von *Goldlöckchen und den drei Bären*. Die Venus ist zu heiß, der Mars ist zu kalt, aber die Erde ist *genau richtig*, um das Vorhandensein von flüssigem Wasser und Leben in der uns bekannten Form zu ermöglichen. Bei Berücksichtigung sämtlicher Informationen über die grundlegenden Eigenschaften der terrestrischen Planeten sowie ihrer Unterschiede gelangen Wissenschaftler zu folgenden Resultaten:

- ✔ Der Merkur ist äußerlich beschaffen wie der Mond (mit vielen Kratern), in seinem Inneren jedoch der Erde ähnlich, mit einem geschmolzenen Eisenkern, der ein Magnetfeld erzeugt.

- ✔ Die Venus ist die »böse Zwillingsschwester« der Erde. Sie ist etwa so groß wie die Erde; mit ihrer Mörderhitze und ihrem Luftdruck, ihrer nicht atembaren Atmosphäre und ihrem stark sauren Regen jedoch auf ihre Weise ganz anders.

- ✔ Der Mars ist die »kleine Erde«, die abkühlte und vertrocknete.

Die Erde ist der Goldlöckchenplanet – *genau richtig*.

Wenn Sie die speziellen Eigenschaften der Planeten miteinander vergleichen, gelangen Sie zu Rückschlüssen über ihre jeweilige Geschichte, und erkennen, weshalb der Werdegang jedes dieser Planeten das aus ihm gemacht hat, was er heute ist. Wenn Sie auf diese Weise vorgehen, betreiben Sie das, was Wissenschaftler als *vergleichende Astronomie* bezeichnen.

Die »Terrestrischen« mühelos beobachten

Wenn Sie Merkur, Venus und Mars am Nachthimmel erspähen wollen, helfen Ihnen die monatlichen Beobachtungstipps der Astromagazine sowie ihrer Webseiten, eine Smartphone-App oder ein Desktopplanetarium (mehr über diese Ressourcen können Sie in Kapitel 2 nachlesen). Die Venus ist besonders leicht zu finden, da sie nach dem Mond das hellste Objekt am Nachthimmel ist.

 Der Merkur ist der Planet, dessen Umlaufbahn der Sonne am nächsten ist, danach kommt gleich die Venus. Beide Umlaufbahnen befinden sich innerhalb der Erdbahn, sodass Merkur und Venus sich immer in der gleichen Himmelsregion befinden wie die Sonne (von der Erde aus gesehen). Aus diesem Grund finden Sie die beiden Planeten nach der Abenddämmerung am Westhimmel, vor der Morgendämmerung am Osthimmel. Zu diesen Tageszeiten steht die Sonne dicht unterhalb des Horizonts, sodass Sie Objekte in Sonnennähe, die sich westlich von ihr befinden, morgens vor Sonnenaufgang sehen, Objekte in Sonnennähe, die sich östlich von ihr befinden, abends nach Sonnenuntergang. Merken Sie sich dazu folgenden Spruch: »Merkur und Venus sieht man am besten – morgens im Osten, abends im Westen«.

Ein heller Planet, der vor Sonnenaufgang am Osthimmel steht, wird üblicherweise als *Morgenstern* bezeichnet, ein heller Planet nach Sonnenuntergang am Westhimmel als *Abendstern*. Astronomen wissen natürlich, dass Planeten keine Sterne sind, aber der Volksmund nennt sie nun mal so. Da Merkur und Venus sich rasch um die Sonne bewegen, kann der Morgenstern von dieser Woche schon der Abendstern vom nächsten Monat sein.

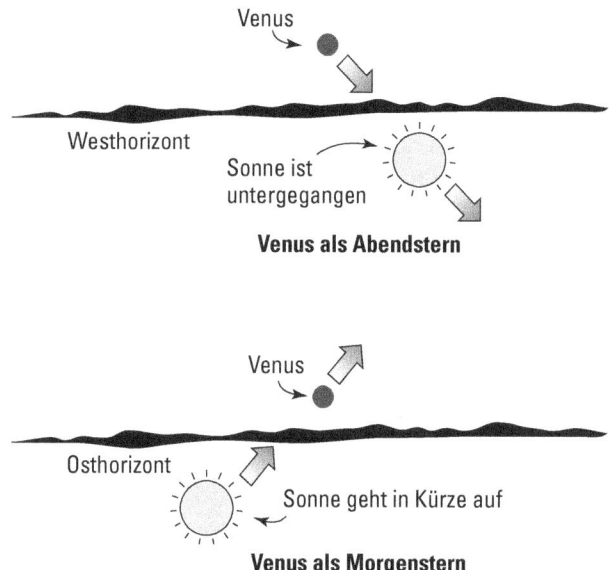

Abbildung 6.6: Die Venus kann sowohl als Morgenstern als auch als Abendstern in Erscheinung treten – eigentlich aber ist sie überhaupt kein Stern.

In den folgenden Abschnitten verrate ich Ihnen, wann die beste Zeit zum Beobachten der terrestrischen Planeten ist, abhängig von Elongation, Opposition und Konjunktion. Die drei Begriffe beschreiben die Position eines Planeten in Bezug zur Sonne und zur Erde. Wie Sie dieses Wissen für Ihre Beobachtungen nutzen können, erkläre ich Ihnen genau. (Die Reihenfolge der Planeten richtet sich danach, wie leicht sie zu beobachten sind. Wir fangen mit dem leichtesten an, der Venus.)

Elongation, Opposition und Konjunktion

Die Begriffe *Elongation, Opposition* und *Konjunktion* bezeichnen die Position eines Planeten in Bezug zur Sonne und zur Erde. Wenn Sie sich zwecks Planung Ihrer Beobachtungen Listen mit Planetenpositionen ansehen, werden Sie diesen Begriffen recht häufig begegnen.

✔ *Elongation* steht für den Winkel, den ein Planet (von der Erde aus gesehen) zur Sonne einnimmt. Anders gesagt: Wenn die Erde den Scheitelpunkt darstellt, führt einer der beiden Schenkel des Winkels zur Sonne, der andere zu dem betreffenden Planeten. Da die Umlaufbahn des Merkurs so klein ist, ist er nie weiter als 28 Grad von der Sonne entfernt. Zu gewissen Perioden kommt er nicht einmal weiter als 18 Grad über sie hinaus und ist dann sehr schwer zu erkennen. Die Venus kann maximal 47 Grad von der Sonne entfernt sein.

Zur *größten westlichen (oder östlichen) Elongation* kommt es, wenn ein Planet so weit von der Sonne entfernt ist, wie es ihm während einer bestimmten *Apparition* möglich ist (so nennt man die Zeitspanne, innerhalb derer der Planet von der Erde aus in mehr als einer Nacht in Folge zu sehen ist). Manche größten Elongationen sind größer als andere, da die Erde dem Planeten manchmal näher ist als sonst. Die Elongation ist besonders wichtig, wenn Sie den Merkur beobachten wollen, da dieser Planet normalerweise so dicht bei der Sonne steht, dass der Himmel an seinem Standort nicht besonders dunkel ist.

✔ Von einer *Opposition* spricht man, wenn ein Planet sich auf der sonnenabgewandten Seite der Erde befindet. Beim Merkur und der Venus kommt das nie vor, aber der Mars steht etwa alle 26 Monate in Opposition. Für Beobachtungen dieses Planeten ist das die beste Zeit, weil er im Teleskop dann am größten erscheint. Außerdem steht der Mars in Opposition zu Mitternacht am höchsten am Himmel, sodass Sie ihn die ganze Nacht lang sehen können.

✔ Eine *Konjunktion* liegt vor, wenn zwei Objekte des Sonnensystems sich am Himmel sehr nahe kommen, also zum Beispiel wenn der Mond – aus unserem Blickwinkel – ziemlich dicht an der Venus vorbeizieht. In Wirklichkeit befindet sich die Venus weit jenseits des Monds, wir aber sehen die beiden in Konjunktion.

Konjunktion hat aber auch eine technische Bedeutung. Anstatt die Position von Planeten in *Rektaszension* (Sternposition in ostwestlicher Richtung) und *Deklination* (Sternposition in nordsüdlicher Richtung) anzugeben, bedienen sich Astronomen auch oft der ekliptischen Breite und Länge. Die Ekliptik ist eine Kreisbahn am Himmel, die den Weg der Sonne durch die Konstellationen widerspiegelt. Die *ekliptische Breite* und *Länge* geben an, um wie viel Grad sich ein Planet nördlich und südlich (Breite) oder östlich und westlich (Länge) in Bezug auf die Ekliptik befindet. (Keine Angst! Beim Beobachten der terrestrischen Planeten brauchen Sie das ekliptische System nicht zu verwenden. Es hilft Ihnen aber, die nachfolgende Definition der Begriffe *obere* und *untere Konjunktion* besser zu verstehen.

Zum Verständnis von Konjunktionen und Oppositionen müssen Sie eine Reihe komplizierter Fachbegriffe kennen – vor allem, was mit einem oberen oder unteren Planeten gemeint ist und was die gleichen Begriffe in Bezug auf eine Konjunktion bedeuten. Ein *oberer Planet* umkreist die Sonne außerhalb der Erdumlaufbahn (wie der Mars), ein *unterer Planet* umkreist sie innerhalb der Erdumlaufbahn (wie Merkur und Venus, die übrigens die einzigen unteren Planeten sind).

Wenn ein oberer Planet, von der Erde aus betrachtet, die gleiche Länge hat wie die Sonne, befindet er sich hinter der Sonne, und man spricht von einer *Konjunktion* (siehe

Abbildung 6.7). Befindet sich derselbe Planet auf der anderen (sonnenabgewandten) Seite der Erde (siehe ebenfalls Abbildung 6.7), spricht man von einer *Opposition*.

 Konjunktionen sind eine schlechte Zeit für die Beobachtung von äußeren Planeten, da sie sich dann etwa in der gleichen Blickrichtung wie die Sonne befinden. Versuchen Sie also gar nicht erst, den Mars während einer Konjunktion zu beobachten; Sie werden ihn ohnehin nicht sehen. Die beste Beobachtungszeit ist während einer Opposition.

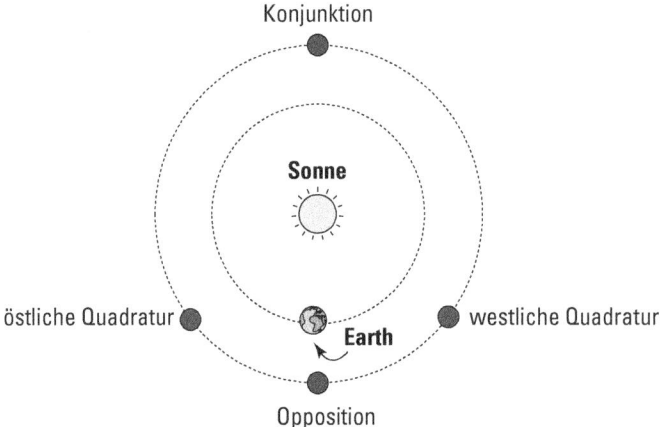

Abbildung 6.7: Ein oberer Planet in Konjunktion liegt in der gleichen Ost-West-Richtung wie die Sonne.

Ein oberer Planet hat Konjunktionen und Oppositionen; ein unterer Planet wiederum hat zwei Arten von Konjunktionen, aber nie eine Opposition (siehe Abbildung 6.8). Wenn der untere Planet auf gleicher Länge ist wie die Sonne und sich zwischen ihr und der Erde befindet, spricht man von einer unteren Konjunktion. Wenn der untere Planet auf gleicher Länge ist wie die Sonne, sich aber von der Erde aus gesehen hinter ihr befindet, spricht man von einer oberen Konjunktion.

Wenn Sie das Ihren Freunden erklären können, sind Sie zumindest ein oberer Hobbyastronom. Am besten wird es Ihnen gelingen, anderen eine Konjunktion begreiflich zu machen, wenn Sie auf die Abbildungen 6.7 und 6.8 zurückgreifen.

 Die Venus sehen Sie am besten, wenn sie zwischen der größten Elongation und der unteren Konjunktion steht. Sie erscheint dann am größten und hellsten. Der Merkur jedoch befindet sich zu nah bei der Sonne, um ihn nahe einer oberen oder unteren Konjunktion sehen zu können. Die beste Zeit zur Merkurbeobachtung ist während der größten Elongation.

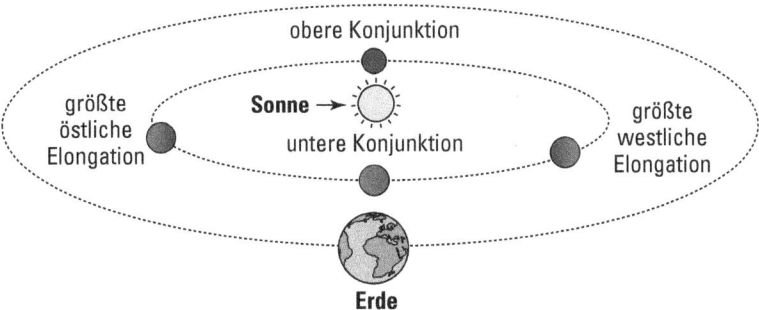

Abbildung 6.8: Bei einer unteren Konjunktion befindet sich ein unterer Planet auf einer Linie mit der Sonne.

Die Venus und ihre Phasen

Am leichtesten von allen Planeten finden Sie die Venus. Die zweitnächste Felskugel vor der Sonne leuchtet so hell, dass auch Personen, die nur wenig von Astronomie verstehen, sie häufig bemerken und bei Radiosendern, Zeitungsredaktionen und Sternwarten anrufen, um zu fragen, was für ein »heller Stern« das ist.

Wenn Wolkenfetzen sich vor der Venus von Westen nach Osten bewegen, missverstehen unerfahrene Beobachter dieses Geschehen oft. Sie haben den Eindruck, die Venus (die sie nicht als solche erkennen) würde sich rasch in Gegenrichtung zu den Wolken bewegen. Aufgrund dieses falschen Eindrucks und weil die Venus so hell ist, melden sie oft wenig später, sie hätten ein Ufo gesehen. Die Fachleute wissen dann meist schon Bescheid.

Wenn Sie ein wenig vertrauter mit der Venus geworden sind, werden Sie sie auch oft bei hellem Tageslicht entdecken. Manchmal ist sie nämlich hell genug, damit man sie an klaren Tagen aus dem Augenwinkel heraus sehen kann (man nennt das »indirekte Sicht«). Aus irgendeinem Grund sind wir in der Lage, ein Objekt mittels »indirekter Sicht« leichter zu erkennen, als wenn wir es direkt fixieren. Vielleicht handelt es sich dabei ja um einen alten Überlebensmechanismus: Ein Raubtier, das sich von der Seite her anschleicht, wird auf diese Weise viel schneller bemerkt.

Moment ... das dauert eine Bogensekunde

Scheinbare Entfernungen am Himmel werden von Wissenschaftlern in Form von Winkelmaßen gemessen. Manchmal umfasst ein solches Winkelmaß die gesamte Strecke rund um den Himmel (wie beim Himmeläquator) – das sind dann 360 Grad. Die Sonne und der Mond sind nach dieser Rechnung gleich groß, denn sie nehmen von der Erde aus betrachtet gleich viel Platz am Himmel ein – ein halbes Grad im Durchmesser. Die Planeten sind viel kleiner, also braucht man, um sie zu beschreiben, eine kleinere Maßeinheit. Ein Grad besteht aus 60 *Bogenminuten*, und eine Bogenminute (auch als

Winkelminute bezeichnet) aus 60 *Bogensekunden* (auch als Winkelsekunden bezeichnet). Ein Grad umfasst also 3.600 Bogensekunden. In vielen astronomischen Büchern oder Fachartikeln wird eine Bogenminute mit einem Hochkomma (′) abgekürzt, eine Bogensekunde mit zwei Hochkommata (″). Also: 12°35′04″ = 12 Bogengrad, 35 Bogenminuten, 4 Bogensekunden.

Die Venus ist im Durchmesser tatsächlich nur um 5 Prozent kleiner als die Erde. Ihre scheinbare Größe, der sogenannte *Winkeldurchmesser*, variiert zwischen zehn Bogensekunden, wenn die Venus am weitesten entfernt ist (und für uns als »Vollvenus« erscheint), und bis zu 58 Bogensekunden im Durchmesser, wenn sie der Erde am nächsten ist (und im Teleskop wie eine schmale Sichel aussieht).

Hier noch ein interessanter Informationshappen: Eine Bogensekunde entspricht etwa der Größe einer Zwei-Cent-Münze aus einer Entfernung von 2 bis 3 Kilometern betrachtet.

Mit einem kleinen Teleskop können Sie bereits die deutlichsten Eigenschaften der Venus erkennen, nämlich ihre Phasen und scheinbaren Größenveränderungen. Ebenso wie der Mond und auch aus den gleichen Gründen durchläuft die Venus verschiedene Phasen: Manchmal ist ein Teil der von der Sonne angestrahlten (und daher hell erscheinenden) Venushemisphäre von der Erde abgewandt. Wenn Sie dann durch ein Teleskop blicken, sehen Sie eine teils erleuchtete, teils dunkle Scheibe.

Die Trennlinie zwischen der dunklen und der hellen Venusseite nennt man den *Terminator*, genauso wie beim Mond. Natürlich handelt es sich dabei nur um eine gedachte Linie.

Da sowohl die Venus als auch die Erde um die Sonne kreisen, ändert sich die Entfernung zwischen den beiden Planeten ständig. Wenn die Venus der Erde am nächsten ist, ist sie mehr als 40 Millionen Kilometer entfernt; ist sie am weitesten entfernt, sind es mehr als 250 Millionen Kilometer. Entscheidend dabei ist das proportionale Verhältnis: An ihrem nächsten Punkt ist die Venus der Erde etwa sechsmal näher als an ihrem fernsten Punkt. Deshalb wirkt sie durch ein Teleskop auch sechsmal so groß.

 Was Sie beim Beobachten der Venus nicht entdecken werden, sind auffallende Merkmale wie das Gesicht des »Manns im Mond«. Die Venus ist ringsum von dichten Wolken bedeckt, und alles, was Sie zu sehen bekommen, ist die Oberseite dieser Wolken. Die Venus ist so hell, weil ihre Umlaufbahn sich verhältnismäßig dicht bei der Sonne und bei der Erde befindet; außerdem, weil sie über eine schöne, hell reflektierende Wolkenschicht verfügt. Gelegentlich jedoch können Sie beobachten, dass die Sichelspitzen der Venus weiter in die dunkle Seite hineinreichen als für die Venusphase des betreffenden Tags vorausgesagt wurde. In diesem Fall ist das, was Sie sehen, ein wenig Sonnenlicht, das in der Venusatmosphäre herumgesprungen ist und den Terminator zu der Seite hin überschritten hat, in der die Nacht bereits angebrochen ist.

Bilder von der Venus mit auffälligen Wolkenmustern, wie sie in zahlreichen Büchern zu finden sind, wurden in ultraviolettem Licht aufgenommen, bei dem die Muster erkennbar werden. Ultraviolettes Licht kann unsere Atmosphäre kaum durchdringen (wofür wir uns bei der Ozonschicht bedanken müssen, die diese gefährlichen Strahlen blockiert), also können Sie die Venus in diesem Licht nicht sehen. Ehrlich gesagt können Sie ohnehin kein ultraviolettes Licht sehen; es ist für das menschliche Auge unsichtbar. Aber Teleskope an Bord von Satelliten und Raumsonden, die sich oberhalb oder jenseits der Atmosphäre befinden, können ultraviolette Fotos machen. Einige der Venusbilder, die ich in den vorherigen Abschnitten erwähnte, wurden im Infrarotlicht oder im Radiobereich gemacht, also ebenfalls bei für unsere Augen unsichtbaren Wellenlängen.

In seltenen Fällen berichten Beobachter von einem fahlen Leuchten auf der dunklen Seite der Venus. Dieses Leuchten, auch *Aschenlicht* genannt, ist manchmal echt, manchmal ein Streich, den unsere Fantasie uns spielt. Nach jahrhundertelangen Studien haben Fachleute noch immer keine Erklärung für das Aschenlicht gefunden, deshalb bestreiten manche von ihnen, dass es überhaupt existiert. Mit ein wenig Glück jedoch sehen Sie es vielleicht auch. Die Leute behaupten, andere Strukturen der Venus durch ihr Teleskop sehen zu können, doch fast all jene Berichte sind falsch. Versuche zeigen, dass diese Berichte größtenteils durch einen psychologischen Effekt zustande kommen: Wenn man jemandem einen weißen Globus ohne irgendwelche Oberflächenstrukturen aus der Ferne zeigt, erkennt er häufig ebenfalls Muster, die nicht existieren.

Transitverkehr im Weltall

Nur äußerst selten werden Sie das Glück haben, einen *Planetentransit* zu sehen. Damit ist das Vorüberziehen eines Planeten vor der Sonne gemeint, der dabei wie eine winzige schwarze Scheibe vor dem strahlend hellen Hintergrund der Sonne wirkt. Nur die unteren Planeten (Merkur und Venus) ziehen vor der Sonne vorbei, da nur sie sich zwischen Sonne und Erde befinden.

Einen Transit des Merkurs können Sie mit einem kleinen Teleskop beobachten; dabei müssen Sie aber unbedingt die Regeln der gefahrlosen Sonnenbeobachtung einhalten, die ich in Kapitel 10 erkläre. Ansonsten riskieren Sie eine ernsthafte Schädigung Ihrer Augen und können sogar erblinden. Ich empfehle Ihnen, sich zu erkundigen, ob Ihr örtliches Planetarium, Museum oder der ortsansässige Astronomieklub vielleicht eine Transitbeobachtungsveranstaltung anbietet (kommt öfter mal vor). Dann können Sie von Experten bereitgestelltes Zubehör benutzen. Die nächsten beiden Merkurtransite finden allerdings erst am 13. November 2032 und am 7. November 2039 statt.

Venustransite sind eindrucksvoller als Merkurtransite, da die Venusscheibe größer ist als die Merkurscheibe. Leider sind sie auch seltener. Und falls Sie noch nie einen Venustransit gesehen haben, befürchte ich fast, Sie werden auch nie einen sehen können. Der letzte fand im Juni 2012 statt, und der nächste … tja, wird sich erst im Dezember 2117 ereignen. Aber hinterlassen Sie Ihren Urgroßenkeln eine Nachricht, sie sollen ihn auf keinen Fall versäumen.

Wenn der Mars seine Kreise zieht

Der Mars ist ein helles, rotes Objekt, aber er leuchtet bei Weitem nicht so hell wie die Venus. Prüfen Sie also lieber auf Ihrer Sternkarte nach, ob Sie ihn nicht mit einem hellroten Stern verwechseln, wie zum Beispiel Antares im Sternbild Skorpion (dessen Name passenderweise »Rivale des Mars« bedeutet).

Was das Gute an der Marsbeobachtung ist: Wenn er am Nachthimmel erscheint, bleibt er häufig für den Rest der Nacht sichtbar, im Gegensatz zu Merkur und Venus, die ziemlich früh nach Sonnenuntergang verschwinden oder erst kurz vor Sonnenaufgang am Himmel erscheinen. Sie können also in aller Ruhe zu Abend essen und sich die Nachrichten im Fernsehen ansehen, bevor Sie mit Ihrem Teleskop hinaus in den Garten gehen.

 Mit einem kleinen Teleskop können Sie zumindest ein paar dunkle Muster auf dem Mars erkennen. Die beste Zeitperiode, um sich seine Besonderheiten anzusehen, dauert einige Monate, findet aber nur etwa alle 26 Monate statt, wenn der Mars in Opposition steht. Dann sehen Sie ihn am größten und hellsten, und es fällt Ihnen leichter, Details auf seiner Oberfläche zu erkennen.

Die nächsten Marsoppositionen finden statt im

Oktober 2020
Dezember 2022
Januar 2025
Februar 2027
März 2029
Mai 2031
Juni 2033

Machen Sie sich also einen Knoten in Ihr Teleskop!

 Bei seinen besten Oppositionen – wenn er am größten und hellsten erscheint – befindet sich der Mars südlich des Himmelsäquators, aber in den gemäßigten Breiten der Nordhemisphäre können Sie ihn trotzdem noch sehen.

Die auffälligste Eigenheit der Marsoberfläche, die Sie mit einem kleinen Teleskop erkennen können, ist in der Regel Syrtis Major, eine große dunkle Zone, die sich vom Äquator aus in nördlicher Richtung erstreckt. Ein Tag auf dem Mars ist etwa so lang wie ein Erdentag – 24 Stunden, 37 Minuten. Wenn Sie also im Laufe einer Nacht immer mal wieder zum Mars hochblicken, wird Ihnen auffallen, wie Syrtis Major sich aufgrund der Rotation des Planeten allmählich auf seiner Oberfläche verschiebt. Erfahrene Amateursterngucker erkennen vielleicht auch seine Polkappen und andere Besonderheiten.

 NASA-Fotos vom Mars, die von interplanetaren Raumsonden und dem Hubble-Weltraumteleskop gemacht wurden, sind viel zu detailliert, um Ihnen bei Beobachtungen mit einem Kleinteleskop etwas zu nützen. Was Sie brauchen, ist eine ganz simple *Albedo-Karte*, auf der die Namen aller hellen und dunklen Marszonen verzeichnet sind, die Sie mit einem kleinen Teleskop erkennen können. Auf Albedo-Karten finden sich mehr Details als der Durchschnittsbeobachter je mit eigenen Augen sehen wird; sie leistet ihm daher nicht nur gute Dienste, sondern schärft auch seine Aufmerksamkeit. Eine solche Karte finden Sie auf der MarsWATCH-Website der NASA (`mars.jpl.nasa.gov/MPF/mpf/marswatch/marsnom.html`). Empfehlenswert ist auch Ralf Jaumanns und Ulrich Köhlers Buch *Der Mars – Ein Planet voller Rätsel*, mit Marsflugsimulations-DVD und 3-D-Brille (Fackelträger-Verlag, 2013). Ebenfalls auf Deutsch liegt das Buch *Planeten beobachten: Praktische Anleitung für Amateurbeobachter und solche, die es werden wollen* von Günther D. Roth (Spektrum Akademischer Verlag) vor.

Astronomen bewerten die Beobachtungsqualität des Himmels aufgrund der *Sichtverhältnisse* (der Beständigkeit der Atmosphäre oberhalb des Teleskops), der *Transparenz* (die umso größer ist, je weniger Wolken und Dunst vorhanden sind) sowie der *Dunkelheit* des Himmels (möglichst wenige Störeinflüsse in Form von künstlicher Beleuchtung, Sonnen- oder Mondlicht). Beim Beobachten eines hellen Planeten wie dem Mars ist eine gute Sicht der wichtigste, ein dunkler Himmel der unwichtigste Faktor. Doch je dunkler der Himmel, umso beständiger die Luft, und je höher die Transparenz, umso mehr können Sie die Nacht genießen.

Bei guter Sicht funkeln die Sterne nicht so sehr, und Sie können ein Okular mit stärkerer Linse an Ihr Teleskop anbringen, um auf dem Mars (und jedem anderen Planeten) auch kleinere Details sehen zu können. Bei schlechter Sicht wirkt das Abbild im Teleskop verwaschen und unruhig. Unter solchen Bedingungen ist eine starke Vergrößerung sinnlos; Sie vergrößern dabei nur das verschwommene, herumhüpfende Bild. Die besten Resultate erhalten Sie in diesem Fall mit einer schwächeren Linse.

Auf zur Mars-Verfolgungsjagd

Ein geeignetes Projekt für angehende Planetenbeobachter ist es, den Weg des Mars durch die einzelnen Konstellationen zu verfolgen; dazu brauchen Sie nur Ihre Augen und eine Himmelskarte.

Als Erstes machen Sie den Mars am Himmel ausfindig und markieren die Stelle auf Ihrer Karte mit einem Bleistift. Wenn Sie diese Beobachtung in jeder klaren Nacht wiederholen, werden Sie feststellen, dass sich ein Muster herauskristallisiert, das schon die alten Griechen vor ein Rätsel stellte und zu komplizierten Theorien inspirierte – die meisten davon waren falsch.

Die meiste Zeit bewegt sich der Mars Nacht für Nacht weiter nach Osten, so wie auch der Mond durch die Sternbilder nach Osten wandert. Der Mond bewegt sich dabei stets vorwärts, der Mars jedoch legt manchmal eine Kursänderung ein und wandert dann zwei bis etwa drei Monate lang in entgegengesetzter

Richtung, also nach Westen. In dieser Zeit läuft er 10 bis 20 Grad rückwärts. Man spricht in diesem Fall von einer *rückläufigen Bewegung*.

Diese rückläufige Bewegung bedeutet nicht, dass der Mars nicht weiß, wo er herkommt oder hinsoll. Der Eindruck kommt dadurch zustande, dass die Erde förmlich um die Sonne flitzt. Während Sie den Weg des Mars verfolgen, befinden Sie sich ja auf der Erde, die einmal in 365 Tagen um die Sonne saust. Der Mars ist langsamer, er braucht für eine Sonnenumrundung 687 Tage. Wenn wir also auf unserer inneren Sonnenbahn den Mars überholen, sieht es so aus, als würde er sich in Bezug auf die Sterne weit draußen rückwärts bewegen. In Wirklichkeit ist der Mars natürlich noch nie »umgekehrt«.

Leider können Sie während einer Marsopposition auch bei idealen atmosphärischen Bedingungen an Ihrem Beobachtungsort Pech haben. Auf dem Mars gibt es überall Staubstürme, die seine Oberflächendetails vor unseren Augen verbergen.

Um zum versierten Marsbeobachter mit dem Teleskop zu werden, brauchen Sie viel Erfahrung. Am Anfang denken Sie vielleicht, auf dem Mars tobe gerade ein gewaltiger Staubsturm, nur weil Sie keine Details erkennen können. Es ist wichtig, dass Sie sich den Mars zu den verschiedensten Gelegenheiten ansehen, bei guten und bei schlechten Sichtverhältnissen. Erst dann können Sie, falls Sie keine Details erkennen, dem Planeten die Schuld zuschieben und nicht den Sichtverhältnissen oder Ihrer eigenen Unerfahrenheit. Wie sagt der Wissenschaftler? »Wenn es für eine Sache keinen Beweis gibt, ist das noch kein Beweis dafür, dass es die Sache nicht gibt.« Kann sein, dass Sie beim ersten Mal keine Oberflächendetails auf dem Mars erkennen, aber dahinter muss nicht unbedingt ein Staubsturm stecken. Als Teleskopbeobachter müssen Sie auch Ihre Sehfähigkeit schulen, so wie auch Gourmets und Weinkenner einen geschulten Gaumen haben. Oder manchmal auch nur so tun als ob.

Übrigens: Es gibt nur zwei bekannte Marsmonde, Phobos und Deimos. Diese winzigen Himmelskörper kann man mit einem kleinen Teleskop nicht sehen.

Den Merkur sehen – und Kopernikus einen Schritt voraus sein

Historiker behaupten, der bekannte polnische Astronom Nikolaus Kopernikus (1473–1543), der die *heliozentrische Theorie* des Sonnensystems (mit der Sonne als Zentrum) formulierte, habe den Planeten Merkur nie gesehen.

Kopernikus jedoch standen auch keine modernen Hilfsmittel zur Verfügung wie Smartphone-Apps, Desktopplanetarien, Astronomiewebsites oder monatlich erscheinende Astronomiemagazine (siehe Kapitel 2). Das haben Sie ihm voraus. Sie können sich jederzeit informieren, wann für eine Beobachtung die beste Zeit des Jahrs ist; Sie können herausfinden, wann die größte östliche und westliche Elongation stattfindet (mehr darüber im Abschnitt »Elongation, Opposition und Konjunktion« weiter vorn in diesem Kapitel), was etwa sechsmal im Jahr der Fall ist. Oder Sie machen sich mit der Webseite `calsky.de` vertraut: Klicken Sie auf PLANETEN, dann auf MERKUR und lassen Sie sich die Planetenpositionen für die kommenden Monate anzeigen.

In gemäßigten Breiten wie zum Beispiel in Mitteleuropa sieht man den Merkur in der Regel nur bei Dämmerlicht. Bis der Himmel richtig dunkel ist, also ein ganzes Stück nach Sonnenuntergang, ist auch der Merkur schon untergegangen. Und am Morgen kann man den Planeten sehen, wenn die ersten zaghaften Sonnenstrahlen den Himmel erhellen. Der Merkur ähnelt einem hellen Stern, leuchtet aber nicht so stark wie die Venus, wenn er bei Sonnenuntergang im Westen oder vor Sonnenaufgang im Osten zu sehen ist.

Der frühe Vogel sieht den Merkur

Der Merkur ist viel kleiner als die Venus, trotzdem können Sie seine verschiedenen Phasen durchs Teleskop beobachten. Der beste Zeitpunkt dafür ist seine westliche Elongation, bei der er in der Morgendämmerung erscheint. Die Beständigkeit der Atmosphäre und die Sichtverhältnisse sind in Nähe des Osthorizonts bei Sonnenaufgang immer besser als in Nähe des Westhorizonts bei Sonnenuntergang. In Standardwerken wie dem *Kosmos Himmelsjahr* (erscheint jährlich neu) sowie in astronomischen Magazinen und auf deren Websites (siehe Kapitel 2) können Sie genau nachlesen, wann die Elongation stattfindet. Auch auf Webseiten wie `calsky.com` (deutschsprachig) können Sie die größten Elongationen berechnen lassen.

 Was Sie brauchen, ist ein Beobachtungsort mit einem klaren Osthorizont, denn der Merkur steigt nicht besonders hoch am Himmel, wenn die Sonne sich unterhalb des Horizonts befindet. Falls Sie Probleme haben, ihn mit bloßem Auge zu sehen, suchen Sie den betreffenden Himmelsausschnitt mit einem Fernglas oder einem nicht zu stark vergrößernden Fernrohr ab. Und wenn Sie ein computergesteuertes Teleskop mit eingebauter Datenbank haben, geben Sie einfach »Merkur« ein – den Rest erledigt das Teleskop für Sie.

Erwarten Sie nicht zu viel!

Es ist sehr schwierig, mit einem kleinen Teleskop oder fast jedem handelsüblichen Fernrohr auf dem Merkur so etwas wie Oberflächenstrukturen zu erkennen. Die scheinbare Größe des Planeten bei seiner größten Elongation beträgt nur circa 6 bis 8 Bogensekunden (siehe den Kasten »Moment ... das dauert eine Bogensekunde« weiter vorn in diesem Kapitel).

Manch erfahrener Amateurbeobachter verkündet, er habe so etwas wie Oberflächenstrukturen auf dem Merkur erkannt oder mit modernen Digitalkameras abgelichtet, doch verlässliche Informationen ließen sich aus derlei Beobachtungen nie ableiten. Einige der namhaftesten Beobachter früherer Zeiten glaubten, Strukturen erkannt zu haben, und fertigten Zeichnungen davon an. Aus diesen Zeichnungen versuchten sie, die Rotationsperiode des Merkurs, also die Dauer eines »Merkurtags« zu bestimmen. Sie gelangten zu dem Schluss, ein Merkurtag sei ebenso lang wie ein Merkurjahr, nämlich 88 Erdentage. Doch sie irrten sich. Spätere Radarmessungen bewiesen, dass der Merkur sich einmal in 59 Tagen um die eigene Achse dreht. Somit ist ein Merkurjahr kürzer als zwei Merkurtage.

Wie auch immer – wenn Sie herausfinden, wie Sie den Merkur mit bloßem Auge entdecken können, um dann mithilfe Ihres Teleskops seine Phasen zu beobachten, haben Sie Kopernikus bereits einiges voraus.

Merkur-Fans sind Frühaufsteher

Ich will Ihnen noch verraten, weshalb die Sichtverhältnisse am Horizont bei Sonnenaufgang besser sind als bei Sonnenuntergang: Wenn die Sonne untergeht, hat sie einen ganzen Tag lang den Erdboden erwärmt. Wenn Sie also Richtung Westen schauen, muss Ihr Blick erst die unruhigen warmen Luftströme durchdringen, die von der Oberfläche aufsteigen. Am Morgen jedoch hat sich die Erdatmosphäre die ganze Nacht lang abgekühlt und stabilisiert. Bis die Sonne den Erdboden wieder erwärmt hat und die Sicht aufs Neue beeinträchtigt, vergehen ein paar Stunden.

Kapitel 7

Der Weg ins All ist steinig: Der Asteroidengürtel und erdnahe Objekte (NEOs)

*A*steroiden sind große Gesteinsbrocken, die um die Sonne kreisen. Die meisten davon können uns nicht gefährlich werden, denn sie befinden sich jenseits der Marsumlaufbahn in einem Bereich, den man als *Asteroidengürtel* bezeichnet. Tausende weiterer Asteroiden jedoch ziehen ihre Bahn ganz in der Nähe der Erdumlaufbahn. Viele Wissenschaftler glauben, dass vor 65 Millionen Jahren ein Asteroid auf der Erde eingeschlagen sei, was zum Untergang der Dinosaurier und vieler weiterer Spezies geführt habe.

In diesem Kapitel mache ich Sie mit diesen großen Weltraumsteinen näher vertraut und verrate Ihnen, wie Sie sie am besten beobachten können. Und falls der Gedanke an einschlagende Asteroiden Ihnen schlaflose Nächte bereitet, erzähle ich Ihnen auch, wie groß die Wahrscheinlichkeit ist, dass die Erde in naher Zukunft mit einem von ihnen kollidieren wird. Es gibt Wissenschaftler, die sich vornehmlich dieser Frage widmen. Hier können Sie nachlesen, zu welchen Ergebnissen sie bisher kamen.

Ein kleiner Ausflug durch den Asteroidengürtel

Asteroiden bezeichnet man auch als Kleinplaneten, denn als sie erstmals entdeckt wurden, hielten Experten sie für Objekte nach Art von Planeten. Heute glauben die Astronomen jedoch, dass es sich um Überbleibsel aus der Zeit der Entstehung unseres Sonnensystems handelt – um Objekte, die sich nie mit genügend Weltraumschutt verbanden, um zu

Planeten zu werden. Manche von ihnen, wie der Asteroid Ida, haben sogar eigene Monde (siehe Abbildung 7.1). Asteroiden bestehen, ähnlich den Felsen und Steinen auf der Erde, aus Silikatgestein und Metall (hauptsächlich Eisen und Nickel). Manche Asteroiden könnten auch kohlenstoffhaltiges Gestein enthalten. Außerdem wurde in den vergangenen Jahren auf einigen Asteroiden Eis entdeckt.

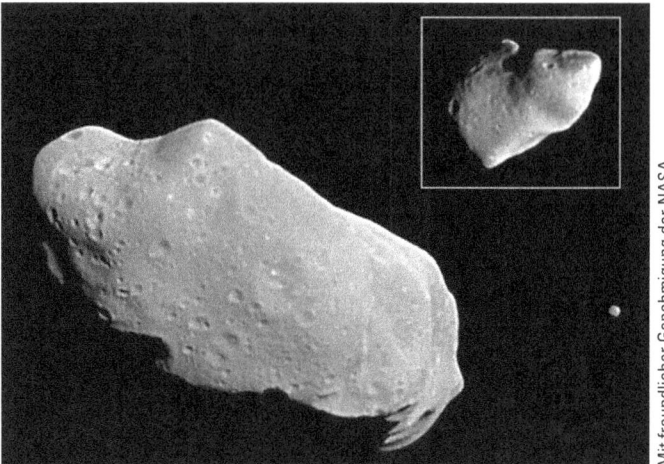

Mit freundlicher Genehmigung der NASA

Abbildung 7.1: Der Asteroid Ida hat seinen eigenen Mond Dactyl.

Die meisten der uns bekannten Asteroiden sind Teil einer riesigen, flachen Region mit der Sonne als Zentrum, die sich zwischen den Umlaufbahnen von Mars und Jupiter befindet. Diese Region bezeichnen wir als *Asteroidengürtel*. Asteroiden gibt es in den verschiedensten Größen, von Ceres (945 Kilometer Durchmesser) bis hin zu großen Meteoroiden, die eigentlich nur Bruchstücke von Asteroiden sind (siehe Kapitel 4). Ein Gesteinsbrocken von der Größe eines Felsblocks ist entweder ein sehr kleiner Asteroid oder ein sehr großer Meteoroid; Sie können es sich aussuchen. Ceres allerdings ist sowohl Asteroid als auch Zwergplanet, so wurde es 2006 offiziell festgelegt. Ich komme auf die neu geschaffene Kategorie Zwergplanet in Kapitel 9 zurück.

Asteroidenähnliche Meteoroiden, wie ich sie in Kapitel 4 beschreibe, bestehen aus Gestein und/oder Eisen. Wenn sie auf die Erde fallen, nennt man sie Meteorite. Solche Meteorite können Sie in zahlreichen naturgeschichtlichen und geologischen Museen bewundern. Asteroiden sind Brocken aus genau dem gleichen Material, nur viel größer. Wenn Sie sich einige Meteorite ansehen wollen, googeln Sie doch einfach nach dem Begriff »Meteoritensammlung«, dort finden Sie genügend Hinweise auf Museen in Ihrer Nähe, die über eine solche Sammlung verfügen. Eine der größten Meteoritensammlungen der Welt mit über 2.500 Exemplaren besitzt das Naturhistorische Museum Wien (`www.nhm-wien.ac.at`), davon sind 1.100 ausgestellt. Den größten je in ein Museum geschleppten Meteoriten können Sie im American Museum of Natural History in New York bewundern. Es handelt sich um einen 34 Tonnen schweren Brocken aus Eisen und Nickel, Ahnighito genannt. Gefunden hatte man ihn an einem Ort namens Cape York in Grönland. Auf der Webseite des Museums können Sie ihn sich auch ansehen: `www.amnh.org/exhibitions/permanent/`

`meteorites`. Der größte bekannte Meteorit überhaupt liegt immer noch an seinem Absturzort: Es ist der Hoba-Meteorit in Namibia, stattliche 60 Tonnen bringt er auf die Waage.

In Tabelle 7.1 sind die vier größten Objekte im Asteroidengürtel aufgelistet. Die beiden »Spitzenreiter«, Ceres und Pallas, haben nahezu die gleiche Durchschnittsentfernung von der Sonne; die Umlaufbahn von Pallas jedoch ist eher elliptisch.

Name	(Mittlerer) Durchmesser in Kilometer	Tageslänge in Stunden	Mittlere Entfernung von der Sonne (in AE)
Ceres	940	9,1	2,77
Pallas	545	7,8	2,77
Vesta	525	5,3	2,36
Hygiea	407	27,6	3,14

Tabelle 7.1: Die »großen Vier« im Asteroidengürtel.

Anfang 2020 gab es mehr als 957.000 bekannte Asteroiden; nur etwa fünf Prozent davon haben einen eigenen Namen. (Einen davon hat die Internationale Astronomische Union freundlicherweise nach mir benannt; ich bin froh, dass sie ihn nicht einfach »Dummy« getauft haben.) Die meisten dieser Asteroiden wurden in den vergangenen Jahren von speziell zu diesem Zweck entwickelten Roboterteleskopen entdeckt; aber auch erfahrene Amateurastronomen, die Digitalkameras auf ihren Teleskopen installiert haben, werden immer wieder fündig.

Die größten Asteroiden wie Ceres und Vesta können Sie bequem mit einem kleinen Teleskop betrachten (mehr zum Thema Asteroidenbeobachtung finden Sie im Abschnitt »Auf der Suche nach den kleinen Lichtpunkten « weiter hinten in diesem Kapitel).

Ceres und Vesta sind so groß, dass ihre eigene Schwerkraft sie rund macht. Asteroiden haben manchmal verblüffende Ähnlichkeit mit Kartoffeln (siehe Abbildung 7.2), und oft sehen sie aus, als wären sie auseinandergesprengt worden, was sie auch tatsächlich sind. Die Asteroiden, die Bestandteil des Gürtels sind, prallen ständig aufeinander, wodurch Impaktkrater entstehen und große oder kleine Splitter abgesprengt werden. Die großen Splitter rechnet man einfach zu den kleineren Asteroiden, die kleinen Splitter nennt man asteroidenähnliche Meteoroiden.

Nur selten kommt es vor, dass kleine Astroiden (oder große Meteoroiden) auf der Erde einschlagen (mehr über dieses Phänomen im folgenden Abschnitt). Asteroideneinschläge (und Kometeneinschläge) sind auch für die Krater auf dem Mond, dem Mars und dem Merkur verantwortlich. Auch auf der Venus finden sich Krater, allerdings nicht so viele. (Mehr über diese Kraterobjekte berichte ich in den Kapiteln 5 und 6.)

 Auch Asteroiden haben Krater, die sich aber mit dem Teleskop viel schwerer erkennen lassen, da ja schon die Asteroiden so klein sind. In den meisten Teleskopen erscheinen sie nur als Lichtpunkte – wie ein Stern. Die NASA-Weltraumsonde Dawn erreichte Vesta im Juli 2011, um den Asteroiden in allen Einzelheiten zu studieren, dann machte sie sich weiter auf den Weg zu Ceres, wo sie im März 2015 ankam. Wenn Sie sich die Bilder ansehen und an den Erkenntnissen teilhaben wollen, die Dawn uns geliefert hat, besuchen Sie die Website `dawn.jpl.nasa.gov`.

Mit freundlicher Genehmigung von NASA/JPL-Caltech/UCAL/MPS/DLR/IDA

Abbildung 7.2: Der Asteroid Vesta fotografiert von der Raumsonde Dawn

Dawn hat einiges bei seinen Asteroidenbesuchen entdeckt, zum Beispiel:

✔ Zwei gigantische Einschlagsbecken (große Krater also) dominieren Vestas südliche Polregion: Das größere der beiden, Rheasilvia, ist 500 Kilometer breit, 19 Kilometer tief und besitzt einen Zentralberg, der höher ist als der Vulkan Mauna Kea auf Hawaii.

✔ Auf Vesta gibt es offenbar keinerlei vulkanische Strukturen irgendeiner Art, dafür aber Oberflächengesteine, die denen in basaltischen Lavaflüssen auf der Erde ähneln.

✔ Vesta ist *differenziert*, das heißt, sie besitzt verschiedene geologische Schichten in ihrem Innern, genau wie die Erde (siehe Kapitel 4). Sie könnte das Überbleibsel eines Protoplaneten sein, also eines Planeten in einer frühen Entstehungsphase.

✔ Ahuna Mons, ein 18 Kilometer breiter und 4 Kilometer hoher Berg auf Ceres, ist ein *Kryovulkan*, eine geologische Formation also, die einst mineralreiches Wasser aus dem Innern des Asteroiden an die Oberfläche transportierte, wo es gefror und seine Mineralien zu einem Berg aufschichtete.

✔ Auf dem Boden des Occator-Kraters auf Ceres fand die Raumsonde ungewöhnlich helle Flecken. Einer dieser Flecken stellte sich als 10 Kilometer breite und 500 Meter tiefe Kuhle heraus, in der Wasser aus der Tiefe zu Eis gefriert. Wenn die Sonnenstrahlen das Eis erwärmen, bilden sich dünne Wolken im Krater, die mit dem Hell-Dunkel-Zyklus kommen und verschwinden. Ahuna Mons mag ein toter Kryovulkan sein, die Occator-Kuhle ist ein aktiver!

Eine frühere NASA-Sonde ebnete Dawn den Weg, indem sie den 30 Kilometer langen Asteroiden Eros erforschte, der innerhalb der Umlaufbahn des Mars unterwegs ist. Diese Sonde mit dem Namen NEAR Shoemaker (die Abkürzung für »Near Earth Asteroid Rendezvous-Shoemaker«) umkreiste Eros ein Jahr lang, um schließlich am 12. Februar 2012 auf ihm zu landen. Aufnahmen des rotierenden Asteroiden finden Sie auf https://nssdc.gsfc.nasa.gov/planetary/mission/near/near_eros_anim.html.

Die Erkundung der Asteroiden mit Raumsonden geht munter weiter: Im September 2016 startete die NASA ihren Origins, Spectral Interpretation, Resource Identification, Security, Regolith Explorer (OSIRIS-REx) zu einem kleinen Asteroiden namens Bennu. Am 31. Dezember 2018 schwenkte die Sonde in einem Orbit um den Asteroiden ein, der sich als ein Objekt entpuppte, das irgendwie einem Spielwürfel ähnelt. Die wichtigste Aufgabe war erst einmal, den Asteroiden Quadratzentimeter für Quadratzentimeter abzuscannen, um eine geeignete Stelle für die Entnahme einer Bodenprobe zu finden, die im Sommer 2020 stattfinden soll. Dazu wird sich OSIRIS-Rex dem Asteroiden bis auf wenige Meter nähern, mit einem langen Auslegearm Asteroidenstaub aufsammeln und diesen bis 2023 zur Erde zurückbringen.

Mit freundlichen Grüßen von NASA/Goddard/University of Arizona

Abbildung 7.3: Ein Mosaikbild des Asteroiden Bennu, zusammengesetzt aus 12 Bildern der Raumsonde OSIRIS-Rex.

Andere Missionen sind geplant, so etwa Lucy (Start vielleicht 2021) und Psyche (2023). Lucy soll 6 der über 6.000 bekannten Trojanerasteroiden erkunden, die auf dem Jupiterorbit um die Sonne gefangen sind. (Stellen Sie sich Jupiters Orbit um die Sonne als einen Kreis mit 360 Grad vor, dann sind einige der Trojaner 60 Grad vor und andere 60 Grad hinter dem Planeten um die Sonne unterwegs.) Psyche soll einen Asteroiden namens Psyche besuchen (wer hätte das gedacht?), ein 209 Kilometer großes Objekt, von dem Astronomen glauben, dass es fast ausschließlich aus Eisen und Nickel besteht.

Auch wenn die amerikanische NASA die meiste Presse auch hierzulande bekommt, ist sie nicht der einzige Mitspieler in Sachen Weltraummissionen. Die japanische Weltraumbehörde JAXA hat schon zwei Sonden zu Asteroiden geschickt und auch erfolgreiche Landungen absolviert. Die erste Mission war die 2003 gestartete Hayabusa-Mission (japanisch für „Wanderfalke") zum kleinen Asteroiden Itokawa. Sie war von technischen Pannen geplagt, schaffte es aber, ein paar Gramm Asteroidenstaub zurück zur Erde zu bringen. Bei Drucklegung dieses Buchs ist der Nachfolger, Hayabusa-2 bereits auf dem Rückweg zur Erde. Hayabusa-2 war 2014 gestartet und hat gleich zweimal Bodenproben von dem Asteroiden Ryugu entnommen und mehrere Landeroboter abgesetzt.

So (un)gefährlich sind erdnahe Objekte

Nicht alle Asteroiden befinden sich jenseits des Mars, wo sie uns nichts anhaben können. Es gibt Tausende kleiner Asteroiden, die der Erdumlaufbahn ziemlich nahe kommen oder sie kreuzen. Astronomen bezeichnen diese kleinwüchsigen Nachbarn als *erdnahe Objekte (near-earth objects = NEOs)*, und bis zum April 2020 wurden 2.018 von ihnen als *potenziell gefährliche Asteroiden* (potentially hazardous asteroids, PHAs) eingestuft. Eines Tags könnte es passieren, dass einer dieser bedrohlichen Nachbarn der Erde unangenehm nahe kommt oder sogar mit ihr zusammenstößt. Das Zentrum für Kleinplaneten der Internationalen Astronomischen Union behält diese Burschen jedoch ständig im Auge, und mehrere Observatorien sind damit beschäftigt, den Himmel nach weiteren Exemplaren dieser Gattung zu durchforsten.

 Die Website dieses Kleinplanetenzentrums (www.minorplanetcenter.net) bietet eine Mischung aus Informationen sowohl für Experten als auch für Amateurastronomen, darunter Karten vom inneren und äußeren Sonnensystem, die täglich aktualisiert werden und zeigen, wo im All sich die Planeten und Asteroiden gerade aufhalten.

Den Astronomen ist derzeit kein spezielles Objekt bekannt, das eine Bedrohung für die Erde darstellen könnte. Doch ein Gesteinsbrocken von nur ein paar Kilometern Durchmesser, der mit 40.000 Stundenkilometern auf der Erde einschlägt (das sind 11 Kilometer pro Sekunde), würde eine größere Katastrophe anrichten als alle jemals hergestellten Nuklearwaffen, wenn sie gleichzeitig explodierten. Das wäre einer der seltenen Fälle, in denen Astronomie gar keinen Spaß mehr macht. Aber Asteroiden von dieser Größe kollidieren nur alle 10 Millionen Jahre plus/minus mit der Erde, kleinere jedoch öfter. Woran das liegt? Ganz einfach: Je größer die Asteroiden, umso weniger gibt es davon.

Verschwörungstheoretiker glauben, wir Astronomen würden ohnehin niemandem davon erzählen, wenn ein riesiger Asteroid (und mit ihm zweifellos auch der Jüngste Tag) kommen würde. Aber mal ehrlich: Wenn ich wüsste, dass die Welt in höchster Gefahr schwebt, würde ich dann hier sitzen und seelenruhig dieses Buch zu Ende schreiben? Würde ich nicht viel eher auf irgendeiner Südseeinsel die wenigen Tage genießen, die mir noch blieben?

1998 kamen die Hollywoodfilme *Armageddon* und *Deep Impact* in die Kinos. Sie erzählten auf spektakuläre Weise, was passieren könnte, wenn ein großer Asteroid oder Komet sich auf Kollisionskurs mit der Erde befände. Solche Weltuntergangsgeschichten sind zum

Teil inspiriert von der weithin anerkannten Vermutung, ein 10 Kilometer dicker Asteroid sei vor 65 Millionen mit der Erde kollidiert. Der Chicxulub-Krater, eine 180 Kilometer breite geologische Formation, die sich teils auf der mexikanischen Halbinsel Yucatán befindet, teils vor der Küste im Golf von Mexiko, könnte der stumme Zeuge dieses Einschlags sein, dem Theorien zufolge auch die Dinosaurier zum Opfer fielen.

Unter dem Einfluss von Witterung und geologischen Prozessen wie Gebirgsbildung, Erosion und Vulkanismus könnten die Impaktkrater auf der Erde ausgewaschen und größtenteils verschwunden sein. Eine Liste der mehr als 190 erhaltenen Krater auf unserem Heimatplaneten, von dem 30-Meter-Krater bei Carancas in Peru – entstanden im Jahr 2007 – bis zur zwei Milliarden Jahre alten Vredefort-Impaktstruktur in Südafrika, finden Sie, zusammen mit einer Auswahl von Fotos und Karten, in der Impaktdatenbank auf der Website der Universität von New Brunswick (Earth Impact Database). Besuchen Sie die Seite `www.passc.net/EarthImpactDatabase/index.html`.

Überflutungen, Erosion, Vulkanismus und weitere Prozesse wirken sich auf die Landschaftsform der Erde aus und begraben, füllen oder zerstören zum Teil zahlreiche Impaktkrater. Andere wiederum wurden einfach noch nicht entdeckt. Falls Sie gern wandern, auf Erkundungstour gehen oder Rundflüge machen, ist nicht ausgeschlossen, dass Sie selbst einen Impaktkrater entdecken.

 Der Einschlag eines kleinen Asteroiden war es auch, der zur Entstehung des bekannten Meteorkraters (der eigentlich Meteoroiden- oder Asteroidenkrater heißen müsste) bei Flagstaff in Nordarizona führte. Ein Besuch dort lohnt sich, da es sich um den größten gut erhaltenen Impaktkrater auf der Erde handelt. Als ich noch ein junger Wissenschaftler am Kitt Peak National Observatory im Arizona der 1960er-Jahre war, reichte es, sich dem Empfangschef am Meteorkrater als Astronom vorzustellen, und man hatte freien Eintritt. Inzwischen muss jeder Besucher, der älter als fünf Jahre ist, dafür bezahlen, doch die Ausgabe lohnt sich. Auf der Website des Meteorkraters (`www.meteorcrater.com`) können Sie sich darüber informieren, zu welchen Uhrzeiten der Krater besucht werden kann, wann Führungen stattfinden und vieles mehr.

Im März 1998 befürchteten viele Menschen vorübergehend, ein kleines, neuentdecktes Objekt könne die Erde im Jahr 2028 treffen. Die Astronomen jedoch räumten diese Befürchtungen innerhalb eines Tags aus, indem sie mithilfe weiterer Beobachtungen nachwiesen, dass seine Bahn sich nicht mit der Erdbahn schneiden würde. Manche Experten hatten bereits die ursprüngliche Voraussage in Abrede gestellt – aber das tun Experten öfter mal.

Auch wenn es im Moment so aussieht, als seien wir auf der Erde in Sicherheit – es kann jederzeit passieren, dass Wissenschaftler ein NEO auf Kollisionskurs mit der Erde entdecken. Deshalb beschäftigen sie sich inzwischen damit, welche Gegenmaßnahmen man in einem solchen Fall ergreifen könnte. Mittlerweile sind so viele NEOs entdeckt worden, dass praktisch täglich einer an der Erde vorbeifliegt. Wenn Sie sich sehr für dieses Thema interessieren, tragen Sie sich auf die kostenlose E-Mail-Verteilerliste des Minor Planet Center ein. Jeden Tag erhalten Sie dann die neuesten Infos über unsere kosmischen Besucher: `www.minorplanetcenter.net/daily-minor-planet`.

Wenn Sie sich darüber informieren wollen, welche Folgen eine Kollision hätte, sollten Sie sich die App CraterSizeXL auf Ihr iPhone oder iPad herunterladen. Geben Sie die Größe und Geschwindigkeit des fallenden Körpers ein, und die App rechnet Ihnen aus, wie groß der Krater wäre, den er hinterlassen würde. Sie können aber auch die ImpactEarth!-Website der Purdue University besuchen (`www.purdue.edu/impactearth`) und online ausrechnen, wie groß das Ausmaß der Katastrophe wäre.

Wenn es hart auf hart kommt, hilft anstupsen

Einige Experten empfehlen, eine leistungsstarke Atomrakete zu entwickeln, die den Killerasteroiden abfangen könnte, bevor er die Erde erreicht. Doch wenn wir einen Asteroiden, der uns in die Quere kommt, einfach sprengen, könnte ein noch größerer Schaden entstehen als durch einen Einschlag des intakten Asteroiden. Es käme zu einem Szenario wie in dem Disney-Film *Fantasia*, in dem der Zauberlehrling den außer Kontrolle geratenen magischen Besen, der ständig neues Wasser herbeischleppt, schließlich in Stücke hackt. Aus den Einzelteilen werden lauter neue kleine Besen, die nun ihrerseits mit Wasserholen beginnen.

Wenn wir einen Asteroiden mit einer Atombombe in die Luft jagen, würde ein ganzes Geschwader kleinerer Felsbrocken in seiner Geschossbahn auf uns herabregnen. Diese Brocken wären von einer Schlagkraft, die sämtliche Waffen des Pentagons zusammen in den Schatten stellen würde. Eine bessere Idee ist es, die Nuklearrakete (oder eine andere Art von Rakete) nur dazu zu benutzen, den Asteroiden anzustupsen, sodass er die Erdbahn ein wenig vor oder nach dem Zeitpunkt kreuzt, in dem sich unser Planet an diesem Punkt befindet. Dann könnten wir sagen: Uff, noch mal gut gegangen!

Das Problem beim Anstupsen eines Asteroiden ist, dass die Experten nicht genau wissen, wie viel Kraft dabei aufgewendet werden muss. Einerseits soll das Objekt nicht auseinanderbrechen, doch da wir andererseits die mechanische Kraft von Asteroiden nicht kennen, wissen wir nicht, wie hart wir zulangen dürfen. Asteroiden können aus festem, aber auch aus brüchigem Gestein bestehen. Manche von ihnen bestehen vielleicht sogar aus solidem Metall. Wenn wir den Feind nicht kennen, wissen wir auch nicht, mit welchen Waffen wir ihn angreifen können, ohne vielleicht alles viel schlimmer zu machen.

Ingenieure warnen davor, durch eine Sprengung oder durch Anstupsen des Asteroiden unerwünschte Konsequenzen zu riskieren. Sie empfehlen stattdessen die Verwendung eines *Schwerkrafttraktors*. Dabei handelt es sich um ein massereiches Raumschiff, das einige Jahre lang neben dem Asteroiden herfliegen würde. Ohne die Gefahrenquelle zu berühren, würde dieser »Traktor« den Asteroiden nach und nach ausbremsen, und zwar mithilfe der zwischen den beiden Körpern bestehenden Anziehungskraft. Auf diese Weise bleibt der Asteroid unversehrt, aber trotzdem in Bewegung; zur Erde jedoch wird er ein wenig zu spät kommen, die ist dann schon weg. Das Problem bei dieser Methode: Es muss erst ein ziemlich schweres Raumschiff in die Nähe des Asteroiden katapultiert werden, wo es dann mindestens ein Jahrzehnt lang bleiben soll. Ein solches Manöver kostet Zeit, und vielleicht ist es schon zu spät, wenn die Kollision vorhergesagt wird.

Experten haben noch eine Menge weiterer Ideen zur Abwehr eines »feindlichen« Asteroiden vorgebracht; welche davon die beste ist, lässt sich jedoch nicht feststellen.

In dem Film *Fantasia* ist es der Hexenmeister selbst, der den Bann mit dem Zauberbesen rückgängig macht. Ein solcher Zauberer käme auch den Astronomen sehr gelegen – er würde den Asteroiden einfach simsalabim verschwinden lassen. Doch bis jetzt hat sich kein Zauberer angeboten, und die Wissenschaftler müssen vorerst selbst am Ball bleiben.

Gefahr erkannt, Gefahr gebannt: Die Kontrolle erdnaher Objekte

Die Astronomen haben bereits einen Plan, um die Erde systematisch vor aufmüpfigen Asteroiden schützen zu können:

1. **Sie führen eine Zählung der NEOs durch, um sicherzugehen, dass ihnen jeder Stein von mehr als einem Kilometer Durchmesser in unserem Winkel des Sonnensystems bekannt ist. Dieses Ziel ist inzwischen erreicht, sodass Astronomen sich nun um die Brocken ab 140 Meter Durchmesser kümmern.**

   NEOs von dieser Größe nämlich sind es, die potenziell gefährlich werden können, wenn ihre Umlaufbahn sie der Erde zu nahe bringt.

2. **Sie behalten diese NEOs im Auge und berechnen ihre Umlaufbahnen, um möglichst genau vorhersagen zu können, wann ein Zusammenstoß mit der Erde wahrscheinlich ist.**

3. **Sie studieren die physikalischen Eigenschaften von Asteroiden, um so viel wie möglich Wissen über sie zu sammeln.**

   Dazu gehören zum Beispiel Teleskopbeobachtungen zur Bestimmung der Gesteins- oder Metallart, aus der sie bestehen.

4. **Wenn die Astronomen die Bedrohung richtig einschätzen können, kann ein Team von Ingenieuren eine Weltraummission planen, um ihr entgegenzuwirken.**

Das Panoramic Survey Telescope and Rapid Response System (Pan-STARRS) sucht mit Hochdruck nach bislang unbekannten NEOS. Pan-STARRS1, der Teil des Systems, der sich bereits im Einsatz befindet, wird von 14 wissenschaftlichen Organisationen aus sieben Ländern betrieben. Das Teleskop befindet sich auf dem Haleakala-Vulkan auf Maui (Hawaii). Pan-STARRS und andere Teleskope sind dafür zuständig, die NEOs zu finden und ihre Umlaufbahnen zu bestimmen. Daraufhin berechnen Experten die Wahrscheinlichkeit, dass es in naher Zukunft zu einer Kollision mit der Erde kommt. Was allerdings verwundern mag: Niemand ist dafür verantwortlich, auf eine drohende Kollision zu reagieren, falls eine vorhergesagt wird. Aufgabe der Verteidigungsministerien und Militärkommandos dieser Welt ist es, das Territorium ihres Staats und (manchmal) das ihrer Verbündeten zu schützen. Keine Raumorganisation jedoch, keine bewaffnete Armee ist damit betraut, die Erde gegen eine Bedrohung aus dem All zu verteidigen. Ja, die NASA hat ein sogenanntes Planetary Defense Coordiantion Office, aber *Koordination* ist das Schlüsselwort hier: Das Büro koordiniert und leitet Warnungen vor potenziell gefährlichen Asteroiden an andere Agenturen weiter. Und dann? Wir können nur hoffen, dass endlich eine Schutzabteilung errichtet, mit genügend Ressourcen ausgestattet und dazu ermächtigt wird, in einer solchen Notzeit für uns da zu sein. Sonst sitzen wir eines Tags wirklich in der Klemme. So wie die Dinosaurier.

Auf der Suche nach den kleinen Lichtpunkten

Die Suche nach Asteroiden ähnelt in vielerlei Hinsicht der Suche nach Kometen (siehe Kapitel 4), nur mit dem Unterschied, dass es diesmal keine verwaschenen Lichtflecken sind, nach denen Sie suchen müssen, sondern kleine Lichtpunkte, ähnlich einem Stern. Doch im Gegensatz zu Sternen bewegen sich Asteroiden auf erkennbare Weise vor der Kulisse des Sternenhimmels – Stunde um Stunde, Nacht um Nacht.

Die größten Asteroiden wie Ceres und Vesta können Sie mühelos mit einem kleinen Teleskop erkennen. Wenn die Zeiten günstig sind (bei Asteroiden sind das allerdings keine bestimmten Tages- oder Jahreszeiten), finden Sie vorab in Astronomiemagazinen kurze Artikel und Himmelskarten, mit deren Hilfe Sie sich orientieren können. Die meisten guten Desktopplanetarien (und entsprechende Apps fürs Smartphone) bieten Himmelskarten, auf denen die Himmelspositionen von hellen Asteroiden deutlich gekennzeichnet sind. (Mehr über Magazine, Apps und Desktopplanetarien finden Sie in Kapitel 2, mehr zum Thema Teleskope in Kapitel 3.)

Wirklich »neue«, also bisher unbekannte Asteroiden werden Sie am Anfang nicht entdecken, denn dabei müssen Sie systematisch vorgehen, was ein paar Jahre Erfahrung voraussetzt. Fortgeschrittene Amateure suchen mit an ihren Teleskopen befestigten digitalen Kameras nach neuen Asteroiden. Sie sammeln Bilderserien von ausgewählten Himmelsausschnitten, meist in Gegenrichtung zur Sonne (die sich natürlich unterhalb des Horizonts befindet). Wenn sie einen kleinen Lichtpunkt erblicken, der wie ein Stern aussieht, aber seinen Standort verändert, haben sie wahrscheinlich einen Asteroiden entdeckt.

Das Einfachste, was Anfänger sich in puncto Asteroiden trauen können, ist die Beobachtung von Bedeckungen. Eine *Bedeckung* (oder *Okkultation, mehr dazu in Kapitel* 5) ist eine Art Finsternis, zu der es kommt, wenn ein bewegter Körper im Sonnensystem vor einem Stern vorbeizieht. Bei diesem Objekt kann es sich um unseren Mond handeln (lunare Bedeckung), um die Monde anderer Planeten, Asteroiden (Asteroidenbedeckung) oder Planeten (Planetenbedeckung). Auch Kometen und die Ringe von Planeten können Bedeckungen verursachen. Solche Himmelsereignisse sind ziemlich unspektakulär; der Stern verschwindet einfach für kurze Zeit und taucht dann wieder auf.

Natürlich können Sie eine Bedeckung auch genießen, ohne wissenschaftliche Aufzeichnungen davon zu machen, aber damit entgeht Ihnen eine große Chance. Ein und dieselbe Bedeckung zum Beispiel kann sich von einem Beobachtungsort zum anderen stark unterscheiden. Sie kann hier länger sein, dort kürzer, und an manchen Orten findet sie vielleicht gar nicht statt. Das heißt, ein Stern kann am Beobachtungsort A verfinstert sein, am Beobachtungsort B nicht. Wenn Sie sich vorher mit Fakten versorgen, erhalten Sie von vielen Himmelsobjekten ein viel präziseres Bild. Zum Beispiel kommt es oft vor, dass ein scheinbar stinknormaler Stern sich bei näherem Hinsehen als besonders enges *Doppelsternsystem* entpuppt (zwei Sterne, die sich zusammen um ein gemeinsames Massenzentrum drehen; mehr darüber in Kapitel 11).

In den folgenden Abschnitten erfahren Sie, wie und wann Sie Asteroidenbedeckungen am besten aufspüren können.

Bedeckungen entdecken

Asteroidenbedeckungen sind weitaus schwieriger zu beobachten als lunare Bedeckungen, da die Astronomen sie oft nicht genau genug vorhersagen können. Astronomen besuchen verschiedene Orte entlang der *Bedeckungsspur* (ein schmaler Streifen auf der Erdoberfläche, wo mit einer Sichtbarkeit der Bedeckung gerechnet wird – ähnlich der Totalitätszone bei einer Sonnenfinsternis (siehe Kapitel 2 und 5)) und versuchen, Asteroidenbedeckungen zu beobachten. Aufgrund ihres Durchmessers, ihrer Umlaufbahn und ihrer speziellen Form jedoch weiß man über die meisten Asteroiden nicht präzise Bescheid, und die Voraussagen sind oft eher dürftig. Da Bedeckungen an einem Ort sichtbar sein können, an einem anderen jedoch nicht, brauchen Astronomen ehrenamtliche Helfer, die eine Asteroidenbedeckung an möglichst vielen Orten mitverfolgen. Amateurbeobachtungen helfen dabei, die Größe und Form der beteiligten Asteroiden zu bestimmen. Auch Sie können gerne mitmachen.

Die International Occultation and Timing Association (IOTA) teilt alles, was Sie über Asteroidenokkultationen wissen müssen, auf der Webseite www.occultations.org. Die IOTA-Website wird regelmäßig aktualisiert, um ihre Besucher ständig auf dem neuesten Stand über Bedeckungen durch Asteroiden und andere Objekte zu halten – suchen Sie sie also regelmäßig auf.

Die IOTA empfiehlt, dass Sie Ihren Beobachtungslehrgang mit einem erfahrenen Astronomen beginnen, damit Sie den Dreh rauskriegen. Stattdessen können Sie sich auch das 378 Seiten starke E-Book *Chasing the Shadow: The IOTA Occultation Observer's Manual* auf der Webseite herunterladen. Darin ist auch ausführlich erklärt, wie und wohin Sie Ihre eigenen Beobachtungen schicken können, und Sie finden die Adressen der zuständigen IOTA-Koordinatoren in vielen Ländern der Welt. Die Beobachtung von Asteroidenokkultationen ist eine internationale Angelegenheit, denn Asteroidenschatten respektieren keine Landesgrenzen. Gut, dass es auf der ganzen Welt Beobachter gibt!

Die Zeit richtig festhalten

Die Zeit kann man nicht anhalten, man sollte sie aber zumindest festhalten – jedenfalls wenn man eine Asteroidenbeobachtung gemacht hat. Notieren Sie sich die genaue Uhrzeit und den Beobachtungsort (Breitengrad, Längengrad und Höhe). Früher waren zu diesem Zweck topografische Karten von großem Nutzen; heute können Sie auf ein Navigationsgerät oder eine Smartphone-App zurückgreifen, um an die richtigen Koordinaten Ihres Beobachtungsorts zu gelangen.

Kapitel 8
Mehr als nur heiße Luft: Jupiter und Saturn

upiter und Saturn befinden sich jenseits von Mars und Asteroidengürtel und gehören zu den dankbarsten Beobachtungsobjekten überhaupt. Ein kleines Teleskop reicht für sie völlig aus, und mindestens einer der beiden steht normalerweise günstig für den Sterngucker. Die vier größten Jupitermonde und die berühmten Saturnringe gehören zu den populärsten Objekten, wenn Amateurastronomen ihre Freunde und Verwandten durch ihr Teleskop linsen lassen. Was Sie durchs Teleskop allerdings nicht sehen können: Auch die wissenschaftlichen Gesetze, nach denen diese beiden Planeten funktionieren, sind höchst faszinierend. In diesem Kapitel schildere ich Ihnen die beeindruckenden Bilder, die Sie durch Ihr Teleskop sehen können, wenn Sie nach Jupiter und Saturn Ausschau halten; außerdem mache ich Sie mit den wissenschaftlichen Fakten vertraut, die über diese beiden größten Planeten unseres Sonnensystems bekannt sind.

Wir machen Druck! Eine Reise ins Innere von Jupiter und Saturn

Jupiter und Saturn sind wie Wurst mit unerlaubter Lebensmittelfarbe. Das Geheimnis liegt nicht in den natürlichen Zutaten, sondern in den Zusatzstoffen. Was Sie auf den Teleskopfotos von Jupiter und Saturn sehen, sind nicht die Planeten selbst, sondern deren Wolken – und die bestehen aus Ammoniakeis, Wassereis (allerdings ohne Fruchtgeschmack; so wie die Zirruswolken auf der Erde) und einer chemischen Verbindung namens Ammoniumhydrosulfid. Auch Wolken aus Wassertropfen gehören zu der Mixtur. Doch der Schein trügt. Der Stoff, aus dem diese Wolken sind, sind Spurenstoffe. Wie die Sonne bestehen Jupiter und Saturn größtenteils aus Wasserstoff und Helium. Und allen Theorien zum Trotz hat die Wissenschaft keinerlei Beweise dafür, warum der Große Rote Fleck (GRF) auf dem Jupiter eigentlich rot ist und woher die anderen weißgrauen Beimischungen in den Wolken der beiden großen Planeten kommen.

Jupiter und Saturn sind die größten der vier sogenannten Gasriesen (die anderen beiden sind Uranus und Neptun). Die Masse des Jupiters ist 318-mal größer als die der Erde, die des Saturns 95-mal. Aus diesem Grund ist auch ihre Anziehungskraft gewaltig, und im Inneren der Planeten verursacht das Gewicht der übereinander gelagerten Schichten einen extrem hohen Druck. In den Jupiter oder Saturn einzutauchen, ist, als würde man hinab in die Tiefsee sinken. Je weiter man nach unten gelangt, desto höher wird der Druck und umso höher werden auch – anders als beim Meer – die Temperaturen. Mit Sporttauchen ist es da unten schlecht.

In den Wolkendecken der atmosphärischen Schichten wird es bitterkalt (bis zu −149 Grad Celsius auf dem Jupiter und −178 Grad Celsius auf dem Saturn; in großen Tiefen jedoch drückend heiß – mit der Betonung auf »drückend«. 10.000 Kilometer unterhalb des Wolkendachs ist der Luftdruck auf dem Jupiter eine Million Mal größer als unterhalb des Meeresspiegels auf der Erde, und die Temperaturen sind nicht geringer als auf dem sichtbaren Teil der Sonne. Die Dichte des Gases in diesen Tiefen ist viel höher als auf der Sonnenoberfläche, und das heiße Wasserstoffgas wird derart komprimiert, dass es sich wie flüssiges Metall verhält. Die umherwirbelnden Ströme dieses flüssigen Metallwasserstoffs lassen auf dem Jupiter und dem Saturn mächtige Magnetfelder entstehen, die weit ins All hinausreichen.

Das Infrarotlicht von Jupiter und Saturn sorgt für ein intensives Strahlen, und jeder der beiden Planeten erzeugt fast ebenso viel Energie, wie er von der Sonne erhält. (Die Erde wiederum bezieht fast ihre gesamte Energie von der Sonne.) Die aufsteigende Hitze bringt gemeinsam mit der von der Sonne kommenden Strahlung Bewegung in die Atmosphäre der beiden Planeten und sorgt für Jetstreams, Orkane und anders geartete atmosphärische Ströme, die das Aussehen der beiden Planeten fortwährend verändern.

Fast schon ein Stern: Ein Blick zum Jupiter

Die Masse des Jupiters ist nur ein Tausendstel so groß wie die der Sonne. Wissenschaftler sprechen oft von einem »verhinderten Stern«. Wenn der Jupiter nur über das 80- bis 90-Fache seiner Masse verfügen würde, wären die Temperatur und der Druck in seinem Zentrum so hoch, dass es zur anhaltenden Kernfusion käme. Der Planet würde aus eigener Kraft zu leuchten beginnen und hätte die Prüfung zum Stern bestanden.

Der Jupiter hat einen Durchmesser von etwa 143.000 Kilometern, ist also etwa elfmal so groß wie die Erde. Der Gasriese rotiert in einem unglaublichen Tempo – für eine komplette Umdrehung braucht er nur 9 Stunden, 55 Minuten und 30 Sekunden. Tatsächlich dreht sich der Planet so rasant, dass er sich am Äquator »aufbläht« und an den Polen flacher wird. Mit scharfem Auge und bei stiller Luft können Sie seine abgeplattete Form durch Ihr Teleskop erkennen.

Die rasche Drehung ist an der Bildung ständig veränderlicher, parallel zum Äquator verlaufender Wolkenstreifen beteiligt. Was Sie bei Ihrer Jupiterbeobachtung durchs Teleskop sehen, ist in Wirklichkeit die Oberseite dieser Wolken. Je nach Beobachtungsumständen, Größe und Qualität Ihres Teleskops sowie den Verhältnissen auf dem Jupiter selbst, können Sie einen bis zwanzig solcher Wolkenstreifen erkennen.

Mir freundlicher Genehmigung der NASA

Abbildung 8.1: Durch die schnelle Drehung des Jupiters kommt es zur Bildung von Wolkenstreifen.

Die dunkleren Wolkenstreifen nennt man *Bänder*, die helleren heißen *Zonen*. Durch das Teleskop betrachtet, ähnelt der Jupiter einer runden Scheibe. Gleich unterhalb des Zentrums dieser Scheibe befindet sich die Äquatorzone, flankiert vom nördlichen und südlichen Äquatorband. Im südlichen Band sehen Sie vielleicht den Großen Roten Fleck, der meist am ehesten ins Auge sticht. Diese atmosphärische Störung, die oft mit einem gewaltigen Orkan verglichen wird, schwebt seit mindestens 120 Jahren in der Jupiteratmosphäre. Es ist möglich, dass er bereits 1664 erstmals gesehen wurde.

 Der Jupiter ist leicht zu finden, da er wie die Venus (siehe Kapitel 6) alle Sterne am Himmel an Helligkeit übertrifft. (Ausnahme: Wenn er sich während seines Umlaufs hinter der Sonne befindet, kann der Jupiter etwas schwächer erscheinen als der hellste Stern Sirius.) Falls Sie ein computergesteuertes Teleskop haben, das in die Richtung weist, in der sich der Planet befindet, können Sie ihn manchmal auch bei Tageslicht sehen, in seltenen Fällen sogar mit einem normalen Fernrohr oder mit bloßem Auge. Ein tiefblauer, von Staubteilchen nur geringfügig oder gar nicht getrübter Himmel ist dabei von Vorteil; hilfreich sind auch Smartphone-Apps wie SkySafari 5 (siehe Kapitel 2).

Sobald es Ihnen gelingt, den Jupiter problemlos zu finden, können Sie bei Ihren Beobachtungen etwas detaillierter vorgehen. In den folgenden Abschnitten biete ich Ihnen ein paar Richtlinien, mit deren Hilfe Sie die Besonderheiten dieses Planeten und seiner Monde erforschen können.

Isser hier … isser weg …? Nein, da ist der Rote Fleck!

Der Große Rote Fleck (GRF, siehe Abbildung 8.2) ist ein Sturm, zweimal so groß wie die Erde und manchmal sogar größer als das südliche Äquatorband. Wie fast alle Erscheinungen auf dem Jupiter kann er täglich sein Aussehen verändern. Seine Farbe kann blasser oder auch kräftiger werden. Weiße Wolken, groß genug, um mit einem Amateurteleskop gesehen zu werden, bilden sich in seiner Umgebung und folgen dem südlichen Äquatorband. Manchmal scheint aus dem Planeten im Südlichen oder einem anderen Band eine Wolke »herauszuwachsen«, die sich vor allem in die Länge erstreckt. Wolken von dieser linearen Gestalt bezeichnet man als *Girlanden* – und falls es Ihnen gelingt, eine so interessante Erscheinung vor die Linse zu bekommen, dürfen Sie zumindest ein paar Luftschlangen werfen.

Mit freundlicher Genehmigung von NASA, ESA, A. Simon (Goddard Space Flight Center) und M.H. Wong (University of California, Berkeley)

Abbildung 8.2: Jupiters Großer Roter Fleck (hier ein Bild des Hubbleteleskops vom Juni 2019) ist in den letzten 20 Jahren stetig geschrumpft.

 Infrarotaufnahmen haben gezeigt, dass die Atmosphäre über dem GRF deutlich wärmer ist als über dem Rest des Planeten. Diese Entdeckung beweist, dass Wärme durch den Großen Roten Fleck in größere Höhen steigt als anderswo auf dem Jupiter. Aber Achtung: Der Große Rote Fleck schrumpft seit etwa 20 Jahren.

Wird er eines Tags verschwinden oder wird er wieder größer? Schauen Sie sich ihn an, solange Sie können! Amy Simon, eine GRF-Expertin der NASA, schrieb im März 2016 in Sky&Telescope, dass Amateurbeobachtungen zur Überwachung des Flecks besonders hilfreich sind.

Falls Sie den Großen Roten Fleck nicht sofort sehen, ist er vielleicht gerade nur etwas blass, wahrscheinlich aber ist er auf die Rückseite des Jupiters hinüberrotiert. Dann müssen Sie warten, bis er sich eines Besseren besinnt und zurückkommt. Wenn Sie in regelmäßigen Abstand einen Blick durchs Teleskop auf die Oberfläche des Jupiters werfen (so alle ein oder zwei Stunden), wird Ihnen auffallen, dass sich der Fleck ebenso wie andere kleinere Erscheinungen über die Planetenscheibe bewegt, während der Jupiter sich dreht.

Zu Beginn der 1990er-Jahre sah es so aus, als wäre das Südliche Äquatorband selbst über Nacht verschwunden. Das Band war verblasst, tauchte seitdem aber mehrmals wieder auf.

Jupiters versteckter Ringschmuck

Jupiter besitzt Ringe wie der Saturn (den ich im Abschnitt „Ring(e) frei für den Saturn" später in diesem Kapitel noch beschreiben werde) und eine Magnetosphäre voller energiereicher Teilchen wie die Magnetosphäre der Erde (siehe Kapitel 5). Jupiters Ringe sind allerdings zu dunkel für Amateurteleskope und auch für die meisten professionellen Instrumente. Die Ringe sind dunkel, weil sie aus mikroskopisch kleinen, dunklen Gesteinsbröckchen bestehen, während Saturns Ringe viel helles Eis enthalten. Jupiters Magnetosphäre ist wiederum viel ausgedehnter und mit mehr Energie geladen als die der Erde.

Die Jupitermagnetosphäre bombardiert alles und jeden, der sich in sie hinein traut, mit energiereicher Strahlung. Die Strahlungsdosis ist etwas kleiner, wenn man sich auf einer polaren Umlaufbahn um den Planeten bewegt. Erst vor Kurzem hat die NASA eine Sonde auf eine solche Bahn geschickt. Die Polarsonde, Juno genannt, erreichte den Riesenplaneten am 4. Juli 2016. Juno macht gestochen scharfe Bilder von Jupiters Polarwolken und seinen Polarlichtern, und auch ganz gute von den äquatornahen Wolken. Bilder von den Monden kann Juno auf seiner Bahn allerdings nicht machen, dafür war von 1995 bis 2003 die Galileosonde zuständig, ebenfalls im Auftrag der NASA. Sie finden die Aufnahmen von Juno und Galileo und noch anderen Sonden auf der Seite photojournal.jpl.nasa.gov. Einfach auf Jupiter klicken, und los geht's.

Nächste Station: Die Galileischen Monde

Bei guten Sichtverhältnissen werden Sie bemerken, dass die Wolkenoberfläche auf dem Jupiter Strukturen in Form von Bändern, Zonen, Flecken und mehr aufweist – und vielleicht bekommen Sie sogar einen seiner vier großen Monde zu sehen: Io, Europa, Ganymed oder Callisto.

Die vier wichtigsten Monde des Jupiters (es gibt noch 75 kleinere; Stand April 2020) nennt man auch die Galileischen Monde oder Galileischen Satelliten – nach ihrem Entdecker, dem berühmten Galileo Galilei. Jeder dieser Monde umkreist den Jupiter auf fast exakt der gleichen Äquatorebene, sodass sie sich alle stets direkt oberhalb des Äquators befinden.

Man sieht sie mit jedem Teleskop, das seinem Namen Ehre macht, und manchen Leuten gelingt es sogar, zwei oder drei von ihnen mit einem guten Feldstecher zu sichten.

Mit dem eigenen Teleskop werden Sie auf den Jupitermonden nicht genügend Details erkennen, um daraus auf ihre Oberflächenbeschaffenheit zu schließen. Sie werden jedoch auf Helligkeitsunterschiede und bei genauer Betrachtung auch auf Farbunterschiede stoßen. Jeder der Galileischen Monde ist praktisch eine kleine Welt für sich, die aufgrund ihrer Struktur und Landschaftsform einen ganz unverwechselbaren Charakter hat.

tussik.stock.adobe.com

Abbildung 8.3: Der Jupiter und seine vier größten Monde: Io, Europa, Ganymed und Kallisto (Fotomontage)

Die grundlegenden Details der vier Hauptmonde entnehmen Sie bitte folgender Liste:

✔ **Callisto:** Die Oberfläche von Callisto ist dunkel und von vielen weißen Kratern bedeckt. Wahrscheinlich besteht sie aus schmutzigem Eis – einer Mischung aus Eis und Gestein. Die Einschläge von Asteroiden, Kometen und großen Meteoroiden haben das darunter liegende saubere Eis zum Vorschein gebracht – daher die weißen Krater. Der markanteste ist Valhalla, ein gewaltiges ringförmiges Einschlagsbecken von der Größe der Vereinigten Staaten (gemessen an seinem äußeren Rand).

✔ **Europa:** Die zerfurchte Landschaft dieses Monds sieht aus wie ein See von Eisschollen. Bei der Oberfläche handelt es sich um eine gefrorene Kruste mit etwa 16 Kilometern Dicke, die ein womöglich 100 Kilometer tiefes Meer aus Wasser und Matsch bedeckt (die Zahlen sind Schätzungen). Europa ist einer der sechs Orte im Sonnensystem (die Erde ausgenommen), an denen Wissenschaftler deutliche Hinweise auf flüssiges unterirdisches Wasser gefunden haben. Die anderen sind Ganymed, Callisto, die Saturnmonde Titan und Enceladus sowie der Zwergplanet Ceres, den ich in Kapitel 7 beschreibe. Einige Experten vermuten primitive Lebensformen in Europas verstecktem Ozean. Es gibt auch schon Planungen für eine Landemission, die nach diesen Lebewesen suchen soll.

✔ **Ganymed:** Mit 5.262 Kilometern Durchmesser ist Ganymed der größte Mond im Sonnensystem (er ist sogar größer als der 4.879 Kilometer breite Merkur). Die gefleckte Oberfläche des Monds besteht aus hellen und dunklen Landschaften, vermutlich Eis und Gestein.

✔ **Io:** Die Oberfläche dieses Monds ist übersät mit mehr als 400 Vulkanen. Io ist der einzige Ort außer der Erde, an dem wir eindeutige Beweise für vulkanische Aktivitäten vorfinden, wie wir sie von der Erde her kennen, mit heißer Lava, die aus dem Erdreich hervorquillt. (Weiter hinten in diesem Kapitel komme ich jedoch noch auf den Eisvulkanismus des Saturnmonds Enceladus zu sprechen.) Es gibt auf Io keine sichtbaren Impaktkrater, da die Lava der überall vorkommenden Vulkane alle Einschlagstellen bedeckt.

Auch wenn Ihnen das Vergnügen verwehrt bleibt, sich diese Monde auf eigene Faust und aus der Nähe anzusehen (dazu bräuchten Sie Spezialzubehör), so kann Ihr Teleskop Ihnen trotzdem interessante Aufschlüsse hinsichtlich ihrer Umlaufbahnen um den Jupiter geben. In den folgenden Abschnitten stelle ich Ihnen einige Phänomene vor (Verdeckungen, Transite und Finsternisse), nach deren Lektüre Ihnen diese Monde in völlig neuem Licht erscheinen werden.

Mondbewegungen erkennen

Io, Ganymed, Europa und Callisto sind ständig in Bewegung. Während sie um den Jupiter kreisen, verändern sie immer wieder ihre Position zueinander, verschwinden und erscheinen aufs Neue. Manchmal sieht man sie alle, manchmal gar keinen von ihnen. Falls Sie nicht mal einen von ihnen sehen können, hier ein paar mögliche Erklärungen:

✔ Der Mond kann *verdeckt* sein – dazu kommt es, wenn er hinter dem Rand des Jupiters vorbeizieht (also hinter der Scheibe, die Sie durch Ihr Teleskop sehen).

✔ Der Mond kann *verfinstert* sein – dazu kommt es, wenn er in den Jupiterschatten eintritt. Da die Erde sich oft dicht an einer gedachten Linie zwischen Sonne und Jupiter befindet, kann der Jupiterschatten sich (von der Erde aus gesehen) ein Stück zur Seite hin ausdehnen. Wenn Sie einen Mond am Jupiterrand bemerken, der sich plötzlich verdunkelt und verschwindet, ist er in den Schatten des Planeten eingetreten.

✔ Der Mond kann gerade einen *Transit* oder *Durchgang* über die Jupiterscheibe durchlaufen; während solcher Zeiten ist er teilweise schwer zu sehen, da die Monde von blasser Farbe sind und sich nur undeutlich gegen die wolkige Atmosphäre des Jupiters abzeichnen. Ein vor dem Jupiter vorbeilaufender Mond ist weitaus schwerer zu erkennen als sein Schatten.

 Auch einen *Mondschatten* können Sie beobachten. Er entsteht, wenn einer der Monde sich auf der Sonnenseite des Jupiters befindet und seinen Schatten auf den Planeten wirft. Dieser Schatten ist ein schwarzer Fleck, dunkler als jede

Wolkenformation, der sich über den Planeten hinwegbewegt. Der Mond, der den Schatten wirft, kann sich zur gleichen Zeit in einem Transit befinden; dies ist jedoch nicht immer der Fall. Wenn die Erde weit genug von der Sonnen-Jupiter-Linie entfernt ist, sehen Sie einen Mond am Jupiterrand, der seinen Schatten auf den Planeten wirft.

Vom richtigen Zeitpunkt

Manche Astronomiezeitschriften (zum Beispiel *Sterne und Weltraum*) versorgen ihre Leser monatlich mit einer aktualisierten Übersicht über Bedeckungen, Finsternisse, Schattenereignisse und Transits der vier Galileischen Monde. Auch die Positionen der vier Monde in Bezug auf den Jupiter lassen sich dort häufig nachlesen. (Mehr über Astronomiemagazine finden Sie in Kapitel 2.) Wenn Sie – mit einer solchen Tabelle bewaffnet – durch Ihr Teleskop blicken, wissen Sie sofort, welcher Mond welcher ist.

Beachten Sie beim Beobachten von Jupitermonden folgende Grundregeln:

✔ Alle vier Galileischen Monde bewegen sich in der gleichen Richtung um den Jupiter. Das heißt, wenn sie sich aus Ihrer Sicht auf der erdzugewandten Seite befinden, bewegen sie sich von Ost nach West; sind sie auf der anderen Seite, wandern sie von West nach Ost.

✔ Ein vor Jupiter vorbeilaufender Mond bewegt sich stets nach Westen, während ein Mond kurz vor seiner Verdeckung oder Verfinsterung nach Osten zieht (wobei wir die Himmelsrichtungen auf der Erde auf den Himmel übertragen).

Bei ausgezeichneten Sichtbedingungen und ausgerüstet mit einem 150-Millimeter-Teleskop (oder größer) können Sie auf dem größten Galileischen Mond, dem Ganymed, eine oder zwei auffällige Stellen erkennen (mehr über Teleskope in Kapitel 3). Um jedoch Oberflächendetails zu sehen, benötigen Sie ein Foto, das eine interplanetare Raumsonde während eines Besuchs im Jupitersystem gemacht hat.

Auch Riesen kriegen manchmal Haue

In seltenen Fällen stößt ein Komet oder Asteroid mit dem Jupiter zusammen, wodurch vorübergehend ein dunkler Klecks auf den Wolken erscheint, der monatelang bestehen bleiben kann. Bis zum Jahr 1994 wussten die Wissenschaftler nichts davon; dann geschah es, dass gewaltige Brocken des auseinandergebrochenen Kometen Shoemaker-Levy 9 den Jupiter trafen. Sie beschlossen daraufhin, ihre alten Aufzeichnungen über Besonderheiten auf dem Jupiter erneut durchzusehen und stießen auf einige auffällige Merkmale, die vielleicht auf die gleiche Weise zustande gekommen waren.

Seit 1994 wissen Astronomen, dass solche dunklen Flecken auf dem Jupiter auch die Überbleibsel eines Einschlagobjekts sein können und nicht einfach nur eine weitere Formation auf dem wolkenumhüllten Planeten. Im Juli 2009 entdeckte der

Amateurastronom Anthony Wesley mit seinem 0,36-Meter-Teleskop in der Nähe von Canberra, Australien, einen neuen Flecken auf dem Jupiter. Er verständigte Fachleute, und das Hubble-Weltraumteleskop fotografierte den Klecks, der einen Durchmesser von 8.000 Kilometern hatte. (Das einschlagende Gebilde war viel kleiner, so wie ein brennendes Haus inmitten all der Rauchschwaden winzig wirken kann.) Im Juni 2010 bemerkte Wesley einen kurzen Lichtblitz am Rand der Jupiterscheibe. Es war das Aufflammen eines gewaltigen Meteoroiden, der auf den Planeten herunterfiel; ein weiterer Amateur auf den Philippinen nahm ihn auf Video auf. Bis 2016 sind so drei weitere Einschläge ins Netz gegangen. Und auch Sie sollten bei Ihren Jupiterbeobachtungen stets ein wachsames Auge (und Teleskop) haben – wer weiß, was Ihnen plötzlich auffällt …

Wenn Sie etwas Neues und Spannendes auf dem Jupiter und Saturn (den ich Ihnen gleich vorstelle) erblicken, senden Sie einen Bericht an die Fachgruppe Planeten der Vereinigung der Sternfreunde (VdS): `www.vds-astro.de/fachgruppen/planeten.html`, oder den International Outer Planet Watch (`atmos.nmsu.edu/ijw/ijw.html`), der Jupiterabteilung der Association of Lunar and Planetary Observers (`www.alpo-astronomy.org/jupiterblog`). Auf den Webseiten erhalten Sie außerdem wertvolle Beobachtungstipps sowie die neuesten Berichte über den Jupiter.

Ring(e) frei für den Saturn!

Der Saturn ist der zweitgrößte Planet unseres Sonnensystems. Er hat einen Durchmesser von etwa 121.000 Kilometern. Den meisten Leuten ist der Saturn wegen seiner auffälligen Ringe bekannt. Jahrhundertelang glaubten Astronomen, der Saturn sei der einzige Planet mit einem solchen Ringsystem. Heute wissen wir, dass alle vier großen Gasplaneten Ringe haben – der Jupiter, der Saturn, der Uranus und der Neptun. Die meisten dieser Ringe aber sind zu lichtschwach, um sie von der Erde aus mit einem Teleskop zu sehen. Mit Ausnahme der des Saturns.

Viele Sterngucker sind sich einig, dass der Saturn der schönste unter den Planeten ist. Nicht nur, dass man seine berühmten Ringe durch nahezu jedes Teleskop sehen kann, auch sein riesiger Mond Titan ist gut zu erkennen. Und auch wenn zahlreiche Astronomen die Saturnringe für die eindrucksvollste aller Himmelserscheinungen halten, stellt auch Titan eine richtige Attraktion dar.

In den folgenden Abschnitten informiere ich Sie ausführlich über die Ringe, Stürme und Monde des Saturns.

Die Raumsonde Cassini startete 1997 ins All und erreichte 2004 das Saturnsystem, wo sie bis 2017 den Planeten umkreiste und über 450.000 Fotos zur Erde schickte. Dann steuerten die NASA-Ingenieure ihren treuen Roboter direkt in die Wolkenhüllen des Planeten, wo Cassini am 15. September 2017 verglühte (und dabei natürlich noch ein paar letzte Daten nach Hause funkte). Das Lebenswerk der tapferen Sonde können Sie auf der Webseite `saturn-archive.jpl.nasa.gov` bewundern.

Das Geheimnis des Ringsystems

 Die Saturnringe sind in der Regel gut zu erkennen, da sie groß sind und aus hellen Eispartikeln bestehen – Millionen kleiner Eispartikel, manche davon nicht größer als ein Schneeball, andere so gewaltig wie ein Eisberg. Schon mit einem kleinen Teleskop können Sie sich an den Ringen des Planeten erfreuen und auch ihre Schatten auf der Saturnscheibe bewundern (siehe Abbildung 8.4). Bei guten Sichtbedingungen bekommen Sie vielleicht sogar die *Cassinische Teilung* zu Gesicht – das ist eine Lücke im Ringsystem, benannt nach dem Mann, der sie als Erster entdeckte: Giovanni Cassini.

Obwohl sie einen Durchmesser von 200.000 Kilometern haben, sind die Saturnringe nur einige Meter dick. Vom Verhältnis her gesehen kann man sie sich vorstellen wie »einen Papiertaschentuchstreifen auf einem Fußballfeld«, wie Professor Joseph Burns von der Cornell University einmal schrieb. Aber auch wenn die Ringe sich mit einem Papiertaschentuch vergleichen lassen – die Nase sollten Sie sich nicht damit putzen. Das Eis, das dadurch in Ihre Nase käme, würde Sie mehr plattmachen, als Klebstoff zu schnüffeln. Probieren Sie es (falls Sie jemals am Saturn vorbeikommen sollten) also nicht aus!

Mit freundlicher Genehmigung von NASA, ESA, A. Simon (GSFC) und the OPAL Team, und J. DePasquale (STScI)

Abbildung 8.4: Eis- und Gesteinsfragmente bilden die Ringe des Saturns.

Der Saturn dreht sich einmal alle 10 Stunden, 32 Minuten und 45 Sekunden um sich selbst und ist an den Polen noch abgeplatteter als der Jupiter. Aufgrund der Ringe lässt unser Auge sich da leicht täuschen, also sehen Sie ruhig einmal genauer hin, um zu erkennen, wie eingedellt der Planet wirklich ist.

Im Laufe des 30-jährigen Sonnenumlaufs des Planeten kommt es gelegentlich vor, dass wir fast direkt auf die Kanten der Saturnringe blicken; in kleineren (und auch manchen größeren) Teleskopen scheinen sie dann verschwunden zu sein. Das liegt aber nur daran, dass die Ringe so dünn sind. Wenn wir von der Seite auf ein Stück Papier blicken, das sich direkt hochkant vor uns befindet, nehmen wir es auch kaum wahr. Mit einem starken Teleskop können wir die Ringe bei solchen Gelegenheiten als dunkle Linie erkennen, die sich vor der Saturnscheibe abzeichnet. Zum letzten Mal verschwanden die Ringe im Jahr 2009, und 2025 wird es wieder so weit sein.

Stürmische Zeiten auf dem Saturn

Ebenso wie auf dem Jupiter gibt es auch auf dem Saturn Bänder und Zonen (siehe den Abschnitt »Fast schon ein Stern: Ein Blick zum Jupiter« weiter vorn in diesem Kapitel), die auf dem Saturn jedoch sind weniger kontrastreich und sind schwerer zu sehen. Versuchen Sie es bei guten atmosphärischen Verhältnissen, wenn Sie ein stärker vergrößerndes Okular nutzen können, mit dem Ihnen auch kleinere Details nicht verborgen bleiben.

Etwa alle 20 bis 30 Jahre erscheint auf der Nordhemisphäre des Saturns eine große weiße Wolke, auch bekannt als »großer weißer Sturm«. Blitzschnelle Winde treiben die Wolke auseinander, bis sie einem breiten, hellen Band ähnelt, das sich um den gesamten Planeten erstreckt. Nach ein paar Monaten verschwindet es in der Regel. Oft sind Amateurastronomen die ersten, die einen neuen Sturm auf dem Saturn bemerken. Der letzte große weiße Sturm begann 2010; bis zum nächsten müssen Sie nun eine Weile warten. Inzwischen können Sie nach kleineren weißen Wolken Ausschau halten, die zumindest in Teilabschnitten rund um den Planeten entstehen und sich ausbreiten können.

Der Titan ist ein Gigant

Titan, der größte Saturnmond, ist größer als der Planet Merkur. Er hat einen Durchmesser von 5.150 Kilometern. Manche großen Monde haben eine dünne Atmosphäre, die des Titans jedoch ist dicht und neblig. Sie besteht aus Stickstoff und Spurengasen wie Methan. Die Titanatmosphäre lässt sich mit dem Auge nur schwer durchdringen; im Jahr 2004 jedoch begann die NASA-Sonde Cassini, die Oberfläche des Monds mithilfe von Infrarotlicht (das Dunst und Nebel gut durchdringt) und Radar (noch besser) zu kartografieren. Am 14. Januar 2005 landete Huygens, eine Sonde der Europäischen Weltraumagentur, auf Titan. Fast alles, was uns über diesen außergewöhnlichen Mond bekannt ist, stammt von Cassini und Huygens.

Ein Großteil der Oberfläche des Titans ist recht glatt und eben. In höheren Breiten finden sich auf dem Mond auch Seen aus Ethan, einem flüssigen Kohlenwasserstoff, (Kohlenwasserstoffe sind unterschiedliche Verbindungen aus Wasserstoff- und Kohlenstoffatomen; auf der Erde kommen sie normalerweise im Rohöl vor, das aus dem Boden gewonnen wird). Einer der Titanseen, Ligeia Mare, ist 420 Kilometer lang und an manchen Stellen 8 Meter tief. Das schlossen die Wissenschaftler aus Radarmessungen von Cassini, die zwei Echos erzeugten: eines an der Flüssigkeitsoberfläche und eines am Seeboden. Die flüssigen Kohlenwasserstoffe auf Titan könnten laut Alexander Hayes von der Cornell-Universität 15 Mal den Michigansee in Nordamerika füllen. Und man könnte sie ganz ohne Fracking herauspumpen (sofern man es zum Titan schafft, natürlich).

Auf der Erde haben wir den *Wasserkreislauf*: Das Wasser fällt in Form von Regen aufs Erdreich, fließt in die Flüsse, Seen und Meere, verdunstet und steigt wieder hinauf in die Atmosphäre, von wo es erneut herabregnet. Auf dem Titan gibt es einen ähnlichen Kreislauf, nur übernehmen dort Regen aus Kohlenwasserstoffen Seen aus Kohlenwasserstoffen und gasförmige Kohlenwasserstoffe die Rolle des Wassers. Der Titan ist so kalt, dass alles Wasser permanent gefroren ist. Manche Kohlenwasserstoffe gefrieren ebenfalls: An trockenen Stellen auf dem Titan gibt es »Sanddünen«, aber im Gegensatz zu den Sanddünen auf der Erde bestehen sie nicht aus Gesteinspartikeln. Die Dünen auf dem Titan bestehen höchstwahrscheinlich aus gefrorenen Kohlenstoffteilchen. (Wahrscheinlich haben Sie auch einige feste Kohlenwasserstoffe zu Hause – zum Beispiel in Form von Styropor, dem Kunststoff, aus dem viele Einwegbecher für Kaffee oder Tee bestehen.) Ein brauner Dunstschleier auf Titan stammt von schwebenden Kohlenwasserstoffpartikeln – einer Art natürlichem Smog.

Die Dünen auf Titan werden wie die Sanddünen irdischer Wüsten vom Wind geformt. Gäbe es auf der Oberfläche des Titans Wasser, wäre es vollständig gefroren. Im Jahre 2012 entdeckte Cassini, dass es einen Wasserozean in knapp 100 Metern Tiefe gibt, wo wärmere Bedingungen herrschen. Manche Experten glauben, dass er salziger ist als das Tote Meer.

Im Februar 2017 waren insgesamt 62 Saturnmonde bekannt, die meisten davon sind zu klein, um sie mit einem Amateurfernrohr sehen zu können.

Den Titan können Sie schon mit einem guten Kleinteleskop sehen. Auch zwei weitere Saturnmonde können Sie beobachten, nämlich Rhea und Dione, wenn sie sich im Bereich ihrer größten Elongation zu dem Planeten befinden. (Mehr über Elongationen erfahren Sie in Kapitel 6.) Eine monatliche Auflistung des Standorts dieser Monde hinsichtlich der Saturnscheibe finden Sie in dem Magazin *Sterne und Weltraum*. Nutzen Sie diese Aufstellungen bei der Planung Ihrer Beobachtungen.

Enceladus – ein Kryo-Mond

Eine der interessantesten Entdeckungen der Cassini-Sonde war die Existenz von Löchern in der südlichen Polarregion des Saturntrabanten Enceladus. Wasserdunst, Eispartikel und andere Substanzen treten aus diesen Löchern aus – also so etwas wie die kalte Version der heiß dampfenden Geysire im Yellowstone-Nationalpark. Astronomen haben 101 Geysire auf Enceladus gezählt, weit weniger als in Yellowstone. Die Eruption von solch eiskalter Materie bezeichnet man als *Kryovulkanismus*. Forscher gelangten zu dem Schluss, dass diese Enceladus-Geysire aus einem unter der Oberfläche dieses Monds befindlichen Wasserbestand gespeist werden, der warm genug ist, um Leben zu erhalten, falls es dort Leben gibt. Frische Eiskristalle aus den Geysiren überziehen die Oberfläche des Enceladus, was ihn extrem hell erscheinen lässt. Einige Eispartikel werden hinaus ins All befördert, wo sie mit einem der Saturnringe verschmelzen.

Selbst geborene und »adoptierte« Monde in trauter Harmonie

Es gibt zwei Arten von Monden: reguläre und andere. Die regulären Monde umkreisen ihre Planeten alle auf der Äquatorialebene und bewegen sich immer in die gleiche Richtung wie die Planeten sich um ihre eigene Achse drehen. Diese Richtung bezeichnet man als *prograd*. Es steht fast außer Zweifel, dass die regulären Monde, die um Jupiter und Saturn kreisen, sich an Ort und Stelle aus einer äquatorialen Scheibe aus protoplanetarer und protolunarer Materie formten. So gesehen ähneln Jupiter und Saturn zusammen mit ihren Monden kleinen Sonnensystemen, in deren Zentrum eben kein Stern, sondern ein Planet steht.

Einige der kleinen Monde sind wie die Löwin Elsa – »frei geboren« und als Jungtier eingefangen. Sie bewegen sich *entgegen* der Rotationsrichtung der Planeten. Solche Umlaufbahnen nennt man *retrograd*, und oft sind sie, in Bezug auf die Äquatorialebene ihrer Planeten, schräg geneigt. Die Monde mit retrograder Umlaufbahn haben sich sonst wo im Sonnensystem gebildet, vielleicht als Asteroiden, und wurden von der Schwerkraft des Jupiters und Saturns eingefangen.

Nach Stand vom April 2020 hat der Jupiter 79 Monde, der Saturn 82. Vermutlich haben beide noch einige weitere kleine Monde, und Astronomen entdecken auch ständig neue. Die in einem gedruckten Buch angegebene Zahl von Monden ist womöglich schon wieder veraltet, wenn Sie es lesen. Manchmal werden Monde von Astronomen verkündet, aber nicht mitgezählt. Die Verantwortlichen der Internationalen Astronomischen Union wollen die Entdeckungen erst bestätigt haben. Den letzten Informationsstand zu natürlichen Satelliten des Jupiters, Saturns und anderer Planeten finden Sie auf der Website von NASA Solar System Dynamics unter `ssd.jpl.nasa.gov/?sat_discovery`. Bei den namenlosen Monden handelt es sich um provisorische Entdeckungen, die noch auf ihre offizielle Bestätigung warten.

Kapitel 9

Janz weit draußen: Uranus, Neptun, Pluto – und was dahinter noch kommt

Auch wenn Mars und Venus der Erde viel näher und Jupiter und Saturn die geeigneteren Vorzeigeplaneten sind, üben auch die äußeren Planeten ihren speziellen Reiz aus. In diesem Kapitel machen Sie Bekanntschaft mit den beiden Planeten, die – wie der Berliner sagt – am meisten jwd (janz weit draußen) sind: Uranus und Neptun. »Und Pluto?«, werden Sie fragen. Hm, mit dem Pluto ist das so eine Sache – der gilt seit einiger Zeit nur noch als Zwergplanet. Auch über die Monde von Uranus, Neptun und Pluto gebe ich einige Details preis. Und natürlich erfahren Sie auch wieder, wie Sie diese weit entfernten Welten erforschen können. Danach reisen wir noch ein Stückchen weiter – bis zum Kuipergürtel.

Uranus und Neptun brechen ihr eisiges Schweigen

Zunächst einmal die wichtigsten Fakten über Uranus und Neptun:

✔ Sie sind ungefähr gleich groß, haben jedoch eine völlig andere chemische Zusammensetzung.

✔ Sie sind kleiner und von größerer Dichte als Jupiter und Saturn.

✔ Jeder der beiden Planeten bildet das Zentrum eines Minisystems aus Monden und Ringen.

✔ Bei beiden Planeten gibt es Anzeichen dafür, dass sie vor langer Zeit mit einem größeren Himmelskörper »aneinandergeraten« sind.

Die Atmosphären von Uranus und Neptun bestehen wie die von Jupiter und Saturn (siehe Kapitel 8) hauptsächlich aus Wasserstoff und Helium. Auch Uranus und Neptun sind Riesen, auch wenn sie deutlich kleiner sind als Jupiter und Saturn. Astronomen bezeichnen sie auch als *Eisriesen*. Das liegt daran, dass sich im Zentrum ihrer Atmosphäre Gestein und Wasser befinden. Das Wasser befindet sich so tief im Inneren von Uranus und Neptun und steht unter derart hohem Druck, dass es heiß und flüssig ist. Als die beiden Planeten sich jedoch vor Milliarden von Jahren bildeten und eigenständig wurden, war dieses Wasser noch gefroren.

Der Uranus hat etwa die 14,5-fache Masse der Erde, der Neptun die 17,2-fache Masse. Trotzdem erscheinen sie etwa gleich groß. Der etwas leichtere Uranus ist sogar eine Idee größer: Er hat einen Äquatorumfang von 51.118 Kilometern, im Gegensatz zum Neptun mit einem Äquatorumfang von 49.528 Kilometern.

Ein Tag auf dem Uranus dauert etwa 17 Stunden und 14 Minuten; ein Neptuntag umfasst 16 Stunden und 7 Minuten. Ebenso wie Jupiter und Saturn rotieren die beiden Planeten viel schneller als die Erde. Auch wenn die Tage auf Uranus und Neptun kürzer sind als Erdentage, so sind die Jahre doch weitaus länger. Der Uranus braucht für einen Umlauf um die Sonne 84 Jahre, der Neptun ganze 165 Jahre.

Noch mehr interessante Fakten zu den beiden Planeten biete ich Ihnen in den folgenden Abschnitten.

Schwer getroffen, tief gebeugt: Der Uranus

Ein deutlicher Hinweis darauf, dass der Uranus einst einen gewaltigen Zusammenstoß oder eine sonstige Begegnung mit der Schwerkraft erlitt, ist seine gebeugte Haltung, so als wäre er »gekippt« worden. Sein Äquator verläuft nicht einmal annähernd parallel zu seiner Bahnebene um die Sonne – sie bildet zu ihr fast einen 90-Grad-Winkel, sodass der Äquator (mit irdischen Augen betrachtet) nahezu in Nord-Süd-Richtung verläuft.

Manchmal zeigt der Nordpol des Uranus in Richtung Sonne/Erde, manchmal der Südpol. Jede dieser Perioden dauert etwa ein Viertel seiner 84 Jahre dauernden Reise um die Sonne. In der restlichen Zeit erleuchtet die Sonne sämtliche Breitengrade von Pol zu Pol. Im Jahre 2007 befand sich die Sonne direkt oberhalb des Uranusäquators. Das wäre eine ideale Zeit gewesen, um an den Strand zu gehen, wenn der Uranus einen Strand hätte. Auf der Erde steht die Sonne an den Polen nie besonders hoch, im Jahre 2028 jedoch wird sie sich direkt über dem Uranusnordpol befinden.

Beobachtungen mit dem Hubble-Weltraumteleskop und zuvor mit der Voyager-2-Raumsonde ergaben, dass der Uranus ein veränderliches Muster aus Wolkengürteln aufweist. Im Jahre 2006 tauchte ein großer dunkler Fleck auf, und 2011 fotografierte Hubble eine Aurora

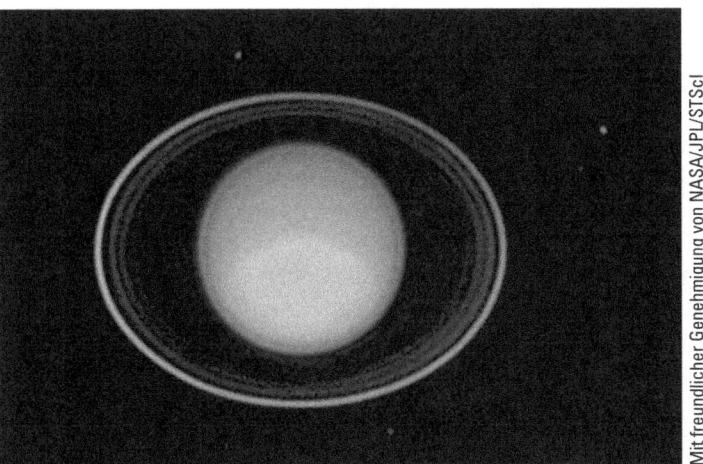

Mit freundlicher Genehmigung von NASA/JPL/STScI

Abbildung 9.1: Die Ringe des Uranus sind nicht mit einem Amateurteleskop sichtbar.

auf Uranus. Das war eine Premiere für ein Teleskop auf der Erde (oder, im Fall von Hubble, im Erdorbit). Doch schon 1986 hatte die Raumsonde Voyager 2 eine Uranus-Aurora gesichtet, als sie direkt an dem Planeten vorbeiflog. Die wechselnden Wolkenmuster auf dem Uranus könnten mit den Jahreszeiten auf diesem Planeten zusammenhängen.

Nach Stand April 2020 sind 27 Monde von Uranus bekannt. Er hat auch einige Ringe. Diese Ringe bestehen aus sehr dunkler Materie, wahrscheinlich kohlenstoffreichem Gestein, wie manche Meteoriten, die man kohlige Chondrite nennt. Die Monde und Ringe umkreisen den Uranus auf seiner Äquatorebene, so wie auch die Galileischen Monde in der Äquatorialebene des Jupiters kreisen (siehe Kapitel 8). Somit bilden die Ringe und Umlaufbahnen der Uranusmonde fast einen rechten Winkel zur Ebene der Umlaufbahn des Planeten um die Sonne.

Im Grunde können Sie sich den Uranus und seine Satelliten als großes Bullauge vorstellen, das manchmal auf die Erde gerichtet ist, und manchmal nicht. Vor langer Zeit kollidierte der Uranus vermutlich mit einem oder mehreren gewaltigen Objekten, wodurch er aus seiner natürlichen Lage »ausgehebelt« wurde.

In falscher Richtung: Der Neptun und sein größter Mond

Neptuns Äquator verläuft parallel zu seiner Bahnebene um die Sonne, zumindest annähernd. Seine Ringe sind wie die des Uranus sehr dunkel und bestehen wahrscheinlich aus kohlenstoffhaltigem Gestein.

Gemäß Stand vom April 2020 sind 14 Neptunmonde bekannt. Der größte davon, der Triton (der größer ist als der Pluto), hat einen Durchmesser von 2.707 Kilometern. Von oben (also von Norden) aus betrachtet kreist der Neptun wie alle Planeten in unserem Sonnensystem gegen den Uhrzeigersinn um die Sonne. Auch die meisten Monde drehen sich entgegen dem Uhrzeigersinn um ihre Planeten. Der Triton jedoch, der auf den Fotos von Voyager 2 einer Warzenmelone ähnelt, tanzt aus der Reihe – er dreht sich *im* Uhrzeigersinn um den Neptun. (Er hat also, wie ich in Kapitel 8 erkläre, eine retrograde Umlaufbahn.) Nachdem sie sich darüber den Kopf zerbrochen hatten, kamen Wissenschaftler zu dem Schluss, dass der Neptun den Triton in der Frühzeit der Geschichte unseres Sonnensystems eingefangen haben muss. Die Expertenmeinungen gehen auseinander, eine häufig vertretene Theorie lautet jedoch, dass der Neptun damals um ein Haar mit einem Doppelsystem von zwei kleinen Objekten aus dem Kuipergürtel zusammengestoßen wäre (mehr über den Kuipergürtel am Ende dieses Kapitels). Die eine Hälfte dieses Doppelsystems – den Triton – schnappte sich der Neptun, der andere kleine Planet flog davon. Um diese Theorie zu überprüfen, brauchen die Astronomen allerdings noch weitere Fakten.

Mit freundlicher Genehmigung der NASA/JPL

Abbildung 9.2: Weiße Wolkenstreifen durchzogen die Atmosphäre des Neptuns, als dieses Bild gemacht wurde.

Mit freundlicher Genehmigung der NASA

Triton besteht aus Eis und Gestein, worin er mehr dem Pluto ähnelt (siehe nächsten Abschnitt) als dem Uranus oder Neptun. Seine Oberfläche ist das Werk von Eruptionen und dem Strömen eiskalter Substanzen statt von heißem, geschmolzenem Gestein (also das Ergebnis von Kryovulkanismus, wie ich ihn in Kapitel 8 beschreibe). Wassereis, trockenes Eis, gefrorenes Methan, gefrorenes Kohlenmonoxid und sogar gefrorener Stickstoff – all das kommt auf dem Triton vor. Der Mond hat nicht allzu viele Impaktkrater, vermutlich weil sie im Laufe der Zeit vor Eis überquollen.

Umweltschützer sind der Meinung, der Massentourismus sei eine Gefahr für die Nationalparks – besuchen Sie also lieber den Triton. Die Landschaft dort ist ebenso exotisch und vielleicht auch genauso schön wie die des Yellowstone-Parks. Aber falls Sie wirklich zum Triton reisen, machen Sie sich auf ein »Winterwunderland« gefasst. Die Oberfläche ist nicht voll heißer Quellen, sondern voll kalter Wellen, und die Geysire speien keine sengend heißen Dampfstrahlen aus, sondern lange Fetzen von eisigem Dunst. Ziehen Sie also Ihren besten Raumanzug und ein paar Fellstiefel an.

Zur Neptunatmosphäre gehören Wolkengürtel, und gelegentlich taucht der sogenannte Große Dunkle Fleck auf, bei dem es sich wie beim Großen Roten Fleck auf dem Jupiter (siehe Kapitel 8) um einen gewaltigen Sturm handeln könnte. Der große Fleck auf dem Jupiter taucht auf, verblasst und taucht erneut auf, und das alles an derselben Stelle in demselben Wolkengürtel. Der Große Dunkle Fleck auf dem Neptun hingegen wurde erstmals 1989 auf der Südhalbkugel des Planeten gesichtet, dann verschwand er, und auf der Nordhemisphäre tauchte wenig später ein ähnlich gearteter Fleck auf. Im Jahr 2016 bestätigten Beobachtungen mit dem Hubble-Weltraumteleskop den ersten Dunklen Fleck auf Neptuns Südhemisphäre im 21. Jahrhundert.

Pluto, ein faszinierender Zwerg

Jahrzehntelang hielten Astronomen den Pluto für den am weitesten von der Sonne entfernten Planeten unseres Sonnensystems. In Wirklichkeit bewegt sich der Pluto zwar alle 248 Jahre für einige Jahrzehnte innerhalb der Neptunbahn, doch sein letzter Vorstoß in diese Bereiche endete Anfang 1999. Kein Mensch, der zurzeit auf der Erde lebt, wird das nächste Mal miterleben, es sei denn, die Medizin macht bis zu Beginn des 23. Jahrhunderts gewaltige Fortschritte. Doch der Pluto ist inzwischen degradiert worden. Am 24. August 2006 erkannte die Internationale Astronomische Union (IAU) ihm die Planetenwürde ab und erklärte ihn offiziell zum *Zwergplaneten*.

Zwergplaneten stellen eine erst vor Kurzem anerkannte Klasse astronomischer Objekte dar. Um als Zwergplanet zu gelten, muss ein Himmelskörper folgende Bedingungen erfüllen:

✔ Er muss von sich aus um die Sonne kreisen (also nicht indem er um einen anderen Körper wie zum Beispiel einen Planeten kreist).

✔ Er muss massereich genug sein, um aufgrund seiner eigenen Schwerkraft rund zu sein.

✔ Er hat die Nachbarn in seiner Umlaufbahn nicht »aus dem Weg geräumt«.

Falls der dritte Punkt Ihnen unklar ist – die Formulierung stammt von der IAU. Der Grundgedanke dabei ist, dass die Schwerkraft eines Planeten sich normalerweise störend auf Objekte in nahe gelegenen Umlaufbahnen auswirkt (nicht jedoch auf seine eigenen Monde). Diese Objekte – wie Asteroiden und Kometen – geraten dadurch in Umlaufbahnen, die sie aus ihrer Planetennähe entfernen. Viele Objekte des Kuipergürtels (den ich zum Schluss dieses Kapitels bespreche) befinden sich nahe beim Pluto, was bedeutet, dass der Pluto sein Grundstück anscheinend nicht »freigeräumt« hat. Doch auch in der Jupiterbahn befinden sich Tausende sogenannter *Trojaner-Asteroiden*, (wie ich in Kapitel 7 näher ausführe) von denen keiner ihm seinen Planetenstatus streitig macht. Will die IAU den Pluto nur ärgern, weil er zu klein ist, um sich zu wehren? Zur Vertiefung dieser Streitfrage empfehle ich unbescheidenerweise das Buch *Pluto Confidential: An Insider Account of the Ongoing Battles over the Status of Pluto* von Laurence A. Marschall und mir (BenBella Books, 2009).

Der Pluto ist so weit entfernt, dass Wissenschaftler über seine Geografie nicht viel wussten, bis im Juli 2015 die NASA-Sonde New Horizons dicht an ihm vorüberflog. Seine längliche, elliptische Umlaufbahn kann ihn der Sonne bis zu 29,7 AE (das sind 4,4 Milliarden Kilometer) nahe bringen, ihn aber auch bis zu 49,5 AE (7,4 Milliarden Kilometer) von ihr entfernen.

Mit freundlicher Genehmigung von NASA/JHUAPL/SwRI

Abbildung 9.3: Pluto und die herzförmige Sputnik Planitia, aufgenommen von der Raumsonde New Horizons im Jahr 2015.

Auf Tuchfühlung mit Pluto

Während ihres nur wenige Stunden dauernden Vorbeiflugs hatte New Horizons viel zu tun: Sie fotografierte Plutos Oberfläche, analysierte seine chemische Zusammensetzung, entdeckte über 20 Dunstschichten in seiner Atmosphäre, untersuchte seine bekannten Monde, suchte nach neuen Monden und fahndete nach Hinweisen auf einen Planetenring. Sie sammelte dabei so viele Fotos und Daten, dass nur ein kleiner Teil sofort zur Erde übertragen werden konnte. Der Rest musste zunächst an Bord der Sonde gespeichert werden und wurde im Laufe von über einem Jahr zur Erde gefunkt, als New Horizons den Pluto längst hinter sich gelassen hatte.

Ein Detail auf den ersten guten Bildern von Plutos Oberfläche faszinierte die Astronomen besonders: *Tombaugh Regio*, inoffiziell auch das „Herz" genannt. Es handelt sich um eine große, ungefähr herzförmige Region (also geformt wie eine herzförmige Pralinenschachtel, wie sie gerne zum Valentinstag verschenkt werden), die nach Plutos Entdecker, Clyde Tombaugh, benannt wurde. Die beiden Seiten des Herzes sind ziemlich unterschiedlich: Der westliche Teil, *Sputnik Planitia* genannt, ist hell und außergewöhnlich eben, während der östliche deutlich dunkler und rauer ist.

Zeig' mir deine Krater, und ich sage dir, wie alt du bist

Was tun Planetenwissenschaftler als Erstes, wenn Sie einen neuen Planeten, Mond oder Zwergplaneten untersuchen? Sie zählen seine Krater. Und zwar nicht aus Spaß oder Langeweile, sondern um sein Alter abzuschätzen. Logischerweise ist die Oberfläche des Himmelskörpers zu einem bestimmten Zeitpunkt in der Vergangenheit entstanden, doch Erosion, Vulkanausbrüche und Ähnliches verändern ihr Aussehen im Laufe der Zeit. Auf einer kalten Welt wie Pluto dürfte Eis viele Krater aufgefüllt haben, sodass sie heute nicht mehr zu sehen sind – was bleibt, ist eine frische, junge Oberfläche.

Die Anzahl der sichtbaren Krater liefert also eine Idee davon, wie alt eine Oberfläche ist. Im Laufe der Millionen und Milliarden von Jahren treffen Meteoriten auf die Oberfläche und schaffen ständig neue Krater. Wenn also ein Gebiet auf der Oberfläche signifikant weniger Krater aufweist als eine andere, dann kann das nur bedeuten, dass diese Oberfläche vor kürzerer Zeit entstanden ist und demnach jünger sein muss. Sowie die ersten aussagekräftigen Bilder von New Horizons auf der Erde eingetroffen waren, begann also das große Kraterzählen.

✔ Sputnik Planitia hat keine Krater, zumindest keine, die groß genug sind, um auf den Bildern von New Horizons sichtbar zu sein. Sputnik ist also für astronomische Verhältnisse sehr jung – weniger als 10 Millionen Jahre, vielleicht sogar weniger als eine Million Jahre.

✔ Der östliche Flügel von Tombaugh Regio weist viele Krater auf, er ist zu großen Teilen etwa eine Milliarde Jahre alt.

✔ Die mit Kratern geradezu übersäten, oftmals sehr bergigen Regionen Plutos außerhalb des „Herzes" sind um die vier Milliarden Jahre alt.

Ein genauerer Blick auf Sputnik Planitia

Egal welche Ecke Plutos die Wissenschaftler unter die Lupe nehmen, sie scheinen überall etwas Neues und Interessantes zu finden. Sputnik Planitia sticht heraus – die Ebene ist die interessanteste und wichtigste auf dem Zwergplaneten. Um zu verstehen, was auf Pluto abgeht, müssen sie Sputnik Planitia verstehen. Hier ein paar Dinge, die sie schon herausgefunden haben:

✔ Es handelt sich um ein altes Einschlagsbecken (einen sehr großen Krater) mit einem Durchmesser von etwa 1.050 Kilometern.

✔ Das Becken ist mit Eis gefüllt – hauptsächlich mit gefrorenem Stickstoff – und dadurch glatter als alle anderen Teile von Plutos Oberfläche, die darüber hinaus viel älter sind.

✔ Große Teile der Eisfläche setzen sich aus polygonalen Zellen zusammen, die dem Muster ähneln, das man von ausgetrockneten Böden auf der Erde kennt.

✔ An den Rändern des Beckens strömt Eis aus den umgebenen Hochländern ein.

✔ Sputnik liegt genau auf der Seite von Pluto, die von seinem größten Mond Charon wegzeigt. Zöge man eine Linie durch Plutos und Charons Zentrum, führte sie genau durch Sputnik Planitia.

Und so erklären sich die Planetenforscher diese Funde:

✔ Das Becken entstand einst durch einen gewaltigen Asteroideneinschlag. Anschließend füllte es sich mit Stickstoffeis, das unter den Bedingungen auf Pluto schwerer, aber wenige steif ist als Wassereis und deshalb leicht fließt.

✔ Die große Eismasse sorgte dafür, dass Pluto „kippte" und eine stabile Position gegenüber Charon einnahm. Seither liegt Sputnik Planitia Charon genau gegenüber.

✔ Die Polygone auf der Oberfläche von Sputnik sind Konvektionszellen: Wärme aus Plutos Innerem wärmt Blasen gefrorenen Stickstoffs auf, die anschließend wie Luftblasen in kochendem Wasser nach oben steigen. Auf dem Weg an die Oberfläche kühlen die Stickstoffblasen ab und dehnen sich dabei aus. Der kühlere Stickstoff ist dichter als der warme und sinkt deshalb an den Kanten der Zellen wieder nach unten.

✔ Krater, die durch Meteoriteneinschläge in Sputnik entstehen, werden nach kurzer Zeit mit Eis gefüllt und verschwinden.

✔ Es gibt so etwas wie Jahreszeiten in Sputnik Planitia. In den wärmeren Phasen verdampft Stickstoff und steigt in die Höhe, wo es dafür sorgt, dass die Dichte der Atmosphäre zunimmt. Der gleiche Stickstoff kondensiert und fällt als Schnee zu Boden, sobald die Temperatur wieder abnimmt. Sputnik Planitia wirkt offenbar als Stickstoffreservoir, das die Atmosphäre mit dem Gas versorgt, und wird dadurch selbst von Zeit zu Zeit mit Stickstoffschnee »aufgefrischt«.

Wenn ich noch viel mehr über Pluto erzähle, werden die Riesenplaneten noch eifersüchtig. Deshalb schließe ich unsere Exkursion zu dem Zwergplaneten mit den folgenden interessanten Fakten ab:

✔ Pluto besteht hauptsächlich aus Fels, aber dieser Fels verbirgt sich tief unter der Oberfläche. Die Oberfläche ist nichts weiter als eine Hülle aus Wassereis! Selbst die sichtbaren Berge bestehen aus gefrorenem Wasser. Pluto ist so kalt, dass dieses Wasser niemals schmilzt. Andere Eissorten, etwa der gefrorene Stickstoff oder Methaneis, bedecken diese Wassereisoberfläche an manchen Stellen und verstecken das Wasser im Untergrund.

✔ Zwischen der Eishülle und dem felsigen Innern befindet sich womöglich ein verborgener flüssiger Ozean.

✔ Die rostbraune Farbe bestimmter Gebiete auf Pluto, etwa die des rötlichen Bands parallel zu und südlich des Äquators, stammt von sogenannten Tholinen. Das sind chemische Substanzen, die bei der Reaktion von Methan und anderen Kohlenwasserstoffen mit dem Ultraviolettlicht der Sonne oder den galaktischen kosmischen Strahlen entstehen. Die Tholine schweben wie Kaminruß durch die Atmosphäre und färben, wenn sie niederregnen, den Boden braun.

✔ Charon hat eine rötlich-braune Polarkappe. Die Farbe entsteht wahrscheinlich, wenn Gas aus Plutos Atmosphäre auf den Mond fällt und dabei durch die Sonneneinstrahlung und die kosmische Strahlung Tholine wie auf Pluto entstehen. Charon hat keine eigene Atmosphäre.

✔ Pluto besitzt wohl keinen Ring. Auch neue Monde konnte New Horizons keine finden. Man kann nicht alles haben.

Die Herren der Unterwelt

Wie der Uranus ist auch Pluto zur Seite geneigt. Sein Äquator bildet zu seiner Bahnebene einen Winkel von 120 Grad. Astronomen vermuten, dass er ähnlich dem Uranus einst eine gewaltige Kollision mit einem Objekt erlitt, das in seinem Fall vermutlich aus dem Kuipergürtel stammte, und es könnte sein, dass es Charon war, sein heutiger Mond.

Pluto hat einen Durchmesser von 2.375 Kilometer, das ist ein bisschen weniger als das Doppelte des Durchmessers von Charon, der 1.210 Kilometer misst. Kein anderer Planet im Sonnensystem hat einen im Vergleich ähnlich großen Mond. Man bezeichnet Pluto und Charon deshalb manchmal auch als Doppelplanet.

Mithilfe des Hubble-Weltraumteleskops entdeckten Astronomen vier kleine Plutomonde, bevor New Horizons eintraf. Sie alle umkreisen den Zwergplaneten auf der gleichen Ebene wie Charon und stammen vermutlich von der gleichen Kollision.

Der Pluto braucht 6 Tage, 9 Stunden und 18 Minuten, um sich einmal um sich selbst zu drehen, und etwa genauso lang braucht Charon für eine Umkreisung »seines« Zwergplaneten. So kommt es, dass stets die gleichen Hemisphären von Pluto und Charon einander zugewandt sind. Im Erde-Mond-System ist es so, dass zwar eine Mondhemisphäre stets zur Erde »blickt«, aber nicht umgekehrt. Jemand, der auf der uns zugewandten Seite des Monds stünde, bekäme im Laufe eines Tags unseren gesamten Planeten zu sehen; jemand, der auf dem Charon steht, sieht jedoch immer dieselbe Hälfte von Pluto.

Noch viel mehr über Pluto und seine Monde und natürlich all die wunderschönen Bilder finden Sie auf der New-Horizons-Webseite der Johns Hopkins Universität: `pluto.jhuapl.edu/`.

Alles über den Kuipergürtel

Nach Schätzungen von Wissenschaftlern gibt es zwischen der Umlaufbahn des Neptuns bis hin zu einer Entfernung von etwa 50 AE jenseits der Sonne etwa 100.000 Eisobjekte – man nennt sie auch Kuipergürtelobjekte – mit einem Durchmesser von mehr als 100 Kilometern. Dieser Bereich, der sogenannte *Kuipergürtel*, wurde nach dem Astronomen Gerard P. Kuiper benannt. Fast alle Kuipergürtelobjekte befinden sich außerhalb der Reichweite von Amateurteleskopen, es sei denn, Ihr Grundstück ist so groß wie das

Palomar-Observatorium. (Amateure mit einigermaßen großen Teleskopen können zumindest den Pluto sehen, der mittlerweile nicht nur als Zwergplanet, sondern auch als erstes bekanntes Kuipergürtelobjekt gilt.) Das zweite Objekt entdeckten die Astronomen David Jewitt und Jane Luu erst 1992. Seitdem jedoch konnten die Wissenschaftler mehr als tausend weitere aufstöbern.

Unter den zahlreichen Kuipergürtelobjekten, die seit 1992 entdeckt wurden, wetteifern einige, zum Beispiel Eris, hinsichtlich ihrer Größe mit dem Pluto. Auch Eris ist ein Zwergplanet und hat mindestens einen Mond (Dysnomia).

Viele der bekannten Kuipergürtelobjekte haben mit dem Pluto drei Dinge gemeinsam:

✔ Ihre Umlaufbahnen sind hochgradig elliptisch.

✔ Ihre Bahnebenen bilden zur Bahnebene der Erde einen ziemlich großen Neigungswinkel.

✔ Sie brauchen für zwei Sonnenumläufe etwa genauso lange wie der Neptun für drei (Pluto: zwei Umläufe in 496 Jahren; Neptun: drei Umläufe in 491 Jahren). Diesen Effekt bezeichnet man als *Resonanz*, und er bewahrt Pluto und Neptun davor, jemals aufeinanderzuprallen, obwohl ihre Umlaufbahnen sich schneiden.

Der Pluto bleibt von der gewaltigen Anziehungskraft des weitaus größeren Neptuns verschont, und das gilt auch für alle Kuipergürtelobjekte mit den drei erwähnten Eigenschaften. Man bezeichnet sie als *Plutinos*, was so viel bedeutet wie »kleine Plutos«.

Jenseits von Neptun und Pluto kreisen auch noch andersartige Objekte. Eins dieser *transneptunischen Objekte* namens Sedna wurde im März 2004 in einer Distanz von 90 AE zur Sonne entdeckt, also ein gutes Stück jenseits der 50-AE-Grenze, wo der Kuipergürtel sich seinem Ende zuneigt. Sedna misst ungefähr 995 Kilometer im Durchmesser, ist also wahrscheinlich groß genug, um als Zwergplanet durchzugehen. Einige Astronomen vermuten, dass es zur Oortschen Wolke gehört, einer gewaltigen Ansammlung weit entfernter Kometen, die ich in Kapitel 4 beschreibe. Die einzigen *bekannten* großen Planeten jenseits von Pluto gehören zu anderen Sternen (siehe Kapitel 14). Lesen Sie aber unbedingt auch den letzten Abschnitt dieses Kapitels, denn darin erzähle ich von den gegenwärtigen Versuchen, weitere Planeten in unserem eigenen Sonnensystem zu entdecken!

Die New-Horizons-Sonde durchfliegt zurzeit den Kuipergürtel. Am 1. Januar 2019 passierte sie dort das nur 31 Kilometer große Objekt 2014 MU 69, das später auf den Namen „Arrokoth" getauft wurde. Die ursprüngliche Bezeichnung deutet noch darauf hin, dass man Arrokoth erst 2014 entdeckt hat, und zwar bei einer gezielten Suche mit dem Hubbleteleskop nach neuen Zielen für New Horizons. Arrokoth ist nun das mit Abstand entfernteste Objekt, das je eine irdische Raumsonde besucht hat. Für einen Umlauf um die Sonne braucht Arrokoth 298 Jahre!

Erinnern Sie sich an den Kometen 67P, den die Raumsonde Rosetta besucht hat? Arrokoth sieht dem Kometenkern von 67P erstaunlich ähnlich: Er besteht aus zwei Körpern, die sich berühren. Wahrscheinlich ist Arrokoth bei einer langsamen Kollision dieser beiden Körper entstanden. Astronomen gehen davon aus, das Arrokoth das erste „echte" Kuipergürtelobjekt ist, das sie aus der Nähe studieren konnten. Sehr wahrscheinlich ist es seit der Entstehung des Sonnensystems vor 4,5 Milliarden Jahren unverändert geblieben – praktisch »tiefgefroren«.

Die äußeren Planeten beobachten

Mit ein wenig Erfahrung können Sie zwar die äußeren Planeten Uranus und Neptun finden, doch der winzige Pluto befindet sich vielleicht außerhalb der Reichweite Ihres Teleskops. Wenn Sie sich das erste Mal einem dieser weit entfernten Objekte widmen wollen, tun Sie es am besten unter der Anleitung eines erfahrenen Amateurastronomen, es sei denn, Sie haben ein computergesteuertes Teleskop. (Einige Teleskope empfehle ich in Kapitel 3 dieses Buchs.) Aber selbst in diesem Fall empfiehlt sich ein Freund, ein guter Freund …

 Die Planetenpositionen für das ganze Jahr finden Sie in jährlich erscheinenden Werken wie dem *Kosmos Himmelsjahr* und in Astronomiezeitschriften.

Begegnung mit dem Uranus

Der Uranus wurde mithilfe eines Teleskops entdeckt, und manchmal leuchtet er hell genug, um unter hervorragenden Sichtverhältnissen mit bloßem Auge erkennbar zu sein. Wenn Sie erst mal ein erfahrener Sterngucker sind, genügt Ihnen vermutlich ein Fernrohr. Durch Ihr Teleskop können Sie den Uranus auch von einem Stern unterscheiden, und zwar weil

✔ er als kleine Scheibe sichtbar ist, ein paar Bogensekunden im Durchmesser (siehe Kapitel 6), und

✔ er sich vor dem Sternenhintergrund bewegt.

 Die Uranusscheibe ist von blassgrüner Färbung; bei guten Sichtverhältnissen lässt sie sich mithilfe eines stark vergrößernden Okulars erkennen (mehr über Teleskope und Okulare in Kapitel 3). Auch wie der Planet sich bewegt, können Sie beobachten, indem Sie eine Skizze seiner relativen Position inmitten der Sterne in Ihrem Blickfeld anfertigen. Benutzen Sie zu diesem Zweck ein schwaches Okular, sodass Ihr Blickfeld größer ist und Sie mehr Sterne sehen können. Sehen Sie in der folgenden Nacht erneut hinauf und machen Sie wieder eine Skizze.

Obwohl man einige der 27 Uranusmonde mit einem großen Amateurteleskop sehen kann, lassen sie sich besser mit einem leistungsstarken Teleskop in einem Observatorium studieren. Die dunklen Ringe des Uranus sind mit dem Hubble-Weltraumteleskop sichtbar. Sie können sie auch auf Bildern sehen, die von der Erde aus mithilfe großer Teleskope gemacht wurden, doch für jemanden mit einer Amateurausrüstung bleiben sie unsichtbar.

Hubble-Fotos vom Uranus und seinen Ringen finden Sie auf der Website `http:// www.hubblesite.org/newcenter/archive/search.php?query=uranus+view:images hubblesite.org/images/news/86-uranus`. Zahlreiche Bilder vom Uranus, seinen Monden und seinen Ringen, aufgenommen von der Raumsonde Voyager 2, finden Sie auch unter `photojournal.jpl.nasa.gov`, der Website des Planetary Photojournal. Klicken Sie einfach auf das Bild mit dem Titel »Uranus«. (Voyager 2 ist die einzige Raumsonde, die dem Uranus je einen Besuch abstattete.)

Neptun von einem Stern unterscheiden

Der Neptun erscheint am Himmel schwächer als der Uranus, doch er kann eine Helligkeit bis zur achten Größenordnung erreichen (mehr über Sterngrößen und Helligkeit in Kapitel 1). Sollte bereits der Uranus Ihre Beobachtungsfähigkeit auf die Probe stellen – der Neptun ist noch eine Stufe problematischer, vor allem wenn er nicht gerade seinen hellsten Tag hat.

Neptun und Uranus sind zwar ziemlich gleich groß, aber die Umlaufbahn des Neptuns ist viel weiter entfernt; dadurch erscheint seine Scheibe durchs Teleskop kleiner. Sie brauchen schon ein recht großes Amateurteleskop, um ihn von einem Stern unterscheiden zu können. Wenn es Ihnen gelingt, blasse Schattierungen in lichtschwachen Objekten durchs Teleskop wahrzunehmen, werden Sie vielleicht feststellen, dass der Neptun einen leichten Blaustich hat.

Da er die Sonne in größerer Entfernung umkreist als der Uranus, bewegt sich der Neptun langsamer. Dieses geringere Tempo plus die größere Entfernung von der Erde bedeutet, dass der Neptun pro Tag *in der Regel* eine kleinere Strecke (in Bogensekunden gemessen) am Himmel zurücklegt als der Uranus. Es kann also sein, dass Sie eine oder zwei Nächte opfern müssen, bevor Sie sicher wissen, dass Sie den Neptun gesehen haben, der seine Position vor der Sternenkulisse leicht verändert hat.

Ich habe bewusst »in der Regel« geschrieben, da sowohl Uranus als auch Neptun (wie alle Planeten jenseits der Erdumlaufbahn) gelegentlich rückläufig sind (siehe Kapitel 6), sodass sie scheinbar an Tempo verlieren und die Richtung wechseln. Falls Sie den Uranus zufällig erwischen, wenn er gerade seine Bewegungsrichtung ändert, scheint er viel langsamer zu sein als gewöhnlich.

Der größte unter Neptuns 14 Monden ist Triton (mehr darüber finden Sie im Abschnitt »In falscher Richtung: Der Neptun und sein größter Mond« weiter vorn in diesem Kapitel). Wenn es Ihnen gelingt, den Neptun zu finden, können Sie als Nächstes nach dem Triton suchen. Nehmen Sie dazu ein Teleskop mit einem Objektivdurchmesser von mindestens 15 Zentimetern und führen Sie Ihre Beobachtungen in einer klaren, dunklen Nacht durch. Der Mond hat eine große Umlaufbahn und erscheint etwa 8 bis 17 Bogensekunden vom Neptun entfernt, sodass Sie ihn leicht für einen Stern halten können. Wenn Sie jedoch eine Skizze vom Neptun und den ihn umgebenden lichtschwachen »Sternen« anfertigen, können Sie nach einigen Nächten gut feststellen, welcher »Stern« sich zusammen mit dem Neptun vor der Himmelskulisse mitbewegt, da er sich ja um ihn dreht. Das ist dann Triton. Triton braucht knappe sechs Tage, um den Planeten einmal vollständig zu umrunden.

Bilder vom Neptun und seinen Monden, aufgenommen von der Raumsonde Voyager 2, können Sie sich im Internet unter `photojournal.jpl.nasa.gov`, der Website des Planetary Photojournal, ansehen; Sie müssen dazu nur den Neptunlink anklicken. Vom Hubble-Weltraumteleskop aufgenommene Fotos finden Sie unter `http://www.hubblesite.org/newscenter/archive/search.php?-query=neptune+view:imageshubblesite.org/images/news/69-neptune`.

Die Meisterprüfung: Den Pluto sehen

Der Pluto ist von allen Planeten in unserem Sonnensystem am schwierigsten zu beobachten. Seine Bahn befindet sich sehr weit von uns entfernt, und zudem ist Pluto sehr klein. Normalerweise hat er eine Helligkeit der vierzehnten Größenordnung (was das genau bedeutet, können Sie in Kapitel 1 nachlesen). Im Augenblick entfernt er sich von der Sonne und der Erde, und das wird viele Jahre lang so weitergehen, denn seine Umlaufzeit beträgt 248 Jahre.

 Begabte Amateure versichern, den Pluto durch 15-Zentimeter-Teleskope gesehen zu haben. Ich würde Ihnen jedoch empfehlen, mindestens ein 20-Zentimeter-Teleskop zu verwenden.

Plutos größter Mond, der Charon, umkreist den Planeten in sehr geringer Entfernung und braucht für einen Umlauf 6 Tage, 9 Stunden und 18 Minuten. Um ihn jemals zu Gesicht zu bekommen, müssen Sie schon durch ein leistungsstarkes Teleskop in einem Observatorium blicken.

Die Jagd nach Planet Nummer Neun

Im Januar 2016 mutmaßten Astronomen aus Kalifornien, dass noch ein weiterer großer Planet weit jenseits von Neptun und Pluto um die Sonne kreisen könnte. Zu diesem Schluss kamen sie, weil die elliptischen Umlaufbahnen von Sedna (die ich im Abschnitt „Alles über den Kuipergürtel" näher beschreibe) und einiger anderer Trans-Neptun-Objekte auf ungewöhnliche Weise ausgerichtet sind. Schuld daran könnte ein neuer Planet sein: Seine Anziehungskraft, so die Theorie, bringt die Umlaufbahnen auf Linie, und zieht die Perihelpunkte, also die sonnennächsten Punkte auf den jeweiligen Umlaufbahnen, nach außen. Während dieses Buch in den Druck geht, suchen mehrere Astronomenteams mit sehr großen Teleskopen den Himmel nach diesem Planeten ab.

Wenn der Verdacht stimmt, dann hätte Planet Neun (seinen endgültigen Namen bekäme er erst nach seiner Entdeckung) einen riesigen Orbit, der ihn alle 15.000 Jahre um die Sonne führte. (Vergleichen Sie das mit Pluto, der „nur" 248 Jahre für einen Umlauf braucht.) Er brächte zehn Mal mehr Masse auf die Waage als die Erde oder drei Viertel der Masse des Eisgiganten Uranus. Ein ganz schönes Schwergewicht, wenn er denn existiert.

Und wenn *Sie* Planet Neun finden?

Wenn Sie jetzt denken, die Suche nach Planet Neun sei nur etwas für Profis mit ihren Riesenteleskopen, denken Sie noch mal neu. Im Februar 2017 startete die NASA ein Projekt zum Mitmachen für alle Amateurastronomen und „Bürgerwissenschaftler": „Backyard Worlds: Planet 9". Denn womöglich gibt es bereits Bildmaterial des hypothetischen Riesen, und zwar in den gesammelten Daten des Wide-field Infrared Survey Explorer (WISE). WISE hat über Jahre den gesamten Himmel immer wieder im Infrarotlicht fotografiert, und sollte Planet Neun existieren, könnte er sich auf einigen dieser Bilder als sehr schwaches, sehr langsam bewegendes Objekt verraten. Der Planet muss wie Jupiter und Saturn (siehe Kapitel 8) über eine interne Wärmequelle verfügen, und diese könnte ihn im Infrarotlicht weit heller leuchten lassen als im reflektierten Sonnenlicht.

Das Problem: Es gibt schrecklich viele Bilder, und Computer könnten das schwache Objekt für einen Datenfehler halten. Die NASA braucht also menschliche Augen und menschlichen Verstand – und zwar sehr viel davon. Würde Sie ihre Angestellten auf die Suche ansetzen, blieben keine mehr übrig, um die Raketen zu starten – deshalb kommen Sie ins Spiel. Alles, was Sie brauchen, sind Ihr Computer oder Ihr Smartphone.

Besuchen Sie www.backyardworlds.org und informieren Sie sich unter LEARN MORE sowie mit den Erklärvideos über das Projekt. Marc Kuchner von der NASA, der verantwortliche Wissenschaftler von Backyard Worlds (was so viel heißt wie „Welten in unserem Hinterhof"), meint: „Es sind gerade einmal vier Lichtjahre zwischen Neptun und Proxima Centauri, unserem nächsten Stern, und ein großer Teil dieses riesigen Territoriums ist noch unerforscht." Ich sage: Wollen Sie dabei helfen? (Mehr zu Proxima Centauri steht übrigens in den Kapiteln 11 und 14.)

Und wenn Ihnen Planet Neun nicht ins Netz geht, entdecken Sie stattdessen vielleicht einen Braunen Zwerg. Braune Zwerge sind violett leuchtende Objekte, die schwerer als Planeten sind, aber zu leicht, um zum Stern zu werden. Sie leuchten vor allem im Infrarotlicht, und Astronomen würden gerne mehr von ihnen finden. Fragen Sie mich aber bitte nicht, warum violett leuchtende Objekte „Braune Zwerge" heißen. Klingt irgendwie unlogisch, aber so ist es. (Mehr über Braune Zwerge steht in Kapitel 11.)

Teil III
Die gute alte Sonne und andere Sterne

Bisher haben wir nur ab und zu einen flüchtigen Blick auf die Sterne geworfen – aber nun ist es so weit, und wir greifen nach ihnen! Und natürlich beginnen wir mit dem Stern, der uns am nächsten ist und ohne den wir nicht leben könnten – die Sonne. Sie zu beobachten, ist kein Problem, denn sie steht täglich groß am Himmel. Trotzdem, so nahe wie in diesem Teil des Buchs sind Sie ihr vielleicht noch nie gekommen.

Aber auch die Milliarden anderer Sterne im Universum wollen wir uns ansehen, und sogar einen Blick auf Schwarze Löcher und Quasare werfen. Eine komplizierte Materie – aber ich werde es Ihnen so einfach wie möglich machen. Auch wenn Ihnen die Ausführungen über Raum- und Zeitverzerrungen vielleicht erst einmal wie Science-Fiction vorkommen mögen.

Kapitel 10

Unser ganz persönlicher Stern – die Sonne

Wahrscheinlich ist es nicht die Sonne, die Sie dazu inspiriert hat, sich mit Astronomie zu beschäftigen, sondern eher die Faszination der vielen Millionen Lichter am Nachthimmel. Dabei ist ausgerechnet die Sonne am leichtesten zu beobachten – an einem schönen, unbewölkten Tag können Sie bereits eine Menge über sie lernen. Sie ist der Stern, der uns am nächsten ist, und sie spendet uns die Energie, die wir zum Leben brauchen.

Die Sonne erscheint Ihnen wahrscheinlich nicht allzu spektakulär; sie gehört einfach zum Alltag dazu. Fast jeder mag sie, außer er leidet gerade an einem Sonnenbrand; als Hauptinformationsquelle über die Natur unseres Universums jedoch betrachten sie die wenigsten. In Wahrheit ist die Sonne eines der interessantesten und dankbarsten astronomischen Studienobjekte überhaupt, ob man sie nun durch ein Amateurteleskop beobachtet oder mithilfe hochentwickelter Instrumente in Observatorien. Sie verändert sich täglich, stündlich, eigentlich in jeder Sekunde. Und auch Ihre Kinder können sie sich von Ihnen erklären lassen, ohne dafür wertvolle Schlafzeit opfern zu müssen.

Ich möchte Sie allerdings ausdrücklich warnen! Schauen Sie auf keinen Fall in die Sonne oder zeigen Sie sie jemandem, ohne die notwendigen Sicherheitsvorkehrungen getroffen zu haben, die ich Ihnen in diesem Kapitel beschreibe. Sonst könnten Ihre Sonnenbeobachtungen Sie das Augenlicht kosten. Betrachten Sie diese Warnung als oberstes Gebot. Wenn Sie Bescheid wissen, mit welchen Hilfsmitteln und Techniken Sie Ihre Augen schützen können, können Sie die Sonne problemlos jeden Tag beobachten, und das über einen gesamten elfjährigen Sonnenfleckenzyklus hinweg, wie er weiter hinten in diesem Kapitel beschrieben wird.

In diesem Kapitel mache ich Sie mit den wissenschaftlichen Grundlagen der Sonne vertraut, mit ihrem Einfluss auf die Erde und unsere Industrie, und verrate Ihnen auch, wie Sie sie risikolos beobachten können. Sie werden lernen, die Sonne mit neuen Augen zu sehen – gefahrlos, aber mit Staunen.

Was auf der Sonne so los ist

Die Sonne ist ein *Stern*, eine Kugel aus heißem, ionisiertem Gas, die aus eigener Kraft mithilfe von *Kernfusion* strahlt – das ist ein Prozess, bei dem die Atomkerne einfacher Elemente sich verbinden, um schwerere Kerne zu bilden. Die Energie, die aufgrund dieses Verschmelzungsprozesses innerhalb der Sonne entsteht, reicht nicht nur für ihre eigene Energieversorgung aus, sondern auch, um das System aus Planeten, Asteroiden und Kometen, die um die Sonne kreisen, zu erhellen. Das ist unser Sonnensystem, und die Erde ist ein Teil davon (siehe Abbildung 10.1, nicht maßstabgetreu).

Die Sonne produziert in enormer Geschwindigkeit Energie, vergleichbar der Explosion von 92 Milliarden Atombomben mit der Masse von je einer Megatonne pro Sekunde. Die Energie entsteht aufgrund des Verbrauchs von Brennstoff. Bestünde die Sonne aus brennender Kohle, würde sie sich innerhalb von 4.600 Jahren restlos selbst verzehren. Doch Fossilien auf der Erde beweisen, dass die Sonne seit 3 Milliarden Jahren scheint, und Astronomen zweifeln nicht daran, dass sie sogar schon eine Weile länger ihre Arbeit verrichtet. Ihr geschätztes Alter beträgt 4,6 Milliarden Jahre, und ihre Kraft ist noch immer nahezu ungebrochen.

Die Abgabe solcher Energiemengen, wie die Sonne sie liefert – man spricht dabei von ihrer *Leuchtkraft* –, und das über Jahrmilliarden hinweg, kann nur durch Kernfusion zustande kommen. In der näheren Umgebung des Sonnenzentrums sorgen der gewaltige Druck und eine Kerntemperatur von fast 16 Millionen Grad Celsius dafür, dass Wasserstoffatome zu Helium verschmelzen, und dieser Prozess ist es, der die großen Energieströme freisetzt, die den Motor der Sonne am Laufen halten.

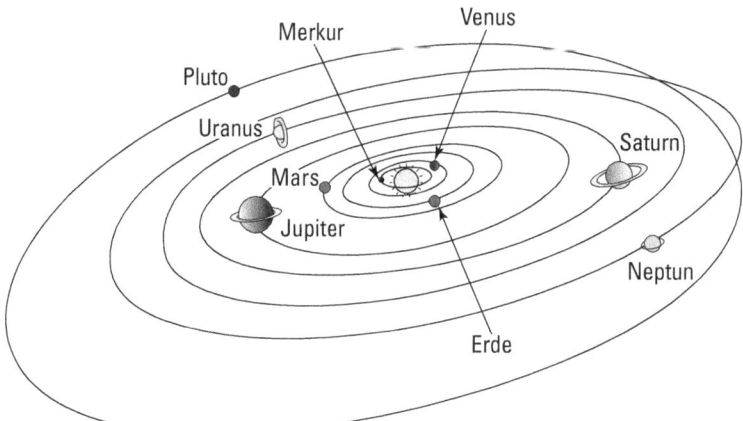

Abbildung 10.1: Pluto und die Planeten umkreisen die Sonne als Teil unseres Sonnensystems.

Etwa 700 Millionen Tonnen Wasserstoff werden pro Sekunde im Bereich des Sonnenzentrums in Helium umgewandelt, 5 Millionen Tonnen verschwinden und werden zu reiner Energie.

Wären Menschen in der Lage, Energie mittels Kernfusion auch auf der Erde zu erzeugen, wären sämtliche Probleme mit fossilen Brennstoffen, einschließlich Luftverschmutzung und des Verbrauchs nicht erneuerbarer Ressourcen, gelöst. Doch trotz jahrzehntelanger Forschungen schaffen Wissenschaftler nicht, was der Sonne auf ganz natürliche Weise gelingt. Es lohnt sich also, die Sonne in Zukunft noch eingehender zu studieren.

Die Sonne – ein großer Gasball

Als ich »Astronomie für Anfänger« unterrichtet habe, stellte ich meinen Teilnehmern immer die Frage: »Warum ist die Sonne eigentlich so groß?« Da machten alle im Saal große Augen oder blickten hilfesuchend um sich, aber keiner hatte eine Ahnung. Die Frage erschien ihnen nicht einmal besonders logisch. Schließlich hat jedes Ding eine bestimmte Größe – wo lag also das Problem?

Nun, die Sonne besteht bekanntlich aus nichts als heißem Gas. Was aber hält sie dann zusammen? Warum verfliegt sie nicht einfach oder löst sich auf wie ein Ring aus Zigarettenrauch? Die Antwort lautet: Es ist die Schwerkraft, die die Sonne davon abhält, zu verfliegen. Die Schwerkraft wirkt, wie ich in Kapitel 1 beschreibe, auf alle Dinge im Universum. Die Sonne ist derart massereich – ihre Masse ist 330.000-mal größer als die der Erde –, dass ihre gewaltige Anziehungskraft die heißen Gasmengen zusammenhält.

Jetzt fragen Sie sich vielleicht: Wenn die Schwerkraft der Sonne das ganze Gas zusammenhält, wieso wird sie dann nicht zu einem weitaus kleineren Ball zusammengepresst? Aus dem gleichen Grund, weshalb manche sich einen Gebrauchtwagen kaufen: Sie steht unter Druck. Je heißer das Gas und je größer die Schwerkraft (oder jede andere Art von Kraft), die es zusammenpresst, umso größer ist der Druck, unter dem es steht. Und der Druck dieses Gases treibt die Sonne auseinander, so wie die Luft in einem Autoreifen die Räder schön prall macht.

Schwerkraft zieht an; Druck stößt ab. Bei einem bestimmten Durchmesser befinden sich die beiden Gegenpole im Gleichgewicht und bleiben bei einer Einheitsgröße. Dieser Durchmesser beträgt etwa 1.392.000 Kilometer – das ist etwa der 109-fache Erddurchmesser.

Aus dem gleichen Grund ist die Sonne auch rund: Die Schwerkraft zieht alles gleichermaßen aus allen Richtungen zum Zentrum, der Druck wiederum drängt in alle Richtungen nach außen. Wenn die Sonne sich sehr schnell drehen würde, würde sie sich am Äquator ein wenig ausbeulen und sich an den Polen etwas abflachen – schuld daran wäre die sogenannte *Zentrifugalkraft*. Aber die Sonne rotiert relativ langsam – nur ein Mal alle 25 Tage am Äquator (und an den Polen noch langsamer), sodass sie in der Bauchgegend keinen Speck ansetzen kann. Ich wünschte, ich könnte dasselbe von mir selbst sagen.

Zwischen Kern und Korona: Die Sonnenregionen

Die *Photosphäre* (»Sphäre des Lichts«) ist die sichtbare Oberfläche der Sonne (siehe Abbildung 10.2). Wenn Sie einen flüchtigen Blick zur hellen Sonnenscheibe am Himmel werfen (die Augen bitte sofort wieder abwenden!), sehen Sie die Photosphäre. Wenn Sie

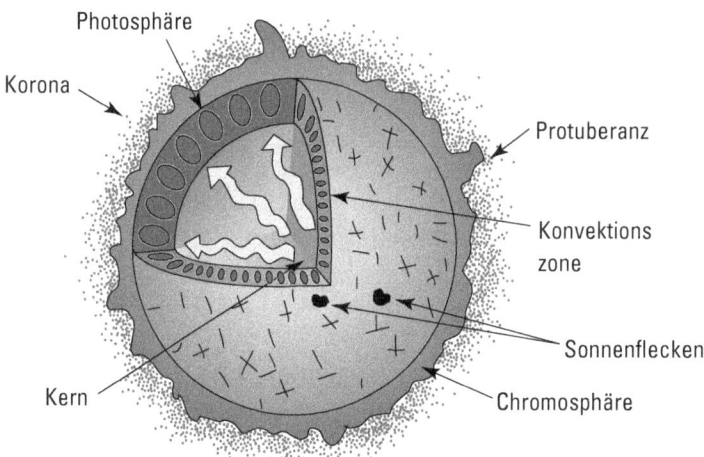

Abbildung 10.2: Bei der Energieversorgung ihres Hoheitsgebiets im Universum ist die Sonne eine Brutstätte der Aktivität.

Sonnenflecken auf einem Foto von der Sonne sehen (oder durchs Teleskop, wie ich weiter hinten in diesem Kapitel beschreibe), blicken Sie auf ein Foto oder eine Direktansicht der Photosphäre. Und wenn ich Ihnen sage, dass der Sonnendurchmesser rund 1,4 Millionen Kilometer beträgt (das habe ich vorhin schon erwähnt), spreche ich von der Größe der Photosphäre. Die Temperatur der Photosphäre beträgt 5.500 Grad Celsius.

Oberhalb der Photosphäre sind die beiden wichtigsten äußeren Sonnenschichten:

✔ **Chromosphäre (»Sphäre der Farben«):** Eine dünne Schicht, die Sie während einer totalen Sonnenfinsternis gut sehen können. Sie wird dann als schmales rotes Band sichtbar, das den dunklen Rand des Monds umgibt. (Im Abschnitt »Erlebnis Sonnenfinsternis« weiter hinten in diesem Kapitel erfahren Sie mehr über Sonnenfinsternisse.) Die Chromosphäre ist nur etwa 1.600 Kilometer dick, erreicht aber eine Temperatur von maximal 10.000 Grad Celsius.

Sie können die Chromosphäre am Sonnenrand sehen, wenn Sie einen teuren H-alpha-Filter verwenden, den ich auch in dem Kasten »Sonnenbeobachtung für den fetten Geldbeutel« erwähne; Sie können sich aber auch mithilfe professioneller Teleskope aufgenommene Fotos auf den Websites der NASA ansehen (siehe den Abschnitt »Sonnenfotos im Internet« am Ende dieses Kapitels) und auf den Webseiten zahlreicher Profisterngucker. Auch während einer totalen Sonnenfinsternis können Sie einen Blick auf die Chromosphäre werfen.

Der Übergang von der Chromosphäre zur hundertmal heißeren Korona vollzieht sich in einer hauchdünnen Grenzschicht, die man als *Übergangsgebiet* bezeichnet und die für Sonnenbeobachter unsichtbar bleibt.

✔ **Korona:** Die Korona ist die umfangreichste und »feinstofflichste« Sonnenschicht, sprich: die mit der geringsten Dichte. Man sieht sie als perlweiße Region, die sich während einer totalen Sonnenfinsternis von der verdunkelten Sonnenscheibe nach außen erstreckt. Die Gestalt der Korona verändert sich von Tag zu Tag (wie von Sonnenbeobachtungssatelliten aufgenommene Fotos beweisen). Die Korona hat keinen festen Durchmesser – sie wird umso dünner, je weiter sie sich von der Photosphäre entfernt, und die Größe, die Sie bei ihr messen, hängt auch von der Genauigkeit Ihres Messinstruments ab. Je sensibler das Instrument reagiert, umso mehr von der Korona können Sie erkennen. Die Korona ist sehr dünn und sehr heiß – eine Million Grad Celsius, an manchen Stellen sogar heißer.

Die Korona ist von geringer Dichte und elektrisch aufgeladen, sodass das Magnetfeld der Sonne ihre Form bestimmt. Wo magnetische Feldlinien bis ins All hinausreichen, ist das koronale Gas dünn und fast unsichtbar. So kann es leicht in Form von *Sonnenwind* entweichen (siehe den Abschnitt »Sonnenwind: Das Spiel mit Magneten« weiter hinten in diesem Kapitel). Wo magnetische Feldlinien bis hinauf zur Korona reichen, um dann zur Oberfläche zurückzukehren, setzen sie dem koronalen Gas Grenzen. Die koronale Region ist dort dicker und heller. Aus der Photosphäre erheben sich schleifenförmige Gebilde hinauf in die Korona. Das in ihnen enthaltene Gas ist viel kühler als das in der Umgebung. Diese Schleifen bezeichnet man als *Protuberanzen*; Sie können sie während einer totalen Sonnenfinsternis am Rand der Sonnenscheibe sehen.

Das *Sonneninnere* ist ein Sammelbegriff für alles, was sich unterhalb der Photosphäre befindet. Es besteht aus den folgenden drei Hauptregionen:

✔ **Kern:** Diese Region reicht vom Sonnenzentrum bis auf etwa 25 Prozent des Wegs zur Photosphäre (rund 174.000 Kilometer). Im Kern wird durch Kernfusion bei hoher Temperatur und Dichte Sonnenenergie produziert. Da Temperatur und Dichte im Zentrum am größten sind und nach außen hin allmählich abnehmen, stammt der größte Teil der Energie aus dem Kerninnersten, weniger von den äußeren Bereichen. Die Energie wird in Form von Gammastrahlen (einer bestimmten Art von Licht) erzeugt, außerdem als Neutrinos (seltsame subatomare Teilchen, auf die ich später im Abschnitt »Tatort Sonne: Das Geheimnis der verschwundenen Neutrinos« näher eingehe). Die Gammastrahlen prallen von einem Atom zum anderen, mal hin und mal her, insgesamt jedoch geht ihre Bewegung nach oben und außen. Die Neutrinos flitzen durch die gesamte Sonnenkugel und fliegen hinaus ins All. Je größer die Entfernung vom Sonneninneren, umso kühler werden die Temperaturen.

✔ **Strahlungszone:** Diese Region reicht von der äußersten Begrenzung des Kerns bis auf etwa 71 Prozent des Wegs zum Zentrum der Photosphäre (500.000 Kilometer vom Kern entfernt). Ihren Namen hat diese Schicht von der Tatsache, dass eine große Menge Sonnenenergie in Form von elektromagnetischer Strahlung (eine physikalische Bezeichnung für Licht) durch diese Zone nach außen dringt.

✔ **Konvektionszone:** Diese Region beginnt an der Spitze der Strahlungszone, 500.000 Kilometer vom Sonnenzentrum entfernt, und reicht bis zur Photosphäre. Wirbelnde Ströme von heißem Gas transportieren Energie in diese Zone, von deren Boden sich heiße Ströme erheben und nach oben hin immer mehr abkühlen, dann erneut herabfallen, sich erwärmen und wieder aufsteigen. (Der gleiche Prozess ist es, der Hitze vom Boden eines Kessels mit kochendem Wasser an die Oberfläche leitet.)

Sonnenaktivität: Was geht da drinnen vor?

Der Begriff *Sonnenaktivität* umfasst alle Arten von Bewegung, die sich tagaus, tagein und in jedem Augenblick auf der Sonne abspielen. Sämtliche Formen von Sonnenaktivität, einschließlich des elfjährigen Sonnenfleckenzyklus sowie einiger noch längerer Zyklen, scheinen etwas mit Magnetismus zu tun zu haben. Tief im Inneren der Sonne erzeugt ein natürlicher Dynamo ständig neue Magnetfelder. Die Magnetfelder steigen an die Oberfläche und in höhere Schichten der Sonnenatmosphäre. Sie sorgen für die Entstehung von Sonnenflecken, Eruptionen und weiterer wechselnder Phänomene.

Astronomen messen Magnetfelder auf der Sonne aufgrund ihrer Auswirkung auf die Sonnenstrahlung, und zwar mithilfe sogenannter Magnetografen. Von solchen Instrumenten aufgenommene Bilder können Sie sich auf den Webseiten professioneller Sonnenobservatorien ansehen (siehe den Abschnitt »Sonnenfotos im Internet« weiter hinten in diesem Kapitel). Diese Beobachtungen magnetischer Felder zeigen, dass es sich bei Sonnenflecken um Bereiche mit hochkonzentrierten Magnetfeldern handelt und dass Sonnenfleckengruppen magnetische Nord- und Südpole aufweisen. Außerhalb der Sonnenflecken ist das Magnetfeld der Sonne im Schnitt relativ schwach.

Viele der rasch veränderlichen Merkmale der Sonne sowie vermutlich alle Explosionen und Eruptionen scheinen etwas mit Sonnenmagnetismus zu tun zu haben. Wo es wechselnde Magnetfelder gibt, kommt es zu elektrischen Strömen (wie in einem Generator), und wenn zwei Magnetfelder aufeinanderprallen, kann ein Kurzschluss (den man als *magnetische Rekonnexion* bezeichnet) auf einmal riesige Energiemengen freisetzen.

In den folgenden Abschnitten komme ich auf mehrere Arten von Sonnenaktivität zu sprechen.

Koronale Massenauswürfe: Die Mutter der Sonneneruptionen

Jahrzehntelang glaubten Astronomen, bei den gewaltigsten Explosionen auf der Sonne handle es sich um Sonneneruptionen. Sie dachten, Sonneneruptionen würden sich in der Chromosphäre abspielen (über die ich in diesem Kapitel bereits gesprochen habe) und die Sache in Gang setzen.

Heute wissen Astronomen, dass sie sich ein wenig angestellt haben wie der Blinde, der einen Elefanten am Schwanz fasst und meint, auf diese Weise alles über das Tier zu erfahren, während es sich beim Schwanz in Wirklichkeit um eine nicht allzu spezifische Eigenheit des Elefanten handelt. Raumbeobachtungen haben ergeben, dass die wichtigsten Triebkräfte von Sonnenausbrüchen nicht etwa Sonneneruptionen sind, sondern sogenannte *koronale Massenauswürfe* – gewaltige Eruptionen, die sich weit oben in der Korona ereignen. Oftmals löst ein koronaler Massenauswurf eine zusätzliche Sonneneruption im unteren Bereich der Korona und in der Chromosphäre aus. Sonneneruptionen können Sie auf vielen Bildern professioneller astronomischer Webseiten sehen. So wie die Zahl der Sonnenflecken sich im Laufe eines elfjährigen Sonnenfleckenzyklus erhöht (siehe folgenden Abschnitt), steigt auch die Zahl der Eruptionen.

Bis vor wenigen Jahren wussten Wissenschaftler nichts über koronale Massenauswürfe, da sie sie nicht sehen konnten. Nur ganz selten, während der kurzen Zeitspanne einer totalen Sonnenfinsternis, war den Astronomen ein ungehinderter Blick auf die Korona vergönnt (siehe den Abschnitt »Erlebnis Sonnenfinsternis« weiter hinten in diesem Kapitel). Sonneneruptionen jedoch kann man zu jedem beliebigen Zeitpunkt sehen, also begannen Wissenschaftler, sie eingehend zu studieren, und maßen ihnen zu viel Bedeutung bei.

Protuberanzen (siehe vorherigen Abschnitt) können Sie am Sonnenrand beobachten, auch wenn gerade keine Sonnenfinsternis stattfindet. Allerdings brauchen Sie dazu einen teuren H-alpha-Filter (siehe hierzu den Kasten »Sonnenbeobachtung für den fetten Geldbeutel« weiter hinten in diesem Kapitel). Wenn Sie häufig genug beobachten, werden Sie hin und wieder Zeuge des Ausbruchs einer solchen Protuberanz. Diese eruptiven Protuberanzen könnten auch Phasen koronaler Massenauswürfe sein.

Wenn Satellitenbilder einen koronalen Massenauswurf zeigen, der sich nicht – sagen wir – östlich oder westlich der Sonne abspielt, sondern einen gewaltigen Ring um die Sonne bildet, einen sogenannten *Halo*, ist das kein gutes Zeichen. Denn dieser Haloeffekt ist ein Hinweis darauf, dass der koronale Massenauswurf – etwa eine Milliarde Tonnen heißes, elektrisch aufgeladenes und magnetisiertes Gas – sich mit mehr als 1,5 Millionen Stundenkilometer direkt auf die Erde zubewegt. Wenn er auf die Magnetosphäre der Erde trifft (die ich in Kapitel 5 beschreibe), kann dies dramatische Folgen haben; mehr darüber im Abschnitt »Sonnenwind: Das Spiel mit Magneten« weiter hinten in diesem Kapitel.

 Wenn Sie auf einem Satellitenbild einen Haloeffekt bemerken, suchen Sie direkt die Website der National Oceanographic and Atmospheric Administration auf und wenden sich an die Abteilung für die Vorhersage von Weltraumwetter (www.swpc.noaa.gov). Man wird dort für eine stürmische Prognose sorgen. Auf derselben Webseite können Sie auch das neueste Video des letzten koronalen Massenauswurfs ansehen.

Zyklen und Zyklen in Zyklen: Die Sonnenflecken

Sonnenflecken sind Bereiche innerhalb der Photosphäre mit einem starken Magnetfeld. Sie erscheinen als dunkle Flecken auf der Sonnenscheibe (siehe Abbildung 10.3). Diese Flecken sind kälter als die sie umgebende Atmosphäre und tauchen oft in Gruppen auf.

Die Zahl der Sonnenflecken variiert im Laufe eines sich wiederholenden elfjährigen Zyklus – des berühmten Sonnenfleckenzyklus – ganz erheblich. Früher schoben die Leute den Sonnenflecken die Schuld für alles Mögliche in die Schuhe – von schlechtem Wetter bis hin zu sinkenden Aktienwerten. Normalerweise vergehen zwischen den einzelnen Perioden, in denen die Zahl der Flecken am höchsten ist, elf Jahre, doch dieser Zeitraum kann variieren, und auch die Gesamtzahl der Flecken kann von einer Spitzenzeit zur nächsten deutlich voneinander abweichen. Experten sagen immer voraus, wie viele Sonnenflecken beim nächsten Zyklus zu erwarten sind, doch solche langfristigen Prognosen sind nicht allzu verlässlich.

Wenn eine Gruppe von Sonnenflecken sich aufgrund der Sonnenrotation über die Sonnenscheibe bewegt, befindet sich der größte Fleck immer ganz vorn in der Gruppe; man nennt

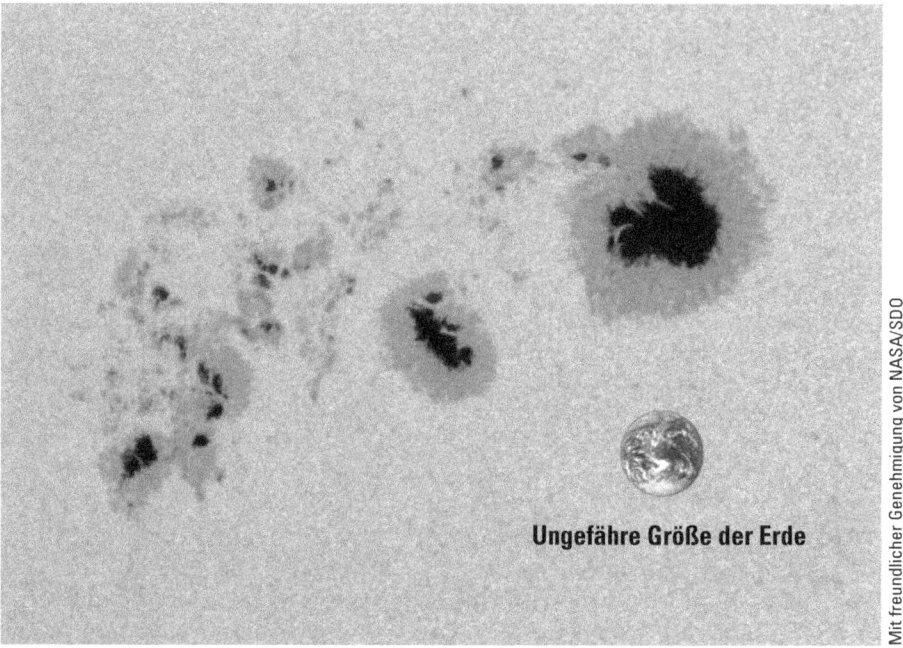

Ungefähre Größe der Erde

Mit freundlicher Genehmigung von NASA/SDO

Abbildung 10.3: Eine Gruppe von Sonnenflecken (fotografiert im Januar 2014)

ihn deshalb den *vorangehenden Fleck*. Der größte Fleck am anderen Ende der Gruppe ist der *nachfolgende Fleck*.

Magnetografische Beobachtungen belegen die Existenz eindeutiger Muster in den meisten Fleckengruppen. Während eines Elfjahreszyklus sind alle vorangehenden Flecken auf der Nordhemisphäre der Sonne magnetische Nordpole, alle nachfolgenden Flecken Südpole. Auf der Südhemisphäre verhält es sich während der gleichen Zeit genau umgekehrt.

Und so definieren sich diese Polaritäten: Eine Kompassnadel, die auf der Erde nach Norden ausschlägt, würde auf der Sonne auf die entsprechenden Nordpole zeigen, sofern man einen Kompass mit zur Sonne nehmen könnte und er nicht schmelzen würde. Die gleiche Nadel würde auf der Sonne von den südlich gepolten Bereichen abgestoßen werden.

Aber wie so oft kommt es erstens anders und zweitens als man denkt: Wenn ein neuer Elfjahreszyklus beginnt, kehren sich auch die Polaritäten um. Dann haben die vorangehenden Flecken auf der Nordhemisphäre eine südliche Polung, die nachfolgenden Flecken eine nördliche – und auf der Südhemisphäre ist es genau anders herum. Wenn Sie ein Kompass wären, wüssten Sie wahrscheinlich nicht mehr, woher und wohin.

Um all jene Tatsachen unter einen Hut zu bringen, prägten Astronomen den Begriff *magnetischer Sonnenzyklus*. Ein solcher Zyklus dauert 22 Jahre, umfasst also zwei Sonnenfleckenzyklen. Alle 22 Jahre beginnt auf der Sonne das gesamte Spiel mit den wechselnden Magnetfeldern mehr oder minder von vorn.

Die »Solarkonstante«: So konstant ist sie gar nicht

Die Gesamtmenge der von der Sonne produzierten Energie bezeichnet man als *solare Leuchtkraft*. Interessanter für Astronomen ist die Energiemenge, die an die Erde weitergegeben wird – die sogenannte *Solarkonstante*. Sie wird definiert als die Menge an Energie, die pro Sekunde auf einen Quadratmeter Erde entfällt, der der Sonne zugewandt ist und sich in durchschnittlicher Entfernung zur Sonne befindet. Sie beträgt 1.368 Watt pro Quadratmeter.

Die Messungen von Solar- und Wettersatelliten der NASA in den 1980er-Jahren deckten geringfügige Abweichungen in der Solarkonstante im Verlauf der Sonnenrotation auf. Vielleicht denken Sie, die Erde würde weniger Energie empfangen, wenn dunkle Sonnenflecken die Sonnenscheibe bedecken, doch das Gegenteil ist der Fall: Je mehr Sonnenflecken vorhanden sind, umso mehr Energie wird an die Erde abgegeben. Ein weiteres Geheimnis, das es für die Astronomen zu lüften gilt.

 Gemäß astrophysikalischer Theorie war die Sonne, als sie noch jung war, etwas heller als in den letzten Jahrmilliarden. Diese Theorie sagt auch voraus, dass die Sonne in ferner Zukunft, wenn sie zum Roten Riesen wird, weitaus mehr Energie an die Erde abgeben wird (siehe Kapitel 11).

Das Wort »Solarkonstante« klingt ein wenig nach Wunschdenken, auch wenn die Veränderung in der Energiefreigabe sich von Tag zu Tag nur in extrem kleinen Schritten vollzieht.

Sonnenwind: Das Spiel mit Magneten

Ein elektrisch geladenes Gas, oder »Plasma« der sogenannte *Sonnenwind*, strömt fortwährend von der Sonnenkorona weg. Er bewegt sich mit mehr als 1,5 Millionen Stundenkilometern (das sind 470 Kilometer pro Sekunde) durch das Sonnensystem, wenn er an der Erdumlaufbahn vorbeizieht.

Der Sonnenwind kommt in Stoßwellen, und er beeinträchtigt und erneuert die irdische Magnetosphäre, die in ihrer Größe komprimiert wird und wieder anschwillt. Die Störung der Magnetosphäre, vor allem durch wandernde Sonnenstürme wie koronale Massenauswürfe (die wir weiter vorn in diesem Kapitel besprochen haben), können zur Entstehung von Polarlichtern auf der Nordhalbkugel (Aurora Borealis) und auf der Südhalbkugel (Aurora Australis) führen, ferner zu geomagnetischen Stürmen (in Kapitel 5 finden Sie mehr zum Thema Magnetosphäre und Nordlichter). Diese geomagnetischen Stürme können ganze Stromnetze lahmlegen (und für Stromausfälle sorgen), den elektrischen Kreislauf bei Öl- und Gasleitungen zum Erliegen bringen, Navigationssysteme und Funkverkehr stören sowie teure Satelliten beschädigen. Manche Menschen behaupten, Polarlichter sogar *hören* zu können. Im Jahr 2011 gelang es in einem Experiment in Finnland tatsächlich, diese Auroraklänge aufzuzeichnen.

Koronale Massenauswürfe lassen sich mit einer Amateurausrüstung normalerweise nicht beobachten, umso besser jedoch durch Satellitenteleskope. Sie schleudern mehrere Milliarden Tonnen schwere Fetzen aus elektrisch geladenem Gas ins Sonnensystem, das sogenannte *Solarplasma*, das von Magnetfeldern durchsetzt ist. Manchmal kollidieren diese Gasklumpen mit der irdischen Magnetosphäre (einer ausgedehnten Region um den Erdball, in dem Elektronen, Protonen und andere elektrisch geladene Teilchen, gefangen im Magnetfeld der Erde, zwischen den nördlichsten und den südlichsten Breitengraden hin und her geschleudert werden). Die Magnetosphäre wirkt wie ein Schutzschirm, der koronale Massenauswürfe und Sonnenwind fernhält.

Dieser Schutzschirm ist aber nicht hundertprozentig dicht. Sehr energiereiche koronale Massenauswürfe können Satelliten im Erdorbit beschädigen. Unruhiges Weltraumwetter erhöht auch die Strahlendosis, die Flugpassagiere auf polaren Routen abbekommen, kann die Radiokommunikation stören oder sogar das Stromnetz oder die Elektronik von Pipelines schädigen. Je technisierter unsere Gesellschaft wird, desto mehr müssen wir uns mit den Auswirkungen des Weltraumwetters beschäftigen. In einem 2016 in der Zeitung *Wall Street Journal* veröffentlichten Artikel wurde berichtet, dass Versicherungskonzerne ihren Kunden sogenannte „Katastrophen-Bonds" anbieten, die Verluste durch Naturkatastrophen – darunter Sonnenflares – abdecken.

 Solare Störungen samt ihren Auswirkungen auf die Magnetosphäre bezeichnet man als *Weltraumwetter*. Den aktuellen Weltraumwetterbericht der US-Regierung nebst Vorhersage können Sie auf der Website des NOAA Space Weather Prediction Center einsehen (`www.swpc.noaa.gov`). Wenn Sie ein paar Euro investieren wollen, empfehle ich Ihnen die Space Weather-App für das iPhone und Android. Sie informiert Sie stets über aktuelle Aurorae, Radio-Blackouts und andere Auswirkungen des Weltraumwetters.

Tatort Sonne: Das Geheimnis der verschwundenen Neutrinos

Die Kernfusion im Innersten der Sonne bewirkt nicht nur einen Austausch von Wasserstoff gegen Helium oder die Freisetzung von Gammastrahlen zur Aufheizung des gesamten Sterns. Sie gibt auch eine gewaltige Menge von *Neutrinos* frei – das sind elektrisch neutrale, subatomare Teilchen, die so gut wie keine Masse haben, fast mit Lichtgeschwindigkeit reisen und nahezu alles durchdringen können. Astronomen können durch die Beobachtung von Neutrinos, die von der Sonne stammen, die berechnete Temperatur und Dichte im Herzen der Sonne überprüfen.

Ein Neutrino ist wie ein heißes Messer, mit dem sich ein Stück Butter mühelos durchschneiden lässt. Tatsächlich können Neutrinos aus dem Sonnenzentrum hinaus ins All fliegen. Die erdwärts fliegenden Neutrinos durchdringen den Planeten und kommen auf der anderen Seite wieder zum Vorschein. Doch das heiße Messer unterscheidet sich vom Neutrino insofern, als es die Butter, mit der es in Berührung kommt, auch schmelzen lässt. Das Neutrino dagegen huscht (in den meisten, aber nicht allen Fällen) einfach hindurch, ohne irgendwie auf die Materie einzuwirken.

Physikalische Experimente registrieren die seltenen Ausnahmen, in denen Neutrinos doch mit der Materie interagieren, sodass ein winziger Bruchteil der Sonnenneutrinos, die sich durch riesige unterirdische Laboratorien (sogenannte Neutrino-Observatorien) bewegen, gezählt wird. Diese Observatorien befinden sich meist in tiefen unterirdischen Minen und

Tunnels unter Gebirgen. In solchen Tiefen fliegen nur wenige andere Arten von Teilchen umher, sodass es Wissenschaftlern etwas leichter fällt, ein Sonnenneutrino von anderen Teilchen zu unterscheiden. Eine dieser Forschungsstätten – das Sudbury Neutrino Observatory in Kanada – befindet sich 2.000 Meter unter der Erdoberfläche. Ein guter Ort zur »Vertiefung« unserer astronomischen Kenntnisse.

Es ist nicht leicht, Neutrinos zu zählen; vor einiger Zeit jedoch berichteten Neutrino-Observatorien von einem Mangel an Sonnenneutrinos: Die Zahl der Neutrinos, die zur Erde gelangten, war im Verhältnis zu der von der Sonne erzeugten Energie erheblich niedriger, als Experten erwartet hatten.

Diese Knappheit an Sonnenneutrinos war für uns auf Erden das geringste Problem. Im Vergleich zu Aids, Krieg, Hungersnöten, der Vernichtung des Regenwalds, dem Artensterben und der Knappheit fossiler Brennstoffreserven stellte sie kein wirkliches Problem dar. Den Wissenschaftlern jedoch ließ dieser Neutrinorückgang keine Ruhe, und schon bald warteten sie mit neuen Theorien zur Teilchenphysik auf und widmeten sich der Überprüfung theoretischer Modelle des Sonneninneren.

Zum Glück konnten Forscher des Sudbury Neutrino Observatory (und anderer Einrichtungen) das Geheimnis um die verschwundenen Neutrinos lüften. Es stellte sich heraus, dass sich einige der im Sonneninneren produzierten Neutrinos auf ihrem Weg zur Erde in eine von zwei andere Arten von Neutrinos verwandeln, und den Neutrino-Observatorien, die zuvor den Rückgang von Sonnenneutrinos festgestellt hatten, war es nicht gelungen, diese anderen beiden Typen ausfindig zu machen. Der Grund lag in unserem lückenhaften Wissen über das Verhalten der Neutrinos und den daraus resultierenden Defiziten in der Laborausstattung, nicht etwa in einem fehlenden Verständnis der Energieerzeugung der Sonne oder der Höhe des Neutrinoausstoßes. Stellen Sie sich zum Vergleich vor, Sie müssten für eine Jahresbilanz in einem Wildtierreservat Vögel zählen, würden aber eine Brille mit farbigen Gläsern tragen. Sie würden vielleicht Rotkehlchen und Rotschwänzchen für bedrohte Arten halten, nur weil Sie mit Ihren Augengläsern die Farbe Rot nicht wahrnehmen könnten.

Vier Milliarden Jahre und noch viel mehr: Die Lebenserwartung der Sonne

Irgendwann ist es so weit und der Sonne geht der Sprit aus. Dann wird sie sterben. Und ohne die Energie und Wärme der Sonne würde auch auf der Erde alles Leben erlöschen. Die Meere würden gefrieren, ebenso die Luft. Hört sich logisch an, oder? Was jedoch *tatsächlich* geschehen wird: Die Sonne wird sich aufblähen und die Gestalt eines roten Riesensterns annehmen (mehr über Rote Riesen in Kapitel 11). Sie wird monströs aussehen und die Ozeane zum Kochen bringen. So dürften sich die sieben Meere also in Dampf aufgelöst haben, noch ehe sie Gelegenheit zum Gefrieren finden.

Lesen Sie den vorherigen Absatz noch einmal genau. Ich sagte nicht, dass die Ozeane *wirklich* gefrieren werden; ich sagte nur, ohne die Energie der Sonne würden sie das tun. Die Energiemenge, die die Erde empfängt, wird jedoch vor dem Tod der Sonne derart ansteigen, dass die Menschen vor Hitze sterben werden statt vor Kälte (falls es überhaupt noch

Menschen gibt, wenn es so weit ist). Und was die Meere anbelangt, so wird man aus ihnen eher Bratfisch als Alaskalachs fischen können. So viel zum Thema globale Erwärmung!

Der Rote Riese, zu dem die Sonne dann geworden ist, wird seine äußeren Schichten abstoßen und einen farbenfrohen, sich ausbreitenden Nebel bilden – eine jener strahlenden Gaswolken, die Astronomen als planetarische Nebel bezeichnen. Doch kein Mensch wird mehr da sein, um darüber zu staunen. Schauen wir uns also lieber noch mal einige Bilder von den planetarischen Nebeln anderer Sterne an – den unserer eigenen Sonne werden wir auf jeden Fall verpassen (siehe Kapitel 12).

Der Nebel wird sich allmählich auflösen, und alles, was in seinem Zentrum zurückbleibt, wird ein winziges Stückchen ausgebrannte Sonnenglut sein – ein heißes kleines Objekt, das man als *Weißen Zwerg* bezeichnet. Es wird nicht viel größer sein als die Erde, und obwohl es anfangs sehr heiß sein wird, ist es nicht groß genug, um der Erde viel Energie zu spenden. Alles, was auf der Erdoberfläche zurückgeblieben ist, wird gefrieren. Und der Weiße Zwerg wird langsam erkalten wie die letzte Glut eines erkaltenden Lagerfeuers. (Mehr über Weiße Zwerge steht in Kapitel 11.)

Zum Glück bleiben uns noch fünf Milliarden Jahre, bis dieses Szenario tatsächlich droht. Sollen sich die Generationen, die nach uns kommen, darüber den Kopf zerbrechen – genauso wie über die Staatsschulden oder wie sie an ein sündhaft teures Exemplar des längst vergriffenen Bestsellers *Astronomie für Dummies* kommen sollen.

Liebe kann blind machen ... falsche Sonnenbeobachtungen auch

Galileo Galilei, italienischer Astronom im 17. Jahrhundert, machte die erste große Entdeckung auf der Sonne durch ein Teleskop. Seine Beobachtungen der täglichen Bewegung der Sonnenflecken auf der Sonnenoberfläche führten ihn zu dem Schluss, dass die Sonne sich um ihre eigene Achse dreht. Des Öfteren wurde berichtet, er habe sich im Zuge seiner Forschungen sein Augenlicht ruiniert. Egal, ob das stimmt oder nicht – meine Warnung ist auf jeden Fall ernst gemeint: Mit einem Teleskop oder einer anderen Beobachtungshilfe wie einem Feldstecher in die Sonne zu blicken, ist extrem gefährlich. Denn Teleskope oder Fernrohre bündeln das Licht stärker als das bloße Auge und konzentrieren es zu einem kleinen Punkt auf Ihrer Netzhaut, wo es sofort schweren Schaden anrichtet. Haben Sie schon einmal ein *Brennglas* gesehen, eine jener Vergrößerungslinsen, die das Sonnenlicht auf einem Blatt Papier bündeln und es dadurch in Brand setzen? Dann wissen Sie ja, wie die Sache abläuft.

 Mit dem bloßen Auge in die Sonne zu blicken, empfiehlt sich auf gar keinen Fall! Es kann sich in bestimmten Fällen wirklich schädlich auswirken. Schon ein flüchtiger Blick durch ein Teleskop, ein Fernglas oder jedes andere optische Instrument kann gefährlich sein, es sei denn, es ist mit einem Solarfilter speziell für Sonnenbeobachtungen eines namhaften Herstellers ausgestattet. Sie können die Sonne allerdings mithilfe einer Technik beobachten, die man *Projektion* nennt (siehe folgender Abschnitt). Wenn Sie die Anweisungen in den nächsten beiden Abschnitten genau befolgen, gehen Sie keinerlei Risiko ein. Noch besser:

Beginnen Sie Ihre Sonnenbeobachtungen unter der Anleitung eines erfahrenen Amateur- oder Profiastronomen. (In Kapitel 2 erfahren Sie alles darüber, wie Sie Klubs und andere nützliche Ressourcen für den Einstieg finden können.)

Sonnenbeobachtung mit der Projektionstechnik

Galileo erfand die *Projektionstechnik*, indem er ein Abbild der Sonne mit einem ganz normalen Teleskop auf eine Leinwand bannte, wie bei einem Diaprojektor. Diese Technik ist nur dann gefahrlos, wenn man sie mit einem einfachen Teleskop durchführt – zum Beispiel einem, das die Bezeichnung *Newton-Spiegelteleskop* oder *Refraktor* trägt.

Wie ich in Kapitel 3 erkläre, arbeitet ein Newton-Spiegelteleskop abgesehen vom Okular nur mit Spiegeln, und das Okular befindet sich oben am Teleskoprohr, von dem es rechtwinklig absteht. Ein Refraktor arbeitet mit Linsen und hat keinen Spiegel.

 Benutzen Sie die Projektionstechnik nicht bei Teleskopen, die sowohl mit Linsen und Spiegeln als auch mit Okularen ausgestattet sind – das bedeutet im Klartext: Benutzen Sie sie nicht bei Schmidt-Cassegrain- oder Maksutov-Cassegrain-Teleskopen, die sowohl Spiegel als auch Linsen haben (ich beschreibe diese Teleskope in Kapitel 3). Das heiße, gebündelte Abbild der Sonne kann die technische Vorrichtung innerhalb des versiegelten Teleskoprohrs beschädigen und zur Gefahr werden lassen.

So können Sie die Projektionstechnik gefahrlos anwenden:

1. **Befestigen Sie ein Newton-Spiegelteleskop oder einen Refraktor auf einem Stativ.**

2. **Setzen Sie Ihr schwächstes Okular in das Teleskop ein.**

3. **Richten Sie das Teleskop in Richtung Sonne aus, ohne dabei hindurch oder an ihm entlang zu blicken.**

   Halten Sie sich und alle anderen Personen vom Okular fern, ebenso von der hinteren Seite des Teleskops, durch die der gebündelte Sonnenstrahl austritt. Falls auf dem Teleskop ein kleines Suchfernrohr befestigt ist, blicken Sie auch nicht durch dieses Suchfernrohr!

4. **Suchen Sie den Schatten des Teleskoprohrs auf dem Boden.**

5. **Bewegen Sie das Teleskop auf und ab sowie hin und her und achten Sie dabei auf den Schatten. Er sollte so klein wie möglich sein.**

   Am besten ist es, wenn Sie oder eine Person, die Ihnen assistiert, ein Stück Pappdeckel unter das Teleskop hält, und zwar senkrecht zu seiner Längenausrichtung, damit der Schatten des Rohrs auf dieses Stück Pappdeckel fällt. Bewegen Sie das Teleskop so lange, bis dieser Schatten einem dunklen, ausgefüllten Kreis ähnelt.

6. **Halten Sie den Pappdeckel an das Okular; die Sonne wird sich im Gesichtsfeld befinden, und ihr Bild wird auf die Pappe projiziert.**

   Ist kein Abbild der Sonne zu erkennen, sollte das helle Licht der Sonne auf einer Seite des Pappdeckels sichtbar sein. In diesem Fall bewegen Sie das Teleskop, bis dieses Licht in die Mitte des Pappdeckels rückt, wodurch die Sonne in den sichtbaren Bereich tritt. Denken Sie daran: Je weiter Sie den Pappdeckel vom Okular entfernen, umso größer und leichter wird das projizierte Bild der Sonne zu beobachten sein. Halten Sie den Pappdeckel jedoch zu weit weg, wird das Bild zu trüb.

 In Abbildung 10.4 sehen Sie eine grafische Darstellung der Projektionstechnik. (*Wichtig:* Die Grafik zeigt ein kleines Suchfernrohr auf dem Teleskop, da die meisten Teleskope damit ausgerüstet sind, doch sollten Sie *auf keinen Fall* durch dieses Suchfernrohr zur Sonne blicken, da Sie Ihre Augen damit ernsthaft schädigen können.) Die einfachste und sicherste Methode zur Anwendung dieser Technik besteht darin, einen erfahrenen Beobachter vom örtlichen Astronomieklub zu konsultieren; wie Sie erfahren können, wo es in Ihrer Nähe einen solchen Klub gibt, steht in Kapitel 2.

Selbst wenn Sie es vermeiden, durchs Teleskop zu blicken, gilt es, auch anderen Eventualitäten vorzubeugen, die bei der Projektionstechnik auftreten können. Ich habe einmal gesehen, wie ein Schüler aus Brooklyn die Sonne durch ein 175-Millimeter-Teleskop projizierte. Er war zwar vorsichtig genug, nicht durch das Teleskop zu blicken; leider jedoch hielt er seinen Arm genau an die Stelle vor das Okular, an der das gebündelte Sonnenlicht in Form eines winzigen Punkts austrat. Dabei brannte er sich ein stattliches Loch in seine teure Lederjacke.

 Wenn Sie ein Sonnenabbild mithilfe eines Teleskops projizieren wollen, müssen Sie höllisch aufpassen! Vor allem: Lassen Sie niemals Kinder unbeaufsichtigt in die Nähe des Teleskops, ebenso wenig Personen, die mit dieser Methode nicht vertraut sind. Blicken Sie weder durch das Teleskop noch durch das kleine, aufmontierte Suchfernrohr in die Sonne. Um keinen Schaden anzurichten,

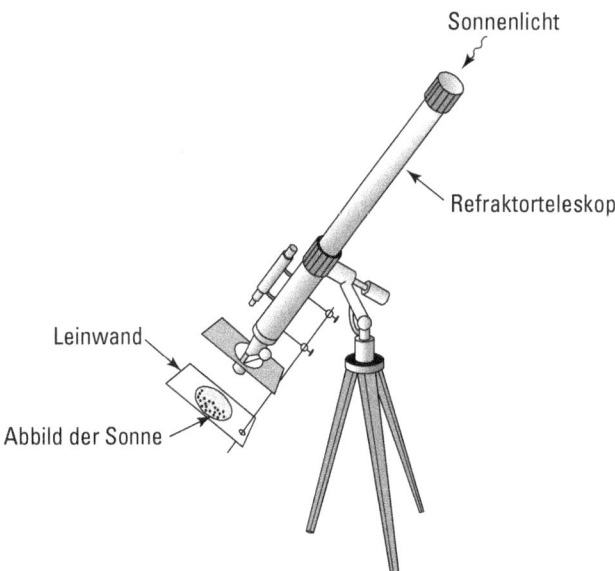

Abbildung 10.4: Projizieren Sie die Sonne zum Schutz Ihrer Augen auf eine weiße Oberfläche.

vergewissern Sie sich, dass weder Körper, Kleidung noch sonstige Gegenstände dem gebündelten Licht ausgesetzt sind; nur ihre kleine Pappdeckelleinwand darf sich im Strahl befinden.

Lehrer, die Ihrer Schulklasse Sonnenflecken zeigen möchten, verwenden am besten die sicherste Variante: ein Teleskop, das nur einem einzigen Zweck dient, nämlich ein Bild der Sonne auf eine Leinwand zu projizieren. Ein solches Instrument ist der Sunspotter, man bekommt ihn zum Beispiel hier: www.teachersource.com.

Wenn Sie die Projektionstechnik einigermaßen gut beherrschen, können Sie auch nach Sonnenflecken suchen. Wenn Sie einen entdecken, suchen Sie ihn morgen und an den darauffolgenden Tagen erneut, um seinen Weg über die Sonnenscheibe mitzuverfolgen. Auch wenn sie von sich aus nicht völlig regungslos sind, so ist die Bewegung der Sonnenflecken doch hauptsächlich das Ergebnis der *Sonnenrotation*. So können Sie Galileis Entdeckung mit eigenen Augen nachvollziehen – auf gefahrlose Weise.

Falls Sie nicht auf die Projektionstechnik zurückgreifen wollen oder ein Teleskop mit Linsen *und* Spiegeln haben (das für diese Technik ungeeignet ist), können Sie trotzdem gefahrlos in die Sonne schauen – und zwar mit einem speziellen *Weißlicht*-Sonnenfilter. »Weißlicht« bedeutet, dass dieser Filter sämtliche oder die meisten im sichtbaren Licht enthaltenen Farben durchlässt; »Filter« bedeutet, dass die Helligkeit des Lichts eingeschränkt wird. Wollen Sie die Sonne durch einen sicheren Weißlichtfilter betrachten (siehe den Abschnitt »Die Sonne durch Objektivfilter betrachten«), müssen Sie dafür zwar ein paar Taler ausgeben – doch diese Investition sollten Ihnen der Beobachtungsspaß und Ihre Sicherheit auf jeden Fall wert sein.

Sonnenbeobachtung mit der Lochkamera

Sie können die Sonne auch mit einer simplen Lochkamera beobachten (wobei Sie allerdings nicht annähernd so viele Details sehen werden wie mit einem Teleskop). Lochkameras gibt es schon viel länger als Teleskope. Eine einfache Anleitung zum Bau einer Lochkamera für die Sonne aus weißer Pappe, Alufolie, einer Stecknadel oder Büroklammer und etwas Klebeband finden Sie auf dieser NASA-Seite: www.jpl.nasa.gov/edu/learn/project/how-to-make-a-pinhole-camera/.

Ob Sie's glauben oder nicht, das Loch projiziert ein echtes Bild der Sonne, ohne Linsen oder Spiegel! Mit dieser Technik können Sie zum Beispiel prima die partielle Phase einer Sonnenfinsternis betrachten, und sogar besonders große Sonnenflecken sehen. Ein Spaß für die ganze Familie, Schulklasse oder Pfadfindergruppe!

Und wenn Sie mit Ihrer Lochkamera noch nicht ganz zufrieden sind, experimentieren Sie doch mit Design-Verbesserungen, etwa einem Schuhkarton oder einer Papphöre, der beziehungsweise die das Streulicht ausblendet und dem Bild mehr Kontrast verleiht.

Sonnenbeobachtung für den fetten Geldbeutel

Man kann mit wenig Geld Astronomie betreiben, man kann aber auch viele sündhaft teure Ausrüstungsgegenstände erwerben, für die man schon einen fetten Geldbeutel braucht. Zum Beispiel gibt es spezielle Sonnenfilter, die sogenannten *H-alpha-Filter*, die Ihnen einen Blick auf Sonnenerscheinungen gestatten, die Sie bei weißem Licht nicht sehen können. Diese Filter eignen sich (wenn nicht gerade eine totale Sonnenfinsternis herrscht) besonders gut zur Beobachtung von Protuberanzen, die wie Feuerpfeile am Rand der Sonnenscheibe aussehen. Billig sind solche Filter allerdings nicht – sie kosten oft mehr als 1.000 Euro.

H-alpha-Filter kategorisiert man nach ihrer *Bandbreite* (auch *Durchlassbereich* genannt), worunter man den Bereich des solaren Spektrums versteht, den sie passieren lassen. Je geringer die Bandbreite, umso teurer ist normalerweise der Filter. Mit den meisten H-alpha-Filtern kann man Protuberanzen am Sonnenrand zwar sehen, doch um auch Sonneneruptionen zu erkennen, brauchen Sie Filter mit einer Bandbreite von 0,7 Å (0,7 Angström) oder weniger. Durch H-alpha-Filter können Sie auch *Filamente* sehen – sie sehen aus wie dunkle, leicht gekrümmte Linien auf der Sonnenscheibe –, die für Weißlichtfilter unsichtbar bleiben. Im Grunde sind Filamente und Protuberanzen das Gleiche: Sie erscheinen, durch einen H-alpha-Filter betrachtet, am Rand der Sonne gegen einen relativ dunklen Hintergrund hell; auf der Sonnenscheibe selbst jedoch, die einen hellen Hintergrund darstellt, wirken sie dunkel.

Falls Geld für Sie keine Rolle spielt (und Sie schon ein wenig Erfahrung mit Weißlicht-Sonnenbeobachtungen haben, wie ich sie in diesem Kapitel beschreibe), sollten Sie sich einen oder mehrere H-alpha-Filter auf jeden Fall leisten. Eine gute Auswahl an solchen Filtern und anderen Instrumenten zur Sonnenbeobachtung finden Sie bei www.astroshop.de. Der zurzeit preiswerteste H-alpha-Filter von Lunt Solar Systems kostet 1.800 Euro, einer der teuersten satte 9.740 Euro.

Die sicherste und preiswerteste Möglichkeit der Sonnenbeobachtung mit H-alpha-Filter ist wohl der Erwerb eines kleinen Teleskops, das ausschließlich solchen Zwecken dient. Eines der renommiertesten Instrumente ist das Coronado Personal Solar Telescope, das Sie zum Beispiel bei www.astroshop.de bekommen. Auch Lunt Solar Systems bietet solche Komplettteleskope an, die günstigsten liegen zurzeit bei etwa 1.000 Euro.

Die Sonne durch Objektivfilter betrachten

Die einzigen Sonnenfilter, die ich für Beobachtungen mit gewöhnlichem Weißlicht empfehle, werden am *Objektiv* des Teleskops befestigt, sodass kein Licht eindringen kann, ohne zuvor den Filter zu passieren. (Es handelt sich dabei nicht um die H-alpha-Filter, die ich in dem Kasten »Sonnenbeobachtung für den fetten Geldbeutel« beschreibe; sie sind auch bei Weitem nicht so teuer.) Mit einem Weißlichtfilter können Sie Sonnenflecken sehen, mit einem H-alpha-Filter nicht. Weißlichtfilter wiederum zeigen keine Protuberanzen und Eruptionen, die Sie durch H-alpha-Filter sehen können.

Filter, die sich am oder beim Okular befinden, können aufgrund der konzentrierten Sonnenwärme kaputtgehen und Ihre Augen dadurch unter Umständen schwer schädigen. Benutzen Sie deshalb nur Filter, die am Objektiv befestigt werden.

Welche Filter sich für welchen Anwendungsbereich am besten eignen, habe ich Ihnen schon in Kapitel 3 erklärt. Unter den Objektivfiltern empfehle ich Ihnen folgende:

✔ **Full-Aperture-Filter:** Geeignet für Teleskope mit höchstens 10 Zentimetern Blendenöffnung (die *Blendenöffnung* ist der Durchmesser des lichtsammelnden Spiegels oder der Linse Ihres Teleskops) wie das Meade EXT-90 oder das Celestron SkyProdigy 90 (siehe Kapitel 3). Der Filter geht über den gesamten Durchmesser des Teleskops, sodass der Spiegel oder die Linse das gefilterte Licht der Sonne an allen Stellen empfängt.

✔ **Off-Axis-Filter:** Eignet sich besonders gut für Teleskope mit einer Blendenöffnung von 10 Zentimetern oder mehr – allerdings nicht für Refraktoren. Ein Off-Axis-Filter ist kleiner als die Blendenöffnung des Teleskops, wird jedoch auf eine Platte montiert, die die gesamte Blendenöffnung abdeckt. Die Sonne ist so hell, dass Sie nicht die gesamte Blendenöffnung des Teleskops brauchen, um genügend Licht für eine brauchbare Sonnenbeobachtung zu sammeln. Eine größere Öffnung ermöglicht theoretisch eine schärfere Sicht, doch an den meisten Beobachtungsorten verhindert die Turbulenz der Erdatmosphäre diesen Vorzug. Je weniger unnötiges Sonnenlicht in Ihr Teleskop eindringt, umso gefahrloser können Sie es benutzen.

Blenden Sie Ihr Teleskop ab!

Wenn Sie einen kleineren oder größeren Teil des Lichtwegs in Ihrem Teleskop versperren (zum Beispiel durch einen Filter, der das Licht nur durch einen Teil der Blendenöffnung hindurchlässt), *blenden* Sie Ihr Teleskop auf diese Weise *ab*.

Wissen Sie, wer das Abblenden von Teleskopen erfunden hat? Galileo! Der hatte es irgendwie schon drauf. Sie können seine Forschungen nachvollziehen, indem Sie Sonnenflecken mit einem abgeblendeten Teleskop beobachten. Er führte auch physikalische Versuche durch; angeblich machte er sogar Fallversuche mit Gewichten am Schiefen Turm von Pisa. Letzteres sollten Sie aber bleiben lassen.

Ein Off-Axis-Sonnenfilter lässt sich mit Ausnahme von Refraktoren für die meisten Teleskope einsetzen, denn Nichtrefraktoren haben in der Regel kleine Spiegel oder mechanische Vorrichtungen im Zentrum des Teleskoprohrs, die jenen Teil des Lichts abblocken, der auf das Zentrum des Tubus fällt.

Im Spezialfall eines Refraktors mit einer Blendenöffnung von 10 Zentimetern oder mehr muss der Filter am oberen Ende des Teleskops befestigt werden und kleiner als die Blendenöffnung sein; Sie sollten ihn aber zentral auf einer lichtundurchlässigen Platte montieren, die das Teleskop bedeckt. Der Filter sollte deswegen zentral befestigt werden, da normalerweise der zentrale Teil der Primär- oder Objektivlinse des Refraktors eine bessere optische Abbildung liefert als die Peripherie der Linse.

Die Firma Thousand Oaks Optical in Kalifornien produziert sowohl Full-Aperture- als auch Off-Axis-Glasfilter verschiedenster Art. Sie stellt eine Menge Filter für handelsübliche Teleskope her; eine Liste finden Sie auf der Website `thousandoaksoptical.com/solar.html`.

 Folgen Sie bei der Benutzung von Sonnenfiltern stets den Hinweisen des Herstellers.

Zur Sonne blicken wird nie langweilig

Die Sonne zu beobachten, ist mindestens genauso schön, wie sie an einem Sommertag auf der Haut zu genießen. Sie ist eine faszinierende, sich ständig verändernde Kugel aus heißen Gasen, die dem umsichtigen Hobbyastronomen jede Menge Beobachtungsstoff liefert. Zusätzlich zu Ihren eigenen Sonnenbeobachtungen (bei denen Sie die Vorsichtsmaßnahmen aus dem vorigen Abschnitt strengstens einhalten sollten) können Sie sich außerdem auf verschiedenen Internetseiten atemberaubende Profiaufnahmen unseres Zentralgestirns ansehen. Wenn Sie beides abwechselnd tun, werden Sie die Sonne bald so gut kennen wie Ihre Hosentasche. Im Folgenden gebe ich Ihnen ein paar Tipps zum Ausprobieren.

Sonnenflecken auf ihrem Weg begleiten

 Wenn Sie sich als Sonnenbeobachter fit genug fühlen, um bei der Projektionsmethode oder der Ausstattung Ihres Teleskops mit einem Sonnenfilter nichts falsch zu machen oder Ihre Augen zu gefährden, können Sie sich als Nächstes den Sonnenflecken zuwenden. Gehen Sie dabei wie folgt vor:

✔ Beobachten Sie die Sonne so oft wie möglich.

✔ Notieren Sie sich die Größe und Position verschiedener Sonnenflecken und Fleckengruppen auf der Sonnenscheibe.

✔ Manche Sonnenflecken sehen Sie einfach nur als winzige dunkle Flecken. Bleiben diese Flecken auch klein und dunkel, wenn Sie sie durch ein leistungsstarkes Observatoriumsteleskop betrachten, handelt es sich um Poren. Ist jedoch ein Sonnenfleck groß genug, können Sie die verschiedenen Regionen erkennen. Den großen mittleren Bereich bezeichnet man als *Umbra*. Die umliegende Gegend, die dunkler als die Sonnenscheibe erscheint, aber auch heller als die Umbra, nennt man *Penumbra*.

✔ Zeichnen Sie die Bewegung der Sonnenflecken während einer vollen Umdrehung auf – sie dauert 25 Tage (am Äquator) bis etwa 35 Tage (in Polnähe; ja, die Sonne dreht sich in unterschiedlichen Breiten unterschiedlich schnell).

Bei der Abteilung für Sonnenfragen der Vereinigung der Sternfreunde (vds-astro.de) finden Sie Ansprechpartner, die Association of Lunar and Planetary Observers bietet auch Formulare an, mit denen Sie Ihre Sonnenfleckenbeobachtungen erfassen und melden können. Es gibt zu ähnlichen Zwecken auch ein Sonnenbeobachter-Programmpaket für Windows; mehr dazu unter www.strickling.net/sonneart.htm.

Ihre persönliche Sonnenfleckenzahl berechnen

Sie können Ihre eigene Sonnenfleckenzahl für jeden Beobachtungstag mit folgender Formel ausrechnen:

$R = 10g + s$

R ist Ihre persönliche Sonnenfleckenzahl, g steht für die Zahl von Fleckengruppen, die Sie auf der Sonne sehen können, und s ist die Gesamtsumme der von Ihnen gesichteten Sonnenflecken, einschließlich der Flecken, die zu einer Gruppe gehören. Normalerweise tauchen Sonnenflecken voneinander isoliert an verschiedenen Orten auf der Sonnenscheibe auf. Befinden sich an einer Stelle mehrere Flecken beieinander, spricht man von einer Gruppe. Ein völlig isolierter Fleck gilt als eigene Gruppe (so praktizieren Wissenschaftler es seit Jahren, auch wenn ihre Begründung dafür nicht fleckenlos rein ist).

Nehmen wir zum Beispiel an, Sie haben fünf Sonnenflecken gezählt. Drei davon befinden sich in unmittelbarer Nähe zueinander, die anderen beiden weit davon (und auch voneinander) entfernt. Somit handelt es sich um drei Gruppen (die Dreiergruppe sowie die beiden Gruppen, die jeweils nur aus einem Flecken bestehen); es gilt also $g = 3$. Die Zahl der Einzelflecken beträgt 5, also gilt: $s = 5$

$R = (10 \times 3) + 5$

$R = 30 + 5$

$R = 35$

Die offizielle Sonnenfleckenzahl finden

Es kommt vor, dass verschiedene Beobachter an ein und demselben Tag auf verschiedene persönliche Sonnenfleckenzahlen kommen. Bei besseren Sichtbedingungen, einer höheren Qualität des Teleskops oder einfach nur mit mehr Fantasie werden Sie vermutlich einen höheren Wert erhalten als Ihr Nachbar Zorngiebel. Sie kommen vielleicht auf einen stolzen Wert von R = 59, und Zorngiebel hat nur läppische R = 35 vorzuweisen. Ausgerechnet er, der sonst jedes Hälmchen Unkraut sieht, das von Ihnen zu ihm rüberwächst. Tja, andere Menschen, andere Fleckenzahlen.

Die zentralen Behörden, die alle Meldungen aus Observatorien in Tabellen eintragen und den Durchschnitt berechnen, werden feststellen, dass verschiedene Beobachter einen ähnlichen Betrag erhalten wie Zorngiebel, manche sogar weniger, während andere wiederum mit

Ihnen gleichauf sind. Aufgrund dieser Erfahrung beschäftigen die Behörden sich mit jedem Observatorium oder Beobachter, stufen ihn ein und rechnen aus, welches Maß an Zuverlässigkeit sie künftigen Beobachtungen von seiner Seite einräumen können, um auf einen realistischen Durchschnittswert zu kommen.

 Sie finden jeden Tag die korrekte Sonnenfleckenzahl unter www .spaceweather.com.

Erlebnis Sonnenfinsternis

Für den Hausgebrauch empfiehlt es sich, den äußersten und eindrucksvollsten Bereich der Sonne, die Korona, auf Satellitenbildern zu betrachten; eine Liste mit Websites, die solche Fotos bieten, finden Sie weiter hinten in diesem Kapitel. Falls sich jedoch die Chance bietet, der Korona »live« zu begegnen, sie also mit eigenen Augen zu sehen, sollten Sie diese Gelegenheit beim Schopf ergreifen. Während einer totalen Sonnenfinsternis gehört sie zu den eindrucksvollsten Naturschauspielen überhaupt. Deshalb füttern Amateurastronomen oft jahrelang ihr Sparschwein, um zu einer großen Finsternistournee aufbrechen zu können, quer durch alle Länder (mehr darüber in Kapitel 2). Selbst Profiastronomen, denen immerhin Satelliten und Weltraumteleskope zur Verfügung stehen, scheuen diese Reise oft nicht.

Man unterscheidet zwischen *partiellen*, *ringförmigen* und *totalen* Sonnenfinsternissen. Am eindrucksvollsten sind natürlich totale Finsternisse, aber auch manch ringförmige Finsternis ist eine Reise wert. (Bei einer ringförmigen Sonnenfinsternis bleibt ringsum ein schmaler, heller Ring der Photosphäre am Mondrand sichtbar.) Bei einer partiellen Sonnenfinsternis lohnt es sich nicht, dass Sie ihr Hunderte von Kilometern hinterherfahren, da bei ihr die Chromosphäre oder Korona unsichtbar bleibt; aber vielleicht wollen Sie dabei sein, wenn sich irgendwann eine davon in Ihrer Nähe ereignet. Immerhin sind auch die ersten Stufen einer totalen oder ringförmigen Finsternis von partieller Art, also sollten Sie wissen, wie man auch diese Stadien beobachtet.

Finsternisshow ohne Risiko

Um eine partielle Sonnenfinsternis oder die partielle Phase einer totalen Sonnenfinsternis zu beobachten, sollten Sie auf Sonnenfilter zurückgreifen, wie ich sie im Abschnitt »Die Sonne durch Objektivfilter betrachten« weiter vorn in diesem Kapitel beschreibe. Sie können Ihr Fernrohr oder Teleskop mit einem solchen Filter ausstatten, Sie können es sich aber auch vor die Augen halten oder die Technik anwenden, die ich zuvor im Abschnitt »Sonnenbeobachtung mit der Projektionstechnik« geschildert habe.

Eine totale Sonnenfinsternis beginnt normalerweise mit einer partiellen Phase, eingeleitet durch den *ersten Kontakt*, bei dem Mondrand und Sonnenrand sich erstmals berühren. Was Sie dabei sehen, ist eine partielle Sonnenfinsternis, was bedeutet, dass Sie sich in der *Penumbra* befinden, dem Halbschatten des Monds (siehe Abbildung 10.5).

Beim *zweiten Kontakt* erreicht der vorangehende Rand des Monds den nachfolgenden Rand der Sonne; das heißt, die Sonne ist nun völlig aus Ihrem Blickfeld verschwunden. Was Sie nun sehen, ist eine *totale Sonnenfinsternis*; Sie befinden sich in der dunklen *Umbra*, dem Kernschatten des Monds. Nun können Sie Ihren Augenfilter entfernen und den

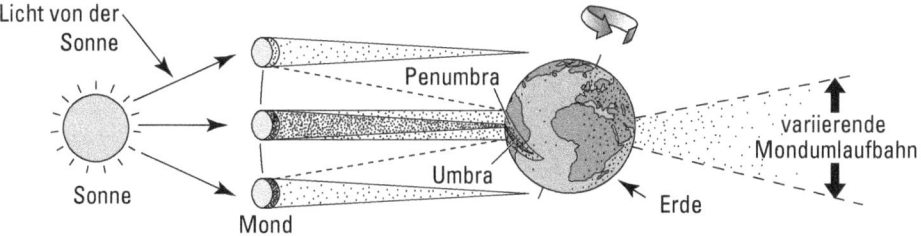

Licht von der Sonne

Penumbra

Sonne

Umbra

Mond

variierende Mondumlaufbahn

Erde

Abbildung 10.5: Was geschieht, wenn der Mond die Sonne verdunkelt.

phänomenalen Anblick der völlig verfinsterten Sonne »pur« genießen. Aber nach der Totalitätsphase sollten Sie auf keinen Fall weiter in die Sonne starren – denn dann wird's gefährlich.

Die Korona bildet rund um den Mond einen hellen, weißen Hof, möglicherweise mit lang gestreckten Ausläufern in Richtung Ost und West. Unter Umständen sehen Sie dünne, helle Polarstrahlen in der Korona am nördlichen und südlichen Mondrand. Suchen Sie nach kleinen, hellroten Punkten dicht am Mondrand – es handelt sich um Sonnenprotuberanzen, wie sie während kurzer Momente der Finsternis auch für das bloße Auge sichtbar werden. Der dünne, rote Streifen entlang des Mondrands ist die Sonnenchromosphäre, die bei manchen Finsternissen deutlicher in Erscheinung tritt als bei anderen. Etwa um die Spitzenzeit des elfjährigen Sonnenfleckenzyklus ist die Korona manchmal rund, doch zu den Perioden mit den wenigsten Sonnenflecken zieht sie sich nach Osten und Westen in die Länge. Die Korona nimmt bei jeder Finsternis eine andere Form an.

Auf keinen Fall Papas 3-D-Brille!

Bei Astronomiehändlern wie www.astroshop.de finden Sie Sonnenfinsternisbrillen, die den 3-D-Brillen ähneln, die man früher oft im Kino trug. Sie sind zur Beobachtung partieller Phasen totaler Finsternisse oder jeder Art von partieller Finsternis gedacht. Ein ähnliches Produkt gibt es auch bei Thousand Oaks Optical – die sogenannten Solar Viewers. Beide Varianten sind relativ preiswert; wenn Sie Familienmitglieder oder Freunde zu einer Sonnenfinsternis mitnehmen, können Sie jeder Person eine davon mitbringen.

Manche Leute entfernen den Sonnenfilter von ihrem Fernrohr oder Teleskop und blicken ohne den Schutz dieser Vorrichtungen durch ihr Instrument auf die verdunkelte Sonne. Eine gefährliche Angelegenheit, wenn man

✔ zu früh hindurchsieht, also bevor die Sonne völlig verdunkelt ist.

✔ zu lange hindurchsieht, nämlich bis die Sonne sich bereits wieder hinter dem Mond hervorwagt.

Seien Sie vorsichtig! Der Blick durch ein Teleskop oder Fernrohr auf die Sonne ohne schützenden Filter ist und bleibt ein Risiko, es sei denn, Sie haben einen erfahrenen Experten zur Seite. Solchen Leitern von Finsternisreisen stehen Lautsprecheranlagen, Computerberechnungen und der eigene Erfahrungsschatz zur Verfügung, und sie können Ihnen genau sagen, wann Sie einen Blick auf die verdunkelte Sonne riskieren können – und vor allem auch, wann Sie wieder aufhören sollten.

Meiner (schmerzlichen) Erfahrung nach besteht eine der Hauptgefahren darin, zu sagen »Ein paar Sekunden gehen noch«, obwohl ein unscheinbarer Teil der hellen Sonnenscheibe bereits wieder hinter dem Mond hervortritt. Dieser winzige Streifen wirkt so harmlos und vernachlässigbar, dass er leider immer wieder zum Leichtsinn verleitet. Der Beobachter denkt nicht an die (unsichtbaren) infraroten Strahlen, die von jenem kleinen »Sonnensplitter« ausgehen, und so kann es passieren, dass er nicht mal geblendet wird oder Schmerzen verspürt, aber dennoch sein Augenlicht schädigt. Die Schmerzen kommen spätestens nach ein paar Minuten. Aber dann ist es schon zu spät.

Wenn Sie also kein Risiko eingehen wollen, beachten Sie sämtliche Sicherheitsvorschriften! Dann warten auch in Zukunft viele beeindruckende Sonnenfinsternisse auf Sie.

Fliegende Schatten, Perlschnüre und der Diamantring

Es gibt noch einen weiteren Grund, während der Totalitätsphase einer Finsternis auf optische Instrumente zu verzichten. Am Himmel gibt nämlich noch eine Menge anderer Dinge, die Sie mit bloßem Auge sehen können.

 Hier einige reizvolle Phänomene, nach denen Sie während einer totalen Sonnenfinsternis Ausschau halten können:

✔ Kurz vor Beginn der Totalität huschen manchmal sogenannte *fliegende Schatten* über den Erdboden oder, falls Sie auf hoher See sind, über das Schiffsdeck – schimmernde, kontrastarme Muster aus dunklen und hellen Streifen. Bei diesen Streifen handelt es sich um einen von der Erdatmosphäre erzeugten optischen Effekt, wenn hinter dem Mond noch der letzte Splitter der hellen Sonnenscheibe zu sehen ist, bevor es völlig dunkel wird.

✔ *Perlschnüre* lassen sich sowohl kurz vor als auch kurz nach der Totalität beobachten, wenn kleinere Bereiche der hellen Sonnenoberfläche in den Lücken zwischen den Gebirgen und Kraterrändern am Mondrand sichtbar werden. Zu einem bestimmten Zeitpunkt ist es vielleicht nur eine einzige, sehr helle Perle – dieses Phänomen bezeichnen die Astronomen als *Diamantring*. (Die helle innere Korona wirkt dabei wie ein schmaler Ring um den Mond, und die helle Perle ist der »Diamant«.)

✔ Wildtiere (und auch zahme Tiere, falls Sie in der Nähe eines Bauernhofs wohnen) reagieren unübersehbar auf eine Sonnenfinsternis. Vögel ziehen sich an ihren Schlafplatz zurück, Kühe kehren zurück in den Stall und so weiter. Während einer Finsternis im 19. Jahrhundert stellten Forscher ihre Instrumente in einer Scheune auf, richteten das Teleskop jedoch durch die Tür nach außen. Sie erschraken nicht schlecht, als die Totalität einsetzte und der gesamte Viehbestand angerannt kam.

✔ Wo Sonnenlicht durch das Blattwerk eines Baums scheint, erscheint auf dem Erdboden oft ein gesprenkeltes Muster – kleine, helle Flecken, die geformt sind wie die Sonne. Vor Beginn der Finsternis sind diese Lichtsprossen rund, wie die Sonne im nicht verdunkelten Zustand. Während der partiellen Phase sehen sie aus wie Halbmonde, dann wie Sicheln, das heißt, sie gleichen in ihrer Gestalt stets der jeweiligen Finsternisphase. Sie können solche Lichttupfer auch sehen, wenn kein Baum in der Nähe ist; nehmen Sie einfach ein Küchensieb zu Hilfe und lassen Sie die Sonne während der Finsternis durch die vielen kleinen Löcher scheinen. Oder Sie nutzen eine Lochkamera (siehe den Abschnitt »Sonnenbeobachtung mit der Lochkamera« oben).

Wenn die Sonne sich völlig verdunkelt hat, sollten Sie den Himmel in ihrem Umkreis absuchen. Es bietet sich Ihnen die seltene Chance, Sterne am helllichten Tag zu sehen. Speziellen Artikeln in astronomischen Fachzeitschriften oder deren Websites können Sie entnehmen, welche Sterne und Planeten es sich jeweils zu suchen lohnt. Das bekommen Sie aber auch von allein raus, wenn Sie den Himmel des betreffenden Datums plus Uhrzeit der Finsternis auf Ihrem Desktopplanetarium oder einer entsprechenden Smartphone-App simulieren (siehe Kapitel 2). Sie müssen dazu nur das Programm auf Ihren Beobachtungsort einstellen.

Dem »Pfad der Totalität« folgen

Die Totalität endet mit dem *dritten Kontakt*, wenn der nachfolgende Teil der Mondscheibe sich wieder vom Sonnenrand löst und einen winzigen Streifen Licht freigibt. Im letzten Moment der Totalität kann ein kleiner heller Bereich der Photosphäre sich hinter dem Mond abzeichnen. Dann sehen Sie den oben geschilderten *Diamantring* (den ich im Abschnitt oben beschrieben habe). Nun befinden Sie sich wieder in der Penumbra und sehen eine partielle Finsternis. Beim *vierten* oder *letzten Kontakt* nähert sich der nachfolgende Rand der Mondscheibe dem vorangehenden Rand der Sonnenscheibe. Und das war's dann.

Die gesamte Finsternis, vom ersten bis zum letzten Kontakt, kann einige Stunden dauern; der interessante Teil jedoch, die Totalitätsphase, ist extrem kurz – er dauert von weniger als einer bis etwas mehr als sieben Minuten.

Auf der Zentrallinie des *Totalitätspfads* (so nennt man den Weg des Zentrums des Mondschattens über die Erdoberfläche) dauert die Dunkelheit um einiges länger als an anderen Stellen. Das ist natürlich nicht immer der Ort, der die besten Wetteraussichten bietet oder am leichtesten zu erreichen ist. Deshalb ist es so wichtig, eine Finsternisreise lange im Voraus zu planen. An den bevorzugten Orten sind sämtliche Unterkünfte, Leihautos und so weiter spätestens ein bis zwei Jahre vor dem großen Ereignis ausgebucht.

Haben Sie Lust bekommen, selbst eine Finsternisreise zu planen? Dann suchen Sie sich in Tabelle 10.1 eine passende Möglichkeit aus und treffen jetzt schon die wichtigsten Vorkehrungen.

Ein paar Jahre vor jeder Sonnenfinsternis erscheinen Artikel in verschiedenen Astronomiezeitschriften, aus denen Sie sich über die Wetteraussichten und Logistik verschiedener Beobachtungsstandorte informieren können. Werfen Sie auch einen Blick auf die Webseiten von *Sterne und Weltraum* und ähnlichen

Tag der Finsternis	Maximale Dauer (in Minuten und Sekunden)	Totalitätspfad
14. Dezember 2020	2:10	über den Südpazifik, Chile und Argentinien und über den Südatlantik
4. Dezember 2021	1:54	über das Südpolarmeer, die Antarktis, das Weddellmeer, dann wieder über das Südpolarmeer zum Südatlantik 08. April 2024
8. April 2024	4:28	vom Pazifik über Mexiko über die USA, Kanada in den Nordatlantik
12. August 2026	2:18	vom Atlantik über das östliche Grönland, Island bis nach Nordspanien ans Mittelmeer (die erste totale Sonnenfinsternis in Kontinentaleuropa seit 1999)
2. August 2027	6:23	vom Atlantik über Nordafrika, Saudi-Arabien, Jemen, Somalia bis zum Indischen Ozean
22. Juli 2028	5:10	vom Indischen Ozean über Australien, Neuseeland bis in den Südpazifik

Tabelle 10.1: Bevorstehende totale Sonnenfinsternisse

Magazinen (siehe Kapitel 2). Suchen Sie in den Magazinen und im Internet nach Anzeigen für Finsternisreisen. Die zuverlässigsten Voraussagen für Sonnenfinsternisse finden Sie übrigens auf der Finsterniswebsite der NASA unter `eclipse .gsfc.nasa.gov/eclipse.html`. Meine eigenen Tipps für Finsternisreisen finden Sie in Kapitel 2. Ich wünsche Ihnen viel Spaß!

Sonnenfotos im Internet

Hochaktuelle, aber auch ältere Profiaufnahmen von der Sonnenscheibe und Sonnenflecken (Astronomen sprechen von »Weißlichtfotos« und meinen mit Weißlicht alles sichtbare Licht von der Sonne) finden Sie auf zahlreichen Internetseiten. Sehr zu empfehlen ist dabei die Seite des Astrophysikalischen Observatoriums in Catania, Italien (`www.oact.inaf .it/weboac/sun/`). Das Weißlichtfoto ist das mit der Bezeichnung »Continuum« – ein technischer Begriff, der uns sagt, dass die Aufnahme ohne Farbfilter gemacht wurde. Wenn Sie sich mit diesen Fotos beschäftigen, schärfen Sie Ihren Blick für Sonnenfleckengruppen und sammeln auch jede Menge Erfahrungen im Zählen von Sonnenflecken.

Manchmal ist der Himmel in Catania bewölkt, dann müssen Sie sich anderweitig nach Profiweißlichtaufnahmen der Sonnenscheibe umsehen – zum Beispiel auf der Sonnenbeobachtungsseite des kalifornischen Big Bear Solar Observatory unter der Adresse `www.bbso .njit.edu/cgi-bin/LatestImages`. Und da es im Weltraum nie bewölkt ist, empfiehlt sich auch ein virtueller Besuch im Solar Dynamics Observatory (SDO) der NASA. Geben Sie die Adresse umbra.nascom.nasa.gov/images ins Suchfeld Ihres Webbrowsers ein und klicken Sie auf das Bild mit dem Titel »continuum 4500 Å«.

Aktuelle Bilder der Sonne im H-alpha-Licht finden Sie auf der Webseite halpha.nso.edu. Dort stellen mehrere um die ganze Erde verteilte Observatorien alle paar Minuten ein aktuelles Bild ein. Unter www.helioviewer.org können Sie sich aktuelle Sonnenbilder aus dem Weltraum anzeigen lassen.

Die Korona können Sie sich nur während einer totalen Sonnenfinsternis selbst ansehen, doch es gibt Weißlichtfotos von ihr, aufgenommen vom Satelliten SOHO, den die ESA und die NASA gemeinsam entwickelten. Besuchen Sie die Website soho.nascom.nasa.gov/data/realtime-images.html und klicken Sie die Bilder mit der Bezeichnung »LASCO« an.

Aktuelle Karten des Sonnenmagnetfelds finden sich auf den Webseiten professioneller Observatorien, wie zum Beispiel an der Stanford University unter wso.stanford.edu. Eine weitere gute Quelle ist die Homepage des National Solar Observatory (solis.nso.edu/vsm_fulldisk3.html).

Wenn Sie etwas fortgeschrittener sind und mit Ihrem Teleskop auch Fotos vom Himmelsgeschehen machen, wollen Sie bestimmt die Sonne nicht auslassen. Lassen Sie sich von den Aufnahmen des Mount Wilson Observatory inspirieren, an dem Wissenschaftler die Sonne schon seit 1905 regelmäßig fotografieren. Sie finden dort die fantastische Aufnahme eines Flugzeugs, dessen Silhouette sich vor einer fleckenübersäten Sonne abzeichnet, oder ein Bild der größten Sonnenfleckengruppe, die je fotografiert wurde (aufgenommen am 7. April 1947). Wenn Sie Glück haben und nur eine halb so große Sonnenfleckengruppe entdecken, brauchen Sie notfalls gar kein Teleskop, sondern können sie ohne weitere optische Hilfsmittel durch einen Sonnenfilter betrachten. Eine Reihe historischer Weißlichtsonnenfotos finden Sie auf der Website physics.usc.edu/solar/direct.html.

Astronomen studieren die Sonne in allen möglichen Arten von Licht, nicht nur in Weißlicht. Dazu gehören auch Bilder in ultravioletter und extrem ultravioletter Strahlung sowie mit Röntgenstrahlung – alles Formen von Licht, die unser Auge nicht wahrnehmen kann, weil sie von der Erdatmosphäre abgeblockt werden. Die Bilder stammen von auf Satelliten montierten Teleskopen, die in großer Höhe um die Erde kreisen, oder von weiter entfernten Raumfahrzeugen, die ebenso wie die Erde um die Sonne kreisen. Sonnenfotos von Satelliten und den verschiedensten Teleskopen finden Sie auf der NASA-Website umbra.nascom.nasa.gov/images/latest.html.

Eine weitere großartige Quelle für Sonnenbilder ist die Seite des 2010 gestarteten Solar Dynamics Observatory (SDO) der NASA: www.nasa.gov/mission_pages/sdo/main.

Die Sonne gehört uns allen – und was Ihnen gehört, dürfen Sie anschauen, wann immer Sie Lust haben. Sie werden es nicht bereuen.

Kapitel 11
Reise zu den Sternen

D ie Sonne ist einer von mehreren hundert Milliarden Sternen in der Milchstraßenga-laxie (auch »Galaxis« genannt). Auch die Erde ist ein Teil dieser Milchstraße. Meh-rere Hundert Milliarden Galaxien wie die Milchstraße bevölkern das beobachtbare Universum, womit wir den gesamten heute sichtbaren Raum meinen. Jede dieser Galaxi-en enthält ihrerseits eine große Menge an Sternen. Und genau wie Menschen lassen auch Sterne sich auf vielfache Weise klassifizieren. Die überwältigende Mehrzahl fällt dabei in einfache Sternklassen. Zu welcher Sternklasse man einen Stern rechnet, hängt von dem Lebensstadium ab, das er soeben durchläuft – so wie es auch bei Menschen Kleinkinder, Ju-gendliche oder Senioren gibt. (In Kapitel 12 finden Sie mehr über die Milchstraße und an-dere Galaxien.)

Wenn Sie verstehen, was ein Stern eigentlich ist und wie er seinen Lebenszyklus durchläuft, werden Sie ein Gespür für jene Leuchtfeuer am Nachthimmel bekommen – auch für solche, die nicht so hell strahlen.

In diesem Kapitel komme ich immer wieder auf die ursprüngliche Masse eines Sterns zu sprechen – also auf die Masse, mit der er geboren wird. Sie bestimmt hauptsächlich, was aus dem Stern einmal wird. Danach gehe ich auf die Haupteigenschaften von Sternen ein und erkläre Ihnen außerdem, was Doppelsterne, Mehrfachsterne und veränderliche Sterne sind.

Sie wissen, das englische Wort *star* bedeutet ebenfalls Stern, auch wenn inzwischen jedes noch so kleine Zimtsternchen sich so nennen darf. Zumindest unter den Sternen selbst gibt es ein paar richtig große Stars – nämlich die Sonnen in unserer Nachbarschaft, deren Na-men Sie vielleicht schon einmal gehört haben und die ich Ihnen in diesem Kapitel näher vorstellen möchte.

Das Leben der schweren Jungs

Die wichtigsten Sternklassen entsprechen aufeinanderfolgenden Stadien im Lebenszyklus eines Sterns: Babys, Erwachsene, Senioren und Sterbende. (Was, keine Teenies? Nein, die soll's erst geben, wenn man den ersten Stern mit Pickel und Zahnspange entdeckt hat.) Natürlich würde kein Astrophysiker, der was auf seinen Doktortitel hält, von Babys und Senioren sprechen. Wissenschaftler drücken sich lieber etwas kryptischer aus – deshalb gibt es bei ihnen auch Lebensstadien wie junge stellare Objekte (YSOs), Hauptreihensterne, Rote Riesen und entsprechend andere Sterne, deren Tage fast schon gezählt sind. Viele Sterne sterben nicht wirklich; sie treten nur in ein neues Stadium über und werden zu Weißen Zwergen, Neutronensternen oder Schwarzen Löchern. Nur in manchen Fällen gehen sie wirklich in Trümmer.

Hier der Lebenszyklus eines normalen Sterns von etwa der Masse unserer Sonne:

1. **Gas und Staub in einem kalten Nebel, aus denen sich ein junges stellares Objekt (YSO) bildet.**

2. **Das YSO schrumpft, die Reste seiner Geburtswolke lösen sich auf, sein Wasserstoff-»Feuer« wird entzündet.**

   Mit anderen Worten: Die Kernfusion setzt ein (siehe hierzu Kapitel 10).

3. **Während der Wasserstoff beständig brennt, wird der Stern zum Bestandteil der Hauptreihe (ein Stadium im Leben eines Sterns, das ich weiter hinten in diesem Kapitel beschreibe).**

4. **Hat der Stern sämtlichen Wasserstoff in seinem Kern verbraucht, wird der Wasserstoff in seiner Hülle (einer größeren Schicht, die den Kern umgibt) entzündet.**

5. **Die Energie, die durch das Verbrennen der Wasserstoffhülle freigesetzt wurde, macht den Stern heller. Er dehnt sich aus, gewinnt an Oberfläche, wird kühler und rötlicher. Der Stern ist zum Roten Riesen geworden.**

6. **Sternwinde lassen den Stern allmählich zerfallen, seine äußeren Schichten werden abgestoßen und bilden einen planetarischen Nebel rings um den verbliebenen heißen Kern.**

7. **Der Nebel breitet sich aus und löst sich im All auf, nur der heiße Kern bleibt zurück.**

8. **Der Kern, nun ein Weißer Zwerg, kühlt ab und verliert seine Kraft unwiederbringlich.**

Sterne, deren Masse bedeutend größer ist als die der Sonne, haben unterschiedliche Lebenszyklen; anstatt planetarische Nebel zu produzieren und als Weiße Zwerge zu enden, explodieren sie als Supernovae und lassen Neutronensterne oder Schwarze Löcher zurück (oder in manchen Fällen auch gar nichts!). Der Lebenszyklus eines massereichen Sterns vollzieht sich rasch; die Sonne mag vielleicht 10 Milliarden Jahre lang bestehen, doch ein Stern, der seinen Zyklus mit der 20- oder 30-fachen Masse der Sonne beginnt, explodiert schon wenige Millionen Jahre nach seiner Geburt.

Sterne, deren Masse bedeutend geringer ist als die der Sonne, haben fast gar keinen Lebenszyklus. Sie beginnen als YSOs und werden zum Bestandteil der Hauptreihe, um für immer als Rote Zwerge fortzubestehen. Die Erklärung dafür findet sich in einem grundlegenden Prinzip der stellaren Astrophysik: Je größer die Masse, umso heftiger und schneller brennen die nuklearen Feuer; je geringer die Masse, umso schwächer ist das Feuer und umso länger bleibt es bestehen.

Wenn unsere Sonne den Wasserstoff in ihrem Kern aufgebraucht hat, wird sie mindestens 9 Milliarden Jahre alt sein. Ein Roter Stern jedoch verbrennt den Wasserstoff so langsam, dass er praktisch für alle Zeit in der Hauptreihe erstrahlt. (Genügend Zeit vorausgesetzt, würde auch der Brennstoff eines Roten Zwergs sich irgendwann erschöpfen, doch dieser Zeitraum übertrifft das derzeitige Alter des Universums, sodass alle Roten Zwerge, die jemals existierten, nach wie vor am Werk sind.)

In den folgenden Abschnitten beleuchte ich die verschiedenen Stadien im Leben eines Sterns etwas näher.

Junge stellare Objekte: Wenn die Sterne laufen lernen

Junge stellare Objekte (YSOs = young stellar objects) sind neugeborene Sterne, die noch immer kleine Fetzen von ihren Geburtswolken zur Seite oder im Schlepptau haben. Die Klassifizierung schließt sowohl *T-Tauri-Sterne* ein (benannt nach dem ersten Vertreter ihrer Art, dem Stern T im Sternbild Stier) als auch *Herbig-Haro-Objekte* (benannt nach den beiden Astronomen, die sie klassifizierten). Im Grunde handelt es sich bei H-H-Objekten um glühende Gasklumpen, die von dem jungen Stern, der normalerweise vom Staub seiner Geburtswolke verdeckt ist, in unterschiedliche Richtungen abgestoßen werden. YSOs entstehen in stellaren Kinderaufzuchtstationen – den sogenannten HII-Gebieten, wie etwa dem Orionnebel (siehe Abbildung 11.1), wo in den letzten ein oder zwei Millionen Jahren Hunderte von Sternen geboren wurden.

Oft sind YSOs von einer abgeflachten Gas-Staubwolke umgeben, einer sogenannten *zirkumstellaren Scheibe*. Über diese Scheibe fällt Materie auf das YSO, wodurch es groß und stark wird.

Viele der Hubble-Aufnahmen von eindrucksvollen, strahlförmigen Nebeln zeigen im Grunde YSOs. Diese Strahlen und andere nebelähnliche Gebilde der Umgebung sind deutlich zu erkennen, doch die Sterne selbst sind manchmal kaum sichtbar (wenn überhaupt), da Gas und Staub der Umgebung sie verbergen. (Mehr über Nebel finden Sie in Kapitel 12.) Manche YSOs sind weit weniger offensichtlich als die Exemplare in den Hubble-Bildern. Deshalb zählen Astronomen auf Hobbywissenschaftler wie Sie: Im Abschnitt „Ihr Kopf und Ihr Computer als Forschungshelfer" erzähle ich, wie Sie ihnen helfen können.

Die Hauptreihensterne: Alt werden, aber nie alt sein

Die *Hauptreihensterne*, zu denen auch unsere Sonne gehört, haben sich ihrer Geburtswolken entledigt und dank der Kernfusion von Wasserstoff zu Helium, die in ihrem Kern stattfindet, scheinen sie ruhig und gleichmäßig vom Himmel. Ein Stern mit einer Sonnenmasse

Mit freundlicher Genehmigung von ESO/Igor Chekalin

Abbildung 11.1: Im Orionnebel werden viele junge stellare Objekte geboren.

erreicht diesen Zustand etwa 50 Millionen Jahre nach seiner Geburt. Massereichere Sterne sind viel schneller »erwachsen« und masseärmere Sterne lassen sich erheblich mehr Zeit (mehr über Kernfusion in der Sonne in Kapitel 10). Aus historischen Gründen (als Astronomen die Sterne in Klassen einteilten, verstanden sie die Unterschiede zwischen ihnen noch nicht) bezeichnet man Hauptreihensterne auch als *Zwerge* (wobei erwähnt werden muss, dass die sieben Zwerge *nicht* identisch sind mit dem Siebengestirn). Jeder Hauptreihenstern gilt automatisch als Zwerg, auch wenn seine Masse zehnmal größer ist als die der Sonne.

Wenn Astronomen und Fachautoren von »normalen Sternen« sprechen, meinen sie damit oft Hauptreihensterne. Sprechen sie von »sonnenähnlichen Sternen«, meinen sie Hauptreihensterne, die ungefähr die gleiche Masse haben wie die Sonne, auf jeden Fall nicht mehr als das Doppelte und nicht weniger als die Hälfte. Es kann auch sein, dass die Autoren zwischen Hauptreihensternen und solchen wie Weißen Zwergen oder Neutronensternen unterscheiden, unabhängig von ihrer Masse.

Die kleinsten Hauptreihensterne – mit einer weitaus kleineren Masse als die der Sonne – nennt man *Rote Zwerge*, wegen ihres trübroten Strahlens. Sie haben zwar wenig Masse, dafür gibt es sie in Hülle und Fülle. Bei den meisten Hauptreihensternen handelt es sich um Rote Zwerge. Wie kleine Mücken an einem Seeufer schwirren sie durch die Gegend, aber man bekommt sie kaum zu Gesicht. Diese Sterne strahlen so schwach, dass wir ohne Teleskop nicht einmal Proxima Centauri sehen können, den uns nächstgelegenen Stern gleich welchen Typs im Kosmos nach der Sonne. Mehr zu Proxima steht in Kapitel 14.

Rote Zwerge sind so viel kleiner, masseärmer und leuchtschwacher als Sterne von der Größenordnung unserer Sonne, dass sie Gefahr laufen, einfach übersehen zu werden. Doch wie in diesem Kapitel bereits erwähnt, haben Rote Sterne sozusagen das »Ewige Leben«, während Sterne wie die Sonne, die über mehr Masse verfügen, irgendwann sterben. Wir können also noch so stolz auf unsere Sonne sein – diese kleinen Dreikäsehochs werden den längeren Atem haben.

Rote Riesen: Wenn die goldenen Jahre vorbei sind

Die sogenannten *Roten Riesen* sind Sterne von ganz anderer Machart. Sie sind weitaus größer als die Sonne, aber auch die Sonne wird einmal ein Roter Riese sein. Manche von ihnen sind so ausgedehnt, dass sie, stünden sie an der Stelle der Sonne, bis an die Umlaufbahn der Venus oder sogar der Erde reichen würden.

Die Roten Riesen sind Sterne, die das Stadium der Hauptreihe bereits beendet haben; das gilt zumindest für Sterne, deren Masse von etwas weniger als einer Sonnenmasse bis zu ein paar Vielfachen davon reicht. Aldebaran im Sternbild Stier und Arktur im Bärenhüter (Bootes) sind zwei Beispiele für Rote Riesen, die sie problemlos mit dem bloßen Auge sehen können. In Kapitel 1 sind beide unter den hellsten Sternen gelistet.

Ein typischer Roter Riese verbrennt Wasserstoff nicht im Kern, sondern in einem kugelförmigen Bereich, der seinen Kern umgibt – der schalenförmigen *Wasserstoffbrennzone*. Ein Roter Riese kann in seinem Kern gar keinen Wasserstoff verbrennen, da er dessen gesamten Wasserstoffbestand mittels Kernfusion bereits in Helium umgewandelt hat. (Einige Rote Riesen erzeugen Ihre Energie auf andere Weise, aber diese sind eher selten.)

Die größten Sterne sind auch die einsamsten

SETI-Beobachter (SETI ist die Abkürzung von »Search for Extraterrestrial Intelligence« = Suche nach außerirdischer Intelligenz, siehe Kapitel 14) richten ihre Radioteleskope nicht auf massereiche Sterne, um nach den Signalen einer höher entwickelten Zivilisation zu lauschen. Warum nicht? Weil massereiche Sterne schon nach so kurzer Lebenszeit explodieren und verenden, dass Experten davon ausgehen, in dieser geringen Zeitspanne könne sich auf keinem der sie umkreisenden Planeten so etwas wie intelligentes (oder auch nur primitives) Leben entwickelt haben.

Massereiche Sterne sind viel seltener als massearme. Je massereicher Sterne sind, umso seltener sind sie auch. Irgendwann also, wenn die bereits bestehenden Sterne alt geworden und die Geburtswolken für neue Sterne aufgebraucht sind, wird die Milchstraße fast ausschließlich aus zwei Sterntypen bestehen: den Roten Zwergen, die gewissermaßen ewig bestehen, und den Weißen Zwergen, die wieder entschwinden. Ja, auch Neutronensterne und Schwarze Löcher stellarer Masse werden die Galaxis bevölkern; da sie jedoch die Überbleibsel von weitaus selteneren, massereicheren Sternen sind, wird ihre Zahl verschwindend gering erscheinen im Vergleich zu den Roten und Weißen Zwergen, die aus den gängigsten beiden Typen von Hauptreihensternen entstanden.

Sterne sind ein wenig wie Menschen – ganz große, von etwa zwei Metern Körperlänge oder mehr, sind ziemlich selten. Am häufigsten findet man sie in Basketballteams.

Sterne, die sehr viel massereicher sind als die Sonne, werden nicht zu Roten Riesen; sie schwellen so stark an, dass Astronomen sie als *rote Überriesen* bezeichnen. Ein typischer roter Überriese kann ein- oder zweitausendmal größer als die Sonne und groß genug sein, um – würde man ihn an die Stelle der Sonne setzen – die gesamte Umlaufbahn des Jupiters oder gar Saturns auszufüllen. Beteigeuze im Sternbild Orion und Antares im Skorpion sind rote Überriesen, auch sie zählen zu den hellsten Sternen am Himmel.

Aus die Maus: Das Ende der stellaren Evolution

Endstadien der stellaren Evolution – ein pauschaler Begriff für Sterne, die ihre besten Jahre hinter sich haben. Zu dieser Kategorie zählen

✔ die Zentralsterne planetarischer Nebel,

✔ Weiße Zwerge,

✔ Supernovae,

✔ Neutronensterne und

✔ Schwarze Löcher.

Diese Objekte gehören alle zu den Sternen im großen Zug nach Nirgendwo. Oder weniger poetisch: Sie sind Sternleichen.

Zentralsterne planetarischer Nebel

Bei den *Zentralsternen planetarischer Nebel* handelt es sich um kleine Sterne im Zentrum einer bestimmten Art von kleinen, hübsch aussehenden Nebeln. Diese Nebel haben, auch wenn sie planetarisch heißen, nichts mit Planeten zu tun. Ihr Name kommt daher, dass sie in früheren Teleskopen grünlichen Planeten wie dem Uranus ähnelten.

Die Zentralsterne planetarischer Nebel sind wie Weiße Zwerge – und in der Tat werden sie auch zu Weißen Zwergen. So sind auch die Zentralsterne die Überreste sonnenähnlicher Sterne. Jeder dieser Nebel besteht aus dem Gas, das ein Stern vor mehreren Zehntausend Jahren abgestoßen hat. Sie breiten sich aus, lösen sich auf und verfliegen. Was von ihnen bleibt, sind Sterne, die nicht mehr Zentrum von irgendetwas sind – Weiße Zwerge eben.

Weiße Zwerge

Weiße Zwerge können tatsächlich weiß sein, aber auch gelb und sogar rot – das hängt davon ab, wie heiß sie sind. Weiße Zwerge sind die Überreste sonnenähnlicher Sterne, die ein wenig den alten Generälen ähneln, von denen Douglas MacArthur sagt, sie würden niemals sterben. Sie verblassen nur.

Ein Weißer Zwerg ist wie ein Stück glühende Kohle aus einem soeben erloschenen Feuer. Es brennt nicht mehr, aber es gibt noch immer Hitze ab. Weiße Zwerge sind nach den Roten Zwergen die verbreitetste Sternenart, doch selbst der uns am nächsten gelegene Weiße Zwerg leuchtet zu schwach, um ohne Teleskop gesehen zu werden.

Weiße Zwerge sind kompakte Sterne – klein und sehr dicht. Ein typischer Weißer Zwerg kann die gleiche Masse haben wie die Sonne, dabei aber nur so viel Raum einnehmen wie die Erde, vielleicht ein wenig mehr. Hier befindet sich so viel Materie auf kleinsten Raum komprimiert, dass ein Teelöffel davon auf der Erde mehr als eine Tonne wiegen würde.

Supernovae

Supernovae sind gewaltige Explosionen, die ganze Sterne vernichten (siehe Abbildung 11.2). Es gibt verschiedene Arten von Supernovae, aber ich möchte Ihnen nur die beiden gebräuchlichsten vorstellen.

Der erste Typ, den Sie kennen sollten, ist Typ II (ich weiß, so witzig ist das auch wieder nicht). Eine *Supernova vom Typ II* ist die strahlende, aber katastrophale Explosion eines Sterns, der viel größer, heller und massereicher ist als die Sonne. Bevor der Stern explodierte, war er ein roter Überriese oder vielleicht sogar heiß genug für einen blauen Überriesen. Doch egal von welcher Farbe – wenn ein Überriese explodiert, kann er ein kleines Souvenir hinterlassen, nämlich einen Neutronenstern. Oder ein Großteil des Sterns implodiert (bricht in sich selbst zusammen) so wirkungsvoll, dass er ein noch seltsameres Objekt zurücklässt – ein Schwarzes Loch.

Der zweite Typ von Supernova ist der Typ Ia. Solche Supernovae sind noch heller als die vom Typ II, und sie explodieren auf zuverlässige Weise. Die wahre Helligkeit oder Leuchtkraft eines Typ Ia ist immer ziemlich gleich. Wenn also Astronomen eine Supernova vom Typ Ia entdecken, können wir daraus, wie hell sie uns auf der Erde erscheint, schlussfolgern, wie weit sie von uns entfernt ist. Je weiter entfernt sie ist, umso schwächer kommt ihr Licht uns vor. Astronomen nehmen Typ-I-Supernovae zu Hilfe, um das Universum und seine Ausdehnung zu messen. 1998 entdeckten zwei Gruppen von Astronomen, die sich mit Supernovae vom Typ Ia beschäftigten, dass die Ausdehnung des Universums nicht ständig langsamer, sondern ständig schneller vonstattengeht. Diese Entdeckung widersprach bisherigen Annahmen und nötigte die Expertenwelt dazu, ihre Theorien über Kosmologie und

Mit freundlicher Genehmigung von ESO/PESSTO/S. Smartt

Abbildung 11.2: Eine Supernova (der helle Stern in der linken unteren Bildecke) in der Galaxie M74.

den Urknall zu revidieren sowie die Existenz der geheimnisvollen *Dunklen Energie* anzuerkennen (mehr über Dunkle Energie und den Urknall können Sie in Kapitel 16 lesen).

Typ-Ia-Supernovae erzeugen alle eine ähnliche Art von Explosion, die im Gefüge von Doppelsternsystemen stattfindet (über die ich weiter hinten in diesem Kapitel noch ausführlicher spreche). Dabei strömt Gas von einem Stern zum anderen (einem Weißen Zwerg) hinab und führt zur Bildung einer heißen äußeren Schicht, die eine kritische Masse erreicht und dann explodiert und den Weißen Zwerg dabei in Stücke reißt. Anders als bei einer Typ-II-Supernova, die einen Neutronenstern oder ein Schwarzes Loch zurücklassen kann, bleibt beim Typ Ia nichts übrig außer einer expandierenden Gaswolke. Wird diese kritische Masse nicht erreicht, findet auch keine Explosion statt, bei Erreichen der kritischen Masse eine Standardexplosion. Bei mehr als der kritischen Masse … halt, das kann ja gar nicht vorkommen, da der Stern bereits vorher explodiert! Astrophysik ist doch gar nicht so schwer, oder?

Über Jahre hinweg stritten sich Experten über die Art von Doppelsternsystem, die eine Supernova vom Typ Ia erzeugt. Die eine Theorie lautet, bei den beiden Sternen handle es sich um einen Weißen Zwerg und einen größeren Stern wie die Sonne. Der Weiße Zwerg sauge Gas von seinem größeren Partner ab. Eine andere führende Theorie besagt, beide Sterne des Doppelsternsystems seien Weiße Zwerge. Seit 2012 zeichnet sich ab, dass beide Theorien richtig sind: Manche Supernovae stammten eben aus einem System vom Typus großer Stern plus kleiner Stern, die anderen aus einem System mit zwei Sternen gleicher Art.

Neutronensterne

Neutronensterne sind so klein, dass sie sogar zu Weißen Zwergen aufsehen müssen, dafür haben sie umso mehr Gewicht. (Eigentlich muss man sagen »mehr Masse«, denn Gewicht ist nur die Schwerkraft, die ein Planet oder anderer Körper auf ein Objekt oder eine bestimmte Masse ausübt. Wenn Sie sich auf dem Mond, dem Mars und dem Jupiter wiegen, kommen Sie jeweils zu völlig anderen Ergebnissen, obwohl Ihre Masse immer die gleiche bleibt.

Neutronensterne sind wie Napoleon: kleingewachsen, aber nicht zu unterschätzen (Abbildung 11.3 zeigt einen solchen Neutronenstern). Ein typischer Neutronenstern hat nur einen Durchmesser von 15 bis 30 Kilometern, aber seine Masse kann halb oder manchmal sogar doppelt so groß sein wie die der Sonne.

Manche Neutronensterne sind besser bekannt unter der Bezeichnung *Pulsare*. Ein Pulsar ist ein stark magnetisierter, schnell rotierender Neutronenstern, der ein oder mehrere Strahlen (in Form von Radiowellen, Röntgenstrahlen, Gammastrahlen und/oder sichtbarem Licht) aussendet. Wenn ein solcher Strahl an der Erde vorüber streift wie ein Scheinwerfer, der die Eröffnung eines galaktischen Supermarkts verkündet, empfangen unsere Teleskope kurze Strahlungsschübe, die auch »Pulse« genannt werden. So sind die Pulsare zu ihrem Namen gekommen. So wie Ihr Pulsschlag Ihnen verrät, in welchem Tempo Ihr Herz schlägt, so gibt die Frequenz eines Pulsars Aufschluss über seine Rotationsgeschwindigkeit. Das kann einige Hundert Mal pro Sekunde sein, aber auch nur ein Mal alle paar Sekunden. Da wird mir schon schwindelig, wenn ich nur dran denke.

Schwarze Löcher

Schwarze Löcher sind Objekte von einer solchen Dichte und Kompaktheit, dass Neutronensterne und Weiße Zwerge sich im Vergleich dazu wie Zuckerwatte ausnehmen. In einem Schwarzen Loch findet sich so viel Masse auf so wenig Raum gepackt, dass seine Anziehungskraft stark genug ist, damit ihr nichts entkommen kann, nicht einmal ein Lichtstrahl. Physiker vertreten die Theorie, dass alles, was in ein Schwarzes Loch gerät, aus unserem Universum verschwindet.

Das Licht eines Schwarzen Lochs kann man nicht sehen, da es nicht nach außen gelangt. Trotzdem können Wissenschaftler feststellen, wo sich ein Schwarzes Loch befindet, und zwar aufgrund seiner Wirkung auf umliegende Objekte. Materie, die sich in der Nähe eines Schwarzen Lochs befindet, wird heiß und fliegt planlos umher wie ein Nachtfalter, der sich in ein beleuchtetes Zimmer verirrt, gerät aber nie in einen geordneten Zustand. Stattdessen zieht die gewaltige Schwerkraft das meiste der Materie in das Schwarze Loch hinein, tja, und dann nehmt Abschied, Brüder.

Mit freundlicher Genehmigung von NASA/CXC/ASU/J. Hester et al. und NASA/HST/ASU/J. Hester et al.

Abbildung 11.3: Ein Pulsar (der helle Stern in der Bildmitte) im Zentrum des Krebsnebels.

Ehrlich gesagt, ich habe die Sache ein bisschen vereinfacht dargestellt. Denn ein kleiner Teil der Materie, die um das Schwarze Loch herumschwirrt, kann tatsächlich entkommen – manchmal gerade noch rechtzeitig. Das Loch stößt sie in Form von mächtigen *Jets* hinaus, bei einem Tempo, das einen nicht geringen Teil der Lichtgeschwindigkeit ausmacht (und die beträgt in einem Vakuum wie dem freien Weltraum 300.000 Kilometer pro Sekunde).

Und so machen Wissenschaftler Schwarze Löcher ausfindig:

✔ Gas wirbelt um das Schwarze Loch, kommt ihm dabei immer näher und formt eine abgeflachte Wolke, *Akkretionsscheibe* genannt. Wenn es dem Loch sehr nahe kommt, wird das Gas stark aufgeheizt und emittiert sichtbares Licht, Röntgenstrahlen oder andere Art elektromagnetischer Strahlung, die sich beobachten lässt.

✔ Mit Radioteleskopen lassen sich Jets aus energiereichen Teilchen nachweisen, die aus der Akkretionsscheibe oder anderen Regionen dicht am Schwarzen Loch stammen.

✔ Sterne hetzen in atemberaubender Geschwindigkeit durch ihre Umlaufbahnen, getrieben von der Gravitationskraft einer riesigen, unsichtbaren Masse.

✔ Kollidieren zwei Schwarze Löcher miteinander, entstehen Gravitationswellen, die sich durch das ganze Universum ausbreiten. Gravitationswellendetektoren auf der Erde können diese Wellen nachweisen.

Astronomen konnten eine Menge Beweise dafür entdecken, dass es zwei Grundformen von Schwarzen Löchern gibt. Auch über eine dritte Form liegen ihnen mittlerweile spärliche, aber sich ständig erweiternde Informationen vor. Hier eine Kurzdarstellung der drei Typen:

✔ **Stellare Schwarze Löcher:** Wahrscheinlich können Sie es sich schon denken – diese Schwarzen Löcher haben die Masse eines Sterns. Oder genauer gesagt: Sie rangieren irgendwo auf einer Skala zwischen der dreifachen und etwa hundertfachen Masse unserer Sonne (wobei solche ganz schweren Kaliber bis jetzt noch nicht entdeckt wurden). Stellare Schwarze Löcher sind etwa so groß wie Neutronensterne. Ein Schwarzes Loch mit der zehnfachen Sonnenmasse hat einen Durchmesser von etwa 60 Kilometern. Könnte man die Sonne auf die kompakte Größe eines Schwarzen Lochs zusammenpressen (was zum Glück wahrscheinlich unmöglich ist), hätte sie nur noch einen Durchmesser von sechs Kilometern. Stellare Schwarze Löcher entstehen bei Explosionen von Supernovae und möglicherweise auch auf anderem Weg.

✔ **Supermassereiche Schwarze Löcher:** Die Masseskala dieser Monster reicht von der hundert- bis tausendfachen bis hin zur 20-milliardenfachen Sonnenmasse (einige Beispiele finden Sie in Kapitel 13). Im Allgemeinen befinden sich Schwarze Löcher im Zentrum von Galaxien. Ich fühle mich versucht zu sagen, sie würden von ihnen »angezogen«, aber höchstwahrscheinlich entstehen sie sogar dort, oder die Galaxie bildet sich um sie herum. Unsere Milchstraße hat ein zentrales Schwarzes Loch, bekannt als Sagittarius A*. (Nein, das Sternchen bedeutet nicht, dass hier irgendwo eine Fußnote steht, er gehört zum Namen. Man spricht ihn sogar mit: »Sagittarius A Stern«.) Er bringt etwa die viermillionenfache Sonnenmasse auf die Waage (versuchen Sie jetzt bitte nicht, sich diese Waage vorzustellen), und wir als Bewohner des Sonnensystems umkreisen dieses Schwarze Loch einmal innerhalb von 226 Millionen Jahren. Astronomen glauben, dass sich im Zentrum jeder Galaxie ein Schwarzes Loch befindet, zumindest im Zentrum jeder voll ausgebildeten Galaxie. Bei Zwerggalaxien sind wir uns da nicht so sicher. (Lesen Sie alles über Galaxien in Kapitel 12.)

Wenn ich von der Größe eines Schwarzen Lochs spreche, so meine ich damit den Durchmesser seines *Ereignishorizonts*. Unter Ereignishorizont versteht man den kugelförmigen Bereich rund um ein Schwarzes Loch, in dem das notwendige Tempo, um dem Schwarzen Loch zu entkommen, der Lichtgeschwindigkeit entspricht. Außerhalb des Ereignishorizonts ist dieses Tempo geringer, sodass dort leichter oder superschneller Materie die Flucht gelingt. Sämtliches Material innerhalb des Ereignishorizonts wird auf eine winzige Region im Zentrum komprimiert und zusammengequetscht.

✔ **Mittelschwere Schwarze Löcher (IMBHs für »Intermediate mass black holes«):**
IMBHs sind eine wenig verstandene Kategorie von Schwarzen Löchern, was bedeutet, dass die Astronomen nicht wissen, worum es sich bei ihnen handelt und ob sie wirklich existieren. Ihre geschätzte Masse ist mehrere hundert- bis zu zehntausendmal größer als die der Sonne, oft sogar mehr. Ein IMBH ist massereicher als jeder bekannte Stern, was darauf hindeutet, dass es vermutlich nicht durch den Zusammenbruch eines Einzelsterns entstand (wie die stellaren Schwarzen Löcher). Andererseits finden sich IMBHs außerhalb der Zentralregionen der Galaxien, während die »Supermassereichen« nur im Zentrum von Galaxien vorkommen, wo sie gewiss auch entstehen. Das heißt, IMBHs bilden sich woanders als supermassereiche Schwarze Löcher und im Gegensatz zu stellaren Schwarzen Löchern nicht infolge des Zusammenbruchs eines Sterns. Wodurch sie entstehen? Das würde sicher viele interessieren (wahrscheinlich auch Sie), aber ich würde die Antwort nicht in der Boulevardpresse suchen.

Um die Wahrheit zu sagen: Supermassereiche Schwarze Löcher sind keine Sterne und mittelschwere Schwarze Löcher vermutlich auch nicht (irgendwo jedoch musste ich sie ja unterbringen). Wenn Sie sich Astronom nennen wollen, müssen Sie ein bisschen über Schwarze Löcher Bescheid wissen. (In Kapitel 13 finden Sie übrigens noch mehr darüber.) Die Leute werden Ihnen alle möglichen Fragen zum Thema Schwarze Löcher stellen. Nach Hauptreihensternen und YSOs dagegen werden Sie nur alle Jubeljahre mal gefragt.

Farbe, Helligkeit und Masse von Sternen

Warum ist es so wichtig, Sterne in verschiedene Typen einzuteilen? (Hierzu finden Sie alle Informationen im Abschnitt »Das Leben der schweren « weiter vorn in diesem Kapitel.) Sehen Sie sich einmal die Beobachtungsergebnisse eines Astrophysikers in einem Schaubild an (siehe Abbildung 11.4). Die Zahlen auf der senkrechten Achse stehen für die Helligkeiten (Sterngrößen), die Farben (oder Temperaturen) stehen auf der Horizontalachse. Man nennt eine solche Darstellung ein *Farben-Helligkeits-Diagramm* oder auch *Hertzsprung-Russell-Diagramm* (*H-R-Diagramm*). Das sind die Namen der beiden Astronomen, die als Erste solche Diagramme anfertigten.

Spektraltypen: Welche Farbe hat mein Stern?

Hertzsprung und Russell verfügten nur über spärliche Informationen hinsichtlich der Farben oder Temperaturen der Sterne, deshalb trugen sie auf der Horizontalachse ihrer Originaldiagramme den *Spektraltyp* ein. Der Spektraltyp ist eine Bestimmungsgröße, die sich nach dem Spektrum eines Sterns richtet. Das *Spektrum* eines Sterns verrät, wie sein Licht erscheint, wenn es durch ein Prisma oder eine andere optische Vorrichtung an einem Instrument gelenkt wird, das man als Spektrograf bezeichnet.

 Zunächst hatte man keine Ahnung von Spektraltypen, also fasste eine Astronomin, Williamina Fleming, bestimmte Sterne aufgrund ihres ähnlichen Spektrums in Gruppen zusammen (die sie als Typ A, Typ B und so weiter bezeichnete). Später vereinfachte eine von Flemings Kolleginnen, Annie Jump Cannon, dieses System, eliminierte einige der Spektralklassen und ordnete die übrig gebliebenen neu. Cannons System sortierte die Spektraltypen anhand der Temperatur sowie anderer physikalischer Eigenheiten der Sternatmosphäre, aus der das Licht der Sterne in den Weltraum dringt. Es dauerte noch eine Weile, bis die Fachleute wussten, wie man die Sternfarben zu deuten hatte.

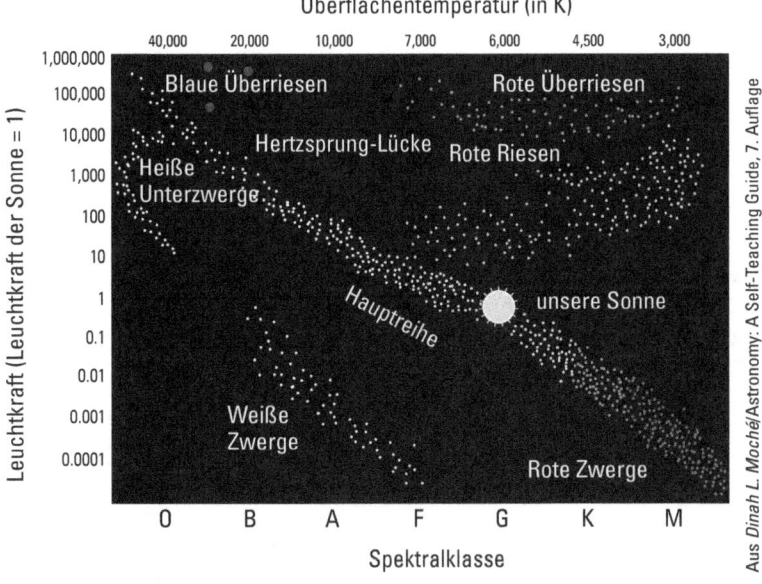

Abbildung 11.4: Aus dem Hertzsprung-Russell-Diagramm lassen sich Helligkeit und Temperatur ablesen.

Die wichtigsten Spektraltypen des H-R-Diagramms sind O, B, A, F, G, K und M (angefangen bei den heißesten bis hin zu den kühlsten Sternen). Amerikanische Studenten merken sich diese Buchstabenreihe mit der Eselsbrücke »Oh, be a fine girl (guy), kiss me!« Das können Sie sich als deutscher Leser auch gut merken, oder? Andernfalls empfehle ich Ihnen die Wiesn-Variante »Ohne Bier aus'm Fass gibt's koa Maß«.

In Tabelle 11.1 finden Sie die Grundeigenschaften von Sternen der einzelnen Spektraltypen.

Wem gehört das Sternenlicht: Die Leuchtkraftklassen

Die Spektraltypen O, B, A, F, G, K und M lassen sich mithilfe arabischer Ziffern noch genauer unterteilen. Jeder Spektraltyp besteht dabei aus zehn Untergruppen, zum Beispiel bei G-Sternen aus den Gruppen G0 bis G9. Je niedriger die Ziffer, desto heißer der Stern. Unsere Sonne fällt in die Kategorie G2, der Stern Beta Aquilae (siehe Tabelle 11.1) in die Kategorie G8. Das bedeutet: Die Sonne ist heißer als Beta Aquilae, und der wiederum ist so kühl, dass er gerade noch am Spektraltyp K vorbeigeschrammt ist.

Warum erzähle ich Ihnen das alles? Damit Sie künftig wissen, wovon die Rede ist, wenn Sie in einem Astronomiebuch lesen, die Sonne sei vom Typ G2 oder Beta Aquilae vom Typ G8.

Typ	Farbe	Oberflächentemperatur	Beispiel
O	Violettweiß32.000 K oder mehr	Lambda Orionis	
B	Blauweiß	10.000 bis 32.000 K	Rigel
A	Weiß7.300 bis 10.000 K	Sirius	
F	Gelbweiß	6.000 bis 7.300 K	Prokyon
G	Weißgelb	5.300 bis 6.000 K	Beta Aquilae
K	Orange	3.900 bis 5.300 KArktur	
M	Rot	unter 3.900 K	Antares

Tabelle 11.1: Spektraltypen von Sternen

Aber es kommt noch etwas hinzu. In vielen Nachschlagewerken werden Sie tatsächlich auf die Bezeichnungen G2 oder G8 stoßen, andere jedoch bieten für jeden Stern zusätzlich eine römische Zahl, zum Beispiel G2 V für die Sonne oder G8 IV für Beta Aquilae. Diese römische Zahl bezeichnen Astronomen als die *Leuchtkraftklasse* des betreffenden Sterns.

Der Spektraltyp, wie zum Beispiel G2, gibt Auskunft über die Temperatur eines Sterns, die Leuchtkraftklasse wie etwa IV oder V über seine Größe und außerdem seine durchschnittliche Dichte (da größere Sterne in der Regel eine geringere Dichte haben als kleine). Eine Übersicht über die Leuchtkraftklasse und Größe von Sternen finden Sie in Tabelle 11.2.

Gelegentlich werden Sie auf einen Stern stoßen, der unter der Leuchtkraftklasse Ia oder Ib verzeichnet ist. Diese kleinen Buchstaben gehen für den Astronomen noch mehr ins Detail: *Ia* steht für einen helleren Überriesen, *Ib* für einen weniger hellen. Trotzdem ist jeder Überriese viel heller als die Sterne anderer Leuchtkraftklassen.

 D, die Leuchtkraftklasse für Weiße Zwerge, könnte man fälschlicherweise interpretieren als die römische Zahl D (500). Aber es ist einfach nur ein Buchstabe, genauer gesagt die Abkürzung für das englische Wort »dwarf« (Zwerg). Und wenn Sie das Thema Spektraltypen und Leuchtkraftklassen erfolgreich abgehakt haben, dürfen Sie die Finger zu einem V formen, für »victory« (Sieg). Für einen Astrophysiker jedoch ist V die Abkürzung für einen Zwerg der Hauptsternreihe.

Klasse	Bezeichnung	Beispiel
I	Überriese	Rigel
II	Heller Riese	Gamma Aquilae
III	Riese	Aldebaran
IV	Unterriese	Beta Aquilae
V	Zwerg der Hauptsternreihe	Rigel Kentaurus
D	Weißer Zwerg	Sirius B

Tabelle 11.2: Leuchtkraftklassen von Sternen

Die Masse bestimmt die Klasse

Im Kern eines Sterns mit größerer Masse tobt das nukleare Feuer umso heftiger; deshalb produziert er mehr Energie als ein Stern von geringerer Masse. Folglich ist ein massereicherer Stern der Hauptreihe heller und heißer als ein weniger massereicher Stern der Hauptreihe. Sterne mit mehr Masse sind in der Regel auch größer. Wenn Sie das wissen, leuchtet Ihnen auch der Fundamentalsatz der stellaren Astrophysik ein, wie er sich im H-R-Diagramm widerspiegelt: Die Masse bestimmt die Klasse.

Im H-R-Diagramm (siehe Abbildung 11.4) befindet sich ein Stern umso weiter oben auf dem Graphen, je heller seine Leuchtkraft oder Sterngröße ist. Je heißer er ist, umso weiter links im Diagramm ist er eingezeichnet; nach rechts hin werden die Sterntemperaturen geringer. Also: Temperatur steigt von rechts nach links, Sterngröße von unten nach oben.

In einem H-R-Diagramm ist die Aufzeichnung tatsächlicher Beobachtungsdaten, bei der jeder Punkt einen Einzelstern verkörpert, für den Leser sehr aufschlussreich.

✔ Die meisten Sterne befinden sich auf einem Band, das diagonal von links oben nach rechts unten verläuft. Diese Diagonale repräsentiert die Hauptreihe, und die Sterne auf diesem Band sind alles ganz normale Sterne wie die Sonne, in deren Kern Wasserstoff verbrennt.

✔ Es gibt noch ein anderes, etwa senkrecht verlaufendes Band, das sich nach oben erstreckt und knapp rechts am diagonalen Band vorbeiführt (wo die Leuchtkraft stärker und die Temperaturen kühler sind). Dieses Band, das man als *Riesenast* bezeichnet, besteht aus Roten Riesen.

✔ Einige Sterne befinden sich von links nach rechts ganz oben im Diagramm. Das sind die Überriesen: Links in der Darstellung finden Sie die blauen Überriesen, rechts die roten (von denen es mehr gibt als blaue).

✔ Einige Sterne befinden sich weit unterhalb des diagonalen Bands, ganz unten von links bis in die Mitte des Diagramms. Diese Sterne sind Weiße Zwerge.

Astronomen weisen jedem Stern der Hauptreihe seinen Platz im Diagramm gemäß seiner Helligkeit und Temperatur zu, die wiederum allein von seiner Masse abhängen. Die Diagonale der Hauptreihensterne verläuft von Sternen mit größerer zu Sternen mit kleinerer Masse. Die Sterne links oben in der Hauptreihe sind massereicher als die Sonne, die Sterne rechts außen masseärmer.

Junge stellare Objekte werden von den Astronomen normalerweise nicht ins gleiche H-R-Diagramm eingezeichnet wie alle anderen Sterne – wenn, dann wäre ihr Platz rechts im Diagramm, oberhalb der Hauptreihe, aber lange nicht so weit oben wie die Überriesen. Neutronensterne und Schwarze Löcher (die ja unsichtbar sind!) leuchten nicht stark genug, um sich zusammen mit normalen Sternen im gleichen H-R-Diagramm zu befinden.

Das H-R-Diagramm

Wenn Sie sich ein wenig schlaumachen, kann auch aus Ihnen ein stellarer Astrophysiker werden, der genau weiß, wo welcher Stern im H-R-Diagramm zu finden ist und warum. Forscher haben jahrzehntelang darüber nachgegrübelt, bei mir bekommen Sie es im handlichen Komplettpaket serviert. Um es Ihnen einfach zu machen, nehme ich als Beispiel ein Muster-H-R-Diagramm, in dem alle Sterne entsprechend ihrer wahren Helligkeit verzeichnet sind.

Überlegen Sie mal: Warum ist ein Stern heller oder dunkler als ein anderer? Das hängt von zwei ganz einfachen Faktoren ab, nämlich von der Temperatur und der Oberfläche. Je größer ein Stern, umso mehr Oberfläche hat er, und jeder Quadratmeter (oder Quadratzentimeter) davon produziert Licht. Mehr Quadratmeter heißt also auch mehr Licht. Doch wie sieht es mit der Lichtmenge aus, die pro Quadratmeter produziert wird? Heiße Objekte brennen heller als kühle Objekte – je heißer also ein Stern ist, umso mehr Licht wird von jedem Quadratmeter seiner Oberfläche erzeugt.

Das war doch total einfach, oder? Dann wenden wir das Gelernte nun mal auf unser H-R-Diagramm an:

✔ **Weiße Zwerge** befinden sich ganz unten im Diagramm, weil sie so klein sind. Ihre Oberfläche ist im Vergleich zu Sternen wie der Sonne klein, deshalb scheinen sie auch nicht so hell. Je älter und schwächer sie werden, umso tiefer sinken sie im Diagramm (da sie immer weniger Leuchtkraft haben) und rücken außerdem nach rechts (weil sie kühler werden). Trotzdem werden Sie auf der rechten Seite des H-R-Diagramms nur wenige Weiße Zwerge entdecken, da sie kühl und daher so lichtschwach sind, dass sie ihren Platz unterhalb des Diagramms haben.

✔ **Überriesen** befinden sich ziemlich weit oben im H-R-Diagramm, da sie eben nicht nur riesig, sondern überriesig sind. Ein roter Überriese kann mehr als 1.000-mal größer als die Sonne sein (das heißt, wenn wir ihn anstelle der Sonne ins All setzen würden, nähme er die gesamte Umlaufbahn des Jupiters für sich in Anspruch). Aufgrund ihrer gewaltigen Oberfläche sind Überriesen auch unglaublich hell.

Dass die Überriesen sich im Diagramm sowohl links als auch rechts auf ziemlich gleicher Höhe befinden, deutet darauf hin, dass die blauen Überriesen (links im Diagramm) kleiner sind als die roten Überriesen (rechts im Diagramm). Sie wissen warum, oder? Überriesen sind blau, weil sie heller brennen, und wenn sie heller brennen, produzieren sie mehr Licht pro Quadratmeter. Da die Helligkeit bei allen etwa gleich ist (schließlich befinden sie sich alle ganz oben im Diagramm), müssen die roten Überriesen also eine größere Oberfläche haben, um eine ähnliche Lichtmenge zu produzieren (da jeder Quadratmeter für sich erst mal weniger Licht erzeugt).

✔ **Hauptreihensterne** befinden sich auf dem diagonalen Band, das im Diagramm von links oben nach rechts unten verläuft, da die Hauptreihe sämtliche Sterne enthält, die Wasserstoff in ihrem Kern verbrennen, egal wie groß sie sind. Unterschiede in der Größe jedoch wirken sich darauf aus, an welcher Stelle ein Hauptreihenstern im H-R-Diagramm erscheint. Die heißen Hauptreihensterne (die auf der linken Seite) sind natürlich auch größer als die kühlen Hauptreihensterne, deshalb lassen sich über heiße Hauptreihensterne zwei Dinge festhalten: Sie verfügen über mehr Oberfläche und produzieren mehr Licht pro Quadratmeter als die kühleren Sterne. Die Hauptreihensterne am äußeren rechten Ende sind die lichtschwachen und kühlen Roten Zwerge.

Nichts in den Charts vertreten: Die Braunen Zwerge

Die Braunen Zwerge, die Mitte der 1990er-Jahre entdeckt wurden, zählen zu den neuesten Beiträgen zur Erforschung des Himmels. Sie sind kleiner und masseärmer als Sterne; von ihrer Größe her entsprechen sie etwa den Gasriesen wie Jupiter. Wie Sterne senden sie ihr eigenes Licht aus (der Jupiter reflektiert nur das Licht der Sonne). Doch um richtige Sterne handelt es sich bei den Braunen Zwergen nicht, da die Kernfusion in ihrem Inneren nur ein kurzfristiger Prozess ist. Ist diese Kernschmelze vorbei, erzeugen sie keine Energie mehr, sondern kühlen nur noch ab und hauchen allmählich ihr Leben aus. Ihre Spektraltypen reichen vom kühlen Ende des Typus M bis hin zu den richtig kühlen Typen wie L und T. (Astronomen vermuten, es könne sogar noch kühlere Braune Zwerge geben; die würden dann zur Spektralklasse Y zählen.) Im H-R-Diagramm in Abbildung 11.4 haben die Braunen Zwerge ihren Ort ganz unten rechts oder befinden sich außerhalb der Zeichnung, jenseits vom unteren rechten Eck. Die NASA sucht übrigens nach Freiwilligen für die Suche nach Braunen Zwergen. Wenn Sie sich melden wollen, schauen Sie mal in Kapitel 9 vorbei.

Für immer vereint: Doppel- und Mehrfachsternsysteme

Wenn zwei, drei oder noch mehr Sterne um ein gemeinsames Massezentrum kreisen, spricht man von Doppel- oder Mehrfachsternen. Die Beschäftigung mit solchen Mehrfachsystemen hilft Astronomen zu verstehen, wie Sterne entstehen. Es macht auch Spaß, solche kleinen Sternsysteme mit dem Amateurteleskop zu beobachten.

Doppelsterne und der Dopplereffekt

Etwa die Hälfte aller Sterne treten paarweise in Erscheinung. Solche *Doppelsterne* sind fast immer gleich alt, das heißt »zusammen geboren«. Sterne, die sich gemeinsam bilden und, nachdem sie von ihrer Geburtswolke kondensiert sind, durch ihre gegenseitige Anziehungskraft zusammengehalten werden, bleiben in der Regel auch zusammen. Was durch die Schwerkraft verbunden ist, das können andere Kräfte im Universum kaum voneinander lösen. Ein ausgewachsener Stern in einem Doppelsystem hat noch nie einen anderen Partner gehabt (außer ganz selten in dichten Sternhaufen, in denen Sterne einander so nahe kommen können, dass sie ihren Partner tatsächlich zurücklassen oder von einem anderen »abgeschleppt« werden).

Ein Doppelsternsystem besteht aus zwei Sternen, die um ein gemeinsames *Massezentrum* kreisen. Falls beide Sterne die gleiche Masse haben, befindet sich dieses Massezentrum exakt auf halber Strecke zwischen ihnen. Hat jedoch einer der beiden Sterne doppelt so viel Masse wie der andere, befindet sich das Massezentrum näher bei ihm (dem schwereren Stern). Tatsächlich ist in diesem Fall das Zentrum doppelt so weit vom leichteren Stern entfernt wie vom schwereren. Hat einer der beiden nur ein Drittel der Masse des anderen, ändert sich die Entfernung wieder im gleichen Verhältnis – er kreist dann in dreifacher Entfernung um das Massezentrum. Die beiden Sterne sind wie Kinder auf einer Wippe: Das schwerere Kind muss näher am Drehpunkt sitzen, damit zwischen beiden ein Gleichgewicht besteht.

Haben beide Sterne eines Doppelsternsystems die gleiche Masse, sind auch ihre Umlaufbahnen gleich groß; unterscheiden sie sich in ihrer Masse, kreisen sie auch auf unterschiedlich großen Bahnen. Es gilt die allgemeine Regel: Die großen Kaliber ziehen kleine Bahnen. Vielleicht denken Sie jetzt, Doppelsternsysteme würden so ähnlich funktionieren wie unser Sonnensystem, in dem ein Planet umso schneller ist und umso früher mit einem kompletten Umlauf fertig ist, je näher er sich bei der Sonne befindet. Das hört sich zwar einleuchtend an, ist aber falsch.

In Doppelsternsystemen ist der große Stern auf seiner kleineren Umlaufbahn auch der langsamere von beiden. Tatsächlich hängt ihre Geschwindigkeit von ihrer jeweiligen Masse ab. Ein Stern, der dreimal so viel Masse hat wie sein Partnerstern, bewegt sich auch dreimal so schnell. Durch die Messung der Umlaufgeschwindigkeit können Astronomen die Massenrelation zweier Angehöriger eines Doppelsternsystems bestimmen.

Dass diese Umlaufgeschwindigkeiten masseabhängig sind, stößt bei Astronomen auf besonders starkes Interesse. Wenn ein Stern dreimal so viel Masse hat wie der andere, bewegt er sich im Vergleich zu ihm dreimal langsamer auf seiner Umlaufbahn. Um die Masserelation dieser beiden Sterne zu ergründen, müssen Astronomen lediglich ihre Geschwindigkeiten messen. Jedoch gelingt es Astronomen nur selten, die Bewegung solcher Sterne mitzuverfolgen, da die meisten Doppelsterne so weit entfernt sind, dass wir ihre Umlaufbahnen nicht erkennen können. Anstatt nun resigniert die Flügel hängen zu lassen, gelang es den Astronomen, die Sternmasse zu messen, indem sie das Licht eines Doppelsternsystems studierten und sein Spektrum analysierten – ein Spektrum, das womöglich eine Kombination aus dem Licht beider beteiligter Sterne ist.

Um die Masse von Doppelsternen über das Studium ihrer stellaren Spektren zu erkunden, kam den Astronomen ein Phänomen zu Hilfe, das man den *Dopplereffekt* nennt.

Hier steht alles, was Sie über den Dopplereffekt wissen müssen (benannt nach Christian Doppler, einem österreichischen Physiker im 19. Jahrhundert):

Die Frequenz oder Wellenlänge von Schall oder Licht verändert sich, wie man leicht feststellen kann, je nach der Geschwindigkeit der Schall- oder Lichtquelle in Bezug auf den Beobachter. Diese Quelle kann (beim Schall) zum Beispiel das Pfeifen eines Zugs sein oder (beim Licht) ein Stern. (Töne mit höherer Frequenz klingen auch höher; eine Sopranistin hat zum Beispiel eine höhere Stimme als ein Tenor.) Lichtwellen mit höherer Frequenz haben eine kleinere Wellenlänge, und Lichtwellen mit niedriger Frequenz eine größere Wellenlänge. Im ganz einfachen Fall von sichtbarem Licht sind die geringeren Wellenlängen blau, die größten rot.

Für den Dopplereffekt gilt:

✔ Wenn die Quelle sich auf Sie zubewegt, wird die Frequenz, die Sie wahrnehmen oder messen, höher, also:

- Das Pfeifen des Zugs klingt höher.

- Das Licht des betreffenden Sterns sieht blauer aus.

✔ Wenn die Quelle sich von Ihnen wegbewegt, wird die Frequenz niedriger, also:

- Das Pfeifen des Zugs klingt tiefer.

- Der Stern sieht roter aus.

Das Zugsignal ist das Musterbeispiel für den Dopplereffekt, mit dem Lehrer ihren Studenten das Phänomen schon seit Urzeiten zu veranschaulichen suchen – und inzwischen damit auch nerven. Denn wo pfeifen heute schon noch Züge? Den gleichen Effekt können Sie bei jedem vorbeifahrenden Auto wahrnehmen, und ganz besonders deutlich bei einem, das eine laute Sirene erklingen lässt: Polizei, Feuerwehr oder Krankenwagen. Wenn Sie das nächste Mal Blaulicht sehen, achten Sie mal auf die Tonhöhe der Sirene. An anderes Beispiel: Wie empfinden Sie die Wellen auf dem Wasser, wenn Sie mit einem Motorboot herumflitzen? Wenn Sie sich in die Richtung bewegen, aus der die Wellen kommen, haben Sie das Gefühl, Ihr Boot werde von unruhigen Wellen hin und her geschaukelt. Geht es jedoch zurück in Richtung Strand, wird die Bewegung sanfter, und die Wellen gleiten dahin. Im ersten Fall haben Sie sich auf die Wellen zu bewegt, das heißt, Sie sind pro Zeiteinheit mehr Wellen begegnet, als es der Fall gewesen wäre, wenn Ihr Boot stillgestanden hätte oder Sie es hätten treiben lassen. Das heißt: Die Frequenz der Wellen war größer als bei einem unbewegten Boot. Die eigentliche Frequenz der Wellen verändert sich nicht, wohl aber die Frequenz der Wellen, die Sie spüren können.

Das Spektrum eines Sterns enthält einige dunkle Linien – Stellen (Wellenlängen oder Lichtfarben), an denen der Stern weniger Licht verbreitet als bei umliegenden Werten. Der verminderte Ausstoß bei diesen Wellenlängen wird verursacht durch die Absorption von Licht bei bestimmten Arten von Atomen in der Sternatmosphäre. Die dunklen Linien bilden erkennbare Muster, und wenn der Stern sich auf seiner Bahn hin- und zurückbewegt, sorgt der Dopplereffekt dafür, dass auch diese Linienmuster sich in dem auf der Erde wahrgenommenen Spektrum hin- und zurückbewegen. Wenn die Spektrallinien sich zu größeren Wellenlängen hin verschieben, kommt es zu einem Phänomen namens *Rotverschiebung*. Verschieben sie sich hin zu kleineren Wellenlängen, spricht man von einer *Blauverschiebung*. Rot- und Blauverschiebungen können auch auf andere Weise entstehen, am häufigsten jedoch ist die Ursache der Dopplereffekt.

Indem der Astronom nun die Spektren von Doppelsternen beobachtet und darauf achtet, wie ihre Spektrallinien sich von Rot nach Blau und dann wieder zurück nach Rot verschieben, während die Sterne auf ihrer Umlaufbahn kreisen, kann er ihr Tempo und somit auch ihre Massenrelation bestimmen. Außerdem kann er prüfen, wie lange es dauert, bis eine Spektrallinie vom Blau- in den Rotbereich und wieder zurückgelangt, und daraus die Dauer oder den Zeitraum berechnen, die der Stern für einen kompletten Umlauf benötigt.

Wenn Sie zum Beispiel wissen, dass ein kompletter Umlauf 60 Tage dauert, und außerdem wissen, wie schnell der Stern sich bewegt, können Sie den Umfang der Kreisbahn berechnen und somit auch den Radius. Ganz klar – wenn Sie drei Stunden brauchen, um nonstop mit 100 Stundenkilometern von Bamberg zu einem Ort in Südbayern zu fahren (ich hoffe, es ist kein Stau!), dann muss die Entfernung zwischen den beiden Ortschaften 300 Kilometer betragen.

Wenn Sterne mehr als einen Partner haben

Ein Doppelstern umfasst immer zwei Sterne, die von der Erde aus gesehen sehr eng beieinanderstehen. Manche Doppelsterne sind ein echtes *Doppelsternsystem* und kreisen wirklich um ein gemeinsames Massezentrum. Andere sind nur *optische* Doppelsterne – das heißt, auch sie stehen von uns aus gesehen sehr eng beieinander, sind aber ganz unterschiedlich weit von der Erde entfernt. Sie haben im Grunde nichts miteinander zu tun; sie kennen sich meist nicht einmal mit Vornamen.

Dreifachsterne sind drei Sterne, die scheinbar eng beieinanderstehen, und ebenso wie bei Doppelsternen kann das zwar wirklich der Fall sein, muss aber nicht. Spricht man jedoch von einem *Dreifachsternsystem*, so bedeutet das, dass die drei Sterne durch ihre gegenseitige Anziehungskraft zusammengehalten werden und alle um ein gemeinsames Schwerkraftzentrum kreisen.

Der Vergleich mit einer Ehe oder Partnerschaft drängt sich beinahe auf. »Drei sind einer zu viel«, sagt der Volksmund und meint damit, eine romantische Beziehung kann leicht ins Wanken geraten, wenn eine dritte Person ins Spiel kommt. Das gilt auch für Dreifachsternsysteme: Sie bestehen aus einem innig verbundenen Sternenpaar (einem Doppelsternsystem) sowie einem weiteren Stern mit viel größerer Umlaufbahn. Lägen alle drei Umlaufbahnen eng beisammen, würden ihre Anziehungskräfte sich chaotisch aufeinander auswirken, die Gruppe bräche auseinander, und mindestens einer der Sterne würde auf Nimmerwiedersehen davonfliegen. Insofern ist ein Dreifachsternsystem eigentlich nur ein Doppelstern, dessen eine Hälfte ein eng zusammengehöriges Sternenpaar ist.

Grundzüge der stellaren Spektroskopie

Stellare Spektroskopie nennt man die Analyse der Linien im Spektrum von Sternen. Es ist mit Abstand das wichtigste Hilfsmittel für Astronomen zur Erforschung der physikalischen Natur von Sternen. Die Spektroskopie gibt Auskunft über die

✔ Radialgeschwindigkeit von Sternen (ihre Bewegung auf die Erde zu oder von ihr weg),

✔ Masserelationen, Umlaufzeiten und die Größe der Umlaufbahnen in Doppelsternsystemen,

✔ Temperaturen, atmosphärische Dichte und die Oberflächenanziehungskraft von Sternen,

✔ Magnetfelder und die Intensität ihrer Auswirkung auf die Sterne,

✔ chemische Zusammensetzung von Sternen (welche Atome vorkommen und in welchem Zustand sie existieren) und

✔ Sonnenfleckenzyklen von Sternen (Sternfleckenzyklen also).

All diese Informationen ergeben sich aus den Messungen von Positionen, Breiten und Lichtstärken (also, Helligkeit oder Dunkelheit) der kleinen dunklen (oder manchmal hellen) Linien im Spektrum von Sternen. Wissenschaftler analysieren sie mithilfe des Dopplereffekts, um die Geschwindigkeit der Sterne, die Größe ihrer Umlaufbahnen und ihre Masserelationen zu ermitteln. Andere Phänomene, wie der *Zeeman-Effekt* oder der *Stark-Effekt*, beeinflussen das Aussehen der Spektrallinien. Aufgrund der Kenntnis dieser Effekte können Astronomen die Stärke des Magnetfelds eines Sterns (Zeeman-Effekt) sowie die Dichte und Oberflächenanziehungskraft seiner Atmosphäre (Stark-Effekt) berechnen. Schon das Vorhandensein bestimmter Spektrallinien, von denen jede einer bestimmten Art von Atomen entstammt, die das Licht in der Sternatmosphäre entweder absorbieren (dunkle Linien) oder abgeben (helle Linien), liefert den Astronomen Aufschluss über einige der chemischen Elemente, die in der Sternatmosphäre vorkommen, sowie über die Temperaturen im Sterninneren, wo diese Atome das Licht entweder abgeben oder absorbieren.

Die Spektrallinien verraten den Astronomen sogar, in welchem *Stadium der Ionisation* die Atome sich befinden. Sterne sind so heiß, dass die Hitze zum Beispiel ein oder mehrere Elektronen von einem Eisenatom lösen kann, wodurch aus dem Atom ein Eisenion wird. Jeder Typ von Eisenionen produziert, je nachdem wie viele Elektronen ihm fehlen, Spektrallinien mit unterschiedlichen charakteristischen Mustern und Positionen im Spektrum. Indem sie die durchs Teleskop beobachteten Spektren der Sterne mit den Spektren chemischer Elemente und Ionen vergleichen, die bei Laborexperimenten ermittelt oder von Computern ausgerechnet wurden, gelingt es Astronomen, einen Stern zu analysieren, ohne sich ihm auch nur auf ein paar Lichtjahre zu nähern.

In kühlen stellaren Gasen verliert ein Großteil des Eisens nur ein einziges Elektron pro Atom und weist daraufhin das Spektrum von einfach ionisiertem Eisen auf. In den sehr heißen Teilen des Sterns jedoch, wie der Sonnenkorona mit ihren Millionen von Graden, kann das Eisen zehn Elektronen einbüßen; das Element befindet sich dann in einem hohen Stadium der Ionisation und erzeugt das entsprechende Spektrallinienmuster. Dieses Muster ist ein klarer Hinweis auf eine Sternregion mit sehr heißen Temperaturen.

Bestimmte Teile des Sonnenspektrums ändern sich mit dem Erscheinen und Verschwinden von Störeinflüssen auf der Sonne, die etwa alle elf Jahre ihren Gipfelwert erreichen (wie ich in Kapitel 10 ausführe). Zu ähnlichen Veränderungen kommt es auch im Spektrum anderer sonnenähnlicher Sterne. Auf diese Weise können Astronomen mittels Spektroskopie die Länge von Sonnenfleckenzyklen auf weit entfernten Sternen bestimmen, selbst wenn sie so weit entfernt sind, dass sie von ihren Flecken nie etwas zu sehen bekommen.

Vierfachsterne sind häufig Doppeldoppelsterne – also zwei dicht beieinanderliegende Doppelsternsysteme, die beide um das gemeinsame Massezentrum aller vier Sterne kreisen.

Mehrfachsterne ist der Sammelbegriff für alle Sternsysteme, die aus mehr als nur zwei Sternen bestehen – also Dreifachsterne, Vierfachsterne und so weiter. An einem bestimmten Punkt verschwimmen die Unterschiede zwischen einem großen Mehrfachsternsystem und einem kleinen Sternhaufen. Im Grunde handelt es sich bei beiden um das Gleiche. (Was Sternhaufen genau sind, erkläre ich in Kapitel 12.)

Wandel muss sein: Veränderliche Sterne

Nicht jeder Stern ist, wie Shakespeare schrieb, »so beständig wie der Nordstern«. Eigentlich ist auch der Nordstern nicht beständig. Denn dieser wohlbekannte Stern, auch *Polaris* genannt, ist ein veränderlicher Stern, das heißt, seine Helligkeit ändert sich von Zeit zu Zeit. Lange Zeit dachten Astronomen, sie wüssten über diese Wandlungsphasen des Polarsterns genau Bescheid. Er schien immer mal ein wenig heller zu werden, dann mal ein wenig dunkler, was völlig berechenbar schien. Auf einmal jedoch kam es bei diesen Veränderungen zu einer … tja, Veränderung. Diese Abweichung vom Schema kann auf eine allmähliche physikalische Veränderung hinweisen, und die Wissenschaft ist noch damit beschäftigt, sie zu deuten. Vor Kurzem stellten Fachleute der Villanova University fest, dass der Polarstern seit der Antike um eine Sterngröße heller geworden ist (das ist etwa 2,5-mal so hell).

Von den veränderlichen Sternen gibt es zwei Grundtypen:

✔ **Intrinsisch veränderliche Sterne:** Solche Sterne verändern sich in ihrer Helligkeit aufgrund physikalischer Veränderungen der Sterne selbst. Man unterscheidet drei Hauptkategorien:

- pulsierende Sterne

- Flaresterne

- explodierende Sterne

✔ **Extrinsisch veränderliche Sterne:** Solche Sterne scheinen ihre Helligkeit zu verändern, weil irgendetwas von außen ihr Licht, wie es von der Erde aus gesehen wird, beeinflusst. Die zwei Hauptkategorien sind:

- Bedeckungsveränderliche

- »Mikrolinseneffekt«-Sterne

Im folgenden Abschnitt beschreibe ich diese Grundtypen genauer.

Pulsierende Sterne

Pulsierende Sterne beulen sich aus und wieder ein, werden größer und kleiner, heißer und kühler, heller und dunkler. Diese Sterne vibrieren und zittern am Himmel wie hämmernde Herzen.

Cepheiden

Die wichtigsten pulsierenden Sterne sind, vom wissenschaftlichen Standpunkt aus betrachtet, die Cepheiden. Ihren Namen haben sie von dem ersten Stern ihres Typus, mit dem Wissenschaftler sich eingehender beschäftigten, dem Deltastern im Sternbild Cepheus (Delta Cephei).

Die amerikanische Astronomin Henrietta Leavitt entdeckte, dass Cepheiden einer *Perioden-Leuchtkraft-Beziehung* gehorchen. Das bedeutet: Je länger die Periode der Veränderung (also die Zeitspanne zwischen zwei Spitzenwerten der Helligkeit), umso größer ist die Durchschnittshelligkeit des Sterns. Ein Astronom, der die scheinbare Helligkeit eines veränderlichen Cepheidensterns misst, die sich über Tage und Wochen hinweg verändert, und dabei die Veränderlichkeitsperiode bestimmt, kann daraus mühelos die wahre Helligkeit des Sterns ableiten.

 Entfernung vermindert die Helligkeit eines Sterns gemäß dem *quadratischen Entfernungsgesetz*. Wenn ein Stern doppelt so weit entfernt ist, erscheint er viermal so dunkel; ist er dreimal so weit entfernt, erscheint er neunmal so dunkel; und ein Stern, der zehnmal so weit entfernt ist, erscheint hundertmal so dunkel.

Die Schlagzeile, das Hubble-Weltraumteleskop könne die Entfernungen und das Alter des Universums genau bestimmen, stützt sich auf eine Untersuchung von Cepheiden. Diese Cepheiden befinden sich in weit entfernten Galaxien. Indem sie ihre Helligkeitsveränderungen unter Berücksichtigung der *Perioden-Leuchtkraft-Beziehung* verfolgten, konnten die Hubble-Beobachter genau berechnen, wie weit die Galaxien von uns entfernt sind.

Henrietta Leavitts Perioden-Leuchtkraft-Beziehung hat die Arbeit des Hubbleteleskops erst möglich gemacht. Viel früher hatte schon Edwin Hubble ihre Entdeckung genutzt, um die Expansion des Universums zu entdecken (siehe Kapitel 16). Für ihre Arbeit am Harvard College Observatory „verdiente" Leavitt 30 Cent pro Stunde, etwa die Hälfte eines gleich qualifizierten männlichen Kollegen, wenn sie nicht gerade freiwillig, also ganz ohne Bezahlung, arbeitete.

RR-Lyrae-Sterne

RR-Lyrae-Sterne ähneln Cepheiden, sind aber nicht so groß und so hell. Einige RR-Lyrae-Sterne befinden sich in kugelförmigen Sternhaufen unserer Milchstraße. Auch sie gehorchen einer *Perioden-Leuchtkraft-Beziehung.*

Kugelsternhaufen sind riesige Ballungen alter Sterne, die geboren wurden, als die Milchstraße gerade entstand. Dabei ballen sich mehrere Hunderttausend oder etwa eine Million Sterne in einem Gebiet zusammen, das nur 60 bis 100 Lichtjahre im Durchmesser misst. Astronomen beobachten die Helligkeitsveränderungen bei RR-Lyrae-Sternen und können daraus ihre Entfernung schätzen, und wenn die Sterne sich in Kugelsternhaufen befinden, lässt sich daraus schließen, wie weit diese Sternhaufen entfernt sind. (Mehr über kugelförmige und andere Sternhaufen erfahren Sie in Kapitel 12.)

Weshalb ist es so wichtig, zu wissen, wie weit ein Sternhaufen von uns entfernt ist? Sehr einfach: Sämtliche Sterne eines einzigen Sternhaufens entstanden zur gleichen Zeit aus einer gemeinsamen Wolke; wenn sie sich also alle im gleichen Sternhaufen befinden, sind sie auch alle ziemlich gleich weit von der Erde entfernt. Wenn also Astronomen die Sterne, die Teil eines Sternhaufens sind, in ein H-R-Diagramm eintragen, kann ihnen kaum ein Fehler unterlaufen, der auf unterschiedliche Entfernungen zurückzuführen wäre. Und wenn Wissenschaftler die Entfernung des Sternhaufens kennen, können sie sämtliche Sterngrößen sofort in Leuchtkraft umrechnen und feststellen, welches Maß an Energie diese Sterne pro Sekunde produzieren. Die berechneten Werte können unmittelbar mit denen verglichen werden, die astrophysikalischen Theorien über die Sterne und ihre Energieerzeugung entstammen. Das hält die Astrophysiker ständig am Ball.

Langperiodische Veränderliche

Astrophysiker sind sehr glücklich über die Informationen, die ihnen die Cepheiden und RR-Lyrae-Veränderlichen lieferten. Die Amateure hingegen freuen sich vor allem über die Beobachtung langperiodischer Veränderlicher, die auch Mira-Sterne (oder Mira-Veränderliche) genannt werden. Mira ist eine andere Bezeichnung für den Stern Omicron Ceti im Sternbild des Wals (Cetus), den ersten langperiodischen Veränderlichen, dessen Bekanntschaft man machte.

Mira-Variablen sind gewaltige rote Sterne, die ebenso pulsieren wie Cepheiden, allerdings in längeren Perioden von durchschnittlich zehn Monaten oder mehr. Auch das Ausmaß, in dem ihr sichtbares Licht sich verändert, übersteigt das der Cepheiden. Wenn sie am hellsten ist, können Sie Mira mit dem bloßen Auge sehen; wenn sie am dunkelsten ist, brauchen Sie ein Teleskop, um sie zu finden. Die Helligkeitsabweichungen von langperiodischen Veränderlichen variieren auch stärker als bei Cepheiden. Die hellste Sterngröße, die ein bestimmter langperiodischer Veränderlicher erreicht, kann sich von einer Periode zur nächsten stark unterscheiden. Solche Veränderungen lassen sich leicht beobachten und liefern grundlegende wissenschaftliche Informationen. Weiter unten in diesem Kapitels verrate ich Ihnen, wie auch Sie als Laie Ihren Beitrag zur Erforschung dieser und anderer Veränderlicher leisten können.

Nachbarn, die schnell in die Luft gehen: Flaresterne

Flaresterne sind kleine rote Zwerge, die von heftigen Explosionen erschüttert werden, wie zum Beispiel den energiereichen Sonnenflares. Die meisten Sonnenflares können Sie nur mit speziellen Farbfiltern sehen, da das Licht der Flares nur einen winzigen Bruchteil der gesamten Lichtmenge der Sonne ausmacht. Nur die seltenen, extrem großen »Weißlicht«-Flares sind auf der Sonne ohne Spezialfilter sichtbar. (Dennoch müssen Sie dabei alle Sicherheitsmaßnahmen zur Sonnenbeobachtung treffen, die ich in Kapitel 10 beschreibe.) Die Explosionen auf Flaresternen sind hingegen so hell, dass die Sternhelligkeit sich durch sie wahrnehmbar verändert. Sie betrachten den Stern durch ein Teleskop, und mit einem Mal wird er heller. Solche Explosionen finden nicht auf allen Roten Zwergen statt, aber Proxima Centauri zum Beispiel, ein roter Zwerg und unser nächster Sternnachbar nach der Sonne, ist ein Flarestern.

Explodierende Sterne

Die Explosionen von Novae und Supernovae sind so gewaltig, dass ich sie ungern mit den Flaresternen in einem Atemzug nenne; sie sind unendlich viel mächtiger und in ihren Auswirkungen viel gewaltiger.

Novae

Eine Nova explodiert infolge eines Prozesses, der sich auf einem Weißen Zwerg in einem Doppelsternsystem allmählich aufgebaut hat. Der Vorgang ähnelt dem der Explosion einer Supernova vom Typ Ia, wie ich ihn in diesem Kapitel bereits geschildert habe. Bei einer Supernova jedoch wird der Weiße Zwerg meistens zerstört, bei einer Nova nicht. Er entzieht seinem Sternpartner Gas, das er seiner Oberflächenschicht zuführt. Die gewaltige Schwerkraft des Weißen Zwergs komprimiert und erhitzt diese Schicht, bis diese in einer Explosion ins All geschleudert wird. Nach einigen Hundert bis tausend Jahren geht das Ganze von vorn los! So lautet zumindest die Theorie. Bis jetzt hat noch kein Wissenschaftler so lange gelebt, dass er eine gewöhnliche oder *klassische Nova* zweimal explodieren sehen konnte. Es existieren jedoch ähnliche Doppelsternsysteme, bei denen die Explosionen zwar nicht ganz so mächtig sind wie bei einer klassischen Nova, die jedoch oft genug stattfinden, dass Amateurastronomen sie fortwährend verfolgen und, sobald eine neue Explosion stattfindet, Profis auf den Plan rufen können. Diese Objekte haben unterschiedliche Namen, darunter die Bezeichnungen *Zwergnova* und *AM-Herculis-System*.

Klassische Novae, Zwergnovae und ähnliche Objekte fasst man unter dem Begriff *kataklysmische Veränderliche* zusammen.

Eine Nova, die hell genug ist, um mit bloßem Auge gesehen zu werden, findet etwa alle zehn Jahre statt. Eine davon studierte ich im Jahre 1963 für meine Doktorarbeit. Wenn sie nicht so pünktlich explodiert wäre, hätte ich meine Doktorarbeit vielleicht erst zehn Jahre später schreiben können. Im Jahre 2007 leuchteten die Augen der Astronomen vom Widerschein einer hellen Nova im Sternbild Skorpion.

Rote Novae

Es ist noch gar nicht lange her, da entdeckten Astronomen eine neue Klasse von Sternexplosionen, die Roten Novae. Die Beobachtungen zeigten, das Rote Novae leuchtkräftiger sind als normale Novae, die ich gerade beschrieben habe, aber weniger hell als Supernovae, auf die ich im folgenden Abschnitt zu sprechen komme. Hinter ihnen steckt ein ganz anderer Explosionsprozess. Die Experten vermuten, dass Rote Novae entstehen, wenn zwei Hauptreihensterne in einem engen Doppelsternsystem ineinander spiralen, verschmelzen und explodieren. Wie Sie sich vielleicht schon denken können, leuchten Rote Novae rot.

Vor wenigen Jahren behaupteten Astronomen, im Jahr 2022 werde eine Rote Nova im Sternbild Schwan aufleuchten. Diese hätte hell genug werden können, um mit bloßem Auge sichtbar zu sein. Leider stellte sich das Ganze als Irrtum heraus, die Experten hatten sich verrechnet. Was nicht heißt, dass der betreffende Stern, KIC 9832227 genannt, nicht doch irgendwann zur Roten Nova wird. Nur wann es so weit ist, das kann zurzeit niemand sagen.

Supernovae

Supernovae stoßen in hohem Tempo Nebel ab, die sogenannten *Supernovaüberreste* (siehe Abbildung 11.5). Der Nebel besteht zunächst aus dem Material, aus dem der zerstörte Stern bestand, abzüglich des zurückgelassenen Zentralobjekts, ob Neutronenstern oder Schwarzes Loch. (Lesen Sie dazu auch den Abschnitt »Aus die Maus: Das Ende der stellaren Evolution« weiter vorn in diesem Kapitel.) Während er sich ins All ausbreitet, sammelt der Nebel wie mit einer Schneeschaufel interstellares Gas auf. Nach einigen Tausend Jahren bestehen die Supernovaüberreste nur noch aus eingesammeltem Gas statt aus den Trümmern der Explosion.

Supernovae sind unglaublich hell und ziemlich selten. In einer Galaxie wie der Milchstraße, so schätzen Astronomen, kommt es zwar alle 25 bis 100 Jahre zu einer Supernova, doch die letzte in unserer Heimatgalaxie, die wir als Zeugen miterleben durften, war im Jahre 1604

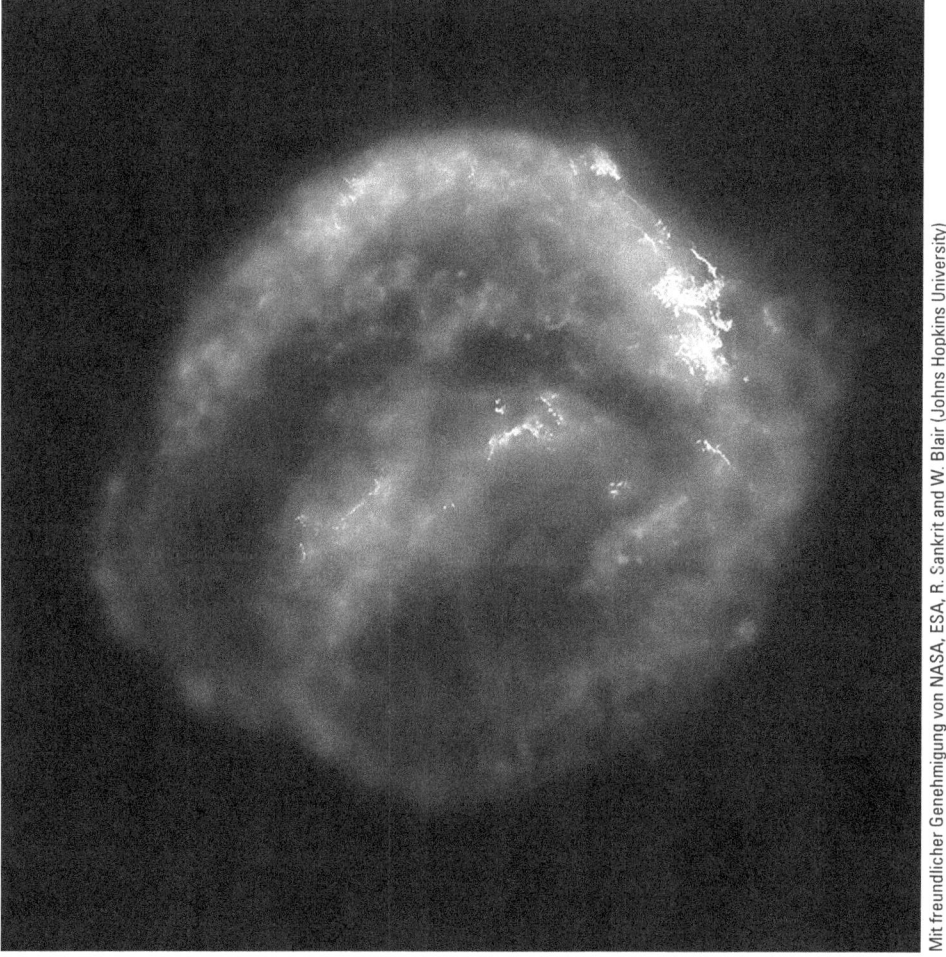

Mit freundlicher Genehmigung von NASA, ESA, R. Sankrit and W. Blair (Johns Hopkins University)

Abbildung 11.5: Der Kepler-Supernovaüberrest ist 14 Lichtjahre groß.

Keplers Stern. Damals gab es leider noch keine Teleskope. Es ist sehr wahrscheinlich, dass sich seitdem noch weitere Supernovae ereignet haben, die aber von Staubwolken in der Galaxie verdeckt waren. Ein riesiger Südstern, bekannt als Eta Carinae, ist womöglich dabei, in Kürze eine Supernova zu erleben, doch wenn Astronomen »in Kürze« sagen, meinen sie damit in der Regel »irgendwann in den nächsten Jahrmillionen«.

Nur eine einzige Supernova war seit 1604 mit bloßem Auge sichtbar. Es war die Supernova 1987A in unserer Nachbargalaxie, der Großen Magellanschen Wolke (über die ich in Kapitel 12 mehr berichte). Diese Supernova befand sich zu weit im Süden, sie war von Europa oder den Kontinentalstaaten der USA aus nicht sichtbar. Da ich jedoch ein so seltenes Himmelsschauspiel nicht verpassen wollte, flog ich damals nach Chile. Die chilenischen Astronomen begrüßten mich sehr herzlich und zuvorkommend.

Hypernovae

Hypernovae sind extrem helle Supernovae, die anscheinend zumindest einen Teil der Gammastrahlenausbrüche ausmachen, die von Zeit zu Zeit am Himmel aufzucken. Es handelt sich dabei um sehr kräftige, energiereiche Strahlungsschübe, die wie Scheinwerfer aufflammen. Im November 2004 startete die NASA den Swift-Satelliten, der mehr über sie herausfinden sollte. Sobald Swift einen Strahlenschub aus irgendeiner Richtung registriert, erstattet er Meldung bei Observatorien auf der Erde, die diesem Himmelsabschnitt daraufhin ganz besondere Aufmerksamkeit schenken. Hypernovae sind viel seltener als andere Supernovae. In unserer Galaxie wurde bisher noch nie eine gesehen.

 Wenn Sie mehr über Swift und seine Entdeckungen erfahren wollen, besuchen Sie die Swift-Website der NASA unter `https://www.nasa.gov/mission_pages/swift/main`. Falls Sie ein iPad oder iPhone haben, laden Sie sich die kostenlose Swift-Explorer-App herunter – sie bietet eine Reihe nützlicher Menüpunkte. Sie können das Programm auch so einstellen, dass Sie jedes Mal, wenn Swift einen Gammastrahlenschub ortet, eine SMS aufs Handy bekommen.

Versteckspiel im All: Die Bedeckungsveränderlichen

Bedeckungsveränderliche Sterne sind Doppelsternsysteme, deren wahre Helligkeit sich nicht verändert (es sei denn, einer der beiden Sterne wird zufällig zum pulsierenden Stern, Flarestar oder einem anderen intrinsisch Veränderlichen). Uns jedoch kommen sie wie veränderliche Sterne vor. Die *Orbitalebene (Bahnebene)* des Systems – also die Ebene, auf der sich die Umlaufbahnen beider Sterne befinden – ist so gerichtet, dass sie unsere Blickachse enthält. So verdeckt (von der Erde aus gesehen) einmal während jeder Umlaufperiode ein Stern den anderen, und die Helligkeit des betreffenden Sterns sinkt während dieser Phase. (Natürlich kehren sich auf halbem Weg der Umlaufperiode die Verhältnisse um; der verdeckte Stern wird dann zum verdeckenden Stern.)

Wenn die beiden Sterne eines Doppelsternsystems je eine Umlaufzeit von vier Tagen haben, zieht alle vier Tage der massereichere Stern von beiden (meist *A* genannt) von der Erde aus gesehen genau vor dem anderen Stern vorbei. Diese Passage hält das gesamte oder einen

Großteil des Lichts von Stern *B* davon ab, zur Erde zu gelangen (je nachdem, wie groß dieser Stern im Verhältnis zu Stern *A* ist – manchmal ist auch der Stern mit weniger Masse größer als sein Weggefährte), also wirkt der Doppelstern insgesamt dunkler. Astronomen sprechen dabei von einer *Sternfinsternis*. Zwei Tage nach der Finsternis zieht Stern B im Gegenzug vor Stern A vorbei, und es kommt erneut zur Verdunkelung.

Im Abschnitt »Doppelsterne und der Dopplereffekt« weiter vorn in diesem Kapitel erkläre ich, wie Astronomen die Umlaufgeschwindigkeiten zu Hilfe nehmen, um die Masserelationen von Sternen zu bestimmen. Aber die Umlaufgeschwindigkeit hilft ihnen auch dabei, den Durchmesser eines Sterns zu berechnen. Wissenschaftler sehen sich Sternspektren an und nutzen ihr Wissen über den Dopplereffekt, um das Tempo von Sternen auf ihrer Umlaufbahn herauszufinden, und sie messen die Zeitdauer einer Verfinsterung bei Bedeckungsveränderlichen. Eine Sternfinsternis von Stern B beginnt, wenn der vorangehende Rand des Sterns A sich vor ihn schiebt. Sie endet, wenn der nachfolgende Rand von A sich wieder von ihm entfernt. Experten können herausfinden, wie groß Stern A ist, indem sie seine Umlaufgeschwindigkeit mit der Zeitdauer der Finsternis multiplizieren.

Im Detail sind all diese Methoden zwar etwas komplizierter, aber sie verraten Ihnen, wie bei der Erforschung von Sternen vorgegangen wird.

 Der bekannteste Bedeckungsveränderliche ist Beta Persei, auch bekannt als Algol, der Teufelsstern. Und Sie werden verteufelt oft Gelegenheit dazu haben, Algols Verfinsterungen auf der Nordhemisphäre zu beobachten – Algol ist ein heller Stern, genau am richtigen Ort, um im Herbst am Nordhimmel von Sternguckern erforscht zu werden. Sie können seine Verdunkelungen ohne Teleskop, ja sogar ohne Fernglas sehen. Alle 2 Tage und 21 Stunden nimmt seine Helligkeit um etwas mehr als eine Sterngröße (das ist ein Faktor von mehr als 2,5) für etwa zwei Stunden ab. Natürlich müssen Sie wissen, *wann* die richtige Zeit ist, um eine solche Finsternis zu beobachten. Sonst stehen Sie vielleicht drei Tage lang erwartungsvoll in Ihrem Garten, aber nichts geschieht. Diese Zeit können Sie besser nutzen – informieren Sie sich in einer Zeitschrift wie *Sterne und Weltraum* über die Idealbedingungen. Normalerweise finden Sie dort eine Sparte mit dem Titel »Minima von Algol«, in der für eine Zeitspanne von ein bis zwei Monaten die Tage und Uhrzeiten aufgelistet sind, zu denen eine Verdeckung stattfindet. Die Bedeckungszeiten sind oft in Weltzeit (Universal Time, UT) angegeben. Für die Umrechnung in mitteleuropäische Zeit müssen Sie eine Stunde dazu addieren, für Sommerzeit zwei Stunden.

Als *Minima* bezeichnet man die Zeiten, in denen (sowohl extrinsisch als auch intrinsisch) veränderliche Sterne den niedrigsten Helligkeitsgrad auf ihrer Bahn erreicht haben. *Maxima* nennt man die Zeiten, zu denen die Sterne am hellsten leuchten.

Fang das Licht: Der Mikrolinseneffekt

Manchmal kommt es vor, dass ein weit entfernter Stern genau vor einem noch weiter entfernten Stern vorbeizieht. Beide Sterne stehen zueinander in keinerlei Zusammenhang, sie können Tausende von Lichtjahren voneinander entfernt sein, und trotzdem lenkt die

Schwerkraft des Sterns, der uns näher steht, die Lichtstrahlen des weiter entfernten Sterns von ihrem Weg ab, sodass der ferne Stern von der Erde aus für ein paar Tage oder Wochen heller erscheint. Dieser Effekt ergibt sich aus Einsteins Allgemeiner Relativitätstheorie, und Astronomen werden stets aufs Neue damit konfrontiert. Wenn die Anziehungskraft eines gewaltigen Objekts wie einer Galaxie das Licht krümmt, sprechen Astronomen vom *Gravitationslinseneffekt*. Wenn die Anziehungskraft eines kleineren Objekts wie die eines Sterns das Licht krümmt, nennt man das *Mikrolinseneffekt*.

Sie denken vielleicht, es sei unwahrscheinlich, dass zwei voneinander unabhängige Sterne mit der Erde eine exakte Linie bilden – und da haben Sie natürlich recht! Um ein solch seltenes Zusammentreffen regelmäßig mitzubekommen, benutzen Astronomen elektronische Teleskopkameras, mit denen sie Hunderttausende, ja oft Millionen von Sternen gleichzeitig aufs Bild bekommen. Bei so unglaublich vielen Sternen kommt es immer wieder vor, dass einer von ihnen, der sich im Vordergrund befindet, vor einem weiter entfernten vorbeizieht, und auch wenn die Experten vorher keine Ahnung haben, welche beiden Sterne beteiligt sind, können sie sie auf diese Weise entdecken.

Der Trick besteht darin, die elektronische Kamera auf eine Region zu richten, in der besonders viele Sterne zur gleichen Zeit in Ihrem Blickfeld sind. Zu solchen Regionen gehören die Große Magellansche Wolke, eine benachbarte Satellitengalaxie der Milchstraße (siehe Kapitel 12), sowie der mittlere Bereich (der »Bauch«) der Milchstraße selbst, in dem es von Sternen nur so wimmelt.

Unsere Sternnachbarn

Wenn Sie mit bloßem Auge hinaus zu Alpha Centauri blicken, sehen Sie einen hellen Stern. Wenn Sie ein Teleskop zu Hilfe nehmen, sind es zwei Sterne, die Sie zu sehen bekommen, und die eng beieinanderstehen. Die beiden Sterne bilden ein Doppelsternsystem. Es kommt jedoch ein dritter Stern hinzu – Proxima Centauri –, der daraus ein Dreifachsternsystem macht. Sie sehen Proxima nicht zusammen mit den beiden anderen Sternen im gleichen Bildausschnitt im Teleskop, da er sich auf einer großen Umlaufbahn um sie befindet, und (von der Erde aus gesehen) mehr als 2 Grad von ihnen entfernt ist (das ist mehr als der vierfache Monddurchmesser am Himmel). Mit bloßem Auge können Sie Proxima ohnehin nicht sehen. Aber Sie sind ihm schon begegnet – im Abschnitt »Die Hauptreihensterne: Alt werden, aber nie alt sein« weiter oben in diesem Kapitel. In Kapitel 14 beschreibe ich außerdem Proximas Planeten und eine mögliche interstellare Mission zu unserer Nachbarwelt.

Werfen wir einen Blick auf das gesamte Dreifachsternsystem:

✔ **Alpha Centauri (auch bekannt als Rigil Kentaurus):** Ein heller Stern vom Typ G im südlichen Sternbild Centaurus (Zentaur) (siehe Abbildung 11.6). Es handelt sich um einen Hauptreihenzwerg von etwa der gleichen Farbe wie die Sonne, aber um einiges heller.

✔ **Alpha Centauri B:** Alpha Centauris orangefarbener Weggefährte ist ein etwas kleinerer und kühlerer Hauptreihenstern.

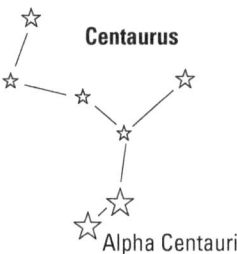

Abbildung 11.6: Alpha Centauri ist ein Dreifachsternsystem am Südhimmel.

✔ **Alpha Centauri C:** Unser nächster Sternnachbar nach der Sonne. Der kleine Rote Zwerg und Flarestar wird auch Proxima Centauri genannt.

Das Alpha-Centauri-System ist etwa 4,4 Lichtjahre von der Erde entfernt, wobei Proxima Centauri mit 4,2 Lichtjahren auf der uns näheren Seite liegt. Das System befindet sich in den weiter entfernten Regionen des Südhimmels; um es zu beobachten, müssen Sie sich also auf der Südhemisphäre oder zumindest im äußersten Süden der Nordhemisphäre befinden.

Sirius ist, bei einer Entfernung von 8,6 Lichtjahren, der hellste Stern am Nachthimmel. Er ist auch unter dem Namen Alpha Canis Majoris bekannt, der „Alpha-Stern" im Sternbild des Großen Hunds (Canis Major; siehe Abbildung 11.7). Sirius liegt ein kleines Stück südlich des Himmelsäquators und ist von den meisten bewohnten Gebieten der Erde aus sichtbar. Er ist ein weißer Hauptreihenstern vom Typ A, der so hell strahlt, dass Leute, die ihn sehen, oft fragen: »Was ist das für ein großer Stern?«

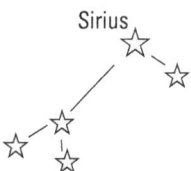

Abbildung 11.7: Sirius ist der oberste Stern im Großen Hund (Canis Major).

Wie die meisten Sterne außer der Sonne hat auch Sirius einen Sternpartner, nämlich Sirius B, einen Weißen Zwerg. Man kennt Sirius auch als den Hundsstern, und als der amerikanische Teleskophersteller Alvan Clark im Jahr 1862 seinen schnuckeligen Gefährten Sirius B entdeckte, nannte ihn jemand passenderweise den »Welpen«. Sirius A und Sirius B umkreisen ihr gemeinsames Schwerezentrum einmal alle 50 Jahre. (Ich definiere das Schwerezentrum im Abschnitt „Doppelsterne und der Dopplereffekt" weiter oben in diesem Kapitel.)

Die Wega ist Alpha Lyrae, der hellste Stern im Sternbild Lyra (Leier). In gemäßigt nördlichen Breiten (wie Europa) erscheint sie an Sommerabenden hoch am Himmel, und die meisten Astronomen kennen den Stern so gut wie ihre Hosentasche. Er ist etwa 25 Lichtjahre von der Erde entfernt und wie Sirius ein Hauptreihenstern vom Typ A. Die Wega, bekannt für ihr strahlendweißes Flimmern, ist einer der auffälligsten Sterne am Nachthimmel.

Beteigeuze befindet sich nicht in direkter Nachbarschaft zur Sonne: Es ist ein roter Überriese vom Spektraltyp M, etwa 640 Lichtjahre von uns entfernt. Doch sein Name gefällt vielen Leuten, auch wenn die einen ihn deutsch aussprechen, die anderen französisch, und noch andere sogar englisch wie »Beetle Juice«. Sterngucker schwärmen von seiner tiefroten Färbung. Immerhin ist er ein roter Überriese, mehr als 20.000-mal heller als die Sonne. Obwohl Beteigeuze der Alphastern im Sternbild Orion ist (Alpha Orionis), ist er nicht dessen hellster Stern, denn das ist Rigel (Beta Orionis, ein blau-weißer Überriese mit etwa 860 Lichtjahren Entfernung..

Helfen Sie den Experten

Tausende von Sternen stehen unter ständiger Beobachtung, da ihre Helligkeit sich fortwährend ändert und immer wieder neue Einzelheiten offenbart. Profiastronomen sind da oft überfordert, und das ist Ihre große Chance. Sie können, mit einem Fernrohr oder Teleskop bewaffnet, selbst einige Sterne im Auge behalten.

Was Sie dazu können sollten: Sterne erkennen und ihre Helligkeiten gut einschätzen. Die Helligkeit zahlreicher Sterne ändert sich auf so markante Weise – um einen Faktor von zwei, zehn oder mehreren Hundert –, dass ein scharfer Blick genügt, um mit ihnen Schritt halten zu können. Der Trick besteht in einer *Vergleichskarte* – einer Himmelskarte, auf der die Position des veränderlichen Sterns sowie die Positionen und Helligkeiten von *Vergleichssternen* zu sehen sind. Ein Vergleichsstern hat eine feststehende Helligkeit, die man nur kennen muss.

 Die American Association of Variable Star Observers (AAVSO, amerikanische Vereinigung zur Beobachtung von Veränderlichen) bietet massenweise Informationen zur Beobachtung von Veränderlichen. Besuchen Sie die Webseite www.aavso.org, dort finden Sie alles, was Sie zur Beobachtung veränderlicher Sterne brauchen. Die hellsten können Sie schon mit bloßem Auge sehen, viele weitere mit einem Fernglas. Und wenn Sie ein Teleskop besitzen, ist der Himmel das Limit!

 Die AAVSO ermuntert sowohl Anfänger als auch fortgeschrittene Amateure zum Mitmachen. Sie bietet ein Handbuch an, das Sie sich auf ihrer Homepage herunterladen können – in mehreren Sprachen. (Zu den Forschungsergebnissen der AAVSO haben weltweit bereits viele Amateure ihren Beitrag geleistet.)

Probieren Sie den Variable Star Plotter (VSP) zur Suche von veränderlichen Sternen auf der AAVSO-Website aus. Sie geben einfach den Namen oder die Nummer eines Veränderlichen ein, dann erzeugt der VSP für Sie eine Himmelskarte für den betreffenden Stern, die Sie sich herunterladen und für Ihre Arbeit am Teleskop benutzen können. Wenn Sie das Handbuch gelesen und das Einschätzen von Sterngrößen gut geübt haben, sind Sie fit genug, den Veränderlichen auf eigene Faust zu beobachten und Ihre Resultate an die AAVSO zu senden.

Viele Amateure beschäftigen sich gerne mit Mira, dem berühmten Stern, den ich weiter oben im Abschnitt „Langperiodische Veränderliche" vorgestellt habe. Mira und ähnliche Sterne habe so starke Helligkeitsschwankungen, dass Sie manche Sterne, die im Helligkeitsmaximum ohne Probleme zu sehen sind, im Minimum selbst in einem Teleskop kaum noch ausmachen können. Auf den Seiten der British Astronomical Society finden Sie eine Tabelle mit den vorhergesagten Maxima einer Auswahl dieser Sterne: `www.britastro.org/vss/ mira_predictions.htm`.

Ihr Kopf und Ihr Computer als Forschungshelfer

Falls Sie irgendwo leben, wo die Wetterbedingungen und die künstliche Beleuchtung für astronomische Beobachtungen nur schlecht geeignet sind, können Sie den Astronomen immer noch helfen, indem Sie ein wenig *Citizen Science* betreiben. Sie können die Teleskopdaten von Raumsonden oder bodenstationären Observatorien mit Ihrem Heimcomputer gemäß Anweisungen auswerten, die Sie online erhalten. Sie müssen sich nur auf einer Projektwebsite registrieren, die Projektrichtlinien studieren, und schon können Sie loslegen.

An solchen Projekten beteiligen sich Tausende von Interessierten. Auch wenn einer von ihnen im wissenschaftlichen Arbeiten nicht so gut ist, gleicht sich das wieder aus, da ja aus den Resultaten zahlreicher Teilnehmer ein Durchschnittswert errechnet wird. Die Entdeckungen von Citizen-Science-Teilnehmern lenken den Blick von Profiastronomen nicht selten auf interessante und wissenschaftlich womöglich vielversprechende Objekte und Phänomene in den astronomischen Datenbanken, deren Auswertung kein Experte allein bewerkstelligen könnte.

Hier zwei gute Citizen-Science-Projekte, an denen es sich eventuell teilzunehmen lohnt:

✔ **The Milky Way Project (Das Milchstraßenprojekt;** `www.zooniverse.org/pro-jects/povich/milky-way-project`): Dieses Forschungsprojekt bemüht sich um neue Erkenntnisse über die Entstehung von Sternen. Das Projekt benutzt Fotos vom Spitzer-Weltraumteleskop und dem Wide-field Infrared Survey Explorer (WISE) der NASA. Wenn Sie teilnehmen, müssen Sie die Computertools auf der Projektwebseite benutzen, um Kreise um sogenannte *green knots* (grüne Knoten) oder rote und orange Bögen (arcs) in der Milchstraße zu zeichnen (keine Angst, Sie werden anhand von Beispielen genau angeleitet). Außerdem dürfen Sie nach kleinen, bisher unbekannten Sternhaufen suchen und sie ebenfalls einkreisen. Profiastronomen verwenden diese Informationen für derzeit laufende Forschungen. (Mehr über die Milchstraße und ihre Sternhaufen erfahren Sie in Kapitel 12.) `http://supernova.galaxyzoo.org/`

Disk Detective (`www.diskdetective.org`): Dieses Projekt nutzt ebenfalls Bilder des WISE-Weltraumteleskops. Hier helfen Sie den Wissenschaftlern, zirkumstellare Scheiben um junge stellare Objekte zu finden, die ich im Abschnitt „Junge stellare Objekte, wenn die Sterne laufen lernen" vorgestellt habe.

Kapitel 12

Die Milchstraße – und darüber hinaus

Unser Sonnensystem ist nur ein verschwindend kleiner Teil der Milchstraßengalaxie. Unsere Galaxie besteht aus mehreren hundert Milliarden von Sternen, Tausenden von Nebeln und Hunderten von Sternhaufen. Die Milchstraße selbst ist nur eines von mehreren Mitgliedern der sogenannten Lokalen Gruppe von Galaxien. Hinter der Lokalen Gruppe liegt der Virgo-Galaxienhaufen, die nächstgelegene große Ansammlung von Sternsystemen, rund 54 Millionen Lichtjahre von der Erde entfernt. Je tiefer die Astronomen in den Kosmos blicken, desto mehr dieser Haufen finden sie, bis hin zu riesigen Superhaufen, die ihrerseits eine Vielzahl von Galaxienhaufen enthalten. Noch hat man keine »Super-Superhaufen« gefunden, aber sogenannte »Große Mauern«, die im Grunde nichts anderes sind als superlange Ansammlungen von Superhaufen. Dazwischen befinden sich riesige Leerräume, in denen sich (fast) keine Materie befindet.

In diesem Kapitel erfahren Sie alles Wichtige über unsere Heimatgalaxie, die Milchstraße, und über ihre Geschwister im tiefen Universum.

Die Milchstraße – unsere galaktische Heimat

Die Milchstraße, im Englischen *milky way* genannt, ist um einiges größer als der gleichnamige Schokoriegel, wenngleich nicht ganz so süß. Aber sie hat ein cremig aussehendes

Zentrum. Von der Erde aus sieht man sie als weißlich-diffuses Lichtband, das sich über den Himmel zieht – am besten im Sommer oder Winter.

Die Milchstraße (wieder-)entdecken

Ja – es gab mal Zeiten, da kannte jedes Kind die Milchstraße. Heute wissen die meisten gar nicht mehr, dass sie überhaupt existiert. Schuld daran ist die Lichtverschmutzung, die uns praktisch überall umgibt, vor allem in den Städten. Unser Streben, die Nacht zum Tage zu machen, macht eben auch den Himmel heller als von der Natur eigentlich vorgesehen.

Entdecken Sie die Milchstraße neu – entfliehen Sie der Lichtverschmutzung von Zeit zu Zeit. Suchen Sie etwa im Urlaub einen dunklen Ort in den Bergen oder an der Küste auf. Weil auch das helle Mondlicht das schwache Leuchten der Milchstraße überstrahlt, wählen Sie dazu eine Nacht um Neumond aus. Die Milchstraße ist vor allem in den Sommer- und Wintermonaten gut zu sehen, weniger im Frühjahr oder Herbst.

Gute, dunkle Orte mit einigermaßen natürlichem Nachthimmel weltweit finden Sie auf der Website der Dark Sky Association (IDA): www.darksky.org. In Deutschland gibt es inzwischen bereits drei »Sternenreservate«, in denen der Himmel noch dunkel ist: den Naturpark Westhavelland bei Berlin, den Nationalpark Eifel in Nordrhein-Westfalen und das Biosphärenreservat Hessische Rhön.

Ein Strom aus Milch am Himmel war eine von vielen Erklärungen für die Erscheinung der Milchstraße, bis im Jahr 1610 Galileo Galilei sein Fernrohr auf ihr diffuses Leuchten richtete. Er bemerkte schnell, dass die Milchstraße nichts zum Aufschlecken ist: Sie besteht aus unzählbar vielen Sternen, die allerdings zu weit entfernt sind, um mit dem bloßen Auge als Sterne erkannt zu werden. Zusammen ergeben sie aber jenes Leuchten, das wie eine Wolke aus Licht aussieht. Das Teleskop hat die Erforschung der Milchstraße offensichtlich weit vorangebracht (wie auch alles andere in der Astronomie)!

Galaxien sind die Grundbausteine des Universums. Und die Milchstraße ist ein ziemlich respektabler Block: Sie enthält fast alles, was Sie mit dem bloßen Auge am Himmel sehen können – von den Planeten des Sonnensystems, über die sonnennächsten Sterne, die Sterne sämtlicher Sternbilder sowie fast alle Nebel, die Sie ohne Fernglas oder Teleskop erkennen können. Und viel mehr noch dazu.

Das ist mal ein Glas Milch! Neben den ganzen Einzelsternen enthält unsere Galaxie jede Menge Sternhaufen, etwa die Plejaden und die Hyaden im Sternbild Stier sowie – für unsere südlichen Sterngucker ein besonderer Schmaus – das Schmuckkästchen im Kreuz des Südens oder den großartigen Kugelsternhaufen Omega Centauri.

Wie und wann entstand die Milchstraße?

Das Universum ist etwa 13,8 Milliarden Jahre alt; die ältesten bekannten Sterne in der Milchstraße existieren ebenfalls seit über 13 Milliarden Jahren. Es steht also fest, dass die Milchstraße fast so alt wie das Universum selbst ist. (Die gegenwärtige Theorie darüber, wie das Universum entstanden ist, beschreibe ich in Kapitel 16.)

Hier ist die Kurzgeschichte unserer Milchstraße: Sie entstand, als vor langer Zeit eine gigantische Wolke aus primordialem Gas infolge ihrer eigenen Gravitation zusammenfiel. Einige dichtere Klumpen in dieser Wolke kollabierten etwas schneller als der Rest und bildeten die ersten Sterne. Zu Beginn dürfte sich diese Wolke noch langsam gedreht haben, nach und nach jedoch beschleunigte sie ihre Rotation und wurde immer flacher – bis sie die Spiralstruktur ausbildete, die wir heute kennen. Und bevor Sie sich versehen: Voilà, la voie lactée. (Französisch für: Da ist sie – die Milchstraße.) Eigentlich ist es so einfach dann auch wieder nicht: Die Milchstraße ist ein Vielfraß – sie hat schon immer kleinere Galaxien verschlungen und deren Sterne ihrem Inventar hinzugefügt. Das geht bis heute so weiter!

Das ist übrigens nur meine Theorie. Wenn Sie meinen, dass alles ganz anders war, schreiben Sie Ihre eigene auf und veröffentlichen Sie selbst ein Buch. In der Wissenschaft machen Theorien die Welt rund – selbst die ganze Galaxie.

Welche Form hat die Milchstraße?

Die Milchstraße sieht so aus, wie sie aussieht, weil im Universum eine Kraft regiert: die Gravitation. Die Milchstraße ist eine Spiralgalaxie: eine runde Scheibe aus Milliarden von Sternen mit einem dichten Zentrum und Spiralarmen (siehe Abbildung 12.1). Der Durchmesser dieser Scheibe beträgt rund 100.000 Lichtjahre. Die Spiralarme ähneln den Wasserstrahlen eines rotierenden Rasensprenklers und enthalten viele junge, heiße und daher blaue Sterne sowie gigantische Wolken aus Gas und Staub. Gruppen aus heißen, jungen Sternen (sogenannte *Assoziationen*) verzieren die Spiralarme wie Pepperonistückchen eine Pizza. Helle

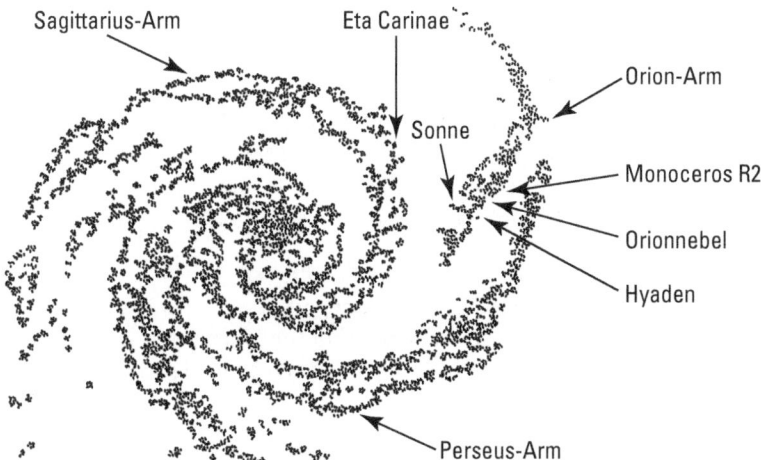

Abbildung 12.1: Die Milchstraße ist eine Spiralgalaxie mit einem dichten galaktischen Zentrum und Spiralarmen.

und dunkle Gaswolken durchziehen die Scheibe, dazu gesellen sich riesige, kühle Molekül-wolken wie zum Beispiel die Wolke Monoceros R2 (sie ist in Abbildung 12.1 eingezeichnet). Zwischen den Spiralarmen liegen die sogenannten *Zwischenarmregionen* (nicht alle astro-nomischen Begriffe sind wirklich originell).

Das Zentrum unserer Galaxie nennt sich (Sie ahnen es) *galaktisches Zentrum.* Das Zentrum umgibt der sogenannte »galaktische Bauch« (englisch: galactic bulge), der so dick ist, dass er jeden Sumoringer neidisch macht. Der Bauch ist nahezu rund und enthält Milliarden älterer Sterne, die vor allem orange und rot leuchten und das Zentrum wie einen gigantischen Fleischknödel umgeben. Er ragt deutlich zu beiden Seiten aus der Scheibe heraus. Einige der Sterne sitzen aber in einer etwas länglichen Struktur, die eher an eine Wurst als an einen Knödel erinnert. Die Astronomen nennen diese Wurst *Balken.* Eine Spiralgalaxie mit ausge-prägtem Balken heißt auch *Balkenspirale* (mehr zu Balkenspiralen weiter hinten in diesem Kapitel), der Balken der Milchstraße ist jedoch nicht gerade auffällig.

Im Zentrum des galaktischen Bauchs sitzt Sagittarius A*, ein supermassereiches Schwarzes Loch. Abbildung 12.1 zeigt die Milchstraße im Detail, der Bauch ist hier allerdings zu Dar-stellungszwecken weggelassen.

Egal von welcher Seite Sie sie betrachten: Die Milchstraße ist eine grandiose Galaxie!

Die Ebene, die in der galaktischen Scheibe mit den Spiralarmen liegt, nennt man die *galak-tische Ebene*, sie definiert den galaktischen Äquator, der den irdischen Himmel als weiteren Großkreis durchzieht.

Die galaktische Länge wird vom galaktischen Zentrum gezählt, das selbst bei 0 Grad Län-ge liegt. (Tatsächlich liegt das Zentrum ein wenig von 0 Grad entfernt, genau dort, wo die Wissenschaftler bis 1959 glaubten, dass das Zentrum läge. Wir wissen es heute besser.) Die galaktische Länge steigt die Sternbilder Schütze, Adler, Schwan und Kassiopeia durchque-rend an und verläuft weiter durch den Fuhrmann, den Großen Hund, den Schiffskiel und den Zentaur, bis zu 360 Grad Länge, und damit wieder zurück zum galaktischen Zentrum. Durchstreifen Sie die aufgezählten Sternbilder mit Ihrem Fernglas, und Sie sehen mehr Sterne, Sternhaufen und Gasnebel als in jedem anderen Winkel des Himmels. Die Sternbil-der in der Milchstraßenebene gehören zum absolut Besten, was der Nachthimmel zu bieten hat – da beißt die Maus keinen Faden ab!

Der europäische Satellit Gaia hat mehr als eine Milliarde Sterne der Milchstraße vermes-sen. Sie können sich eine Karte all dieser Sterne im Internet ansehen, gehen Sie dazu auf `www.esa.int/Our_Activities/Space_Science/Gaia/Gaia_s_billion-star_map_hints_at_treasures_to_come`. Das mag eine lange Webadresse sein, aber stellen Sie sich erst mal die lange Liste der Sterne vor.

Panoramabilder der galaktischen Ebene – aufgenommen mit Radio-, Rönt-gen- und Gammateleskopen – sowie Fotos im optischen Spektralbereich finden Sie auf der MultiWavelength Milky Way-Website der NASA unter `mwmw.gsfc.nasa.gov`.

Über die Milchstraße hinaus

Es gibt nur drei Objekte außerhalb der Milchstraße, die Sie mit dem bloßen Auge sehen können: die Magellanschen Wolken (zwei Nachbargalaxien, die Sie aber nur auf der südlichen Halbkugel sehen können) und die Andromedagalaxie M31. Es gibt auch Menschen, die mit so guten Augen gesegnet sind (und noch viel mehr, die nur ihre Freunde beeindrucken wollen), dass sie behaupten, auch die Dreiecksgalaxie M33 sehen zu können. Sowohl M31 als auch M33 sind zwischen zwei und drei Millionen Lichtjahre entfernt, aber M31 ist deutlich größer und heller.

Ich zähle die Große Magellansche Wolke als ein einziges Objekt, doch sie enthält einen Gasnebel, den Sie problemlos mit bloßem Auge erkennen können: den Tarantelnebel. Keine Sorge, diese Tarantel beißt nicht. Im Jahr 1987 konnte man für ein paar Monate die helle Supernova 1987A in der Großen Magellanschen Wolke nahe des Tarantelnebels sehen. Es war die erste Supernova seit Keplers Supernova im Jahr 1604, die man ohne Hilfsmittel erkennen konnte, obwohl sie anders als Keplers Supernova nicht in unserer eigenen Galaxie aufleuchtete. Leider war sie nicht von Europa aus sichtbar, sondern nur von südlichen Ländern wie Australien, Chile oder Südafrika.

Wo befindet sich die Milchstraße?

Es macht keinen Sinn, der Milchstraße eine bestimmte Entfernung zur Erde zuzuordnen, denn unser Planet befindet sich mitten in ihr, sie ist ein Teil des galaktischen Systems. Der Mittelpunkt der Milchstraße, das galaktische Zentrum, liegt etwa 27.000 Lichtjahre von der Erde entfernt. Der äußere Rand der galaktischen Scheibe liegt, von der Erde aus gesehen, ungefähr so weit weg wie das Zentrum. Messungen mit einem Radioteleskop namens *Very Long Baseline Array* ergaben, dass sich unser Sonnensystem im Laufe von rund 226 Millionen Jahren ein Mal um das galaktische Zentrum bewegt. Das ist das *galaktische Jahr*. Seien Sie froh, dass Sie nicht ganz so lange auf ihren nächsten Geburtstag warten müssen.

Sterne, die dem galaktischen Zentrum näher sind, brauchen weniger lange für „ihr" galaktisches Jahr, und Sterne, die weiter entfernt sind, länger als 226 Millionen Jahre.

Unsere Galaxie ist 163.000 Lichtjahre von der Großen Magellanschen Wolke entfernt, zweieinhalb Millionen Lichtjahre von der Andromedagalaxie und rund 54 Millionen Lichtjahre vom Zentrum des nächsten großen Galaxienhaufens, dem Virgo-Haufen. Sie liegt außerdem mitten in einer kleinen Gruppe von Galaxien, der Lokalen Gruppe (»klein« ist hier relativ zu verstehen).

Sternhaufen – galaktische Versammlungsstuben

Sternhaufen sind Gruppen von Sternen, die sich in oder um Galaxien herum zusammengefunden haben. Sie taten das nicht zufällig, sondern bildeten sich aus einer gemeinsamen

Gaswolke und werden in vielen Fällen von der gegenseitigen Anziehungskraft zusammengehalten. Es gibt drei Formen von Sternhaufen: offene Sternhaufen, Kugelsternhaufen und OB-Assoziationen.

Fantastische Bilder von Sternhaufen finden Sie auf der Homepage der Europäischen Südsternwarte (European Sourthern Observatory, ESO): `www.eso.org`. Wählen Sie oben mit der Landesfahne Ihre Sprache aus und klicken Sie dann auf Bilder, Kategorien und Sternhaufen. Es werden viele wunderschöne Bilder angezeigt, und wenn Sie auf eines klicken, erscheint eine weitere Seite mit allen Details zum betreffenden Sternhaufen sowie Links, unter denen Sie sich das Bild im gewünschten Format herunterladen können.

Eine lose Zusammenkunft – offene Sternhaufen

Offene Sternhaufen enthalten meist nicht mehr als einige Dutzend Sterne, haben keine bevorzugte Form und halten sich stets in der galaktischen Scheibe auf. Sie sind typischerweise etwa 30 Lichtjahre groß. Ihre Sterne stehen im Zentrum des Haufens kaum enger als am Rand (anders als Kugelsternhaufen, siehe nächsten Abschnitt) und sind jünger als Kugelsternhaufen. Offene Sternhaufen sind prima Objekte für das Fernglas oder ein kleines Teleskop, einige können Sie auch schon mit bloßem Auge sehen. Sie sind in allen guten Sternatlanten markiert, etwa im *Atlas für Himmelsbeobachter* von Erich Karkoschka. In diesem Atlas sind natürlich auch die Kugelsternhaufen verzeichnet (siehe nächsten Abschnitt).

Einige der schönsten offenen Sternhaufen des Nordhimmels sind:

✔ **Die Plejaden (auch als das Siebengestirn bekannt):** Die Plejaden befinden sich in der nordwestlichen Ecke des Sternbilds Stier und sehen mit dem bloßen Auge ein bisschen wie der Große Wagen in ganz klein aus. Sie sind ideal, um Ihre Sehschärfe mit der Ihrer Freunde zu vergleichen: Versuchen Sie, möglichst viele Einzelsterne in den Plejaden zu erkennen (natürlich ohne optische Hilfsmittel). Die Plejaden tragen die Katalognummer M45 des Messier-Katalogs (siehe Kapitel 1). Sie sehen am besten im Fernglas aus. Der hellste Stern der Plejaden ist Eta Tauri, er trägt auch den Namen Alcyone. Alcyone ist ein Stern der dritten Größenklasse (mehr zu den Größenklassen und Helligkeiten der Sterne in Kapitel 1). Der japanische Name für die Plejaden ist *Subaru*; wenn Sie das nächste Mal einen Subaru auf dem Parkplatz stehen sehen, schauen Sie sich mal das Markenemblem genauer an.

✔ **Die Hyaden:** Ein weiterer Sternhaufen, den Sie problemlos mit bloßem Auge sehen können – und praktischerweise liegt er unweit von den Plejaden im selben Sternbild Stier. Die Hyaden enthalten die Sterne des Stierkopfs, sie formen ein markantes »V«. Mitten in diesem V steht Aldebaran, ein Stern erster Größenklasse und der hellste Stern im Stier überhaupt (siehe Abbildung 12.3). Aldebaran liegt in Wirklichkeit weit hinter den Hyaden, er steht nur zufällig in der gleichen Richtung wie die Sterne des Haufens.

Mit freundlicher Genehmigung von ESO

Abbildung 12.2: Der Sternhaufen Messier 7 ist mit bloßem Auge sichtbar

Die Hyaden sehen größer aus als die Plejaden, denn sie sind uns mit 150 Lichtjahren deutlich näher als das Siebengestirn mit rund 400 Lichtjahren.

✔ **Der Doppelsternhaufen:** Dieser Sternhaufen liegt im Sternbild Perseus und ist ein wunderschönes Objekt für das Fernglas oder ein kleines Teleskop. Er besteht aus zwei Haufen namens NGC 869 und NGC 884, die beide etwa 7.600 Lichtjahre von der Erde entfernt sind. NGC steht übrigens für *New General Catalogue*, doch der Katalog enthält weder Generäle, noch ist er neu – seine Erstausgabe erschien bereits im Jahr 1888.

✔ **Die Krippe (auch als Praesepe bekannt):** Dieser offene Sternhaufen (Messier-Nummer 44) ist die Hauptattraktion des Sternbilds Krebs, das außer ein paar schwachen Sternen sonst nicht viel zu bieten hat. Mit bloßem Auge erkennt man einen diffusen Lichtfleck am Himmel, mit einem Fernglas viele schwache Sterne, die wie ein Bienenschwarm umherzufliegen scheinen. Die Krippe ist rund 600 Lichtjahre von der Erde entfernt.

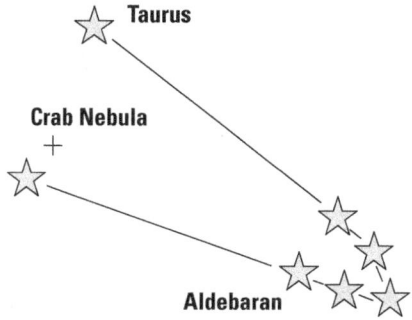

Abbildung 12.3: Das Sternbild Stier

Beobachter auf der Südhalbkugel der Erde können sich an diesen offenen Sternhaufen erfreuen:

✔ **NGC 6231:** Um diesen Sternhaufen im südlichen Teil des Sternbilds Skorpion zu sehen, müssen Sie nicht bis auf die Südhalbkugel reisen, ein Trip ans Mittelmeer reicht schon. Der amerikanische Astronom Robert Burnham beschrieb seine Erscheinung als »eine Handvoll Diamanten auf schwarzem Samt«.

✔ **NGC 4755 (auch »Schmuckkästchen« genannt):** Dieser offene Sternhaufen befindet sich im Sternbild Kreuz des Südens und enthält den hellen Stern Kappa Crucis. Um ihn zu sehen, müssen Sie schon ein ganzes Stück weit südlich reisen. Wenn Sie also einmal eine Kreuzfahrt in die Südsee machen, bestehen Sie darauf, dass ein Astronom an Bord ist (ich habe sicher Zeit). Er kann Ihnen dann das Kreuz des Südens zeigen, und mit einem Fernglas sehen Sie dann leicht das Schmuckkästchen. Ein wirklich schönes Bild des Schmuckkästchens, aufgenommen mit dem Very Large Telescope auf dem Paranal-Observatorium in Chile, finden Sie unter `www.eso.org/public/images/eso0940a/`.

Dicht gepackt: Kugelsternhaufen

Kugelsternhaufen sind die Altenheime der Milchstraße: Sie sind so alt wie unsere Galaxie selbst, und die Astronomen glauben, dass sie die ersten Objekte waren, die sich überhaupt in der Milchstraße gebildet haben. Aus diesem Grund enthalten sie uralte Sterne, darunter viele Rote Riesen und Weiße Zwerge (siehe Kapitel 11). Die Sterne, die Sie in Ihrem Teleskop in einem Kugelsternhaufen sehen, sind allesamt Rote Riesen. Mit größeren Instrumenten werden auch orange und rote Hauptreihensterne sichtbar, aber nur das Hubble-Teleskop und andere sehr moderne Teleskope können auch die kleinen und lichtschwachen Weißen Zwerge ablichten.

Ein typischer Kugelsternhaufen enthält einige Hunderttausend, manchmal sogar mehr als eine Million Sterne und ist dabei aber nur 60 bis 100 Lichtjahre groß. Seine Form ist sphärisch – daher auch der Begriff *Kugel*sternhaufen, und zum Zentrum sind die Sterne dichter und dichter gepackt (siehe Abbildung 12.4 und Abbildung 12.5). Es ist diese hohe Konzentration der Sterne im Zentrum, die einen Kugelsternhaufen von einem offenen Sternhaufen unterscheidet.

Außerdem sind Kugelsternhaufen sphärisch um das Zentrum der Milchstraße verteilt, anders als offene Sternhaufen, die sich in der galaktischen Scheibe konzentrieren. In Richtung des galaktischen Zentrums befinden sich die meisten Kugelsternhaufen, aber auch weit davon entfernt können Sie viele dieser Objekte finden.

Hier die besten Kugelsternhaufen für Bewohner der Nordhalbkugel:

✔ **Messier 13:** Dieser Kugelsternhaufen ist im Sternbild Herkules zu Hause – man nennt ihn deshalb auch einfach »Kugelsternhaufen im Herkules« oder kürzer »Herkuleshaufen«.

✔ **Messier 15:** Diesen Haufen finden Sie im Sternbild Pegasus, dem geflügelten Pferd.

Georg.stock.adobe.com

Abbildung 12.4: Herkuleshaufen M 13 ist ein sogenannter Kugelsternhaufen.

Mit freundlicher Genehmigung von ESO, F. Ferraro (University of Bologna)

Abbildung 12.5: Der Kugelsternhaufen NGC 6388.

Sie können M13 und M15 unter einem einigermaßen dunklen Himmel schon mit bloßem Auge als leicht unscharfe Lichtpunkte erkennen, aber Sie werden erst mit einem Fernglas oder einem kleinen Teleskop restlos überzeugt sein. Verwenden Sie einen Sternatlas wie den *Atlas für Himmelsbeobachter*, um die beiden Sternhaufen zu finden.

Nordhimmelbeobachter sind gekniffen – die beiden mit Abstand hellsten und schönsten Kugelsternhaufen leuchten weit südlich:

✔ **Omega Centauri:** Der hellste Kugelsternhaufen des ganzen Himmels steht im Sternbild Zentaur.

✔ **47 Tucanae:** Der zweithellste steht im Sternbild Tukan, gleich neben der Kleinen Magellanschen Wolke.

Diese beiden Haufen sind wahrlich spektakuläre Fernglas- und Teleskopobjekte und rechtfertigen für sich bereits eine Reise nach Südafrika, Südamerika oder Australien.

Vergessen Sie nicht, sich das Foto eines Kugelsternhaufens in der Farbfotoabteilung dieses Buchs anzusehen!

Schön, solange es währt – OB-Assoziationen

OB-Assoziationen sind lose Zusammenschlüsse von Sternen der Spektralklassen O und B (den heißesten Sternen, die es gibt) und manchmal auch einiger kühlerer Sterne anderer Spektralklassen (in Kapitel 11 finden Sie mehr zum Thema Spektralklassen). Anders als bei Kugelsternhaufen und großen offenen Sternhaufen reicht die Gravitation in OB-Assoziationen nicht aus, um die Sterne dauerhaft aneinander zu binden, die Sternverbünde lösen sich nach einiger Zeit auf, wie eine Partnerschaft auf Zeit. OB-Assoziationen finden sich immer in der Nähe der galaktischen Ebene.

Viele der hellen jungen Sterne im Sternbild Orion gehören zur Orion-OB-Assoziation (mehr zum Sternbild Orion in Kapitel 3).

Die vernebelte Galaxie

Wenn Astronomen von einem »Nebel« sprechen, meinen sie damit eine Wolke aus Gas und Staub. Dabei ist unter »Gas« vor allem Wasserstoff und Helium zu verstehen, die beiden mit Abstand häufigsten Substanzen im Kosmos, aber auch Spuren von Sauerstoff, Stickstoff und anderen Gasen. »Staub« meint hier kleinste feste Partikel, etwa Silikate, Kohlenstoff, Eis oder Kombinationen dieser Stoffe. Wie ich in Kapitel 11 beschreibe, spielen einige dieser Nebel eine zentrale Rolle bei der Entstehung neuer Sterne und Planetensysteme, andere entstehen beim gewaltsamen »Tod« eines Sterns. Zwischen Sternwiege und Sterngrab kommen Nebel in allen Varianten vor.

Mit folgenden Typen von Nebeln haben es die Astronomen zu tun:

✔ **H-II-Regionen:** Das sind Nebel aus ionisiertem Wasserstoffgas. Ionisiert heißt, dass die Wasserstoffatome ihre Elektronen verloren haben und als elektrisch geladene Kerne im Nebel umherschwirren. (Ein Wasserstoffatom besteht aus einem Proton und einem Elektron.) Für die Ionisierung verantwortlich ist die ultraviolette Strahlung naher O- oder B-Sterne. Das ionisierte Wasserstoffgas ist heiß und glüht, weil sich immer wieder Protonen und Elektronen zusammenfinden und dabei Strahlung freisetzen. Alle großen, hellen Nebel, die Sie mit Ihrem Fernglas sehen können, sind H-II-Regionen (*H-II* bezieht sich auf den Ionisierungszustand des Wasserstoffs, chemisches Formelzeichen H). Diese Nebel erscheinen auf Fotografien oft rot oder pink. Der Lagunennebel im Sternbild Schütze ist ein gutes Beispiel.

✔ **Dunkelnebel:** Das sind ebenfalls Gaswolken, die allerdings nicht leuchten, da ihr Gas nicht ionisiert ist. Das Wasserstoffgas in diesen Wolken ist neutral, Protonen und Elektronen formen gemeinsame Atome. Folglich heißen sie auch H-I-Regionen; *H-I* drückt den neutralen, nicht ionisierten Zustand des Gases aus. Dunkelnebel sieht man ab besten, wenn sie vor einem hellen Hintergrund stehen. Der Pferdekopfnebel im Sternbild Orion ist einer der berühmtesten.

✔ **Reflexionsnebel:** Diese bestehen ebenfalls aus kühlem, neutralem Wasserstoffgas sowie aus Staub. Sie leuchten, aber nur weil sie das Licht nahe stehender Sterne reflektieren. Ohne diese Sterne wären die Wolken dunkel.

Manchmal entsteht ein neuer Reflexionsnebel, und Sie könnten ihn entdecken – so wie der Amateurastronom Jay McNeil. Im Januar 2004 fand er einen neuen Reflexionsnebel im Sternbild Orion, mit einem kleinen 70-Millimeter-Refraktor in seinem Garten. Die Astronomen nennen ihn heute den McNeil-Nebel. Aber machen Sie sich keine allzu großen Hoffnungen – eine solche Entdeckung ist extrem selten. Reflexionsnebel erscheinen auf Farbbildern oft blau. Überzeugen Sie sich selbst, und schauen Sie sich ein Bild der Plejaden im Sternbild Stier mit ihrem Reflexionsnebel an.

✔ **Molekularwolken:** Das sind die größten zusammenhängenden Wolken der Galaxie – doch die Astronomen hätten sie glatt übersehen, hätten sie keine Radioteleskope zur Verfügung. Diese detektieren eine schwache Radiostrahlung, die von Molekülen in diesen Wolken ausgeht, zum Beispiel Kohlenmonoxid (CO). Auch sie bestehen, wie fast alles im All, hauptsächlich aus Wasserstoffgas, doch die Wissenschaftler studieren sie anhand ihrer Spurengase, wie eben dem CO. Der Wasserstoff dieser Wolken ist molekular, er enthält also gleich zwei neutrale Wasserstoffatome (Formelzeichen H_2).

Eine der spannendsten Entdeckungen des 20. Jahrhunderts bezüglich der astronomischen Nebel war die, dass helle H-II-Regionen, wie etwa der Orionnebel, nur »Hotspots« in der Peripherie gigantischer Molekülwolken sind. Über Jahrhunderte hatten die Menschen den Orionnebel beobachtet, ohne zu ahnen, dass er nur ein winziger Zipfel einer riesigen Molekülwolke ist, der Orion-Molekülwolke. Modernen Theorien zufolge werden in diesen Molekülwolken neue Sterne geboren. Wenn diese heiß genug sind, ionisieren sie das sie umgebende Wasserstoffgas und verwandeln ihre Nachbarschaft in eine H-II-Region. Teile der kühleren Molekülwolken schirmen das Licht der von der Erde aus gesehen dahinter liegenden hellen Nebelregion ab und treten als Dunkelnebel in Erscheinung.

H-II-Regionen, Dunkelnebel, Molekülwolken und die meisten der Reflexionsnebel befinden sich in der galaktischen Scheibe.

Es gibt noch zwei weitere sehr interessante Arten von Nebeln: planetarische Nebel und Supernovareste. Um die geht es in den folgenden Abschnitten (und in Kapitel 11).

Mit freundlicher Genehmigung von NASA, ESA und das Hubble Heritage Team/STSci(AURA)

Abbildung 12.6: Der Adlernebel liegt in der Milchstraße in der neue Sterne geboren werden.

Planetarische Nebel entdecken

Planetarische Nebel entstehen, wenn Sterne von der Größe etwa unserer Sonne am Ende ihres Lebenszyklus ihre äußeren Hüllen ins Weltall absprengen. Auch unsere Sonne wird das einmal tun, allerdings in sehr ferner Zukunft (siehe Kapitel 10). Die abgestoßenen Gasmassen erzeugen den Nebel, der leuchtet, weil die Gase vom UV-Licht des heißen Sternüberrests im Nebelzentrum ionisiert werden. Im Laufe der Zeit expandieren planetarische Nebel, werden schwächer und verblassen schließlich – der winzige Sternrest (ein Weißer Zwerg) ist alles, was von der einstigen Sonne übrig bleibt. Planetarische Nebel finden sich überall dort, wo auch Sterne leuchten, nicht nur in der galaktischen Ebene (schauen Sie sich einige Exemplare unter den Farbbildern dieses Buchs an).

Mit freundlicher Genehmigung von ESO

Abbildung 12.7: Der Helixnebel, auch NG NG7293 oder Auge Gottes genannt, befindet sich im Sternbild Wassermann.

Über Jahrzehnte dachten die Astronomen, dass viele oder die meisten planetarischen Nebel mehr oder weniger sphärisch seien. Heute dagegen wissen wir, dass die meisten dieser Nebel bipolar sind: Sie bestehen aus zwei »Keulen«, mit dem ehemaligen Stern in der Mitte. Auch die Nebel, die rund aussehen, etwa der Ringnebel in der Leier (siehe Abbildung 12.8), sind in Wahrheit bipolar: Per Zufall schauen wir entlang der Achse der Keulen, sodass wir den Eindruck haben, einen sphärischen Nebel zu sehen. Sie glauben gar nicht, wie lange die Astronomen gebraucht haben, um das herauszufinden!

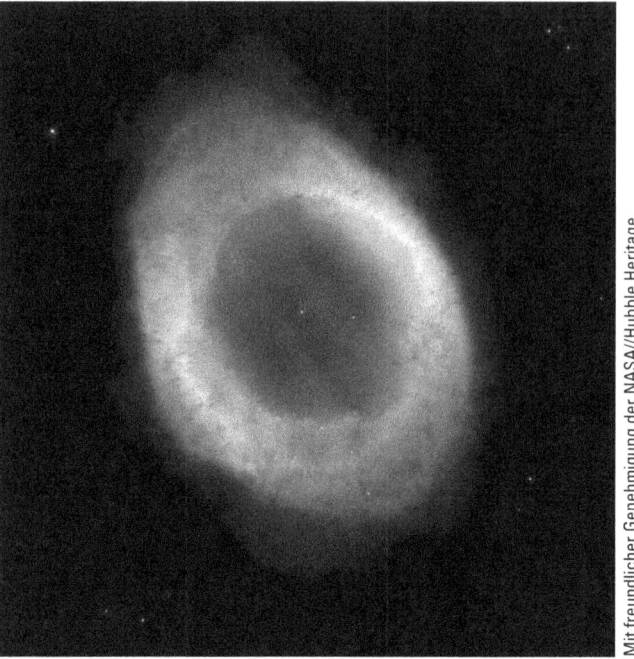

Mit freundlicher Genehmigung der NASA//Hubble Heritage

Abbildung 12.8: Der Ringnebel im Sternbild Leier ist bipolar, erscheint von der Erde aus gesehen aber sphärisch

Ein galaktischer Patzer

Bis in die 1950er-Jahre hinein verwendeten die Astronomen den Begriff »Nebel« für ferne Galaxien, denn bis in die 1920er-Jahre hinein hatten sie geglaubt, diese Galaxien wären Teile der Milchstraße. Mit anderen Worten: Sie dachten, es gäbe überhaupt nur eine einzige Galaxie – die Milchstraße.

Es dauerte ein paar Dutzend Jahre, bis die Erkenntnis, dass diese Galaxien alle eigene, sehr weit entfernte Milchstraßen sind, in den Sprachgebrauch eingesickert war. Noch heute verwenden manche Buchautoren den Begriff »Andromedanebel«, obwohl es »Andromedagalaxie« heißen müsste.

Von Edwin Hubble (dem Namensgeber für das berühmte Weltraumteleskop) stammt das Buch *The realm of the nebulae* (auf Deutsch: *Das Reich der Nebel*). Es handelt von Galaxien, und nicht von den Gasnebeln, die wir heute als Nebel bezeichnen. Zu Hubbles großen Verdiensten zählt der Beweis, dass die Andromedagalaxie tatsächlich eine ferne Milchstraße und keine Wolke aus Gas und Staub ist. Hubble war Boxer, rauchte Pfeife und soll seine Kollegen am Mount Wilson Observatorium oft geärgert haben. Seine Entdeckungen waren für die Astronomie allerdings alles andere als ein Ärgernis.

Sogenannte protoplanetarische Nebel sind hochinteressante Objekte, aber es gibt tatsächlich zwei verschiedene Sorten, die nichts miteinander zu tun haben: zum einen die Frühphase eines planetarischen Nebels, kurz nach dem Tod des Sterns (nein, der Todesstern aus *Star Wars* hatte nichts damit zu tun) und zum anderen die Wolke aus Gas und Staub, in der ein neues Sonnensystem entsteht – also die Geburtsstätte von Sternen. Ja – Astronomen verwenden den Begriff »protoplanetarischer Nebel« tatsächlich für zwei völlig unterschiedliche Dinge. Niemand ist perfekt.

Wenn's richtig rumst: Supernovaüberreste

Wenn ein Stern als Supernova explodiert, schleudert er weit mehr Material ins All als ein typischer planetarischer Nebel enthält – manchmal wird er bei der Explosion sogar vollständig zerfetzt. Supernovaüberreste sind die aus diesen Sterntrümmern bestehenden Nebel – aber nur kurz nach der Explosion. Während sich das Sternmaterial im Laufe von Jahrtausenden durch das interstellare Gas bewegt, sammelt es wie ein Schneepflug Material auf, bis die Gase des ehemaligen Sterns am Ende nur noch in Spuren im Nebel vorhanden sind. Supernovaüberreste finden sich meist in oder nahe der galaktischen Ebene.

Die besten Nebel am Nachthimmel

Nebel gehören zu den schönsten Objekten für Sterngucker. Am besten suchen Sie sie mit einer guten Sternkarte oder einem Atlas (wie etwa dem *Atlas für Himmelsbeobachter* von Erich Karkoschka), und idealerweise fangen Sie mit einem hellen und einfachen Exemplar an, etwa mit dem Orionnebel, den Sie schon mit bloßem Auge wahrnehmen können. Verwenden Sie ein Teleskop mit kurzer Brennweite (Öffnungsverhältnis f/8 oder weniger) oder schauen Sie erst einmal mit Ihrem Fernglas. Schwächere Nebel verlangen etwas mehr Sucharbeit – oder ein computergesteuertes Teleskop wie das Meade ETX-90 Observer, das Ihnen die Objekte auf Knopfdruck einstellt.

Die folgende Liste enthält die schönsten, hellsten (oder – wenn es um Dunkelnebel geht – dunkelsten) Nebel des nördlichen Himmels. Auch ein paar Südhimmelobjekte sind dabei: Sie stehen immerhin nicht weit südlich des Himmelsäquators und lassen sich auch von Europa aus betrachten.

✔ **Der Orionnebel, M42** (siehe Kapitel 1), im Orion, dem Himmelsjäger

   Der Orionnebel, eine typische H-II-Region, finden Sie leicht mit dem bloßen Auge als unscharfen Fleck mitten im Schwert des Orions. Er macht sich gut im Fernglas und ist regelrecht spektakulär im Teleskop. Bei stärkerer Vergrößerung erkennen Sie auch das Trapez (siehe Kapitel 11), ein Vierfachsternsystem im Zentrum des Nebels.

✔ **Der Ringnebel, M57**, in der Leier

   Der Ringnebel, ein planetarischer Nebel, steht im Sommer hoch am Himmel. Wie eigentlich alle planetarischen Nebel ist er nicht sonderlich groß,

Sie benötigen eine gute Sternkarte oder ein computergesteuertes Teleskop, um ihn zu finden.

✔ **Der Hantelnebel, M27**, im Sternbild Füchschen

Der Hantelnebel ist der hellste planetarische Nebel des gesamten Himmels. Sie beobachten ihn am besten mit einem kleinen Teleskop im Sommer oder Herbst.

✔ **Der Krebsnebel, M1**, im Stier

Der Krebsnebel ist der sichtbare Überrest einer Supernova, die im Jahr 1054 am Himmel aufgeleuchtet war und von chinesischen Astronomen beschrieben wurde. Im kleinen Teleskop erkennt man eine kleine, ovale Wolke, große Teleskope zeigen zwei Sterne in dieser Wolke: Einer hat nichts mit dem Krebsnebel zu tun und steht nur zufällig in gleicher Richtung. Der andere ist der Rest des explodierten Sterns – ein Pulsar, also ein extrem schnell rotierender Neutronenstern. Er dreht sich 30-mal in der Sekunde, und einer seiner energiereichen »Leuchtturmstrahlen« trifft die Erde alle Sechzigstelsekunde. Das ist in etwa die gleiche Frequenz wie die der Wechselspannung in Ihrer Steckdose – ein »energiereicher« Vergleich, denke ich.

✔ **Der Nordamerikanebel, NGC 7000**, im Sternbild Schwan

Der Nordamerikanebel (seinen Namen verdankt er seinem Aussehen) ist eine schwache, aber große H-II-Region im Band der Milchstraße, die Sie in einer klaren, dunklen Sommernacht ohne Mondlicht gerade so mit dem bloßen Auge sehen können. Versuchen Sie das »indirekte Sehen«: Schauen Sie aus dem Augenwinkel.

✔ **Der nördliche Kohlensack**, im Sternbild Schwan

Der nördliche Kohlensack ist ein Dunkelnebel in der Nähe von Deneb, der hellste Stern im Sternbild Schwan, auch Alpha Cygni genannt. Man erkennt ihn als dunklen Fleck vor dem Hintergrund der hellen Milchstraße.

 Verpassen Sie nicht diese südlichen Nebel – sie befinden sich zwar südlich des Himmelsäquators, aber nicht allzu weit, sodass Sie sie auch von Europa aus sehen können:

✔ **Der Lagunennebel, M8**, im Sternbild Schütze

✔ **Der Trifidnebel, M20**, ebenfalls im Schützen

Beide Nebel, M8 und M20, sind helle und große H-II-Regionen. Sie können beide gemeinsam im Fernglas sehen. Am besten beobachten Sie diese Nebel in einer warmen Sommernacht, dann stehen sie tief am Südhimmel. Auf Fotos sieht man, dass der Trifidnebel aus zwei Nebeln besteht: einem hellen, rötlichen (der H-II-Region) und einem schwächeren, blauen (das ist ein Reflexionsnebel).

Um die folgenden Nebel zu sehen, müssen Sie allerdings in den Süden reisen, doch es lohnt sich:

✔ **Der Tarantelnebel**, im Sternbild Schwertfisch

Der Tarantelnebel liegt tatsächlich in der Großen Magellanschen Wolke und damit weit außerhalb der Milchstraße, doch er ist so groß und hell, dass er selbst mit bloßem Auge auffällig ist. Sie beobachten ihn am besten von südlichen Breiten aus, etwa auf Ihrer Südseekreuzfahrt (siehe den Abschnitt »Sternhaufen – galaktische Versammlungsstuben« weiter vorn in diesem Kapitel).

✔ **Der Carinanebel**, im Sternbild Schiffskiel

Der Carinanebel steht nahe des riesigen, instabilen Sterns Eta Carinae (siehe Kapitel 11) und ist eine große H-II-Region.

✔ **Der Kohlensack**, im Kreuz des Südens

Der Kohlensack ist ein großer, mehrere Grad weiter Dunkelnebel, der in einer dunklen Nacht geradezu auffällig ist, solange Sie sich nur weit genug südlich auf der Erde befinden. Er liegt gleich neben dem Kreuz des Südens, was das Auffinden erleichtert.

✔ **Der südliche Ringnebel, NGC 3132**, im Sternbild Segel

Der südliche Ringnebel ist ein planetarischer Nebel, dessen Ähnlichkeit mit dem Ringnebel im Sternbild Leier ihm seinen Namen eingebracht hat.

Einige der schönsten Bilder von Nebeln aller Art finden Sie auf der Website des Hubble-Teleskops unter `https://hubblesite.org/images/gallery/112-hubble-heritage`.

Eine weitere gute Website, auf der es viele Nebelbilder gibt, ist die Site »Astronomisches Bild des Tages«: `apod.nasa.gov`. Eine deutsche Version finden Sie unter `www.starobserver.org`. Mein Lieblings-Astrobild passt genau in dieses Kapitel (`apod.nasa.gov/apod/ap170203.html`). Es ist ein Panoramabild der Milchstraße zusammen mit dem Kreuz des Südens, den Planeten Mars und Saturn, der Großen und der Kleinen Magellanschen Wolke und noch vielem mehr. Am Horizont können Sie auf einem der Berge die Kuppel des Very Large Telescope erkennen. Fahren Sie mit dem Mauszeiger über das Bild, erscheinen die Namen der Sternbilder und der wichtigsten Objekte. (Mehr zu den Magellanschen Wolken im späteren Abschnitt „Die schönsten Galaxien des irdischen Himmels".)

Welteninseln im Universum: Galaxien

Eine einzige Galaxie kann Tausende von Sternhaufen und viele Milliarden Einzelsterne enthalten – alles zusammengehalten von der wichtigsten Kraft im Kosmos, der Gravitation.

Unsere Milchstraße ist eine respektable große Spiralgalaxie, aber Welteninseln gibt es in allen Größen und Formen (siehe Abbildung 12.9 mit einer schematischen Übersicht).

Galaxien kommen in folgenden Arten und Formen vor:

✔ Spiralgalaxien

✔ Balkenspiralgalaxien

✔ linsenförmige Galaxien

✔ elliptische Galaxien

✔ irreguläre Galaxien

✔ Zwerggalaxien

✔ »Low Surface Brightness«-Galaxien

In den folgenden Abschnitten gehe ich alle diese Sorten durch und erzähle Ihnen außerdem von den Zusammenkünften der Galaxien, von der Umgebung der Milchstraße, der Lokalen Gruppe, bis hin zu Galaxienhaufen und Superhaufen.

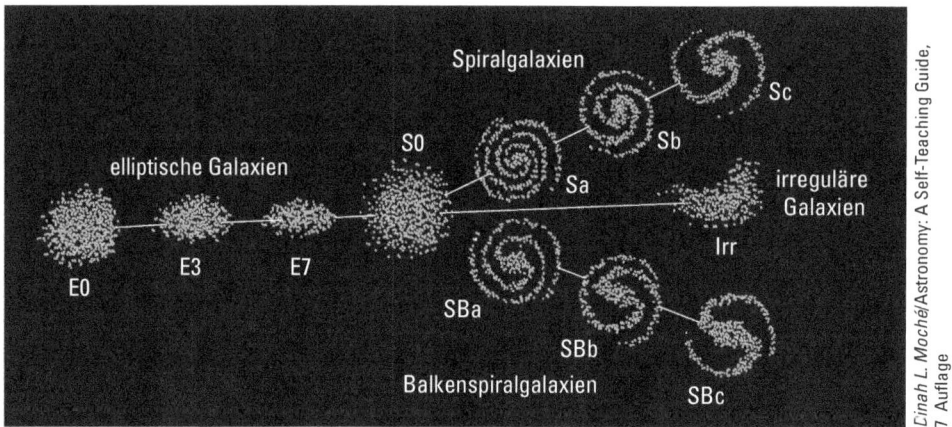

Abbildung 12.9: Galaxien gibt es in verschiedenen Größen und Formen

Spiral-, Balkenspiral- und linsenförmige Galaxien

Spiralgalaxien bestehen aus einer flachen Scheibe und den namensgebenden Spiralarmen – ganz wie unsere Milchstraße, die ein typischer Vertreter dieses Galaxientyps ist. Die Arme anderer Spiralgalaxien können etwas enger oder weniger eng geschwungen sein, und auch der zentrale »Bauch« der Galaxie ist mal mehr, mal weniger ausgeprägt. In Abbildung 12.5 sind die Spiralgalaxien nach ihrem Hubble-Typ als Sa, Sb oder Sc bezeichnet (ja, auch Galaxien werden nach Hubble benannt). Von Sa nach Sc (und weiter nach Sd) sind die Spiralarme weniger eng gewunden und die zentralen Bäuche weniger ausgeprägt.

Spiralgalaxien enthalten große Menge an Gas, Nebeln, OB-Assoziationen, offenen Sternhaufen und Kugelsternhaufen. Sie finden ein Bild einer Spiralgalaxie unter den Farbtafeln dieses Buchs.

In *Balkenspiralgalaxien* greifen die Spiralarme nicht direkt am Zentrum der Galaxie an, sondern beginnen an den gegenüberliegenden Enden einer länglichen, manchmal zigarrenförmigen Struktur, die das Galaxienzentrum durchzieht. Astronomen nennen diese Struktur den Balken. Aus den Außenbezirken der Spiralarme strömt Gas über den Balken in Richtung Zentrum, wo es neue Sterne entstehen und den Bauch noch »bauchiger« werden lässt. Balkenspiralen sind in Abbildung 12.5 als SBa, SBb und SBc bezeichnet. Von SBa nach SBc (und weiter nach SBd, hier allerdings nicht dargestellt) sind die Spiralarme immer weniger stark geschlossen und die Bäuche werden kleiner.

Linsenförmige Galaxien sind ebenfalls flach wie Spiralgalaxien, haben aber keine Spiralarme. Auch sie enthalten viel Gas und Staub; in Abbildung 12.5 sind sie mit S0 bezeichnet.

Elliptische Galaxien

Elliptische Galaxien enthalten viele alte Sterne und Kugelsternhaufen, aber nicht viel mehr. Sie sind geformt wie ein Fußball – einige wie ein Fußball, wie Sie ihn sich vielleicht gerade vorstellen, andere dagegen eher zigarrenförmig wie ein American Football. In Abbildung 12.5 sind sie mit E0 bis E7 bezeichnet; E0 sind die Fußbälle, E7 ihre lang gezogenen amerikanischen Verwandten.

Eine Galaxie ist eine Galaxie ist eine Galaxie

Okay, das Wort »Galaxie« kommt hier ziemlich oft vor, aber es gibt auch kaum passende Synonyme. »Welteninsel« geht noch, nicht aber »Sternhaufen«, wie man schon mal liest. Ein Sternhaufen ist eben etwas völliges anderes als eine Galaxie, nämlich eine Ansammlung von Sternen *innerhalb* der Galaxie. Ein »galaktischer Haufen« ist ebenfalls etwas anderes als ein Galaxienhaufen – nämlich wiederum ein Sternhaufen *innerhalb* einer Galaxie, während ein Galaxienhaufen eine Ansammlung von *Galaxien* ist. So ist es eben.

In elliptischen Galaxien findet so gut wie keine Sternentstehung mehr statt. Sie finden dort keine H-II-Regionen, keine OB-Assoziationen und keine jungen Sternhaufen. Stellen Sie sich vor, Sie lebten in so einer langweiligen Galaxie – ohne so unterhaltsame Dinge wie den Orionnebel und vermutlich mit ebenso schlechtem Fernsehprogramm wie bei uns. Schrecklich!

Die Sternentstehung endete, weil entweder das gesamte Gas aufgebraucht wurde oder weil irgendetwas das restliche brauchbare Gas aus der Galaxie »fortgeblasen« hat. Ich schreibe »brauchbar«, denn in manchen dieser elliptischen Galaxien fanden Astronomen sehr wohl

Gas – so heiß und dünn, dass es nur im Röntgenlicht strahlt. In diesem heißen Zustand kann das Gas aber nicht zu Sternen kondensieren. Aber um die ganze Wahrheit zu verraten: Manche elliptischen Galaxien besitzen einige sehr junge Kugelsternhaufen – viel jünger als die in der Milchstraße.

Eine beliebte Theorie dazu besagt, dass zumindest einige der elliptischen Galaxien durch die Kollision und Verschmelzung zweier großer Spiralgalaxien entstanden sind. Eine solche Kollision erzeugt eine große elliptische Galaxie, und die Schockwellen des Zusammenstoßes lösen eine enorme Sternentstehung aus – das Ergebnis wären dann die jungen Kugelsternhaufen. Stoßen dagegen eine große und eine viel kleinere Spiralgalaxie zusammen, verschluckt die größere die kleinere einfach, was nur dazu führt, dass ihr »Bauch« noch ein wenig dicker wird.

Galaxienkollisionen sind gar nicht so selten. Je weiter Astronomen in das Universum hinausblicken, desto mehr Beispiele finden sie. In größeren Entfernungen – also zu Zeiten, in denen das Universum jünger war als heute – waren die Zusammenstöße häufiger. Letztlich dürften Zusammenstöße und Verschmelzungen zu den vielen Arten von Galaxien geführt haben, die wir heute sehen.

Klein, leuchtschwach, chaotisch – weitere Galaxientypen

Irreguläre Galaxien haben, nun ja, irreguläre Formen. Bei manchen kann man eine leichte Spiralstruktur erahnen, bei den meisten nicht. Sie enthalten durchaus nennenswerte Mengen an kühlem Gas und gebären ständig neue Sterne. Sie sind jedoch erheblich kleiner als ausgewachsene Spiralgalaxien. In Abbildung 12.5 sind irreguläre Galaxien mit dem Kürzel Irr bezeichnet. Die Große und die Kleine Magellansche Wolke sind irreguläre Galaxien.

Zwerggalaxien sind genau das, was ihr Name erahnen lässt: winzig kleine Galaxiechen, jede gerade höchstens ein paar Tausend Lichtjahre groß. Es gibt runde und elliptische Zwerggalaxien, solche mit Spiralarmen und auch irreguläre. Schneewittchen mag sieben Zwerge gehabt haben, das Universum besitzt definitiv Milliarden Zwerggalaxien. In unserem Winkel des Kosmos, der Lokalen Gruppe, machen Zwerggalaxien den häufigsten Galaxientyp aus, so wie auch in der Milchstraße die häufigsten Sterne Zwergsterne sind. Das gilt wohl auch für das gesamte Universum. Genauso wie rote Zwergsterne sind auch Zwerggalaxien sehr leuchtschwach und kaum zu sehen, selbst wenn sie relativ nah sind.

Zwerggalaxien enthalten vermutlich große Mengen Dunkler Materie, eine mysteriöse Substanz, auf die ich in Kapitel 15 näher eingehe.

In Abbildung 12.5 fehlen die Zwerggalaxien, weil Hubble sie in seinem Originaldiagramm nicht eingezeichnet hatte. Auch den folgenden Galaxientyp berücksichtigte er nicht, denn der war damals noch gar nicht entdeckt.

»Low Surface Brightness«-Galaxien (es gibt kein richtiges deutsches Wort dafür, die Übersetzung wäre in etwa »Galaxien mit geringer Oberflächenhelligkeit«), kurz LSB-Galaxien,

wurden erst in den 1990er-Jahren als eigenständige Galaxienklasse anerkannt. Sie können so groß sein wie eine ausgewachsene Spiralgalaxie, doch man sieht sie kaum. Das liegt daran, dass sie zwar viel Gas enthalten, aber aus irgendeinem Grund kaum Sterne, die das Gas zum Leuchten bringen könnten. Es gibt auch Zwerg-LSBs, sie sind die lichtschwächsten Galaxien überhaupt. Die Astronomen haben sie jahrzehntelang schlicht übersehen und erst mit modernen elektronischen Kameras aufgespürt. Wer weiß, was da draußen noch auf seine Entdeckung wartet!

Manche Astronomen glauben, dass ein Großteil der Masse des Kosmos in LSB-Galaxien enthalten ist.

Die schönsten Galaxien des irdischen Himmels

Galaxien genießen Sie am besten in einem Teleskop, etwa eines, wie ich es weiter vorn in diesem Kapitel im Abschnitt »Die besten Nebel am Nachthimmel« empfohlen habe. Große Exemplare wie die Dreiecksgalaxie oder die Andromedagalaxie wirken am besten in einem Teleskop mit kurzer Brennweite und geringer f-Zahl (f/8 oder kleiner); für die schwächeren empfehle ich ein Teleskop mit Computersteuerung, das Ihnen beim Auffinden hilft. Sternatlanten wie der *Atlas für Himmelsbeobachter* enthalten die interessantesten und hellsten Galaxien des Himmels und sind ein unverzichtbares Hilfsmittel bei der Galaxienjagd.

Die folgende Liste enthält die spannendsten Galaxien für Beobachter auf der Nordhalbkugel der Erde. Wenn ich von Jahreszeiten spreche, meine ich die der Nordhalbkugel (nur zur Erinnerung: in Deutschland ist Herbst, wenn sich die Brasilianer über den Frühling freuen).

✔ **Die Andromedagalaxie, M31**, im Sternbild Andromeda, benannt nach einer äthiopischen Prinzessin in der griechischen Mythologie

Die Andromedagalaxie (auch die »Große Spirale in der Andromeda« und früher »Andromedanebel« genannt) sieht mit bloßem Auge wie ein diffuses Lichtwölkchen aus. Mit einem Fernglas können Sie die Spirale fast über 3 Grad (das ist das Sechsfache der Ausdehnung des Vollmonds am Himmel) verfolgen. Im Herbst steht sie hoch am Himmel. Verschwenden Sie Ihre Zeit nicht damit, die Andromedagalaxie bei Vollmond zu betrachten, Sie werden enttäuscht sein. Wenn überhaupt, sollte der Mond nur als dünne Sichel zu sehen sein. Je dunkler der Himmel, desto mehr sehen Sie von der Galaxie.

✔ **M32 und NGC 205**, in Andromeda

Das sind kleine Begleitgalaxien der Andromedagalaxie, die Sie in einem kleinen Fernrohr sehen können. Manche Experten halten sie für elliptische Zwerggalaxien, andere streiten das ab. (Ich wünschte, sie könnten sich endlich entscheiden.) M32 hat eine sphärische Form, NGC 205 eine elliptische.

✔ **Die Dreiecksgalaxie, M33**, im Sternbild Dreieck

Die Dreiecksgalaxie ist etwas kleiner und schwächer als die Andromedagalaxie, bietet unter einem dunklen Himmel aber dennoch einen schönen Anblick im Fernglas. Sie ist ebenfalls am besten im Herbst zu sehen.

✔ **Die Strudelgalaxie, M51**, im Sternbild Jagdhunde

Die Strudelgalaxie ist mit 23 Millionen Lichtjahren deutlich weiter entfernt als M31 und M33, und Sie brauchen schon ein gutes Teleskop, um sie vernünftig zu sehen. Es handelt sich um eine Spiralgalaxie, die wir direkt »von oben« (oder unten) sehen – ihre galaktische Ebene bildet mit der Sichtlinie einen nahezu rechten Winkel. Es war diese Galaxie, bei der der dritte Earl of Rosse im Jahr 1845 zum ersten Mal die Spiralstruktur einer Galaxie erkannte. Er hatte ja auch nicht weniger als das größte Teleskop seiner Zeit zur Verfügung. Mit einem größeren Teleskop, etwa auf einem Teleskoptreffen (siehe Kapitel 3), sollte Ihnen das auch gelingen. Schauen Sie sich die Strudelgalaxie am besten im Frühjahr an.

✔ **Die Sombrerogalaxie, M94**, in der Jungfrau

Die Sombrerogalaxie sieht aus wie eine große Spiralgalaxie, die wir von der Seite sehen. Und die Astronomen dachten bisher auch, dass sie genau das ist. Neuere Theorien gehen aber davon aus, dass sie in Wahrheit eine große elliptische Galaxie ist, die so etwas wie eine spiralartige Struktur enthält. Die »Krempe« des Sombreros entspräche dann der Ebene dieser Struktur. Ein dunkles Band wird von Dunkelwolken wie dem Kohlensack der Milchstraße verursacht. Auch die Sombrerogalaxie sieht man am besten im Frühling. Sie ist etwas weiter entfernt als die Strudelgalaxie, macht sich aber noch immer gut in kleineren Teleskopen.

Auf der Südhemisphäre sollten Sie sich diese Galaxien nicht entgehen lassen:

✔ **Die Große und die Kleine Magellansche Wolke** (GMW und KMW) sind irreguläre Begleitgalaxien unserer Milchstraße. Die GMW ist mit rund 163.000 Lichtjahren die nähere der beiden, und lange dachten die Astronomen, sie sei die nächste Galaxie außerhalb unserer eigenen. Doch inzwischen kennen sie drei noch nähere, die allerdings eher ziemlich mickrige Exemplare sind: die Sagittarius-Zwerggalaxie, die Canis-Major-Zwerggalaxie und die Ursa-Major-II-Zwerggalaxie. Die drei sind aber kaum als Galaxien zu erkennen, denn sie werden gerade von der Milchstraße verschlungen.

GMW und KMW sehen mit dem bloßen Auge am Himmel tatsächlich wie Wolken aus. Sie sind groß und hell, und in südlichen Breiten sogar zirkumpolar. Das heißt, sie gehen niemals unter und sind in jeder klaren Nacht zu sehen. Wenn Sie also mal in Südafrika oder sonst wo auf der Südhalbkugel sind, schauen Sie sich die Magellanschen Wolken durch Ihr Fernglas an und zählen Sie die vielen Sternhaufen und Nebel darin.

✔ **Die Sculptor-Galaxie, NGC 253**, im Sternbild Bildhauer (Sculptor) ist eine helle, große Spiralgalaxie und eine der staubigsten. Sie wurde 1783 von Caroline Herschel entdeckt, einer sechsfachen Kometenentdeckerin, so ganz nebenbei. Auf der Südhalbkugel steht sie im (Süd-)Frühjahr hoch am Himmel; Sie schauen sie sich am besten mit einem Fernglas oder Teleskop an. In Europa steht sie im Herbst tief am Südhimmel.

✔ **Centaurus A, NGC 5128**, ist eine riesige Galaxie mit ungewöhnlicher Form: Sie sieht wie eine große, runde Blase aus, die durch ein breites, dunkles Staubband in zwei Hälften unterteilt ist. Die Galaxie ist eine starke Quelle von Radio- und Röntgenstrahlung und wurde daher viel von entsprechenden Teleskopen untersucht. Die Theoretiker überlegen seit jeher hin und her, ob es sich bei ihr um kollidierende Galaxien oder so etwas Ähnliches wie die Sombrerogalaxie handeln könnte: eine elliptische Galaxie mit einer spiralartigen Struktur darin. Egal was nun stimmt, ich glaube, dass Centaurus A sicher schon die eine oder andere Galaxie verschlungen hat. Betrachten Sie sie also besser aus sicherer Entfernung – am besten in einer Herbstnacht auf der Südhalbkugel.

Mit freundlicher Genehmigung von *NASA/JPL/Caltech*

Abbildung 12.10: Die Strudelgalaxie, fotografiert vom GALEX-Satelliten im Ultraviolettlicht

Die Lokale Gruppe entdecken

Zur Lokalen Galaxiengruppe (einfach Lokale Gruppe genannt) gehören mehr als 50 Galaxien. Darunter sind die Milchstraße, die Andromedagalaxie M31, die Dreiecksgalaxie M33, deren Begleiter, also die Magellanschen Wolken, M32 und NGC 205, und eine Menge Zwerggalaxien.

Die Lokale Gruppe ist nicht eben groß im Vergleich zu anderen Galaxienhaufen, aber sie bildet die größte Struktur, an die wir mit der Erde gravitativ gebunden sind. Das bedeutet: Die Erde wird die Lokale Gruppe nicht verlassen, auch wenn sich das Universum ausdehnt. Aus dem gleichen Grund wird auch das Sonnensystem nicht größer, denn die Sonne bindet die Planeten an sich – eine Flucht ist unmöglich. Außerhalb der Lokalen Gruppe bewegen sich alle Galaxien und Galaxienhaufen von uns weg – dank der kosmischen Expansion, die durch das Hubble-Gesetz beschrieben wird (benannt nach Sie-wissen-schon-wem). In Kapitel 16 finden Sie mehr zu dieser seltsamen Geschichte.

Die Milchstraße sitzt fast genau im Zentrum der Lokalen Gruppe, die rund drei Megaparsec groß ist. Ein Parsec ist eine astronomische Entfernungseinheit und entspricht 3,26 Lichtjahre. »Mega« heißt »Million« – die Lokale Gruppe ist also rund 10 Millionen Lichtjahre groß. Das mag riesig klingen, doch im Vergleich zum gesamten beobachtbaren Universum ist die Lokale Gruppe geradezu winzig.

Es gibt Haufen und sogar Superhaufen von Galaxien, die um ein Vielfaches größer sind als unsere Lokale Gruppe. Manche erstrecken sich über viele Millionen Lichtjahre. Die meisten Galaxien aber – zumindest die, die man von der Erde aus gut sehen kann, befinden sich nicht in solchen riesigen Formationen, sondern in Gruppen von einigen Dutzenden Mitgliedern, ähnlich unserer Lokalen Gruppe. Gemessen an unserer extragalaktischen Nachbarschaft sind wir also mit unserer Lokalen Gruppe recht durchschnittlich.

Galaxienhaufen

Blickt man tief ins All (so tief, wie es nur mit richtig großen Teleskopen der Profis geht), erkennt man, dass die meisten Galaxien in riesigen Haufen angeordnet sind. Solche Haufen vereinigen mal eben etliche Hundert oder sogar Tausend Galaxien – jede davon enthält wiederum etliche Milliarden Sterne.

Der uns nächstgelegene Galaxienhaufen ist der Virgo-Haufen. Er erstreckt sich über das Sternbild Jungfrau und dessen unmittelbare Nachbarschaft und ist rund 54 Millionen Lichtjahre entfernt. In ihm tummeln sich über 1.000 Galaxien.

Die größten und hellsten Mitglieder des Virgo-Haufens können Sie durch Ihr Teleskop sehen. Eine der spektakulärsten Galaxien des Haufens ist Messier 87 – eine riesige elliptische Galaxie mit einem gigantischen Strahl, in dem Material aus ihrem Zentrum geschleudert wird. Verantwortlich dafür ist ein supermassereiches Schwarzes Loch. Messier 87 können Sie problemlos in einem Amateurteleskop sehen, nicht jedoch den Materiestrahl, es sei denn, Sie sind ein *sehr* erfahrener Amateurastronom. Es ist sehr wahrscheinlich, dass M87 in der Vergangenheit mehrere kleinere Galaxien verschluckt hat und so auf ihre heutige Größe gekommen ist. Manche Galaxien fangen eben klein an und fressen sich ihren Weg nach oben. Messier 49 und Messier 84 sind ebenfalls elliptische Galaxien, Messier 100 ist eine große Spiralgalaxie. Am besten schauen Sie in einer dunklen Frühlingsnacht in den Virgo-Haufen. Verwenden Sie ein Teleskop mit Computersteuerung, um die einzelnen Galaxien ausfindig zu machen. Oder einen guten Sternatlas, falls Sie dem Computer nicht vertrauen.

Das Universum ist voller Galaxienhaufen, so weit Teleskope blicken können. Die aktuelle Schätzung besagt, dass es rund zwei Billionen Galaxien im beobachtbaren Universum gibt. Gezählt hat sie freilich niemand – zumindest niemand auf diesem Planeten.

Superhaufen, kosmische Leerräume und »Große Mauern«

Sie denken jetzt vielleicht, dass ein Millionen Lichtjahre großer Galaxienhaufen das größte Gebilde ist, das es im Kosmos gibt. Weit gefehlt! Moderne Beobachtungen zeigen, dass sich selbst die Galaxienhaufen zu noch größeren Strukturen zusammenballen – treffend *Superhaufen* genannt. Astronomen gehen davon aus, dass diese Superhaufen nicht unbedingt gravitativ fest zusammengebunden sind, auseinandergefallen sind sie in den letzten 13 Milliarden Jahren aber auch nicht.

Diese Superhaufen sind meist filamentartig lang gestreckt oder flach wie ein Pfannkuchen. Ein Superhaufen kann Dutzende oder Hunderte Galaxienhaufen enthalten und 100 bis 200 Millionen Lichtjahre lang sein.

Auch wir leben in einem Superhaufen, dem Lokalen Superhaufen. Er wird manchmal auch Virgo-Superhaufen genannt, weil der Virgo-Haufen dicht bei seinem Zentrum steht. Der Virgo-Superhaufen ist seinerseits Teil einer noch größeren Struktur namens Laniakea-Superhaufen.

Zwischen den Superhaufen befinden sich gigantische »Blasen« aus leerem Raum, die sogenannten »kosmischen Leerräume«. Die nächste dieser Blasen, *Bootes-Blase* genannt (nach dem Sternbild Bootes, oder Bärenhüter, in dessen Richtung sie liegt), ist rund 300 Millionen Lichtjahre groß. Man findet viele Galaxien in der Peripherie dieser Leerräume, aber praktisch keine in ihrem Innern.

Die Bootes-Blase wurde vom Astronomen Robert Kirshner entdeckt. Als man ihn dazu beglückwünschen wollte, antwortete er – der Legende nach – sehr bescheiden: »Aber das ist doch nichts.«

Einige der größten Superhaufen nennt man »Große Mauern«, weil sie den Kosmos wie Wände aus Galaxien durchziehen. Die erste dieser Mauern, die man entdeckte, ist 750 Millionen Lichtjahre lang (die Schätzungen gehen auseinander), inzwischen kennt man noch weit größere. Die Großen Mauern im All tragen kein Graffiti, und doch können sie uns viel über den Aufbau des Kosmos und dessen Entstehung erzählen. Wenn wir doch nur ihre Sprache verstünden.

Auf in den Galaxienzoo!

Jetzt kennen Sie also die wichtigsten Galaxientypen – warum helfen Sie nicht den Astronomen bei der Auswertung der vielen Galaxienbilder moderner Himmelsdurchmusterungen? Wie bei den anderen Citizen-Science-Projekten in Kapitel 11 brauchen Sie dafür nur Ihren Verstand, einen Computer und Zugang zum Internet.

Tragen Sie sich dazu auf der Website www.galaxyzoo.org ein und treten Sie der Gemeinschaft von Hunderttausenden Menschen auf der ganzen Welt bei, die den Forschern bei der Auswertung von Bildern bodengebundener und weltraumgestützter Himmelsdurchmusterungen helfen.

Dabei untersuchen Sie zunächst einige Beispielbilder und versuchen, die darauf zu erkennenden Galaxien durch Vergleiche zu klassifizieren. Wenn Sie das erfolgreich gemeistert haben, lässt man Sie auf echte Bilder los. Helfen Sie den Astronomen dabei, neue Entdeckungen zu machen! Im ersten Jahr von Galaxy Zoo haben rund 150.000 Freiwillige über 50.000 einzelne Galaxien klassifiziert – also bestimmt, ob es sich um elliptische oder um spiralige Systeme handelt. Ihre Arbeit hat zum Beispiel zu der Erkenntnis geführt, dass nicht alle elliptischen Galaxien rot leuchten. Einige elliptische Systeme sind blau, was bedeutet, dass sie einen beträchtlichen Anteil junger Sterne enthalten.

Die niederländische Lehrerin Hanny van Arkel entdeckte dank Galaxy Zoo sogar ein unbekanntes Objekt – eine seltsame Gaswolke bei einer Galaxie im Sternbild Löwe. Sie ist nun eine Berühmtheit unter Astronomen, und die Wolke heißt »Hanny's Voorwerp« (Niederländisch für so viel wie »Hannys Objekt«).

Und wenn die Aussicht auf Ruhm Sie nicht reizt – Sie bekommen auch noch einen Gratisblick auf die neuesten Galaxienbilder. In jedem Planetarium müssen Sie Eintritt zahlen, Galaxy Zoo ist kostenlos! (Die Galaxien bitte nicht füttern.)

Kapitel 13
Schwarze Löcher und Quasare

Schwarze Löcher und Quasare sind wohl die geheimnisvollsten aller astronomischen Objekte. Und – schön für uns Astronomen – sie haben miteinander zu tun. In diesem Kapitel erkläre ich Ihnen, was beide miteinander verbindet, und erzähle Ihnen außerdem, was es mit den aktiven galaktischen Kernen auf sich hat.

Egal wie groß Ihr Teleskop ist – ein Schwarzes Loch werden Sie niemals darin sehen. Und doch werden Sie als Amateurastronom immer wieder mit der Frage konfrontiert werden: »Was *ist* ein Schwarzes Loch?« In Kapitel 11 habe ich die gefräßigen Massemonster schon kurz gestreift, hier bekommen Sie jetzt die volle Ladung.

Besser Abstand halten: Schwarze Löcher

Ein *Schwarzes Loch* ist ein Objekt im All, dessen Schwerkraft so stark ist, dass nicht einmal das Licht von ihm entweichen kann – aus diesem Grund sind Schwarze Löcher per se unsichtbar.

Sie können in ein Schwarzes Loch hineinfallen, kommen aber nicht wieder aus ihm heraus, selbst wenn Sie das wollten (und glauben Sie mir, Sie *würden* das wollen). Sie könnten aus dem Loch nicht mal nach Hause telefonieren. E.T. (aus dem Film von 1982) kann also froh sein, in Kalifornien und nicht in einem Schwarzen Loch gelandet zu sein.

Jedes Objekt, das in ein Schwarzes Loch fällt, braucht mehr Schmackes, als es jemals haben kann, um wieder herauszukommen. Der wissenschaftliche Begriff für Schmackes ist hier *Fluchtgeschwindigkeit*. Das ist die Geschwindigkeit, die zum Beispiel eine Rakete haben muss, um aus dem Schwerefeld der Erde in den interplanetaren Raum zu gelangen. Das gilt nicht nur für die Erde, sondern für jedes beliebige Objekt im All.

Die Fluchtgeschwindigkeit auf der Erde beträgt 11 Kilometer pro Sekunde. Je kleiner (genauer: masseärmer) ein Objekt ist, desto kleiner ist seine zugehörige Fluchtgeschwindigkeit. Auf dem Mars beträgt sie nur 5 Kilometer pro Sekunde, auf Jupiter schon stolze 61 Kilometer pro Sekunde. Der Champion der Fluchtgeschwindigkeiten aber ist das Schwarze Loch. Dessen Fluchtgeschwindigkeit übersteigt die Geschwindigkeit des Lichts – 300.000 Kilometer pro Sekunde! Nichts aber kann schneller als das Licht sein – und deshalb gibt es aus einem Schwarzen Loch kein Entkommen.

Im Jahr 2011 berichtete eine Forschergruppe, dass sie Elementarteilchen entdeckt hätten, die sich schneller als das Licht bewegen würden. Diese Teilchen sind die Neutrinos (mehr zu diesen Teilchen in Kapitel 11), und hätte sich diese Behauptung als wahr herausgestellt, hätte sie die moderne Physik auf den Kopf gestellt. Es handelte sich aber um einen Irrtum – die Forscher machten ein loses Kabel als Fehlerquelle aus.

Manche Theoretiker glauben, dass es Teilchen geben könnte, die sich immer mit Überlichtgeschwindigkeit bewegen. Diese hypothetischen Teilchen heißen Tachyonen. Doch weder hat man bisher diese Tachyonen nachweisen können, noch wird die Theorie überhaupt von allen Physikern anerkannt.

Schwarze Löcher, klein und groß

Wie in Kapitel 11 beschrieben, unterscheiden Astronomen drei Arten von Schwarzen Löchern:

- ✔ **Stellare Schwarze Löcher:** Solche Löcher sind etwa drei- bis 100-mal so massereich wie die Sonne. Sie entstehen beim Tod eines schweren Sterns.

- ✔ **Massereiche Schwarze Löcher:** Diese Kaventsmänner können bis zu 20 Milliarden Mal so schwer wie die Sonne sein. Sie bilden die Zentren von großen Galaxien. Man vermutet, dass sie beim Verschmelzen von vielen Sternen und Gaswolken im Innern der Galaxien entstanden sind, aber so genau weiß das keiner.

- ✔ **Mittelschwere Schwarze Löcher:** Es gibt Hinweise, dass diese Objekte zwischen etwa 100 und einigen 10.000 Sonnenmassen schwer sein können. Sie könnten zum Beispiel in den Zentren von Kugelsternen (siehe Kapitel 11) existieren, aber bislang hat man noch keines dieser Mittelgewichte definitiv entdecken können.

Schwarze Löcher im Detail

Ein Schwarzes Loch besteht aus drei Teilen:

- ✔ **Ereignishorizont:** so etwas wie die »Grenze« des Schwarzen Lochs

- ✔ **Singularität:** das »Herz« des Schwarzen Lochs, in dem alle Materie unendlich komprimiert wird

- ✔ **einfallende Objekte:** Materie, die durch den Ereignishorizont auf die Singularität stürzt

Der Ereignishorizont

Der Ereignishorizont ist keine wirkliche Oberfläche, sondern eine gedachte, sphärische Grenze, an der das Schwarze Loch beginnt. Er definiert den »Punkt ohne Wiederkehr«: Überschreiten Sie den Ereignishorizont, fallen Sie unweigerlich ins Loch und kommen nie wieder heraus (siehe Abbildung 13.1).

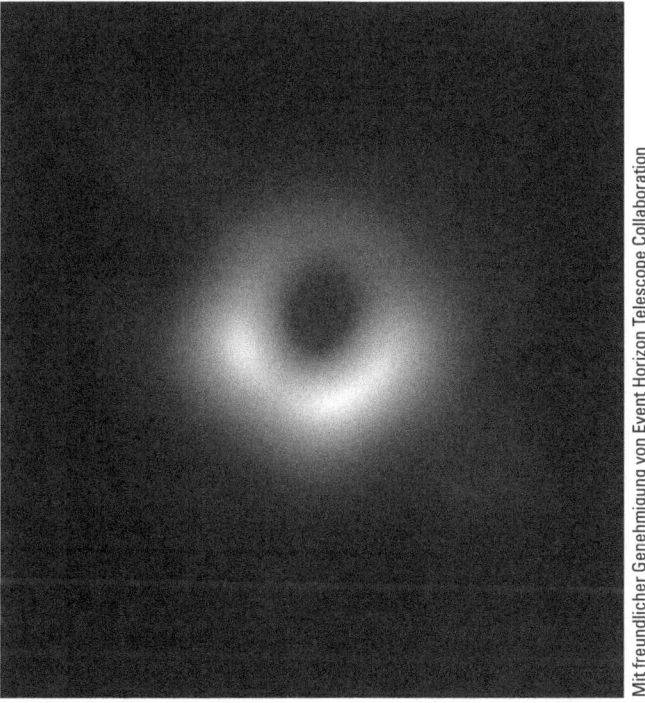

Mit freundlicher Genehmigung von Event Horizon Telescope Collaboration

Abbildung 13.1: Das Schwarze Loch in der Galaxie M87 befindet sich im Zentrum dieses Bilds.

Die Größe des Ereignishorizonts steigt mit der Masse des Schwarzen Lochs. Ist das Loch doppelt so massereich, ist auch der Ereignishorizont doppelt so groß. Würden die Wissenschaftler die Erde zu einem Schwarzen Loch schrumpfen können (wir können es nicht, und falls doch, verrate ich nicht, wie es geht), wäre ihr Ereignishorizont eine Kugel mit einem Durchmesser von gerade einmal zwei Zentimetern.

Tabelle 13.1 listet einige Schwarze Löcher verschiedener Größen auf. Die größten Löcher der Liste befinden sich an den Zentren von riesigen Spiralgalaxien, den hellsten und größten ihrer jeweiligen Galaxienhaufen (mehr zu Galaxien und Galaxienhaufen in Kapitel 12).

Soweit die Wissenschaftler heute sagen können, existieren keine Schwarzen Löcher kleiner als etwa drei Sonnenmassen und 18 Kilometer Durchmesser.

Masse in Sonnenmassen	Durchmesser in Kilometer	Beschreibung
3	18	kleinstes stellares Loch
10	60	typisches stellares Loch
100	600	größtes stellares Loch
1.000	6.000	mittelgroßes Loch
4 Millionen	24 Millionensupermassereiches Loch im Milchstraßenzentrum	6,3 Milliarden
37 Milliardensupermassereiches Loch in M87 im Virgo-Haufen	21 Milliarden	120 Milliardensupermassereiches Loch in NGC 4889 im Coma-Haufen

Tabelle 13.1: Typische Schwarze Löcher und ihre Maße

Die Singularität und einfallende Objekte

Alles, was über den Ereignishorizont in das Schwarze Loch fällt, trifft auf die Singularität – einen Ort unendlich großer Dichte und unendlich kleiner Ausdehnung. Alle Objekte verschmelzen mit der Singularität auf Nimmerwiedersehen. Welche physikalischen Gesetze in der Singularität gelten, ist völlig unbekannt.

Manche Mathematiker denken, dass an der Singularität eine Art *Wurmloch* sitzt – eine Verbindung zu einem anderen Schwarzen Loch in einem anderen Universum. Diese Idee hat zahllose Science-Fiction-Autoren inspiriert, aber niemand hat auch nur eine ansatzweise Vorstellung, was genau so ein Wurmloch sein soll. Die meisten Experten glauben nicht an seine Existenz. Und selbst wenn es sie geben sollte, hätten die Forscher keine Möglichkeit, ihnen nahe zu kommen.

Gar nicht schwarz: Die Umgebung Schwarzer Löcher

Schwarze Löcher mögen unsichtbar sein, in ihren Umgebungen gibt es aber ganz schön was zu beobachten:

1. Gasförmige Materie sammelt sich in einer flachen, sich drehenden Wolke, bevor sie in das Loch fällt – man nennt diese Wolke *Akkretionsscheibe*.

2. Wenn sich das Gas dem Ereignishorizont nähert, dreht es sich immer schneller, wird dichter und heißer.

   Das Gas wird heißer, weil es von der Gravitation des Schwarzen Lochs zusammengedrückt wird – ein Prozess, der die Reibung innerhalb der Gaswolke erhöht und das Gas daher dichter werden lässt. (Der gleiche Effekt wird auch in Klimaanlagen und Kühlschränken ausgenutzt: Wird Gas expandiert, kühlt es ab, komprimiert man es, heizt es sich auf.)

3. Das heiße Gas in der Nähe des Ereignishorizonts beginnt, Strahlung auszusenden: Die Akkretionsscheibe leuchtet.

Die Strahlung kann in vielen Wellenlängen sichtbar sein, am häufigsten für stellare Schwarze Löcher ist Röntgenstrahlung. Röntgensatelliten, etwa das Chandra-Teleskop der NASA, registrieren diese Strahlung und erlauben es den Astronomen so, Schwarze Löcher aufzuspüren. Sie finden Röntgenbilder von Chandra auf der Website chandra.harvard.edu (auf PHOTO ALBUM klicken). Auch wenn man nicht das Schwarze Loch selbst sehen kann, ist es dennoch möglich, Strahlung aus seiner glühenden Akkretionsscheibe zu empfangen. Stellare Schwarze Löcher »leuchten« in diesem Sinne besonders im Licht der Röntgenstrahlung. Röntgenstrahlen können die Erdatmosphäre nicht durchdringen, daher müssen die Teleskope auf Satelliten im All stationiert werden. Die Akkretionsscheiben von massereichen Schwarzen Löchern in den Zentren der Galaxien leuchten hingegen vor allem im ultravioletten und optischen Licht, können also mit Teleskopen auf dem Erdboden gesichtet werden. Auf den ersten Blick sieht es so aus, als habe ein besonders heller Stern im jeweiligen Galaxienzentrum seinen Wohnsitz genommen.

Im April 2019 veröffentlichten Radioastronomen das erste »Bild« eines supermassereichen Schwarzen Lochs. Das gelang ihnen mit einem über den ganzen Globus verteilten Netzwerk von Radioteleskopen, treffenderweise Event Horizon Telescope (EHT) genannt. Das EHT war auf eine 50 Millionen Lichtjahre entfernte Galaxie im Virgo-Galaxienhaufen namens Messier 87 (oder M87, siehe Tabelle 13.1) gerichtet – eine elliptische Riesengalaxie, in deren Zentrum sich ein mindestens sechs Milliarden Sonnenmassen schweres Schwarzes Loch befindet. Zwei Jahre hatten die Astronomen gebraucht, um aus den komplizierten Beobachtungsdaten ein Bild zu berechnen. Aber zeigt dieses tatsächlich das Schwarze Loch? Das ist Interpretationssache. Da ein Schwarzes Loch bekanntlich selbst kein Licht aussendet, ist alles, was auf dem Bild zu erkennen ist, ein dunkler Schatten vor dem Hintergrund heißer Materie, die um das Loch kreist und dabei Strahlung aussendet. Der eigentliche Ereignishorizont, die »Grenze« des Schwarzen Lochs, ist noch etwas kleiner. Aber immerhin: Der dunkle Schatten ist genau das, was man theoretisch auf einem Radiobild von einem Loch dieser Größenklasse erwarten sollte.

Das nächste große Ziel für das EHT wird das Schwarze Loch im Zentrum unserer Milchstraße sein. Das ist zwar viel näher als Messier 87, aber auch masseärmer. Aus diesem Grund sollte es für das EHT praktisch gleich groß erscheinen. Die Messungen sind aber komplizierter, weil die Materie um das kleinere Loch unserer Milchstraße schneller kreist als um das große Loch in Messier 87. Mit ersten Ergebnissen wird frühestens 2021 gerechnet.

 Es mag auch »nackte« Schwarze Löcher geben, also ohne leuchtende Akkretionsscheibe. Solche Löcher kann man nicht direkt sehen. Sie sind aber nachweisbar, wenn sie zufällig vor einem hellen Hintergrundstern oder einer fernen Galaxie vorbeiziehen. Dann bewirkt die Gravitation des Lochs zum Beispiel eine kurzfristige Zunahme der Helligkeit des ferneren Objekts (in Kapitel 11 schreibe ich mehr zu diesem Effekt, der als »Mikrolensing« bekannt ist). Das passiert aber rein zufällig. Erwarten Sie also nicht, dass sich Ihnen ein Schwarzes Loch einfach so zeigt.

Ebenfalls sehr selten kann es passieren, dass ein ahnungsloser Stern einem Schwarzen Loch zu nahe kommt, auseinandergerissen wird und vorübergehend eine Akkretionsscheibe um das Loch bildet. Ein solches Ereignis nennt man Tidal Disruption Event (eine vernünftige deutsche Übersetzung gibt es nicht, es bedeutet so viel wie »Gezeiten-Zerreißereignis«); es ist eine weitere Möglichkeit, wie sich ein ansonsten unsichtbares Schwarzes Loch zeigen kann. (Mehr zu diesen zerreißenden Ereignissen steht weiter unten im Abschnitt »Schwarze Löcher sind Vielfraße».)

Gekrümmter Raum, gedehnte Zeit

Stellen Sie sich ein Schwarzes Loch als einen Ort vor, an dem das Gefüge aus Raum und Zeit stark gekrümmt ist. Eine gerade Linie – in der Physik definiert als der Weg, den ein Lichtstrahl im Vakuum nimmt – wird in der Nähe des Lochs verbogen. Und für ein Objekt in der Nähe eines Schwarzen Lochs verhält sich selbst die Zeit merkwürdig, zumindest gesehen von einem Beobachter, der sich die Szenerie aus sicherer Entfernung ansieht.

Stellen Sie sich vor, Sie säßen in einem Raumschiff, und zwar in sicherer Distanz zu einem Schwarzen Loch. Nun starten Sie eine kleine Sonde und lassen sie auf das Loch zufliegen. An der Seite der Sonde sei gut sichtbar ein leuchtendes Display angebracht, das die Zeit einer in der Sonde mitfliegenden Uhr anzeigt.

Von Ihrem Raumschiff aus gesehen scheint die Uhr in der Sonde langsamer und langsamer zu gehen, während sie sich dem Loch nähert. Sie sehen die Sonde auch gar nicht wirklich in das Schwarze Loch fallen, stattdessen wird ihr Bild immer roter und roter, denn das Licht wird von der starken Gravitation des Lochs rotverschoben. Dieser Effekt heißt Gravitationsrotverschiebung und ist zu unterscheiden von der Rotverschiebung aufgrund des Dopplereffekts (den ich in Kapitel 11 erkläre). Die Gravitation verschiebt die Wellenlängen des Lichts, das von der Sonde ausgeht, so wie der Dopplereffekt das Licht eines sich von uns entfernenden Sterns ins Rote verschiebt. Nach einer Weile werden die Wellenlinien bis in den Infrarotbereich verschoben, den Sie mit Ihren Augen nicht mehr wahrnehmen können.

Nun stellen Sie sich vor, Sie reisten an Bord der Sonde auf das Schwarze Loch zu. Für Sie geht die Uhr völlig normal, doch die Sterne um Sie herum sind auf einmal blauverschoben. Sie überschreiten die unsichtbare Grenze, den Ereignishorizont in null Komma nichts, und das war's – Umkehren ist unmöglich. Einmal über den Ereignishorizont, und Sie sind für das restliche Universum verschwunden. Niemand sieht Sie mehr!

Für eine Person im Raumschiff fallen Sie nie in das Loch, Sie nähern sich ihm nur. Sie aber spüren den finalen Sturz sehr wohl – wenn Sie noch am Leben sind. Nahe genug an der Singularität werden Sie und alles um Sie herum von den extremen Gezeitenkräften in die Länge gezogen, und zwar auf die Singularität zu. Zu allem Überfluss werden Sie in den beiden anderen Raumrichtungen von denselben Kräften zusammengequetscht.

Fallen Sie mit den Füßen voran, werden Sie so sehr in die Länge gezogen, dass jeder Basketballspieler neidisch auf Sie würde. In den anderen Raumdimensionen werden Sie gequetscht wie ein Stück Kohle unter der Erde, das zum Diamanten wird. Das ist keine schöne Erfahrung, glauben Sie mir.

Kleine Schwarze Löcher sind die schlimmsten (wie auch die kleinsten Spinnen die giftigsten sind): Sie werden in null Komma nichts zerquetscht, noch bevor Sie den Ereignishorizont passiert haben. Fallen Sie dagegen in ein supermassereiches Schwarzes Loch, sehen Sie noch das Universum über sich »verblassen«, bevor Sie Ihrem unvermeidlichen, fatalen Ende entgegenfallen.

Wenn Sie bedenken, dass das Universum voller Schwarzer Löcher ist – und nachdem Sie nun deren faszinierende Auswirkungen kennen –, können Sie vielleicht verstehen, dass Wissenschaftler sie so gerne studieren … wenn auch aus sicherer Distanz.

Wenn Schwarze Löcher kollidieren

Umkreisen zwei Schwarze Löcher ein gemeinsames Schwerezentrum, emittieren sie Gravitationsstrahlung. Diese Strahlung wurde von Albert Einstein vorausgesagt; sie entspricht etwa den Wellen auf der Oberfläche eines Sees, in den man einen Stein geworfen hat. Nur breiten sich die Gravitationswellen nicht auf dem Wasser oder in der Luft und so weiter aus, sondern als Störungen der Raumzeit selbst. Durch die fortwährende Abstrahlung von Gravitationswellen verlieren die beiden Schwarzen Löcher Energie, nähern sich an und werden immer schneller, bis sie schließlich zu einem einzigen, größeren Loch verschmelzen.

Die Masse des neuen Schwarzen Lochs ist etwas kleiner als die Summe der Massen der beiden verschmelzenden Löcher. Die erste Kollision zweier Schwarzer Löcher wurde am 14. September 2015 beobachtet. Die Einzelmassen der beiden verschmelzenden Löcher betrugen 36 und 29 Sonnenmassen, was in der Summe 65 Sonnenmassen ergibt. Das entstandene Loch war aber nur 62 Sonnenmassen schwer. Ganze drei Sonnenmassen wurden im Moment der finalen Kollision in Gravitationswellen umgewandelt, die sich mit Lichtgeschwindigkeit durch das Universum ausbreiteten und im Jahr 2015 auf der Erde ankamen, 1,3 Milliarden Jahre nach der Kollision. Im Inneren der Sonne werden jede Sekunde fünf Millionen Tonnen Wasserstoff zu Energie (siehe Kapitel 10). Das ist kaum der Rede wert im Vergleich mit der Schwarze-Löcher-Kollision: Drei Sonnenmassen entsprechen sechs Milliarden Milliarden Milliarden Tonnen!

Die Beobachtung der Kollision sollte kein Einzelfall bleiben. Ein paar Monate später fand man eine weitere: Nun traf es zwei Schwarze Löcher mit 14 und 8 Sonnenmassen. Das Ergebnis der Vereinigung war 21 Sonnenmassen schwer, eine Sonnenmasse wurde also zu Energie in Form von Gravitationswellen.

Gelungen sind diese Entdeckungen mit einem Instrument namens Laser Interferometer Gravitational-Wave Observatory (LIGO). Das besteht eigentlich aus zwei Detektoren, einem im US-Bundesstaat Louisiana und einem im Bundesstaat Washington an der Pazifikküste. Mit Heimequipment können Sie eine Gravitationswelle nicht messen: LIGO musste dazu eine Längenänderung registrieren, die ungefähr so groß war wie ein Zehntausendstel des Durchmessers eines Protons!

LIGO kann sogar noch besser messen, wenn Sie ihm dabei helfen. Machen Sie einfach beim Gravity Sky-Projekt mit. Gehen Sie auf www.zooniverse.org/projects/zooniverse/gravity-spy und klicken Sie auf LEARN MORE!

Schwarze Löcher sind Vielfraße

Kommt ein Stern dem massereichen Schwarzen Loch im Zentrum einer Galaxie zu nah, können die entstehenden Gezeitenkräfte den Stern zerreißen. Astronomen sprechen von einem *Tidal Disruption Event* (TDE). Ein TDE äußert sich durch ein helles Aufflammen im sichtbaren, ultravioletten, Röntgen und/oder Radiolicht, das einige Monate andauern kann. Bei einem typischen TDE verschwindet etwa die Hälfte der Sternmaterie im Schwarzen Loch, die andere Hälfte wird zurück in die Galaxie geschleudert.

Der Abstand vom Zentrum des Schwarzen Lochs, innerhalb dessen der Stern zerrissen wird, ist der Gezeitenradius. Innerhalb des Gezeitenradius sind die Gezeitenkräfte stärker als die Gravitationskräfte, die den Stern zusammenhalten. Das Schwarze Loch hat einen weiteren Radius, innerhalb dessen ein Objekt seiner Gravitationskraft nicht mehr entkommen kann. Das ist der Ereignishorizont, den ich weiter oben erklärt habe.

Bei den größten Schwarzen Löchern liegt der Ereignishorizont außerhalb des Gezeitenradius. Ein dem Loch zu nahe kommender Stern verschwindet also vor unseren Blicken, bevor er zerrissen wird – wir sehen kein TDE. Bei den meisten Schwarzen Löchern liegt der Gezeitenradius aber außerhalb des Ereignishorizonts, und wir sehen einen hellen Strahlungsausbruch, wenn der Stern zerrissen wird.

Was genau passiert, hängt davon ab, was für ein Stern in das Schwarze Loch fällt und ob und wie schnell das Schwarze Loch rotiert. Hier sind zwei einfache Beispiele:

✔ Ein Stern wie unsere Sonne wird von dem 4-Millionen-Sonnemassen-Schwarzen Loch im Zentrum der Milchstraße zerrissen, wenn er ihm näher als eine Astronomische Einheit (etwa 150 Millionen Kilometer) kommt. Dieser Abstand entspricht der Entfernung Erde-Sonne.

✔ Ist das Schwarze Loch etwa 100 Millionen Mal so massereich wie die Sonne, würde ein sonnenähnlicher Stern ihm niemals nahe genug kommen, um ein TDE zu erzeugen. Er würde stattdessen hinter dem Ereignishorizont verschwinden, bevor es ihn zerreißt.

Die Dinge ändern sich etwas, wenn das Schwarze Loch rotiert. Ein TDE wäre in diesem Falle noch weit spektakulärer, und im Falle eines sehr massereichen Schwarzen Lochs würde der TDE weiter außen erfolgen, möglicherweise noch außerhalb des Ereignishorizonts.

Man hat bereits mehr als 20 mögliche und tatsächliche TDEs beobachtet. Je genauer die Astronomen wissen, worauf sie achten müssen, desto mehr gehen ihnen ins Netz.

Quasare, oder: Schwarze Löcher, ziemlich hell

Die Wissenschaftler haben mindestens zwei Definitionen für Quasare:

✔ **Die ursprüngliche Definition:** Das Wort *Quasar* ist die Abkürzung beziehungsweise das Akronym für quasistellare Radioquelle – also ein Himmelsobjekt, das starke

Radiostrahlung aussendet, im normalen Teleskop aber wie ein normaler Stern aussieht (siehe Abbildung 13.2).

Diese Definition gilt heute als veraltet, denn sie trifft nur noch auf 10 Prozent der Objekte zu, die wir heute als Quasare bezeichnen. Die übrigen 90 Prozent emittieren keine starke Radiostrahlung; man nennt sie daher auch *radioleise Quasare.*

✔ **Die gegenwärtige Definition:** Ein Quasar ist ein *aktiver Galaxienkern*, bestehend aus einem massereichen Schwarzen Loch und einer Akkretionsscheibe, über die Materie aus der umgebenden Galaxie in das Schwarze Loch fällt.

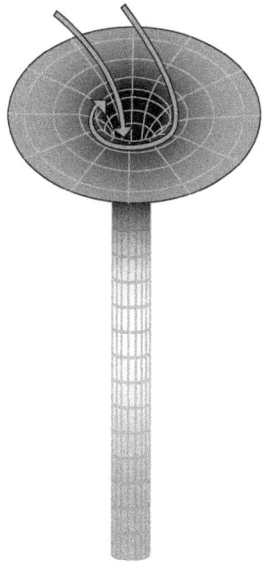

Abbildung 13.2: Eine Darstellungsform eines Schwarzen Lochs. Die Pfeile repräsentieren Materie, die das Pech hat, ins Loch zu fallen

Die gegenwärtige Definition zeigt, dass die Astronomen nach Jahrzehnten des Kopfzerbrechens endlich zu wissen glauben, was die enorme Leuchtkraft der Quasare verursacht: ein Schwarzes Loch, das Materie erhitzt und dabei enorme Energiemengen freisetzt. Diese Energie ist letztlich das, was wir auf der Erde in verschiedenen Wellenlängenbereichen leuchten sehen.

Der Materiezufluss in das Schwarze Loch kann schwanken. Wenn es gut gefüttert wird, kann der Quasar 10 Billionen Mal so viel Energie abstrahlen wie die Sonne pro Sekunde. Reißt der Strom ab, kann er völlig verblassen, bis er womöglich zu einer späteren Mahlzeit erneut »erwacht«.

Mit freundlicher Genehmigung von *ESO, digitalisiert von Sky Survey 2 und S. Cantalupo (UCSC)*

Abbildung 13.3: Ein Quasar leuchtet mit der zehnbillionenfachen Leuchtkraft der Sonne.

Winzig kleine Leuchtkraftriesen

Alle Quasare emittieren starke Röntgenstrahlung, etwa 10 Prozent auch Radiostrahlung. Alle leuchten sie im ultravioletten, sichtbaren und infraroten Licht. Die Intensität ihres Leuchtens kann sich in allen diesen Spektralbereichen innerhalb von Jahren, Monaten, Wochen und sogar von einem Tag auf den anderen ändern.

Die Tatsache, dass sich die Helligkeit eines Quasars in nur einem Tag ändern kann, verrät den Astronomen etwas ganz Wichtiges: Ein Quasar kann nicht größer sein als ein *Lichttag*, also die Strecke, die das Licht innerhalb eines Tags im Vakuum zurücklegt. Ein Lichttag ist gerade einmal 26 Milliarden Kilometer lang, was bedeutet, dass ein Quasar, auch wenn er 10 Billionen Mal heller als unsere Sonne und 100-mal so hell wie die gesamte Milchstraße leuchtet, nicht viel größer als unser Sonnensystem sein kann – ein winziger Teil einer Galaxie also!

Ein deutlich größerer Quasar könnte seine Helligkeit nicht so schnell verändern, wie auch ein Elefant seine Ohren nicht so schnell hin und her schlagen kann wie ein Kolibri seine Flügel.

Galaktischer Jetset

Quasare mit ausgeprägter Radiostrahlung haben oft sogenannte *Jets* – lange, schmale Strahlen, in denen Energie in Form von Elektronen und vermutlich auch anderer Materie regelrecht ins All geschossen wird. Oft sind diese »klumpig« – die Materie wird nicht gleichmäßig, sondern in mehr oder weniger dichten Brocken ausgestoßen. Manchmal sieht es so aus, als bewegten sich diese Klumpen mit Überlichtgeschwindigkeit. Das ist aber nur eine Illusion, die dadurch zustande kommt, weil manche Jets fast genau auf die Erde gerichtet sind. Die Klumpen bewegen sich zwar fast mit Lichtgeschwindigkeit, aber nicht schneller als das Licht.

 Die besten Bilder von Quasarjets finden Sie in der Galerie des National Radio Astronomy Observatory unter `images.nrao.edu`.

Seltsame Quasarspektren

In manchen Büchern steht, dass Quasare recht breite Spektrallinien haben, was auf enorm hohe Geschwindigkeiten der Gaswolken in der Umgebung des Schwarzen Lochs (bis zu 10.000 Kilometer pro Sekunde) hindeute. Diese Aussage stimmt aber nicht immer. Manche Quasare haben solche breiten Linien (die durch die Dopplerverschiebung des sich bewegenden Gases zustande kommen), manche nicht. (Mehr zu Spektrallinien finden Sie in Kapitel 11.)

Die breiten Linien verraten allerdings noch eine ganze Menge mehr über Quasare, etwa über ihre Beziehung zu anderen Objekten; mehr dazu im nächsten Abschnitt.

Aktive Galaxienkerne – willkommen in der Quasarfamilie

Viele Jahre lang fragten sich die Astronomen, ob Quasare nun eigenständige Objekte sind oder sich in Galaxien befinden. Heute wissen wir, dass Letzteres der Fall ist – dank besserer Beobachtungstechniken, die sowohl die Quasare als auch ihre jeweiligen *Heimatgalaxien* zeigen können. Das ist deshalb so schwierig, weil Quasare typischerweise 100-mal heller sind als ihre Heimatgalaxien und deren Licht daher gnadenlos überstrahlen.

 Es waren elektronische Kameras, die diese Entdeckung möglich machten. Sie können einen weit größeren Helligkeitsbereich erfassen als ältere Filmkameras.

Quasare sind eine extreme Ausprägung sogenannter *aktiver Galaxienkerne* (englisch: *Active Galactic Nuclei, AGN*). Dieser Begriff bezeichnet ein zentrales Objekt einer Galaxie mit quasartypischen Eigenschaften, etwa eine helle, sternähnliche Erscheinung, breite Spektrallinien und nachweisbare Helligkeitsschwankungen.

AGNs in allen Geschmacksrichtungen

Die Wissenschaftler teilen AGNs in folgende Untertypen ein:

✔ **Radiolaute Quasare (die »Originalquasare«) und radioleise Quasare (rund 90 Prozent der restlichen Quasare):** Das sind recht ähnliche Objekte; die einen senden

Radiostrahlung aus, die anderen nicht. Sie finden sich in Spiralgalaxien, einige wenige auch in elliptischen Galaxien (mehr zu Galaxien siehe Kapitel 12). Im Zentrum der Milchstraße ist kein Quasar bekannt, aber ein vier Millionen Sonnenmassen schweres Schwarzes Loch, genannt Sagittarius A*. Dieses Loch habe ich auch in Tabelle 13.1 eingetragen.

✔ **Quasistellare Objekte (QSOs):** Manche Astronomen werfen beide Quasartypen in einen Topf und nennen sie einfach quasistellare Objekte.

✔ **Optically violently variable quasars (OVV),** auf Deutsch etwa »im Optischen extrem variable Quasare«, sind Quasare, deren Jet zufällig direkt auf die Erde zeigt. Die Helligkeitsschwankungen dieser Quasare sind wesentlich ausgeprägter als die der normalen Quasare. Stellen Sie sich den Wasserstrahl aus einem Gartenschlauch vor, der Sie direkt trifft: Während ein Zuschauer von der Seite das Wasser noch relativ gleichmäßig aus dem Schlauch strömen sieht, spüren Sie jede noch so kleine Fluktuation des Wassers.

✔ **BL-Lacertae-Objekte, kurz BL Lacs**, verhalten sich ähnlich wie ihr Prototyp, BL Lacertae. BL Lacertae ändert seine Helligkeit im Laufe von Jahren. Zunächst dachten die Astronomen, dass sie es einfach mit einem weiteren veränderlichen Stern zu tun hätten (BL Lac sieht auf Fotografien wie ein Stern aus). Dann aber fanden sie, dass das Objekt starke Radiostrahlung aussendet, und entdeckten schließlich seine wahre Natur: BL Lac ist ein aktiver Galaxienkern. Mit verbesserten Kameras gelang es ihnen, die Heimatgalaxie abzulichten.

Anders als die meisten Quasare zeigt BL Lac keine breiten Spektrallinien. Seine Radiowellen sind stärker polarisiert als die normaler radiolauter Quasare (außer denen von OVVs, die wahrscheinlich extreme Varianten von BL Lacs sind). Polarisierte Wellen schwingen in einer bevorzugten Raumrichtung, während sie sich durch das All bewegen, unpolarisierte dagegen in allen Richtungen gleichzeitig.

✔ **Blazare:** Dieser Terminus fasst OVVs und BL-Lacertae-Objekte zusammen. Beide Klassen haben viele Gemeinsamkeiten: Sie zeigen starke Helligkeitsschwankungen, ihre Jets zeigen direkt Richtung Erde und sie sind beide radiolaut.

Brauchen wir wirklich einen Begriff, der OVVs und BL Lacs zusammenfasst? Ich bin mir nicht so sicher. Mein Freund Dr. Hong-Yee Chiu wurde berühmt, weil er den Begriff Quasar erfand. Dessen Freund, Professor Edward Spiegel, prägte ein paar Jahre später den Begriff Blazar. Wenn Sie ein neues Objekt entdecken oder eine der wichtigsten Arbeiten darüber schreiben, dann können Sie es womöglich auch benennen. Die Endung *-ar* an Ihren Namen anzuhängen, ist aber nicht zulässig. Der Name sollte die Eigenschaften des astronomischen Objekts beschreiben, nicht die des Astronomen.

Anders als andere AGN leuchten Blazare sehr hell, am hellsten meist im Licht der Gammastrahlung. Obwohl die ziemlich selten sind, machen Blazare doch den Löwenanteil aller Gammastrahlungsquellen außerhalb der Milchstraße aus. (Gammastrahlen sind die energiereichste Form von Licht, energiereicher sogar als Röntgenstrahlen.)

✔ **Radiogalaxien:** Diese Galaxien zeichnen sich durch relativ schwache AGNs aus, sind aber starke Radioquellen. Meist handelt es sich um große, elliptische Galaxien. Oft findet man gewaltige Jets, über die Energie aus dem AGN nach außen in riesige Blasen voller Radiostrahlung, aber ohne Sterne transportiert wird. Diese Blasen können weit größer sein als die Galaxie selbst. Typischerweise besitzen sie zwei sich gegenüberliegende Blasen.

✔ **Seyfert-Galaxien:** Das sind Spiralgalaxien mit AGNs in ihren Zentren. Die Seyfert-AGNs verhalten sich wie Quasare – sie zeigen schnelle Helligkeitsänderungen und breite Spektrallinien. Sie können so hell werden wie die gesamte restliche Galaxie, aber nicht 100-mal heller als normale Quasare. Daher ist die Heimatgalaxie meist recht einfach zu sehen.

Die Energiequelle der AGN

Eines haben alle AGN-Typen gemeinsam: Ihre Energie entsteht in der Umgebung eines supermassereichen Schwarzen Lochs.

Sterne und Gas in der Nähe des Schwarzen Lochs umkreisen dieses mit besonders hohen Geschwindigkeiten und erlauben es den Astronomen, die Masse des Lochs zu berechnen. Mit modernen Teleskopen wie dem Hubbleteleskop können sie die Geschwindigkeit der Sterne oder der Gaswolken anhand des Dopplereffekts messen (mehr zum Dopplereffekt in Kapitel 11). Mit den Geschwindigkeiten lässt sich die Masse des zentralen Objekts bestimmen – je schwerer das Schwarze Loch, desto schneller bewegen sich die Sterne in einem bestimmten Abstand zu ihm.

Quasare und große elliptische Radiogalaxien enthalten typischerweise Schwarze Löcher mit einer Milliarde Sonnenmassen oder mehr. Die Löcher in Seyfert-Galaxien sind leichter, ihre Masse liegt bei 1 bis 10 Millionen Sonnenmassen.

Dabei sind es nicht die Löcher selbst, sondern die in sie stürzende Materie, die den AGN zum Leuchten bringt: Es braucht rund 10 Sonnenmassen pro Jahr, um einen Quasar leuchten zu lassen. Ohne in das Loch fallende Materie keine Radiostrahlung, keine Röntgen-, Infrarot- und UV-Strahlung, kein sichtbares Licht, keine Jets – kein AGN.

Wie auch Schulkinder ihr Mittagessen brauchen, um gute Noten zu schreiben, benötigt ein AGN Materie als Futter. Supermassive Schwarze Löcher mögen in den Zentren fast aller Galaxien schlummern, aber weil längst nicht alle gefüttert werden, beobachten Astronomen nur in einem Bruchteil von ihnen AGNs.

Einheit in Vielfalt

Das vereinheitlichte AGN-Modell besagt, dass alle Arten von aktiven Galaxienkernen letztlich auf dieselbe Art von Objekt zurückzuführen sind. Ob ein AGN als Quasar, Blazar oder BL-Lacertae-Objekt erscheint, hängt nur vom Winkel ab, unter dem wir ihn sehen – wie auch der Typ vor Ihnen im Bus von vorn anders aussieht als von der Seite. Alle haben wir unterschiedliche Seiten – und aus einem anderen Winkel betrachtet wirkt eine anscheinend breite Nase gar nicht mehr so groß. Das Modell besagt außerdem, dass die Schwarzen

Löcher in den AGNs ihre Materie unterschiedlich schnell aufsaugen und allein schon aus diesem Grund unterschiedlich hell sind. Dutzende Astronomen schreiben jedes Jahr Aufsätze zu diesem vereinheitlichten Modell. Manche finden Hinweise darauf, dass es stimmt, andere meinen, dass es nicht stimmt.

Ich glaube schon, dass es grundlegende Gemeinsamkeiten gibt, aber auch, dass gewisse fundamentale Unterschiede zwischen den verschiedenen AGNs existieren. Es wird wohl noch eine Weile dauern, bis wir uns auf eine allgemein akzeptierte Theorie der AGNs einigen können. In der Zwischenzeit – was meinen Sie?

Was kam zuerst – das Schwarze Loch oder die Galaxie?

Astronomen ist vor einiger Zeit eine wichtige Entdeckung gelungen: Sie fanden eine mathematische Beziehung zwischen der Größe des zentralen Schwarzen Lochs und der Größe der Galaxie, genauer: ihres zentralen Teils, des *Bauchs*. Spiralgalaxien besitzen einen solchen Bauch, er kann mal kleiner und mal größer sein. Elliptische Galaxien bestehen praktisch nur aus Bauch. Nun die Entdeckung: Die Masse des Schwarzen Lochs im Zentrum des Galaxienbauchs beträgt normalerweise ungefähr ein Fünftel von einem Prozent der Masse des gesamten Bauchs. Sieht so aus, als müsste eine Galaxie stets 0,2 Prozent ihrer Bauchmasse an das Schwarze Loch abtreten. Manche Spiralgalaxien mit kleinen oder ganz ohne Bäuche haben keine nachweisbaren zentralen Schwarzen Löcher. Ein gutes Beispiel dafür ist die Dreiecksgalaxie Messier 33, die ich in Kapitel 12 beschreibe. Dann wiederum gibt es auch »überschwere« Schwarze Löcher, die mehr als 0,2 Prozent der Bauchmasse haben.

Dieser Zusammenhang hat sicher mit der Art und Weise zu tun, wie sich die Galaxien gebildet haben, aber die Astronomen sind sich nicht einig, wie das passierte. Haben sich große Galaxien um große Schwarze Löcher gebildet? Oder bildeten sich die Schwarzen Löcher in den Galaxien? Der Disput erinnert sehr an die berühmte Frage, was zuerst da war – die Henne oder das Ei?

Teil IV
Gedanken über ein bemerkenswertes Universum

Lesen Sie Teil IV – nein, genießen Sie ihn – am besten bei einem Glas Wein in Ihrem Lieblingssessel und lassen Sie Ihren Verstand von provozierenden Ideen in Wallung bringen! Zum Beispiel von der faszinierenden Suche nach außerirdischem Leben: Haben die Wissenschaftler irgendwelche Hinweise auf kleine grüne Männchen?

Lernen Sie die dunkle Seite des Kosmos kennen: Dunkle Materie, Dunkle Energie und Antimaterie (ja – die gibt es wirklich, nicht nur in der Science-Fiction). Und wenn Sie sich bereit fühlen, denken Sie über das Universum als Ganzes nach – wie es begann, wie es ist und wohin es sich entwickelt.

Kapitel 14

Ist da wer? SETI und Planeten bei anderen Sternen

D as Universum ist so groß wie vielfältig. Da wird die Frage erlaubt sein, ob wir es mit anderen denkenden Wesen teilen. Jeder, der schon mal *Star Trek* gesehen hat oder andere einschlägige Science-Fiction-Filme, kennt Hollywoods Antwort: Der Kosmos ist mit Aliens geradezu gefüllt (von denen überraschend viele sogar fehlerfreies Englisch sprechen).

Aber was sagen die Wissenschaftler? Gibt es wirklich intelligentes Leben da draußen? Viele glauben das, einige von ihnen suchen sogar gezielt danach. Diese Suche ist als *Search for Extraterrestrial Intelligence*, kurz: SETI, bekannt. Es wird auch nach primitivem Leben auf dem Mars oder den Monden Europa und Enceladus (die zu Jupiter bzw. Saturn gehören) gesucht, aber SETI beschäftigt sich mit der Suche nach intelligenten Zivilisationen, die elektromagnetische Signale ins Weltall schicken. (Mehr zu Europa und Enceladus finden Sie in Kapitel 8; alles über den Mars in Kapitel 6.)

Warum sind die Wissenschaftler so optimistisch? Das liegt vor allem daran, dass unser Platz im Universum so bemerkenswert unbemerkenswert ist. Die Sonne mag unser wichtigster Stern sein, aber im Kosmos ist sie nur ein völlig durchschnittliches Exemplar. Allein unsere Milchstraße enthält mehrere Milliarden ähnlicher Sterne. Wenn Sie diese Zahl nicht beeindruckt, bedenken Sie, dass es etliche 100 Milliarden *anderer* Galaxien in der Reichweite unserer Teleskope gibt. Der Punkt ist: Sonnenähnliche Sterne gibt es im Universum wie Sand am Meer. Zu behaupten, dass unsere Sonne der einzige Stern ist, in dessen Nähe sich Leben entwickelt hat, wäre ein bisschen zu mutig (nett ausgedrückt). So niederschmetternd es für unser Selbstverständnis sein mag – die Erde ist wohl nicht das intellektuelle Zentrum des Weltalls.

Wie aber erreichen wir unsere Brüder und Schwestern im All? Einfach hinfliegen und Hallo sagen ist nicht – auch wenn das in Science-Fiction-Filmen Alltag ist. Die Geschwindigkeit moderner Raketen – rund 50.000 Stundenkilometer – mag beeindruckend klingen, doch selbst damit bräuchten wir noch 1.000 Jahre, um gerade eben zum sonnennächsten

Nachbarstern Alpha Centauri zu kommen. Schnellere Raketen brauchen weniger lange, aber sie benötigen auch mehr Energie – *viel* mehr Energie. (In dem Abschnitt »Im Proxima-Fieber« beschreibe ich eine mögliche Lösung dieses Problems.)

Vor fast 60 Jahren hat uns der Astronom Frank Drake unseren kosmischen Verwandten zumindest theoretisch ein Stückchen näher gebracht. Seither haben wir nicht einen einzigen extraterrestrischen Pieps eingefangen. Aber unsere Suche reichte bislang nicht sehr weit. Technischer Fortschritt könnte dafür sorgen, dass wir eines Tags erfolgreich sind. Schon bald könnten die Astronomen auf ein seltsames Signal von unseren Freunden aus den kalten Tiefen des Alls stoßen. Vielleicht lehrt uns dieses Signal ein paar Dinge, den Sinn des Lebens oder zumindest die Gesetze der Physik, inklusive der uns noch unbekannten. Aber eines wird es uns ganz sicher zeigen – dass wir nicht allein sind.

SETI und die Drake-Gleichung

Einen persönlichen Besuch können wir unseren hypothetischen Nachbarn zwar nicht abstatten, aber wir können versuchen, ihre Radionachrichten zu belauschen. Das natürlich unter der Voraussetzung, dass sie so intelligent sind, um mittels Radio zu kommunizieren. Im Jahr 1960 versuchte der Astronom Frank Drake, die Kommunikation außerirdischer Zivilisationen mit einem 25-Meter-Radioteleskop im US-Bundesstaat West Virginia abzuhören. Wenn Sie den Film *Contact* gesehen haben, wissen Sie, dass so ein Teleskop wie eine aufgemotzte Satellitenschüssel aussieht (siehe Abbildung 14.1). Das Signal seiner Antenne speiste Drake in einen Empfänger ein, der bei einer Frequenz von 1,420 MHz arbeitete (also im sogenannten Mikrowellenbereich des Radiospektrums). Dann richtete er das Ungetüm auf verschiedene sonnenähnliche Sterne.

Drake hörte zwar kein außeririsches Radioprogramm, sein Projekt namens *Ozma* löste aber einigen Enthusiasmus unter anderen Wissenschaftlern aus. Schon ein Jahr später fand die erste SETI-Konferenz statt. Um das Ganze etwas zu ordnen, versuchte Drake, alle unbekannten Größen bei der Suche nach außerirdischen Intelligenzen in eine einzige Formel zu quetschen – die berühmte Drake-Gleichung. (Für die mathematisch Interessierten unter Ihnen gehe ich im Kasten »Die Drake-Gleichung« etwa ausführlicher darauf ein.) Die Idee hinter dieser Gleichung ist denkbar einfach. Ihr Zweck ist es, die Zahl N zu bestimmen – die Zahl der außerirdischen Zivilisationen in der Milchstraße, die *jetzt* Radiowellen zur Kommunikation benutzen. N hängt von der Zahl der Sterne in der Galaxie ab; dem Anteil der Sterne mit Planeten, dem Anteil der … wenn Sie es genau wissen wollen, lesen Sie einfach den Kasten!

Die Drake-Gleichung

Drakes hübsche kleine Formel dient oft als Basis für die Diskussion über außerirdisches Leben und die Chancen der Menschheit, jemals mit einer außerirdischen Zivilisation Kontakt aufnehmen zu können. Die Gleichung ist wirklich einfach – man braucht keine höheren Mathematikkenntnisse, um sie zu verstehen.

Die Formel berechnet N, die Zahl der Zivilisationen in einer Galaxie wie der Milchstraße, die sich mittels Radiosignalen so bemerkbar machen, dass wir sie »hören« können. Die Drake-Gleichung existiert in verschiedenen Versionen; hier die ursprüngliche Form in all ihrer Schönheit:

$$N = R^* \cdots f_p \cdots n_e \cdots f_l \cdots f_i \cdots f_c \cdots L$$

✔ R^* ist die Rate, mit der geeignete Sterne in der Galaxie geboren werden. Geeignete Sterne sind langlebig, damit genügend Zeit für die Entstehung von Planeten und natürlich höher entwickeltem Leben bleibt. Manche Experten schätzen ihren Wert auf ein oder zwei Sterne pro Jahr in der Milchstraße, eine Studie kam immerhin auf den Wert sieben.

✔ f_p ist der Anteil dieser geeigneten Sterne (üblicherweise ausgedrückt als ein Prozentsatz), die tatsächlich Planeten besitzen. Der Wert dieser Zahl ist nicht exakt bekannt, aber man vermutet, dass mindestens 50 Prozent aller Sterne auch von Planeten umrundet werden, vielleicht sogar an die 100 Prozent.

✔ n_e ist die Zahl der Planeten pro Sonnensystem, die Leben beherbergen können. In unserem Sonnensystem trifft das nur auf die Erde zu, eventuell noch auf Mars und einige Monde von Jupiter und Saturn. Wie das in anderen Systemen ausschaut – wer weiß? Üblicherweise geht man von dem Wert 1 aus. Vor nicht allzu langer Zeit hat man einen Stern mit sieben Planeten entdeckt, von denen drei potenziell bewohnbar sind. Möglicherweise liegt n_e also über eins.

✔ f_l ist der Anteil dieser habitablen Planeten, die tatsächlich Leben entwickeln. Es gibt gute Gründe, anzunehmen, dass die meisten von ihnen das tun, auch wenn manche Astronomen glauben, dass sich Leben eher selten entwickelt.

✔ f_i ist der Anteil der Planeten, auf denen sich intelligentes Leben entwickelt. Diese Zahl ist natürlich sehr kontrovers: Intelligenz könnte vielleicht nur als sehr seltene Mutation im Laufe der biologischen Evolution entstehen.

✔ f_c beschreibt den Anteil der intelligenten Zivilisationen, die Technologie zur Kommunikation verwenden (vor allem Radio oder Laser). Es ist vernünftig, anzunehmen, dass das viele tun.

✔ L, die letzte Zahl, ist die Überlebensdauer dieser intelligenten, kommunizierenden Zivilisationen. Wie lange mag also eine typische Zivilisation existieren, bevor sie sich womöglich selbst auslöscht? Diese Frage kann nicht die Astronomie, sondern eher die Soziologie beantworten. Meine eigene Meinung ist daher nicht besser als Ihre.

Der Wert von N hängt also davon ab, was für Werte Sie für die einzelnen Parameter ansetzen. Pessimisten meinen, N wäre genau gleich 1, dann wären wir allein in der Milchstraße. Carl Sagan meinte, der Wert läge bei mehreren Millionen. Und Frank Drake selbst? Seine Schätzung war »um die 10.000«. Er war halt ein ausgleichender Charakter. Ihre Schätzung ist genauso gut oder schlecht wie die von Drake oder meine. Spielen Sie ruhig mal mit den einzelnen Parametern, und lassen Sie sich anzeigen, was dabei herauskommt: www.pbs.org/lifebeyondearth/listening/drake.html.

Die Drake-Gleichung ist eine prima Sache und sieht recht einfach aus. Die ersten Terme mögen noch einigermaßen gut bekannt sein, oder zumindest haben die Wissenschaftler gute Schätzwerte für die Sternentstehungsrate oder den Anteil der Sterne mit Planeten. Die hinteren Terme sind dagegen kaum bekannt. Wir kennen also die »Antwort« der Drake-Gleichung auf die alles entscheidende Frage, ob wir allein im Universum sind, leider nicht. Aber sie hilft enorm dabei, unsere Gedanken über die Möglichkeit außerirdischer Zivilisationen zu versachlichen.

SETI: Auf der Suche nach E.T.

Moderne SETI-Projekte folgen den Fußstapfen von Frank Drake: Sie versuchen, mit großen Radioantennen Funksignale von außerirdischen Zivilisationen aufzufangen.

Frank Fichtmüller.stock.adobe.com

Abbildung 14.1: Mit den richtigen Empfängern hoffen die Astronomen, eines Tags Funksignale einer fremden Zivilisation aufzufangen.

Warum Radio? Zunächst einmal bewegen sich Radiowellen mit Lichtgeschwindigkeit. Zweitens können sie die Gas- und Staubwolken durchdringen, die sich zwischen den Sternen der Milchstraße befinden. Und drittens sind astronomische Radioempfänger sehr empfindlich. Um ein empfangbares Signal zu erzeugen (angenommen, die Außerirdischen verwendeten eine Antennenschüssel mit 100 Meter Durchmesser oder mehr), braucht man nicht mehr Energie, als ein normaler Fernsehsender verwendet.

Die SETI-Planer haben sich lange Zeit mit ihrer Suche auf sonnenähnliche Sterne konzentriert, doch seit einiger Zeit werden immer mehr erdähnliche Planeten bei Roten Zwergsternen gefunden. SETI-Astronomen nehmen deshalb inzwischen vermehrt diese Sternklasse ins Visier. (Zum Thema Rote Zwergsterne steht in Kapitel 11 mehr.)

Angenommen, es gibt tatsächlich Aliens und sie senden Signale aus. Würden wir ein solches »Hallo« erkennen? Astronomen erwarten nicht, irgendeine spezielle Nummernkombination wie die Zahl *Pi* zu empfangen, sondern sie machen es sich einfacher und suchen nach sogenannten Schmalbandsignalen.

Ein Schmalbandsignal erscheint bei einer einzigen Frequenz des Radiospektrums, so wie Sie es von Ihrem Lieblingsradiosender kennen. Nur künstliche Radiosender erzeugen solche Signale. Auch Quasare, Pulsare und andere natürliche Quellen senden Radiowellen aus, doch deren Signale sind über das gesamte Spektrum verstreut. Schmalbandsignale sind der Beweis für einen künstlichen Sender. Und künstliche Sender sind der Beweis für Intelligenz. Man braucht Intelligenz (und einen Lötkolben), um einen Radiosender zu bauen.

Außerdem muss das Signal wiederholt empfangen werden. Wenn die Astronomen ihr Teleskop immer wieder auf die gleiche Stelle richten und sich das Signal wieder zeigt, ist das ein weiterer Hinweis auf einen echten Sender. Erscheint es dagegen nur ein einziges Mal, kann es sich auch um eine Interferenz durch einen Satelliten im Erdorbit, einen Softwarefehler oder den Scherz eines Kollegen gehandelt haben.

In den folgenden Abschnitten befasse ich mich mit verschiedenen SETI-Projekten und zeige Ihnen, wie Sie sich daran beteiligen können.

Das Phoenix-Projekt

Das Projekt Phoenix war zwischen 1995 und 2004 aktiv. Es nutzte verschiedene Radioantennen, darunter die 300-Meter-Schüssel in Arecibo (Puerto Rico, siehe Abbildung 14-2), um damit gezielt 750 Sterne auf Radioemissionen abzuhören. Die *gezielte* Suche maximiert die Zeit, während der man den Ort einer möglichen Zivilisation abhört. Natürlich ist all diese Zeit vergebens, wenn man falsch liegt und um den betreffenden Stern gar kein Planet mit einer kommunizierenden Zivilisation kreist. Vielleicht ist es also besser, so viele Sterne wie möglich gleichzeitig abzuhören, wenn auch nicht jeden einzelnen Stern so intensiv wie bei der gezielten Suche. Es sind eben zwei verschiedene Herangehensweisen, und wir werden nicht wissen, welche die bessere ist, bis eine von ihnen tatsächlich etwas findet.

Phoenix suchte (wie viele andere SETI-Experimente auch) im Mikrowellenkanal des Radiospektrums. Mikrowellen können nicht nur Essen aufwärmen, sondern sind auch die ideale »Ruffrequenz«, wenn es um interstellare Kommunikation geht. Aus zwei Gründen:

✔ Im Mikrowellenbereich gibt es nur wenige Störquellen, ein Signal lässt sich daher leichter aufspüren. Das weiß sicher auch E.T.

✔ Es gibt ein natürliches Signal in der Mikrowellenregion, die Strahlung von Wasserstoffgas bei 1,420 MHz. Jeder außerirdische Radioastronom sollte das wissen. Es ist daher ideal, ein Signal nahe dieser Frequenz auszustrahlen, will man die Aufmerksamkeit einer anderen Zivilisation erregen.

Abbildung 14.2: Das gewaltige Arecibo-Teleskop in Puerto Rico, das auch für das Phoenix-Projekt verwendet wurde.

Aber natürlich weiß niemand, auf was für Ideen unsere möglichen außerirdischen Astronomenkollegen kommen könnten. Die Phoenix-Wissenschaftler haben daher mehrere Millionen möglicher Wellenlängen durchprobiert.

Am Ende hatte Phoenix kein Signal gefunden, das von einer außerirdischen Intelligenz stammen könnte. Immerhin lernten die Wissenschaftler durch ihre Erfahrungen mit Phoenix, leistungsfähigere Instrumente zu bauen, wie zum Beispiel das Allen Telescope Array (siehe nächsten Abschnitt).

Die Suche geht weiter: Andere SETI-Programme

Heute suchen gleich mehrere Projekte nach unseren außerirdischen Nachbarn:

✔ Das *Breakthrough Listen*-Projekt wurde 2015 gestartet und soll mit dem 100-Meter-Teleskop in Green Bank (USA) sowie dem 64-Meter-Parkes-Teleskop (Australien) zehn Jahre lang nach außerirdischer Radiokommunikation suchen. (Beide Teleskope werden in Kapitel 2 beschrieben.) Das Ziel ist, mehr als eine Million Sterne der Milchstraße abzuhören, mit einem besonderen Augenmerk auf die nähere Umgebung der Sonne. Auch andere Galaxien stehen auf dem Suchprogramm, wenngleich die Chance, aus so großer Entfernung künstliche Signale zu empfangen, äußerst klein ist. Auf der Website des Berkeley SETI Research Center (`seti.berkeley.edu`) kann man nachsehen, wie es um das Projekt steht.

✔ Der Automated Planet Finder (APF) des Lick-Observatoriums auf dem Mount Hamilton in Kalifornien ist ein robotisches Teleskop, das nach Exoplaneten sucht. (Mehr zum »Wie« der Exoplanetensuche im Abschnitt »Die Entdeckung fremder Welten« weiter unten in diesem Kapitel.) Das *Breakthrough Listen*-Projekt nutzt den APF aber auch, um nach Lasersignalen außerirdischer Intelligenzen zu suchen. Vielleicht bevorzugen manche Aliens ja Laserblitze gegenüber der altbewährten Radiokommunikation.

✔ Das *SETI-Institut* in Kalifornien beobachtet 20.000 Rote Zwergsterne, um Ausschau nach möglichen Radiosignalen von eventuellen Planeten zu halten, die um die Sterne kreisen könnten. (Über Rote Zwerge berichte ich in Kapitel 11; um ihre neue Bedeutung in Sachen außerirdisches Leben geht es im Abschnitt »Die Entdeckung ferner Welten« weiter unten in diesem Kapitel.) Zu diesem Zweck nutzt man das Allen Telescope Array (ATA), ein Netzwerk aus 42 Antennenschüsseln (jede von ihnen etwa sechs Meter im Durchmesser) im Norden Kaliforniens. Die aktuelle Beobachtung des ATA können Sie auf der Webseite setiquest.info nachsehen. Dort erfahren Sie, welchen Stern das ATA gerade abhorcht, finden Bilder des Netzwerks und erfahren, ob die Beobachtungsbedingungen gerade gut sind oder ob es Radiointerferenzen gibt.

✔ Das Projekt Astropulse von der University of California in Berkeley sucht speziell nach außerirdischen Signalen in Form ultraschneller Radiopulse. Solche extrem schnellen Pulse sind teilweise nur eine Mikrosekunde (ein Millionstel einer Sekunde) lang. Auch Pulsare und andere natürliche Quellen können solche Pulse erzeugen, weswegen Astronomen lernen müssen, zwischen diesen natürlichen und eventuellen künstlichen ultraschnellen Pulsen zu unterscheiden. Das Projekt nutzt das 300-Meter-Radioteleskop Arecibo in Puerto Rico (siehe Abbildung 14-2).

✔ Das Projekt *Search for Extraterrestrial Radio Emissions from Nearby Developed Intelligent Populations (SERENDIP)* – auf Deutsch etwa: *Suche nach Radioemissionen naher entwickelter intelligenter Populationen* – verwendet das Arecibo- und das Green Bank-Teleskop sozusagen im »Huckepackmodus«: Es analysiert die Daten, die das Teleskop praktisch ständig sammelt, egal in welche Richtung es gerade blickt. Auf diese Weise können die SETI-Forscher das Teleskop nutzen, auch wenn andere Kollegen gerade Pulsare, Quasare oder ähnliche Objekte beobachten, die auf keiner anderen SETI-Beobachtungsliste stehen. Natürlich könnten die lautesten Aliens auf einem Planeten hocken, der nur von der Südhalbkugel der Erde aus zu sehen ist. Deshalb gibt es auch ein *SERENDIP-Süd*, das vom SETI-Zentrum an der Universität von West-Australien betrieben wird. Es nutzt das Parkes-Radioteleskop, ebenfalls im Huckepackmodus.

✔ *FAST*, das *Five-hundred-meter Aperture Spherical radio Teleskope* in der Provinz Guizhou, China, dürfte bald eines der wichtigsten Instrumente für die SETI-Suche werden. Es ähnelt der Arecibo-Schüssel, ist aber viel größer (rund 520 Meter, von denen bei einer Beobachtung nur 300 Meter genutzt werden). Ein Flugzeugträger würde in diese in eine natürliche Geländemulde gebaute Schüssel passen und hätte sogar noch Platz zu allen Seiten! Sie erfahren mehr auf der Webseite fast.bao.ac.cn/en/ FAST.html.

Heiße Ziele für SETI

Die SETI-Suche konzentriert sich nicht nur auf zufällig ausgewählte Sterne, sondern auch auf solche, von denen man weiß, dass sie Planeten haben (siehe auch den Abschnitt »Die Entdeckung ferner Welten« weiter unten). Schließlich gehen wir davon aus, dass außerirdische Zivilisationen, so wie wir auch, auf Planeten leben. Die besten Kandidaten sind Planeten, die wie unsere Erde eine feste Oberfläche besitzen, auf denen Temperaturen herrschen, bei denen sich flüssiges Wasser halten kann. Der Kepler-Satellit der NASA hat etliche solcher Welten gefunden.

Andere Exoplaneten wurden von Teleskopen auf dem Erdboden entdeckt, zum Beispiel von den 60-cm-TRAPPIST-Teleskopen, von denen eines in Chile und ein zweites in Marokko steht. »TRAPPIST« steht für *Transiting Planets and Planetesimals Small Telescope*, soll aber auch an die berühmten Trappistenbiere aus Belgien erinnern, denn schließlich wird das Projekt von der Universität Lüttich geleitet. Auf `www.trappist.uliege.be` erfahren Sie mehr über das Projekt.

Bei der Suche nach E.T. mitmachen

Die Wissenschaftler des Projekts SETI@home suchen gezielt Leute wie Sie. Genauer, sie benötigen Ihren Computer, wenn er gerade nichts anderes zu tun hat.

SETI@home verteilt den Datenstrom der verschiedenen Radioteleskope auf die Computer von Leuten wie Ihnen. Wenn Sie bei SETI@home mitmachen, bekommt Ihr Rechner automatisch kleine Datenbrocken zugeteilt, die er analysiert, wenn er eingeschaltet ist, aber gerade nichts zu tun hat.

Wenn Sie mitmachen wollen, gehen Sie auf die Website `setiathome.berkeley.edu` und folgen der Anleitung dort. Sie laden eine Software auf Ihren Rechner, der sich nach der Installation immer dann, wenn er gerade an einem Datenknochen nagt, mit einem schicken SETI-Bildschirmschoner meldet. Ab und an verbindet er sich mit einem Server der Universität in Berkeley, um ein bearbeitetes Datenpaket zurückzuschicken.

In den ersten zehn Jahren von SETI@home haben so mehr als fünf Millionen Menschen weltweit ungenutzte Computerzeit gespendet. Manchmal meldeten einige ihrer Rechner verdächtige Signale, die dann von den SETI-Forschern eingehend untersucht wurden. Bis jetzt war allerdings kein Anruf von E.T. dabei. Was bedeutet, dass Ihr Rechner derjenige sein kann, der das entscheidende Signal entdeckt, wenn sich unsere kosmischen Freunde doch mal melden. Gefällt mir, diese Aussicht.

Die Entdeckung ferner Welten

Exoplaneten (manchmal auch *extrasolare Planeten* genannt) sind Planeten, die sich um andere Sterne als unsere Sonne bewegen. Es ist noch gar nicht so lange her, dass die erste dieser fernen Welten bei einem sonnenähnlichen Stern entdeckt wurde – im Jahr 1995 war das.

Seither hat man immer mehr gefunden. Heute überschreitet die Zahl der bekannten Exoplaneten die der Planeten unseres Sonnensystems bei Weitem. Am 11. April 2020 enthielt die Extrasolar Planet Encyclopedia 4.248 Planeten in 3.144 Planetensystemen. Dazu kommt noch eine große Zahl bislang unbestätigter Exoplanetenkandidaten (also Planeten, deren Existenz noch nicht 100 Prozent sicher ist, einige werden sich sicher noch als Messfehler herausstellen). Unter einem Planetensystem versteht man alle Planeten um einen bestimmten Stern. »Sonnensystem« ist der Name unseres Planetensystems. Sie können die Enzyklopädie der Exoplaneten selbst aufrufen, und zwar unter exoplanets.eu/catalog.

In diesem Abschnitt beschreibe ich zunächst, wie sich unsere Vorstellungen über Exoplaneten im Laufe der Zeit geändert haben, und erkläre Ihnen anschließend, mit welchen Methoden die Astronomen heute Planeten bei fernen Sternen aufspüren. Ich beschreibe die wichtigsten Typen von Exoplaneten und gebe jeweils typische Beispiele an. Schließlich beschreibe ich das Forschungsgebiet der Astrobiologie, die sich mit der Möglichkeit von Leben auf diesen fremden Welten beschäftigt.

Die Vorstellung von Exoplaneten im Wandel der Zeit

Über Jahrhunderte haben Wissenschaftler und Gelehrte spekuliert, ob es Planeten auch bei fernen Sternen gibt. Da sie bis vor Kurzem keine Hinweise darauf hatten, glaubten viele nicht so recht daran. Einer, der keine Zweifel hatte, war Giordano Bruno, ein italienischer Philosoph der Renaissance. Er behauptete, dass die Sterne nichts anderes als ferne Sonnen seien, und das lange bevor diese Tatsache allgemein anerkannt war. Bruno vertrat außerdem die These, dass diese Sonnen Planeten haben und dass diese bewohnt sein können. Das war nur eine von seinen unpopulären Meinungen (er hielt auch nichts von manchen Lehren der katholischen Kirche und war als Magier bekannt). Giordano Bruno wurde verurteilt und im Jahr 1600 auf dem Scheiterhaufen verbrannt.

Noch lange nach Bruno – und bis weit ins 20. Jahrhundert hinein – bezweifelten viele Astronomen die Existenz von Exoplaneten oder waren der Meinung, dass es nicht viele geben könne. Sie glaubten, dass die Planeten unseres Sonnensystems bei der Beinahekollision der Sonne mit einem anderen Stern entstanden seien. Dabei hätten Gezeitenkräfte des anderen Sterns Gas aus der Sonne herausgerissen, aus diesem Gas seien dann die Planeten entstanden. Ein solches Ereignis wäre natürlich extrem selten, denn die Sterne sind normalerweise Lichtjahre voneinander entfernt. Seltene Beinahekollisionen als Entstehungsmechanismus würden zu extrem wenigen Exoplaneten führen (falls überhaupt).

Winston Churchill, ein Exoplaneten-Visionär

Ein berühmter Nicht-Wissenschaftler, der an Planeten bei anderen Sternen außer der Sonne glaubte, war Winston Churchill. Im Jahr 1939 schloss er aus logischen Überlegungen, dass die Sonne und die lebensfreundliche Erde nicht einzigartig sein sollten, und dass Planeten sich auch auf andere Weise bilden könnten, als sich es die Astronomen zu dieser Zeit vorstellten. Er argumentierte auch, dass einige dieser Planeten genau den richtigen Abstand zu ihrem Stern haben müssten, um zumindest theoretisch Leben auf ihnen zu ermöglichen. Churchills Gedanken verdienen es, in einem astronomischen Lehrbuch erwähnt zu werden, doch sie wurden seinerzeit kaum beachtet und bald vergessen.

Die Dinge änderten sich erst in den 1990er-Jahren, als Astronomen mit dem Hubble-Weltraumteleskop und anderen Teleskopen Scheiben aus Gas und Staub um junge, neu entstandene Sterne entdeckten. Diese Staubwolken bieten genau die richtigen Bedingungen für die Entstehung von Planeten. Planeten sind also ein normales Beiprodukt der Sternentstehung und bilden sich nicht nur bei extrem seltenen Kollisionen. Sie sollten dementsprechend bei fast allen Sternen zu finden sein. Doch noch fehlte den Astronomen die Entdeckung eines Exoplaneten, um ihre Theorie zu belegen.

Über die Jahre behaupteten Astronomen immer mal wieder, Exoplaneten gefunden zu haben. Doch keine dieser Meldungen konnte bestätigt werden. Dann, im Jahr 1992, gelang es Radioastronomen, zwei Planeten bei einem Pulsar zu entdecken (ich beschreibe Pulsare in Kapitel 11). Und nur drei Jahre später gelang den Schweizer Astronomen Michel Mayor und Didier Queloz der erste Nachweis eines Planeten bei einem sonnenähnlichen Stern. Nun ging die Jagd erst richtig los: Mit verbesserten Teleskopen und Instrumenten beteiligten sich immer mehr Astronomen an der Suche nach neuen Welten. Bis zum Februar 2012 hatten die Forscher schon 760 Planeten entdeckt. Dazu kommen rund 2.000 Kandidaten, die noch auf eine Bestätigung warteten. Mit dem Kepler-Satelliten der NASA wurde die Planetenentdeckung geradezu zur Fließbandarbeit. NASA-Experten schätzen inzwischen, dass es rund 100 Milliarden Planeten in unserer Galaxie gibt. Anfang 2020 betrug die Zahl der bestätigten Exoplaneten 4.248, und die Astronomen erwarten, in den kommenden Jahren noch viele weitere zu entdecken.

Wie findet man Exoplaneten?

Exoplaneten sind viel leuchtschwächer als ihre Sterne, sodass man sie im Sternenglanz fast nie direkt ausmachen kann. Astronomen suchen daher nach verräterischen Hinweisen im Sternlicht selbst, die auf die Existenz eines oder mehrerer Planeten hindeuten.

Planeten verraten sich vor allem durch die folgenden Effekte:

✔ **Periodisches Taumeln des Sterns:** Wenn sich ein Stern periodisch hin und her (beziehungsweise vor und zurück) bewegt, hat er einen Begleiter. Die Schwerkraft zwingt diesen Begleiter und den Stern selbst, sich um ihr gemeinsames Schwerezentrum zu bewegen, so wie bei einem Doppelstern (mehr zu Doppelsternen in Kapitel 11). Ist der Begleiter unsichtbar, muss es sich um ein kleines, lichtschwaches Objekt handeln – einen Planeten. Astronomen haben viele Exoplaneten mit dieser »Taumelmethode« gefunden, indem sie das Spektrum des Sterns beobachten: Das Taumeln verrät sich durch den Dopplereffekt der Spektrallinien (mehr zum Dopplereffekt ebenfalls in Kapitel 11).

Der Automated Planet Finder am Lick-Observatorium (den ich im Abschnitt »Die Suche geht weiter: Andere SETI-Programme« weiter oben beschreibe), nutzt diese Taumelmethode (von Wissenschaftlern *Radialgeschwindigkeitsmethode* genannt). Sie ist so empfindlich, dass sie ein Sterntaumeln von ein bis zwei Metern pro Sekunde entdecken kann, was in etwa der Gehgeschwindigkeit eines Menschen entspricht. Bei einem bestimmten Abstand von seinem Stern ist das Sterntaumeln, das ein Planet verursacht, umso kleiner, je kleiner (also masseärmer) der Planet ist. Je kleiner das Sterntaumeln ist, das Sie messen können, desto kleinere Planeten können Sie prinzipiell damit entdecken.

✔ **Periodisches »Abblenden« des Sterns:** Überwacht man sehr sorgfältig die Helligkeit eines Sterns, beobachtet man manchmal, wie der Stern in regelmäßigen Abständen immer um den gleichen Betrag leuchtschwächer wird, um kurz darauf zu seiner normalen Helligkeit zurückzukehren. Diese kurzzeitige »Dimmung« kann durch einen Planeten hervorgerufen werden, der vor dem Stern vorbeizieht – so wie Merkur, der immer mal wieder vor der Sonne vorbeiwandert (siehe Kapitel 6). Ihr Ausmaß verrät den Astronomen etwas über die Größe des Planeten im Vergleich zu seinem Stern (je stärker die Dimmung, desto größer der Planet). Der zeitliche Abstand zwischen zwei Verdunklungen ist genau so lang, wie der Planet für einen Umlauf braucht (das Exoplanetenjahr). Kepler und der französische CoRoT-Satellit haben eine Vielzahl von Exoplaneten mit dieser Transitmethode gefunden; einige von ihnen habe ich in Tabelle 14.1 aufgelistet. (CoRoT arbeitete von 2006 bis 2012; Kepler wurde 2009 gestartet und nach über 2.600 entdeckten Exoplaneten und mehreren Missionsverlängerungen am 30. Oktober 2018 endgültig stillgelegt.)

Die TRAPPIST-Teleskope in Chile und Marokko (siehe »Heiße Ziele für SETI«) und andere Teleskope auf der Erde entdecken Exoplaneten mit der Transitmethode. Im Jahr 2018 wurden auch zwei neue Weltraummissionen gestartet: Der Transiting Exoplanet Survey Satellite (TESS) der NASA sucht wie Kepler nach Exoplaneten mit der Transitmethode, legt den Fokus aber mehr auf Sterne, die dem Sonnensystem relativ nah sind. CHEOPS (Characterising Exoplanet Satellite), ein Satellit der ESA, untersucht mit der Transitmethode gezielt Sterne, bei denen man mit der oben beschriebenen Taumel- oder Radialgeschwindigkeitsmethode bereits Planeten gefunden hat. Die Idee ist, dass man über Planeten, die man mit beiden Methoden »sehen« kann, wesentlich mehr Details herausfinden kann, etwa ihre genaue Masse und Größe.

✔ **Plötzlicher Anstieg der Sternhelligkeit, gefolgt von (oder nach) einem weiteren, flüchtigen Helligkeitsanstieg:** Einige Astronomen beobachten mit ihren Teleskopen mehrere Tausend Sterne auf einmal und warten auf plötzliche ungewöhnliche Ereignisse – etwa einen rapiden Anstieg der Helligkeit eines Sterns, gefolgt von einem langsamen Abflauen über Wochen und Monate, bis der Stern wieder »normal« leuchtet. In diesen Wochen könnte der Stern ein weiteres Mal heller werden, eventuell nur für einige Stunden, vielleicht Tage. Diese Helligkeitsschwankungen sind das Resultat eines Effekts namens Mikrolensing (in Kapitel 11 erkläre ich, was das genau ist). Kurz gesagt, wird die Helligkeit des Sterns von der Gravitation eines lichtschwachen Vordergrundsterns verstärkt, der an dem weiter entfernten Stern vorbeizieht. Hat dieser Stern Planeten, verursachen sie schwächere Helligkeitsanstiege vor oder nach dem Hauptmaximum.

Mit der Mikrolinsenmethode hat das *Optical Gravitational Lensing Experiment* (OGLE) mindestens sechs Exoplaneten entdeckt. Das Projekt wird von der Universität Warschau betrieben und nutzt ein 1,3-Meter-Teleskop auf dem Las-Campanas-Observatorium in Chile. Da das Teleskop sehr viele Sterne gleichzeitig überwacht, gehen ihm auch manchmal Exoplanetentransits ins Netz, und OGLE hat bereits 33 von ihnen gefunden. Dabei ist das eigentliche Ziel von OGLE die Suche nach Dunkler Materie (die ich in Kapitel 15 behandle).

Planet	Masse	Größe	Dauer eines Umlaufs (»Jahr«)	Abstand zur Erde	Bemerkungen
PLS 1719-14b	1 M_J	0,4 D_E	2,2 Stunden	3900 Lichtjahre	Pulsarplanet, »Diamantenplanet«
Kepler 138b	0,07 M_E	0,6 D_E	10 Tage	220 Lichtjahre	Exoerde
Kepler 20b	9,7 M_E	1,9 D_E	3,7 Tage	950 Lichtjahre	sehr massereiche Supererde
GJ 1214b	6,6 M_E	2,7 D_E	1,6 Tage	47 Lichtjahre	Mini-Neptun
55 Cancri	8,3 M_E	2,0 D_E	18 Stunden	40 Lichtjahre	felsige Supererde, möglicherweise vulkanisch
J 1407b	20 M_J	?	10 Jahre	430 Lichtjahre	massereicher Jupiter
CoRoT-9b	0,8 M_J	0,9 D_J	95 Tage	1.500 Lichtjahre	typischer Jupiter
WISE 0855-0714	6 M_J	?	–	7 Lichtjahre	interstellarer Einzelgänger
Kepler 16b	0,3 M_J	0,8 D_J	229 Tage	200 Lichtjahre	Tatooine-Planet, umkreist 2 kühle Zwergsterne
WASP-17b	0,5 M_J	2,0 D_J	3,7 Tage	1000 Lichtjahre	heißer Jupiter, umkreist seinen Stern »falsch herum«
Gliese 436b	22 M_E	4 D_E	2,6 Tage	33 Lichtjahre	heißer Neptun mit gigantischem Gasschweif
TRAPPIST-1f	0,7 M_E	1,0 D_E	9,2 Tage	39 Lichtjahre	»Goldlöckchen-Exoerde«

Tabelle 14.1: Bemerkenswerte Exoplaneten

Die Masse der in Tabelle 14.1 aufgelisteten Planeten ist entweder in Einheiten der Erdmasse M_E oder der Jupitermasse M_J angegeben, ihre Größe in Erddurchmessern (D_E) beziehungsweise Jupiterdurchmessern (D_J). Ein »?« bedeutet, dass die entsprechende Größe unbekannt ist. Die Länge des »Jahrs« eines Planeten ist in Erdstunden, Erdtagen oder Erdjahren angegeben. Einige der in der Spalte »Bemerkungen« verwendeten Begriffe (zum Beispiel Exoerde) beschreibe ich im folgenden Abschnitt.

Die allermeisten Planeten wurden durch die drei oben beschriebenen Methoden (Sterntaumeln, Transit oder Mikrolensing) gefunden. Einige wenige haben Astronomen mit den folgenden Methoden entdeckt:

✔ **Direkte Bildgebung:** Manchmal finden Astronomen Exoplaneten, die nicht im Glanz ihrer Sterne untergehen. Diese Planeten zeigen sich als schwache Lichtpünktchen auf teleskopischen Fotos. Fotografiert man diese mehrmals in zeitlichem Abstand, kann man feststellen, ob sich die Lichtpunkte tatsächlich wie Planeten mit dem Stern bewegen oder ob es sich nur um schwache Hintergrundobjekte handelt. Der Gemini Planet Imager (GPI) ist eine Infrarotkamera mit Spektrograf, die am 8-Meter-Gemini-Süd-Teleskop auf dem Berg Cerro Pachón in Chile installiert ist. Sie sucht nach jungen Exoplaneten von der Größe des Jupiters, die immer noch Wärme aus ihrem Entstehungsprozess aussenden. Im Jahr 2015 fand der GPI einen solchen Planeten, 51 Eridani b.

Astronomen arbeiten an verbesserten Instrumenten für die direkte Bildgebung. Ein solches entsteht an einem der vier 8,2-Meter-Spiegelteleskopen des Very Large Telescope (VLT) der Europäischen Südsternwarte ESO, ebenfalls in Chile. Wissenschaftler verbessern dazu ein bestehendes Instrument, um damit nach Planeten bei den Sternen Alpha Centauri A (Rigil Kentaurus) und Alpha Centauri B zu suchen, zwei der drei sonnennächsten Nachbarsternen. Unterstützt wird das Unterfangen durch eine adaptive Optik, die die Turbulenz der Luft kompensiert und so für schärfere Bilder sorgt und einen Koronographen. Ein Koronograph blockiert das grelle Licht eines Sterns und ermöglicht es so, schwache Objekte in seiner unmittelbaren Umgebung abzubilden. Ein ähnliches Instrument soll an dem zukünftigen größten Teleskop der Welt, dem Extremely Large Telescope (ELT) der ESO zum Einsatz kommen. Bilder vom Very Large Telescope finden Sie auf der Webseite https://www.eso.org/public/germany/teles-instr/paranal-observatory/vlt/.

✔ **Pulsartiming:** Radioastronomen messen die Ankunftszeiten der Radiopulse, die von Pulsaren ausgesendet werden. Pulsare sind »Sternleichen«; Details zu Pulsaren finden Sie in Kapitel 11. Normalerweise erreichen uns diese Pulse in exakt gleichen Zeitintervallen. In seltenen Fällen ändert sich die Pulsfrequenz – in einem regelmäßigen Muster kommen die Pulse mal etwas früher, mal etwas verspätet an. Dieses Muster verrät uns, dass der Pulsar eine Taumelbewegung ausführt – wiederum durch die Gravitationswirkung eines Planeten. Ist der Pulsar in seinem Taumel etwas näher an der Erde, erreichen uns die Radiopulse früher, da sie eine etwas kürzere Strecke zurücklegen müssen. Ist der Pulsar etwas weiter entfernt, verspäten sich die Pulse. Die meisten Exoplaneten wurden mit ihren Sternen gemeinsam geboren, Pulsarplaneten bildeten sich aber wahrscheinlich erst, nachdem der Vorläuferstern des Pulsars als Supernova explodiert ist. Planeten bei Pulsaren sind extrem selten, dennoch war der erste entdeckte Exoplanet ein Pulsarplanet.

Exoplaneten aus der Nähe

Mit Sicherheit haben die Astronomen noch längst nicht alle Typen von Exoplaneten gefunden – einige sind schlicht zu klein oder zu selten, um mit den bisher zur Verfügung stehenden Beobachtungsmethoden sichtbar zu sein. Dennoch fallen einige sehr interessante Typen von Planeten auf, einige davon sind geradezu exotisch im Vergleich zu den Planeten unseres eigenen Sonnensystems.

Die bisher identifizierten Typen von Exoplaneten sind:

✔ **Kohlenstoffplanet:** Das sind felsige Welten, die aus wesentlich mehr Kohlenstoff und weniger aus Silikaten und Wasser (falls überhaupt) bestehen als unsere Erde. Ihre Oberfläche ist wahrscheinlich hauptsächlich aus Grafit aufgebaut (diesen Stoff kennen Sie als »Blei« einer Bleistiftmine), im Innern kommt der Kohlenstoff auch in Form von Diamant vor (deshalb spricht man auch von »Diamantplaneten«).

✔ **Exoerde (oder einfach: Erde):** Das sind Planeten mit ungefähr der gleichen Größe und Masse wie unsere Erde.

✔ **Supererde:** Dieser Name bezeichnet Planeten, die größer und massereicher sind als die Erde, aber weniger groß sind als etwa Neptun. Supererden enthalten etwa das Doppelte bis das Zehnfache der Erdmasse. Es kann sich um einen felsigen Planeten, einen eisigen Gasplaneten wie eine kleinere Ausgabe des Uranus, einen Kohlestoffplaneten oder um eine Wasserwelt (siehe weiter hinten in dieser Liste) handeln.

✔ **»Goldlöckchenplanet«:** Das sind Erden oder felsige Supererden, die sich genau in der habitablen Zone ihrer Sterne befinden, also in genau dem richtigen Abstand, sodass Wasser auf ihrer Oberfläche in flüssiger Form existieren kann. Ein Goldlöckchenplanet ist also weit genug von seinem Stern entfernt, dass das Wasser auf seiner Oberfläche nicht wegkocht, aber noch nahe genug, dass es nicht zu Eis gefriert. Manche felsigen Planeten mit dichter Atmosphäre mögen sich zwar in der habitablen Zone aufhalten, sind aber aufgrund des Treibhauseffekts so stark aufgeheizt, dass kein flüssiges Wasser auf ihnen existieren kann. Das trifft etwa auf die Venus zu (siehe Kapitel 6).

✔ **Heißer Jupiter:** Ein Planet von der Größe des Jupiters (siehe Kapitel 8), der seiner Sonne sehr nahe steht. Viele heiße Jupiter umkreisen ihre Sterne weit enger als Merkur die Sonne. Sie finden eine künstlerische Darstellung eines heißen Jupiters in Abbildung 14.3.

✔ **Jupiter:** Ein jupitergroßer Planet, der seinen Stern in ausreichend großem Abstand umkreist, dass er wie unser Jupiter »kühl« ist. Erstaunlicherweise haben die Astronomen bislang viel mehr heiße Jupiter als »normale« gefunden. Auch ein Jupiter, der sich weiter weg von seinem Stern befindet, kann heißer sein als »unser« Jupiter, wenn er jünger und noch nicht so stark ausgekühlt ist.

✔ **Interstellarer Einzelgänger:** Ein Planet, der keinen Stern umkreist. Ein Einzelgänger kann entweder aus einem Planetensystem herausgeschleudert worden oder von vornherein alleine, also ohne Stern aus einer Gas- und Staubwolke entstanden sein.

✔ **Tatooine-Planet:** Das ist ein Planet, der ein Doppelsternsystem umkreist und daher zwei Sonnen hat. Der Name stammt von dem fiktionalen Planeten Tatooine aus den *Star Wars*-Filmen – ein Wüstenplanet mit zwei Sonnen, auf dem Luke Skywalker aufwächst.

✔ **Gezeitenvenus:** Eine Exoerde, die – obwohl sie sich innerhalb der habitablen Zone ihres Sterns befindet – zu heiß ist, um flüssiges Wasser zu beherbergen. Unsere Venus ist so heiß, weil ihre dichte Atmosphäre sie aufheizt; eine Gezeitenvenus erhält ihre Wärme durch Gezeitenkräfte ihres Sterns, die ihr felsiges Inneres aufheizen.

✔ **Wasserwelt:** Eine zu großen Teilen aus Wasser bestehende Supererde. Unsere Erde ist ein felsiger Planet, dessen Oberfläche mit Ozeanen bedeckt ist – eine Wasserwelt aber besteht zu 50 Prozent oder mehr aus Wasser, ohne Möglichkeit, irgendwo ein Boot anzudocken.

✔ **Retrograder Planet:** Ein Exoplanet, der seinen Stern in entgegengesetzter Richtung zur Drehrichtung des Sterns umkreist. Im Sonnensystem kreisen alle Planeten in prograder Richtung, also in gleicher Richtung wie die Drehrichtung der Sonne (gegen den Uhrzeigersinn, gesehen von einem Punkt über dem Nordpol der Sonne).

In Tabelle 14.1 sind einige typische Beispiele aufgelistet. Die meisten Planeten umkreisen ihre Sterne nicht allein, sondern gemeinsam mit anderen – wie auch die acht Planeten unseres Sonnensystems gemeinsam um die Sonne kreisen.

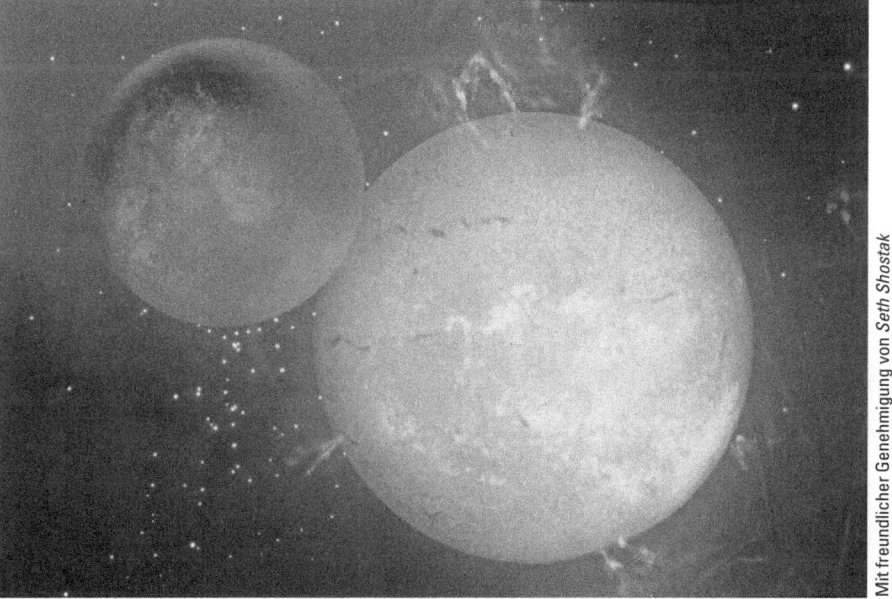

Mit freundlicher Genehmigung von *Seth Shostak*

Abbildung 14.3: Eine künstlerische Darstellung des heißen Jupiters, der den Stern 51 Pegasi umkreist

Im Proxima-Fieber

Die Meldung im August 2016, dass ein Exoplanet den Roten Zwergstern Proxima Centauri umkreist, hat Astronomen und Weltraumenthusiasten aller Art begeistert. Und zwar aus guten Gründen:

✔ Proxima Centauri (oder auch Proxima Cen) ist der unserem Sonnensystem nächstgelegene Stern, er ist nur 4,24 Lichtjahre entfernt.

✔ Der Planet, Proxima b genannt, ist wahrscheinlich erdähnlich, er ist mindestens 30 Prozent schwerer als die Erde.

✔ Proxima b kreist in der habitablen Zone seines Sterns, also in dem Abstandsbereich von Proxima Cen, in dem Wasser in flüssiger Form auf der Planetenoberfläche existieren kann.

Mit anderen Worten: Proxima b könnte ein erdähnlicher Planet mit Bedingungen sein, die Leben auf seiner Oberfläche zulassen. Die Betonung liegt auf *könnte*, und zwar aus folgenden Gründen:

✔ Proxima b kreist zwar in der habitablen Zone, doch befindet er sich in einem Abstand zu seinem Stern, der nur fünf Prozent des Abstands Erde-Sonne entspricht. Ein Umlauf oder ein »Jahr« auf Proxima b dauert dementsprechend nur 11,2 Erdtage, und das bedeutet, dass der Planet sehr wahrscheinlich immer die gleiche Seite in Richtung Stern wendet. Die gegenüberliegende Seite zeigt im Umkehrschluss immer vom Stern weg. (Das ist genau wie bei unserem Mond, der immer die gleiche Seite zur Erde zeigt, wie ich in Kapitel 5 beschreibe.)

✔ Proxima Cen ist ein Flarestern (siehe Kapitel 11) mit Ausbrüchen, die energiereicher sind als die der Sonne. Er erzeugt Sternflecken und andere stellare Aktivität in einem 7-Jahres-Zyklus (ähnlich dem 22-jährigen Sonnenzyklus, siehe Kapitel 10).

✔ Berechnungen zeigen, dass Proxima Cen einen Partikelwind aussendet, der dem Sonnenwind ähnelt, aber erheblich energiereicher ist (siehe Kapitel 10).

✔ Falls Proxima bs Masse nur etwas größer ist als 1,3 Erdmassen (so genau weiß man es nämlich noch nicht), könnte er gar kein felsiger Planet, sondern ein Gasplanet sein, eine kleinere Version des Neptuns vielleicht (in Kapitel 9 finden Sie alles über Neptun).

Summa summarum könnte es auf Proxima b aussehen wie in einem der folgenden Szenarien:

✔ Der Planet könnte eine milde, gastfreundliche Welt mit Temperaturen zwischen 26 und 32 Grad Celsius, jeder Menge Wasser für mögliches Leben (so es denn existiert) und einer vor der gefährlichen UV- und Röntgenstrahlung des Sterns schützenden Atmosphäre sein. Die Atmosphäre könnte die Wärme der immer dem Stern zugewandten Seite auf die stets im Dunklen liegende Rückseite transportieren. Ein Magnetfeld könnte den Planeten vor dem starken Sternwind schützen und verhindern, dass dieser die Atmosphäre des Planeten einfach fortbläst (wie die Magnetosphäre der Erde uns schützt, erkläre ich in Kapitel 5).

✔ Er könnte aber genauso gut wie der Mars eine felsige Welt ohne flüssiges Wasser und nur einer dünnen Atmosphäre sein (siehe Kapitel 6).

✔ Eine weitere Möglichkeit: Proxima b könnte schrecklich heiß wie die Venus sein, mit einer dichten Atmosphäre, in der es zu einem starken Treibhauseffekt gekommen ist (siehe Kapitel 6).

✔ Und schließlich ist auch eine Gaswelt mögliche, eine Art Mini-Neptun. (Ich beschreibe den Neptun in Kapitel 9; im Sonnensystem gibt es keinen Mini-Neptun, doch Astronomen haben solche Planeten bereits bei anderen Sternen der Milchstraße gefunden.)

Welches von diesen Szenarien zutrifft, ist nicht gerade einfach herauszufinden. Würde der Planet aus Sicht der Erde periodisch vor seinem Stern vorbeiziehen (also Transits vollführen, wie ich sie im Abschnitt »Wie findet man Exoplaneten?« erkläre), könnte man aus der Messung des dabei abgeblockten Sternlichts die genaue Größe und Masse des Planeten ermitteln und daraus seine Dichte berechnen. Daraus könnte man dann genauer sagen, ob er felsig oder gasförmig ist. Leider haben die Astronomen trotz intensiver Suche keine Planetentransits von Proxima b gefunden, und mittlerweile sind sie sicher, dass sein Orbit ihn aus unserer Sicht nicht vor seinem Stern vorbeiführt.

Dafür fanden Astronomen (mit der Radialgeschwindigkeitsmethode) im Jahr 2019 Hinweise auf einen zweiten Planeten. Dessen Existenz ist bei der Drucklegung dieses Buchs noch nicht gesichert, sollte er aber existieren, wäre er mindestens sechsmal schwerer als die Erde und umkreise den Stern in einem weiten Orbit, mit einer Umlaufperiode von 5,2 Jahren. Damit wäre »Proxima c«, so er denn existiert, definitiv zu weit weg von Proxima Cen und zu kalt für Leben.

Ein anderer Weg, Proxima Centauri und sein Planetensystem zu erforschen, wäre, eine Raumsonde zu Alpha Centauri zu schicken (Proxima ist sehr wahrscheinlich Teil des Alpha-Centauri-Sternsystems, auf jeden Fall sehr nah dran). Wie im ersten Abschnitt dieses Kapitels bemerkt, wäre eine unserer heutigen Raketen rund 1.000 Jahre dorthin unterwegs, und niemand würde so lange warten wollen. Wesentlich schnellere Wege für die interstellare Raumfahrt sind aber in der Entwicklung.

Neue Wege für die interstellare Raumfahrt

Eine neue Initiative namens *Breakthrough Starshot* will eine neue Art des interstellaren Reisens entwickeln und damit Sonden nach Proxima b schicken, und zwar mit einer Reisezeit von nur 20 Jahren. (Das Geld kommt von einem Milliardär namens Yuri Milner, der auch das im Abschnitt »Die Suche geht weiter: andere SETI-Programme« beschriebene Projekt *Breakthough Listen* finanziert.) Tut mir leid, mitfliegen können Sie leider nicht. Jede einzelne Raumsonde soll nur aus einem Mikrochip von vielleicht zwei, drei Zentimetern Größe bestehen, etwa so groß wie der in Ihrem Smartphone. Die Chips sollen Fotos machen können und vielleicht sogar ihre wissenschaftlichen Messungen zurück zur Erde schicken.

Mit einer konventionellen Rakete sollen die Chips in den Weltraum gebracht werden. An jedem einzelnen soll ein mehrere Meter großes und extrem leichtes »Lichtsegel« befestigt sein, das aus einem extrem reflektierenden Material besteht, das erst noch erfunden werden muss. Dann werden leistungsfähige Laserstrahlen auf die Segel gerichtet, die die Sonden auf 20 Prozent der Lichtgeschwindigkeit (etwa 60.000 Kilometer pro Sekunde) beschleunigen. Die Laser würden nach einer Weile abgeschaltet, und die Sonden flögen mit dieser fantastischen Geschwindigkeit alleine weiter.

Viele revolutionäre Technologien müssen noch erfunden werden, damit Starshot funktionieren kann. Immerhin haben einige der klügsten Köpfe ihre Mitarbeit zugesagt. Es soll 20 Jahre bis zum Start dauern, 20 Jahre bis zu Proxima, und noch mal etwas mehr als vier Jahre, bis die ersten Bilder von Proxima auf der Erde eintreffen. Ich hoffe, dass einige der jüngeren Leser dieses Buchs im Jahr 2061 noch da sind! Manch einer glaubt, dass es eher 50 bis 60 Jahre dauern wird, bis alle technischen Hürden überwunden sind und Starshot starten kann.

Erdähnliche Planeten bei TRAPPIST-1?

Vor nicht langer Zeit ließ ein anderer Roter Zwergstern mit Planeten die Astronomen aufhorchen. Der Stern TRAPPIST-1 ist uns nicht so nah wie Proxima (seine Distanz beträgt 39 Lichtjahre statt 4,24), doch er besitzt gleich sieben erdgroße Planeten, von denen mehrere flüssiges Wasser auf ihrer Oberfläche haben könnten! Einen von Ihnen habe ich in die Tabelle 14-1 aufgenommen.

Als Frank Drake das moderne SETI-Programm anstieß, konzentrierten sich er und andere Experten auf sonnenähnliche Sterne, schließlich waren die einzigen seinerzeit bekannten Planeten die der Sonne, und das einzige bekannte Leben (intelligent oder nicht) existierte auf einem von ihnen. Proxima, TRAPPIST-1 und andere Rote Zwerge haben uns aber gezeigt, dass diese Zwergsterne ebenfalls erdgroße Planten besitzen und dass einige davon bewohnbar sein könnten. Astronomen müssen sich also auch mit diesen Sternen beschäftigen.

Wenn es technologisch fortgeschrittene Zivilisationen auf zwei oder mehr Planeten bei TRAPPIST-1 gibt (ich will nicht sagen, dass das wahrscheinlich ist), dann könnten sie einander besuchen, miteinander Handel treiben oder einander bekriegen. Hoffentlich sammeln sie ihre Kräfte nicht für einen Angriff auf die Erde. Ich würde aber nichts davon für bare Münze nehmen, solange wir nicht Kontakt mit ihnen aufgenommen haben, oder sie mit uns. (SETI horcht insbesondere auch in Richtung TRAPPIST-1.)

Exoplaneten sichten – aus Spaß und für die Wissenschaft

Im Internet können Sie sich die Entdeckungen des Satelliten Kepler (`kepler.nasa.gov`) ansehen. Bleiben Sie auf dem neuesten Stand der Exoplanetenentdeckungen, indem Sie regelmäßig den Open Exoplanet Catalogue konsultieren: `www.openexoplanetcatalogue.com`. Eine weitere gute Informationsquelle ist das Exoplanetenarchiv der NASA, Sie finden es unter `exoplanetarchive.ipac.caltech.edu`.

Wenn Sie sich weiter mit der Erforschung der Exoplaneten beschäftigen wollen und einen eigenen Beitrag dazu leisten möchten, treten Sie dem PlanetHunters-Projekt der Yale-Universität und Zooniverse bei. Gehen Sie dazu auf die Website www.planethunters.org. Die Mitglieder dieses Projekts haben eine aktive Rolle bei der Auswertung der Kepler-Daten übernommen.

Astrobiologie: Wie lebt sich's auf anderen Welten?

Die Astrobiologie beschäftigt sich mit der Frage nach Leben auf fremden Welten außerhalb unserer heimeligen Erde. Zumindest einige Exoplaneten müssten geeignete Orte für Leben bieten – das erschließt sich schon aus den Milliarden von Planeten, die es alleine in der Milchstraße geben sollte. Bis jetzt haben die Forscher nur einen winzigen Bruchteil davon entdeckt. Und alle diese Planeten sind Lichtjahre weit weg. Es ist derzeit nicht möglich, Detailbilder von diesen Welten zu fotografieren – erst recht keine Aufnahmen von wandernden Dinosaurierherden über grüne Graslandschaften.

So müssen sich die Astrobiologen mit anderen Methoden beschäftigen, um Leben auf anderen Welten zu erforschen:

✔ Sie studieren zum Beispiel *Extremophile* auf der Erde – also Lebewesen, die an den extremsten Orten unseres Planeten vorkommen. Die Umgebungsbedingungen an diesen Orten sind tödlich für die meisten »normalen« Lebewesen, könnten aber genau den Bedingungen entsprechen, die auf einem fremden Planeten herrschen.

✔ Sie untersuchen nahe gelegene Himmelskörper in unserem Sonnensystem mithilfe von Raumfahrzeugen nach Spuren primitiven Lebens – und seien es nur Spuren früheren Lebens.

Beide Methoden werden von den Forschern heute verwendet, um die Möglichkeit von Leben im All zu erforschen. Ich beschreibe sie in den folgenden Abschnitten.

Extremophile – Leben auf die harte Tour

Die meisten der Extremophilen sind Mikroorganismen, etwa Bakterien, aber auch einige Pflanzen können in der extremen Kälte der Antarktis bis etwa −40 Grad Celsius überleben. Wenn Mikroorganismen extreme Kälte mögen, nennt man sie *kryophil*. Andere leben in heißem Wasser, in dem jedes andere Lebewesen schlicht zu Tode kochen würde. Solche *hyperthermophilen* Kreaturen leben im 125 Grad Celsius heißen Wasser des Yellowstone-Parks oder in noch heißeren Geysiren am Meeresboden. Diese Temperatur liegt über dem normalen Siedepunkt, weil das Wasser unter sehr hohem Druck steht – es kocht daher nicht.

Manche Wissenschaftler vermuten, dass das Leben auf der Erde nahe solcher Tiefseegeysire entstanden sein könnte. Die ältesten Fossilien, die man gefunden hat, ähneln nämlich den Strukturen, die von hyperthermophilen Bakterien gebildet werden.

Die Hypothermophilen, die wir auf der Erde kennen, könnten dennoch nicht auf der Venus überleben, wo die Temperatur sogar 460 Grad Celsius erreicht. Auf anderen Exoplaneten gibt es aber bestimmt ein paar angenehmer temperierte Ecken, in denen sich solche Lebewesen rundum wohlfühlen könnten.

Als Gärtner müssen Sie darauf achten, dass Ihr Boden weder zu sauer noch zu alkalisch wird – beides ist letztlich tödlich für normale Pflanzen. Aber es gibt auch Extremophile, die es gerade sauer oder alkalisch mögen, sogenannte *Acidophile* und *Alkalophile*. Setzen Sie einen Fisch im Toten Meer aus, stirbt er (das Tote Meer trägt seinen Namen zu Recht). Für einige *halophile* Bakterien aber kann das salzige Wasser durchaus recht süß sein.

Es gibt auch Bakterien, die in winzigen Poren in Felsgestein leben – drei Kilometer unter der Erdoberfläche. Diese Bakterien erhalten ihre Energie nicht von der Sonne, stattdessen nutzen sie chemische Energie aus ihrer unmittelbaren Umgebung. Eine Spezies, die man tief unter der Erde in einer Mine gefunden hat, nutzt sogar die radioaktive Zerfallsenergie von im Fels enthaltenen Uran. *Barophile* leben tief im Ozean, wo der Wasserdruck den atmosphärischen Normaldruck um das Tausendfache übertrifft. Sogar in den Wolken über Ihnen haben Wissenschaftler Bakterien entdeckt, und in manchen Höhlen gibt es Mikroorganismen, die keiner bekannten Bakterienart ähneln.

Extremophile lehren uns eine wichtige Erkenntnis: Das Leben ist opportunistisch. Es kann an Orten überstehen – und womöglich auch entstehen –, die für uns Menschen absolut lebensfeindlich sind. Und was auf der Erde möglich ist, kann auch auf anderen Planeten passieren. Dabei gehen wir davon aus, dass sich das Leben dort genau so entwickelt wie auf der Erde. Angenommen, es gäbe dort Lebensformen, deren Stoffwechsel nicht auf Kohlenstoff, sondern auf einem anderen Element basiert – dann sind noch viel mehr exotische Kreaturen vorstellbar.

Auf der Suche nach Leben im Sonnensystem

Leben auf anderen Himmelskörpern nachzuweisen, ist keine einfache Aufgabe. Aber wer nicht wagt, der nicht gewinnt. Folgende Planeten und Monde sind aus Sicht der Astronomen geeignete Kandidaten für primitives Leben im Sonnensystem (außerhalb der Erde):

✔ Mars

✔ Europa, ein Jupitermond

✔ Titan und Enceladus, Monde des Saturns

Die unendliche Suche nach den Marsmenschen

Wie ich in Kapitel 6 beschreibe, wurde die Behauptung, im Marsgestein gäbe es mikroskopische Fossilien, von Wissenschaftlern untersucht und bestritten. Astronomen, die den Mars mit Teleskopen beobachten, registrieren manchmal Ausstöße von Methangas auf dem Roten Planeten. Dieses Gas könnte von Bakterien stammen (auf der Erde gibt es manche Bakterien, die Methan produzieren, andere »fressen« es). Wie auf der Erde könnte das Methan aber genauso gut aus geologischen Prozessen, etwa aus Vulkanen stammen. Raumsonden haben auf dem Mars Gebiete entdeckt, die wie ausgetrocknete Flussbetten und alte Meeresböden aussehen. Robotfahrzeuge auf dem Mars fanden Minerale, die unter Einfluss von Wasser entstanden sein können. Manche Ein großer Teil des Mars verfügt über einen Permafrostboden. Unter diesem ewig gefrorenen Boden müsste es wärmer sein, dort könnte auch flüssiges Wasser existieren. Vielleicht leben dort auch heute noch Mikroben, unerreichbar für die Schäufelchen der Marsrover.

Die neueste Marsmission der NASA ist das Mars Science Laboratory. Es setzte 2012 einen Rover namens *Curiosity* auf dem Roten Planeten ab, dessen Hauptaufgabe es ist, herauszufinden, ob der Mars in ferner Vergangenheit einmal mikrobiologisches Leben beherbergt hat (oder es vielleicht heute noch tut). An einem Ort namens Yellowknife Bay, wo fließendes Wasser einst Schutt und Sedimente hinterlassen hat, hat Curiosity Folgendes gefunden:

✔ Lehmböden, die von manchen Wissenschaftlern als ideal zur Bildung von Leben betrachtet werden,

✔ einen pH-Wert, der ebenfalls für Leben geeignet ist, und

✔ immerhin einige lebensnotwendige Chemikalien, etwa Nitrate.

Mit freundlicher Genehmigung von NASA/JPL-Caltech

Abbildung 14.4: Der Marsrover Curiosity erkundet Yellowknive Bay auf dem Mars.

Curiosity registriert auch immer mal wieder Methan auf dem Mars, aber bislang ist unklar, woher dieses Gas stammt. Persönlich denke ich, dass auf der Marsoberfläche einmal die richtigen Bedingungen für Leben geherrscht haben, vielleicht vor etwa vier Milliarden Jahren. Aber es gibt bislang keinen Beweis dafür, dass tatsächlich dort einmal etwas gelebt hat.

Europa, wir kennen dich kaum

Europa ist ein felsiger Jupitermond, dessen komplette Oberfläche von einem Eispanzer überzogen ist. Unter diesem Panzer gibt es einen Ozean aus flüssigem Wasser. Wissenschaftler glauben, dass in diesem Ozean mikrobiologisches Leben existieren könnte. Das Problem: Der Eispanzer ist wahrscheinlich 16 Kilometer dick. Selbst wenn die NASA oder eine andere Organisation das Geld für eine Mission zum Europa aufbringen könnte, fehlten uns derzeit die technischen Fähigkeiten, eine Sonde durch dieses Eis zu bohren. Allerdings besteht die Möglichkeit, dass manchmal Wasser aus der Tiefe an die Oberfläche gelangt und dort gefriert. Eine Landesonde könnte untersuchen, ob dieses Wasser Spuren von primitivem Leben enthält.

Titan – eine urzeitliche Erde?

Titan ist der größte Mond des Saturns, größer als der Erdmond und der einzige Mond mit einer dichten Atmosphäre. Er ähnelt daher eher einem kleinen Planeten als einem Mond (siehe Kapitel 8). Er besitzt außerdem große Seen aus flüssigen Kohlenwasserstoffen. Astronomen glauben, dass Titan der sehr jungen Erde ähnelt, der Urerde zu einer Zeit, in der Sauerstoff noch kein nennenswerter Bestandteil ihrer Atmosphäre war. Wenn also auf der Erde Leben entstand, könnte das auch auf Titan passieren. Titan ist allerdings viel kälter als unsere Erde, doch in seiner Tiefe gibt es einen unterirdischen Wasserozean. Manche Experten halten es für möglich, dass es völlig andersgeartete Lebensformen in diesen Kohlenwasserstoffseen geben könnte. Sie untersuchen deshalb das nächste Analogon zu diesen Seen, das sie auf der Erde finden können, den La-Brea-Pechsee, auf der Karibikinsel Trinidad (mehr zu Titan in Kapitel 8).

Enceladus – der Fontänenmond

Enceladus, ein eisiger Saturnmond, enthält ebenfalls Wasser unter seiner Oberfläche, zumindest in einem großen Reservoir unter seinem Südpol. Anders als bei Europa ist es nicht unter einem dicken Eispanzer verborgen, sondern befindet sich direkt unter einer dünnen Gesteinsschicht. An manchen Stellen schießt es in Fontänen aus dem Mond heraus und gefriert augenblicklich. Eine Landesonde hätte es recht einfach, das austretende Wasser auf Spuren von Leben zu untersuchen.

Mit freundlicher Genehmigung von NASA/JPL-Caltech/Space Science Institute

Abbildung 14.5: Wasser schießt aus Fontänen am Südpol des Monds Enceladus.

Exomonde und Leben

Auch Exoplaneten haben sicherlich Monde – eine weitere Möglichkeit für außerirdisches Leben. Astronomen sind auch auf der Suche nach Monden um fremde Planeten, auch wenn diese Aufgabe noch schwieriger ist als die Suche nach Exoplaneten selbst. Astronomen wollen schon einige Exomonde gefunden haben, doch bislang gilt keine dieser Entdeckungen als gesichert. Wenn ein Exoplanet in der habitablen Zone zu heiß für flüssiges Wasser ist (etwa weil seine Atmosphäre wie die der Venus zu dick ist), könnte sein Mond dennoch Leben beherbergen.

Dr. Seth Shostak, Astronom am SETI-Institut in Mountain View im US-Bundesstaat Kalifornien, verfasste dieses Kapitel in früheren Auflagen des Buchs Astronomie für Dummies. *Der Autor Stephen P. Maran überarbeitete es für die vorliegende Auflage. Alle in diesem Kapitel genannten Meinungen sind die des Autors.*

Kapitel 15

Keine Science-Fiction: Dunkle Materie und Antimaterie

S terne und Galaxien sind das, was Sie am Nachthimmel leuchten sehen – doch diese glitzernden Juwelen machen nur einen winzigen Teil der Materie im Kosmos aus. Es gibt noch mehr im Universum, als unsere Augen sehen können – *sehr* viel mehr.

Dieses Kapitel führt Sie in das Konzept der Dunklen Materie ein, zeigt Ihnen, welche Hinweise es auf die Existenz dieses merkwürdigen Stoffs gibt und mit welchen Methoden und Experimenten Astronomen und Physiker versuchen, die Dunkle Materie zu enträtseln. Dazu diskutiere ich noch einen anderen nicht minder exotischen Stoff: Antimaterie. Jawohl – Antimaterie gibt es wirklich, und das Zeug ist im echten Leben kein bisschen weniger interessant als in Science-Fiction-Büchern.

Dunkle Materie – der universelle Klebstoff des Kosmos

Schon in den 1930er-Jahren hatten Astronomen bemerkt, dass der größte Teil der Materie im Kosmos weder Licht aussendet, noch reflektiert, noch absorbiert.

Dieses unsichtbare Material, Dunkle Materie genannt, dient als universeller Klebstoff: Es verhindert, dass die Sterne der schnell rotierenden Spiralgalaxien auseinanderfliegen, und sorgt dafür, dass sich die Galaxien zu stabilen Galaxienhaufen zusammenfinden können. Die Dunkle Materie ist wohl auch dafür verantwortlich, dass unser Universum heute so aussieht, wie es aussieht: wie ein gigantisches Netzwerk aus geisterhaften Filamenten aus Superhaufen und riesigen Leerräumen dazwischen (siehe Kapitel 12).

Astronomen haben herausgefunden, dass 85 Prozent der Materie im Kosmos Dunkle Materie ist. Ein bemerkenswerter Gedanke: Das, was Sie in Ihrem Fernglas oder Teleskop leuchten sehen, ist nur ein winziger Bruchteil von dem, was es dort draußen gibt. Um einen nautischen Vergleich zu bemühen: Wenn die Galaxien der Schaum auf den Wellen sind, dann ist die Dunkle Materie der gewaltige Ozean, auf dem er treibt.

Hinweise auf die Dunkle Materie

Der erste Hinweis auf die Existenz der Dunklen Materie tauchte im Jahr 1933 auf. Als der Astronom Fritz Zwicky vom California Institute of Technology die Bewegungen der Galaxien in einem großen Galaxienhaufen in Richtung des Sternbilds Coma Berenices untersuchte, fiel ihm auf, dass einige ungewöhnlich schnell sind. Sie bewegen sich sogar so schnell, dass die sichtbare Materie der Galaxien den Haufen unmöglich mit ihrer Schwerkraft zusammenhalten kann – zumindest nicht nach den Gesetzen der Physik. Und doch bleibt der Haufen stabil. (Der Coma-Haufen ist etwa 320 Millionen Lichtjahre von der Erde entfernt. In Kapitel 12 erfahren Sie mehr über Galaxienhaufen.)

Zwicky schloss, dass eine Art unsichtbare, „dunkle" Materie zwischen den Galaxien verteilt sein müsse, die die fehlende Gravitation bereitstellt.

Viele Wissenschaftler erkennen eine neue Entdeckung, vor allem wenn sie von einer Einzelperson oder einem einzelnen Team verkündet wird, zunächst nicht an. Sie verlangen nach unabhängigen Beweisen von anderen Forschern. So ist es nicht verwunderlich, dass das Konzept der Dunklen Materie in den folgenden Jahrzehnten keine Schlagzeilen machte. Die meisten Astronomen ignorierten Zwickys Arbeit oder dachten, dass sich die Notwendigkeit von unsichtbarer Materie nach einer genaueren Untersuchung des Galaxienhaufens schon in Luft auflösen werde.

Doch in den 1970er-Jahren fanden Astronomen weitere Hinweise auf die Existenz dieser unsichtbaren Substanz. Sie befand sich offenbar nicht nur zwischen den Galaxien eines Galaxienhaufens, sondern auch in den einzelnen Galaxien selbst. Die folgenden Abschnitte enthalten die wesentlichen Hinweise auf die Existenz der Dunklen Materie.

Dunkle Materie lässt Sterne schneller kreisen

Vera Rubin und Kent Ford von der Carnegie Institution of Washington untersuchten die Bewegungen von Hunderten von Sternen in Spiralgalaxien mit einem neuen, leistungsfähigen Spektrografen, als sie eine Entdeckung machten, die wie ein Schlag ins Gesicht der konventionellen Physik war. (Ein Spektrograf ist ein Instrument, der das Licht eines Sterns oder einer anderen Lichtquelle in die einzelnen Farben oder Wellenlängen aufspaltet.) Eine typische Spiralgalaxie ähnelt einem Spiegelei: Der Großteil ihrer Sterne und Gaswolken konzentriert sich im Dotter (bei Galaxien »Bauch« oder englisch »bulge« genannt; mehr dazu in Kapitel 12). Aufnahmen von Spiralgalaxien zeigen deutlich, dass die Dichte der sichtbaren Materie in den Spiralarmen nach außen stark abnimmt.

Die Astronomen nahmen an, dass die Sterne das Zentrum der Spiralgalaxie in gleicher Weise umlaufen wie die Planeten des Sonnensystems die Sonne: Die nämlich gehorchen

Newtons Gravitationsgesetz, das dafür sorgt, dass sich die inneren Planeten stets schneller um die Sonne bewegen als die äußeren. Die Umlaufgeschwindigkeit von Merkur ist größer als die der Venus, die wiederum schneller kreist als die Erde und so weiter. Dementsprechend sollten sich auch die Sterne nahe des Zentrums einer Spiralgalaxie schneller bewegen als die in ihren Außenbereichen. Das war aber nicht das, was Rubin und Ford beobachteten.

In jeder der von ihnen untersuchten Galaxien bewegten sich die äußeren Sterne genauso schnell wie die inneren. Wenn in den Außenbereichen aber so wenig Materie vorhanden war, wie schafften es diese Sterne, so schnell um das Zentrum zu kreisen, ohne davonzufliegen? Sie sollten mit ihren hohen Geschwindigkeiten der Anziehungskraft der Galaxie leicht entkommen können. Rubin hatte schon in einer früheren Untersuchung ähnliche Hinweise gefunden, doch viele Astronomen mussten noch überzeugt werden (mehr zum Thema Fluchtgeschwindigkeit in Kapitel 13).

Nachdem die Ergebnisse von Rubin und Ford bekannt geworden waren, schlossen viele Astronomen, dass die *sichtbare Materie* – also das, was Teleskope an leuchtenden Sternen und Gaswolken zeigten – nur einen kleinen Anteil an der Gesamtmasse einer Spiralgalaxie hat.

Jäger der Dunklen Materie

Anfänglich bezweifelten die meisten Astronomen, dass die Dunkle Materie, die Fritz Zwicky und Vera Rubin „gefunden" hatten, wirklich existiert. Das hat sich mittlerweile geändert. Sowohl Zwicky als auch Rubin sind inzwischen verstorben, Zwicky im Jahr 1974 und Rubin 2016. Zwicky forschte auch über Supernovas (er erfand sogar den Begriff „Supernova") sowie über die kosmische Strahlung. Rubin lieferte viele Beiträge zu unserem heutigen Verständnis der Galaxien und half als Wissenschaftlerin, die selbst unter der Diskriminierung von Frauen in der Wissenschaft zu leiden hatte, später vielen jungen Astronominnen als Mentorin und Vorbild. Sie wurde zu einer Führungsfigur in der Kampagne für die Gleichstellung der Frau in der Astronomie. Nach ihrem Tod kursierte eine Petition, die dazu aufrief, ihr für ihre Beiträge zur Entdeckung der Dunklen Materie den Nobelpreis für Physik zu verleihen. Doch dieser wird posthum grundsätzlich nicht verliehen, und zu Lebzeiten hat man sie nicht berücksichtigt.

Kent Ford entwickelte den elektronischen Sensor oder die »Bildröhre« des Spektrografen, den Rubin und er für ihre Entdeckung nutzen. Der Spektrograf ist im National Air und Space Museum in Washington D.C. ausgestellt, falls Sie einmal dort sind.

Die sichtbare Materie mag im zentralen Bauch der Galaxie konzentriert sein, die unsichtbare aber muss bis weit in die Außenbereiche verteilt sein. Man geht davon aus, dass jede Galaxie von einem Halo aus Dunkler Materie umgeben ist. Um die Sterne so schnell kreisen zu lassen, wie man beobachtet, muss die Dunkle Materie die sichtbare um den Faktor 10 an Masse übertreffen. Auch andere Galaxientypen, zum Beispiel elliptische Systeme, haben solche Dunkle-Materie-Halos. Zwerggalaxien (die verschiedenen Galaxientypen beschreibe ich in Kapitel 12) haben sogar einen noch höheren Dunkle-Materie-Anteil als große Galaxien.

Die Milchstraße, genauer die spiralförmige Scheibe aus Sternen, misst etwa 100.000 Lichtjahre im Durchmesser. Ihr Halo aus Dunkler Materie ist aber viel größer, er ist eine Sphäre mit einem Durchmesser von mindestens 600.000 Lichtjahren. Alle Zwerggalaxien in der Umgebung der Milchstraße, inklusive der beiden Magellanschen Wolken (Abstand 163.000 bzw. 200.000 Lichtjahre) liegen innerhalb des Halos. (Ich beschreibe diese Galaxien in Kapitel 12.)

Seit den 1990er-Jahren beobachten Astronomen dank auf Satelliten wie ROSAT oder Chandra stationierten Röntgenteleskopen Galaxienhaufen auch im Licht der Röntgenstrahlen. Sie fanden in und um die Galaxienhaufen herum riesige Gebiete, die im Röntgenlicht hell leuchten. Dieses Leuchten stammt von einem dünnen, sehr heißen, zwischen den Galaxien des Haufens verteilten Gas. Der von dem Gas gefüllte Raum ist so groß, dass das Gas, so dünn es verteilt sein mag, mehr Masse hat als alle Galaxien des Haufens zusammen.

Das heiße Gas würde aus dem Galaxienhaufen hinausexpandieren, würde es nicht durch die Gravitation der Dunklen Materie daran gehindert. Die Masse der Dunklen Materie übertrifft wiederum die des Gases plus die der Galaxien. Heute wissen wir also, dass Fritz Zwicky im Jahr 1933 recht hatte, als er behauptete, dass die Galaxienhaufen mit einer unsichtbaren Materie angefüllt sein müssen.

Die Dunkle Materie und der Gravitationslinseneffekt

Die Dunkle Materie verrät sich auch durch den Gravitationslinseneffekt, also die Ablenkung von Licht durch große Massen. Der Effekt wurde von Albert Einsteins Allgemeiner Relativitätstheorie vorausgesagt. Astronomen beobachten ihn, wenn

✔ sie zwei oder mehr Quasare finden, die sich als verschiedene Abbilder ein und desselben Objekts herausstellen, dessen Licht auf verschiedene Wege gelenkt wird,

✔ sie einen Lichtring (genannt Einstein-Ring) oder Teile eines solchen Rings entdecken. Ein Einstein-Ring entsteht, wenn das Licht ferner Quasare von einer großen Masse im Vordergrund verzerrt wird. Diese Masse ist üblicherweise die Dunkle Materie in einem Galaxienhaufen (die sichtbare Materie reicht nicht aus für einen solch starken Effekt),

✔ sie seltsame Verformungen bei mehreren Galaxien in einem ausgedehnten Raumbereich finden. Damit meine ich die Tendenz der Galaxienbilder, sich in ganz bestimmter Weise auszurichten. Dieser Effekt stammt nicht von einer einzelnen großen Masse, sondern ergibt sich aus dem kumulativen Zusammenspiel vieler kleiner Massen zwischen uns und dem Galaxienhaufen. Astronomen sprechen von *weak lensing* – also dem »schwachen« Gravitationslinseneffekt.

Mit anderen Worten: Wenn man nur weit genug ins Universum schaut, ist nichts genau so, wie es scheint; alles ist zumindest leicht verzerrt (durch weak lensing) und manchmal sogar sehr stark, etwa wenn ein Quasar statt als Punkt als Einstein-Ring erscheint. Alles ist letztlich krumm und verbogen, dank des Gravitationslinseneffekts und der Dunklen Materie.

Dunkle Materie formt das Universum

Kosmologen (das sind die, die sich mit der großräumigen Struktur und der Entstehung des Universums beschäftigen) weisen darauf hin, dass die Dunkle Materie eines der größten Rätsel ihrer Disziplin löst: Wie konnte sich das Universum aus der völlig gleichmäßigen Ursuppe aus Elementarteilchen nach dem Urknall (siehe Kapitel 16) zu seinem heutigen Erscheinungsbild aus Galaxien und Galaxienhaufen entwickeln?

Auch wenn seit dem Urknall über 13 Milliarden Jahre vergangen sein mögen – die Wissenschaftler halten es für unmöglich, dass sich die sichtbare Materie in dieser Zeit ohne äußeres Zutun zu den »klumpigen« Strukturen zusammenballen konnte, die wir heute beobachten.

Zur Lösung dieses kosmologischen Rätsels schlagen Experten einen Stoff namens *kalte Dunkle Materie* vor, die sich langsamer bewegt und daher schneller zu dichteren Strukturen kollabiert als die normale, sichtbare Materie. Die sichtbare Materie folgte der dunklen und bildete Sterne und Galaxien dort, wo sich die Dunkle Materie zuvor verdichtet hatte. Diese Theorie erklärt, warum jede Galaxie von einem Halo aus Dunkler Materie umhüllt ist.

Stimmt diese Theorie? Sie stimmt zumindest mit einer Reihe von beobachteten Fakten überein. Aber es gibt auch Widersprüche. Sie prognostiziert zum Beispiel, dass unsere Milchstraße (wie jede große Galaxie) von vielen kleinen Zwerggalaxien umgeben sein sollte, doch Astronomen konnten nur wenige finden. Die Theorie mag noch der Überarbeitung bedürfen, oder wir kennen die Eigenschaften der Dunklen Materie noch nicht gut genug. Oder aber es gibt diese Satellitengalaxien, nur sind sie so leuchtschwach, dass wir sie bisher noch nicht finden konnten.

Es ist auch möglich, dass diese Satellitengalaxien im Laufe der Zeit von unserer Milchstraße absorbiert wurden – so wie die Sagittarius-Zwerggalaxie oder die Canis-Major-Zwerggalaxie, die beide gerade von der Milchstraße »gefressen« werden (wie ich in Kapitel 12 näher beschreibe).

Dunkle Materie und die kritische Dichte

Die Astronomen haben noch einen weiteren Grund, an die Existenz der Dunklen Materie zu glauben: Das Universum sieht in jeder Richtung auffallend gleich aus. Diese Tatsache spricht dafür, dass es genau die richtige Materiedichte hat, die *kritische Dichte* (ich erkläre das in Kapitel 16). Die sichtbare Materie im Kosmos reicht bei Weitem nicht aus, um die kritische Dichte zu erreichen. Die Dunkle Materie muss den Löwenanteil übernehmen.

Die Frage der Fragen: Woraus besteht die Dunkel Materie?

Okay, die Astronomen haben also jede Menge Hinweise, dass es die Dunkle Materie gibt. Aber woraus besteht das Zeug denn nun?

Einfach gesagt gibt es zwei mögliche Arten Dunkler Materie: baryonische Dunkle Materie und exotische Dunkle Materie.

Baryonische Dunkle Materie

Ein Teil der Dunklen Materie könnte aus dem gleichen Material bestehen, aus dem auch die Sonne, Planeten und Menschen aufgebaut sind. Diese Materie besteht demnach aus Baryonen – einer Sorte von Elementarteilchen, zu denen auch die Protonen und Neutronen gehören, aus denen sämtliche Atomkerne bestehen. Das aber wäre nicht die kalte Dunkle Materie, von der weiter oben die Rede war.

Unter baryonischer Dunkler Materie wird all das zusammengefasst, was aus normalen Atomen aufgebaut, in der Regel aber unsichtbar ist, etwa Asteroiden, Braune Zwerge und Weiße Zwerge (die Zwerge beschreibe ich in Kapitel 11 näher). Ja, Astronomen können Asteroiden in unserem Sonnensystem sowie Braune und Weiße Zwerge in der Sonnenumgebung der Milchstraße aufspüren. Weit draußen im galaktischen Halo sind solche Objekte aber mit heutigem Equipment nicht erkennbar. Solche hypothetischen Objekte im galaktischen Halo werden als MACHOs bezeichnet. Die Abkürzung steht für den englischen Begriff *massive compact halo objects*, auf Deutsch etwa: *massive, kompakte Haloobjekte*. MACHOs könnten einer Theorie zufolge zu den Dunkle-Materie-Halos beitragen, von denen die Galaxien umgeben sind (mehr zur Suche nach MACHOs in unserer Galaxie später in diesem Kapitel). Aber wir haben bislang viel zu wenige davon finden können, um die Masse des dunklen Milchstraßenhalos zu erklären. Sie sind deshalb wohl auch nicht die Dunkle Materie in den Halos anderer Galaxien. Ich glaube, dass die Theorie, dass MACHOs die Dunkle Materie erklären können, wahrscheinlich falsch ist.

Exotische Dunkle Materie

Alternativ könnte die Dunkle Materie auch aus exotischen subatomischen Teilchen bestehen, die den Baryonen kaum oder gar nicht ähnlich sind. Ein solches Teilchen ist das *Neutrino*. Von dem weiß man immerhin, dass es existiert (in Kapitel 10 erfahren Sie mehr über Neutrinos). Physiker haben noch andere Vorschläge für Dunkle-Materie-Teilchen: Sie nennen sie *Axionen*, *Photinos*, *Squarks* oder *Neutralinos*. All diese Teilchen existieren bislang aber nur in den Träumen der Forscher, ob es sie überhaupt gibt, weiß niemand. Eine ganze Armada von Experimenten sucht nach diesen Teilchen, gefunden wurde bislang kein einziges. Zwar behaupten einzelne Experimente immer mal wieder einen erfolgreichen Fang, bislang aber ohne den Rest der Forschergemeinde zu überzeugen. Was die Dunkle Materie angeht, tappen wir also noch ganz schön im Dunkeln.

Kurz nach dem Urknall war das Universum wahrscheinlich von einem regelrechten Zoo exotischer Partikel angefüllt, und einige dieser Teilchen könnten noch heute existieren. Eines davon wäre das Axion, eine Art Schwarzes Loch in Miniaturform, 100-mal leichter als das Elektron. Obwohl sie Federgewichte wären, könnten genügend dieser Axionen (falls es sie denn gibt) einen Beitrag zur Dunklen Materie liefern. Vor gar nicht langer Zeit haben die Physiker herausgefunden, dass das Neutrino – ein real existierendes Teilchen – tatsächlich eine kleine Masse besitzt (zuvor dachten sie, es wäre masselos). Auch Neutrinos können also einen Teil zur Dunklen Materie beitragen.

Es gibt auch schwerere Kandidaten für die exotische Dunkle Materie. Einige mögen zehnmal so schwer sein wie das Proton, aber auch sie würden nur dann einen signifikanten Beitrag zur Dunklen Materie liefern, wenn sie in großer Anzahl vorkommen. Dazu zählen die noch zu entdeckenden Partnerteilchen zu bekannten subatomischen Partikeln wie das Quark oder das Photon. Physiker nennen diese hypothetischen Teilchen Squarks und Photinos. An Theorien für diese Teilchen mangelt es nicht, ebenso wenig wie an ausgefallenen Namen. Die Wissenschaftler fassen sie kollektiv unter dem Begriff *weakly interacting massive particle*, kurz WIMP, zusammen (auf Deutsch etwa: *schwach wechselwirkendes, massereiches Teilchen*); mehr dazu weiter hinten in diesem Kapitel.

Ein Schuss ins Dunkle – die Suche nach der Dunklen Materie

Verteilt über die ganze Welt planen oder betreiben Physiker eine Vielzahl hochempfindlicher Detektoren, die nach diesen exotischen Teilchen suchen. Manche dieser Maschinen schießen Atomkerne mit gewaltiger Energie aufeinander, um für Sekundenbruchteile den extrem heißen und dichten Zustand des Kosmos kurz nach dem Urknall im Kleinen nachzustellen.

Die Detektoren müssen extrem ausgefeilt sein. Immerhin suchen die Physiker nach Materie, die per Definition unsichtbar ist und die außer über die Gravitation nicht mit normaler Materie in Kontakt tritt.

Die dabei angewandten Methoden sind daher allesamt sehr kompliziert, aber der Versuch, die Dunkle Materie zu verstehen, ist den Aufwand wert. Als dominierende Materieart hat die Dunkle Materie die Vergangenheit unseres Kosmos entscheidend geprägt – und auch die Zukunft des Universums wird wohl von ihr bestimmt.

Die Jagd nach WIMPs und anderen Formen mikroskopischer Dunkler Materie

Die Dunkle Materie wurde von den Astronomen entdeckt: Sie fanden sie in den riesigen Galaxienhaufen im Kosmos. Nun versuchen Physiker im Labor herauszufinden, woraus sie besteht.

Die folgende Liste enthält einige der vielen Experimente, die derzeit nach den Teilchen der Dunklen Materie suchen:

✔ In Untergrundlaboratorien weltweit, abgeschirmt durch Fels und Gestein von der störenden kosmischen Strahlung (superschnelle Partikel, die von bekannten astronomischen Quellen ausgehen und permanent die Erde treffen), befinden sich große Detektoren für die Dunkle-Materie-Suche. Während sich die Erde durch die Dunkle-Materie-Wolken der Milchstraße bewegt, sollten einige der Teilchen den Detektor treffen und sich bemerkbar machen.

✔ Einige Satelliten, etwa das Fermi-Gammastrahlungsteleskop der NASA, tragen Detektoren für energiereiche Gammastrahlung aus dem All an Bord. Manchen Theorien zufolge sollten die Dunkle-Materie-Teilchen Gammastrahlung aussenden, wenn sie sich gegenseitig wie Materie und Antimaterie vernichten (siehe weiter hinten in diesem Kapitel). Ein ungewöhnliches Gammastrahlungssignal könnte daher ein Hinweis auf diese Annihilationsprozesse der Dunkle-Materie-Partikel sein.

✔ Teleskope auf der Erdoberfläche registrieren kurze Lichtblitze in der Atmosphäre, wenn ein energiereiches Gammateilchen auf die Erde trifft. Auch sie können daher zur Suche nach der Dunklen Materie verwendet werden. Eines der größten dieser erdgebundenen Gammateleskope ist das High Energy Stereoscopic System (H.E.S.S.) in Namibia.

✔ Das Alpha Magnetic Spectrometer (AMS-02) arbeitet an Bord der Internationalen Raumstation. AMS-02 sucht nach einem charakteristischen Signal in der kosmischen Strahlung, das von Neutralinos ausgelöst werden könnte, einem von manchen Theorien vorhergesagten hypothetischen Teilchen. Neutralinos sind gute Kandidaten für die Dunkle Materie. Wenn sie kollidieren, annihilieren sie und senden kosmische Strahlung aus, die AMS-02 registrieren kann.

Der technologische Fortschritt erlaubt den Forschern, auch mit anderen Techniken der Dunklen Materie auf die Spur zu kommen:

✔ Leistungsstarke Teilchenbeschleuniger, allen voran der Large Hadron Collider (LHC) des Cern in Genf, lassen subatomare Teilchen mit hohen Geschwindigkeiten ineinander krachen. Dabei könnten auch Dunkle-Materie-Teilchen entstehen, die sich dann wiederum mit Detektoren im Laboratorium nachweisen lassen müssten.

✔ Unterirdische Neutrinodetektoren (siehe Kapitel 10) lassen sich so weit verbessern, dass sie Präzisionsmessungen des Neutrinoflusses aus dem Zentrum der Sonne durchführen können. Damit ließe sich auch die Theorie, nach der sich im Zentrum der Sonne Dunkle Materie ansammelt, experimentell überprüfen.

Wenn Sie mehr über diese Experimente erfahren wollen, besuchen Sie die folgenden Websites:

✔ **Fermi-Gammateleskop der NASA** (`www.nasa.gov/content/fermi-gamma-ray-space-telescope`): Diese Seite bietet Informationen zu den neuesten Entdeckungen des Gammateleskops.

✔ **Alpha Magnetic Spectrometer (AMS-02)** (`ams.nasa.gov`): Ein Zähler verrät Ihnen unter anderem, wie viele Teilchen der Detektor seit seiner Installation auf der Raumstation im Mai 2011 registriert hat.

✔ **High Energy Stereoscopic System (H.E.S.S.)** (`www.mpi-hd.mpg.de/hfm/HESS`): Lesen Sie sich durch die Entdeckungen des H.E.S.S.-Teleskops.

✔ **Large Hadron Collider (LHC)** (`home.cern/topics/large-hadron-collider`): Diese Seite enthält Informationen zum LHC, der vom europäischen Forschungszentrum Cern in Genf betrieben wird.

MACHOs – Dunkle Materie als Hellmacher

MACHOs sind viel größer als WIMPs, was es leichter macht, sie aufzuspüren. Die von Astronomen bevorzugte Nachweismethode basiert auf einer bemerkenswerten Konsequenz von Einsteins Allgemeiner Relativitätstheorie: Masse verbiegt Raum und Zeit und zwingt eigentlich gerade Lichtstrahlen auf gekrümmte Wege (mehr dazu in Kapitel 11). Das führt dazu, dass die Masse eines Objekts (in diesem Fall eines MACHOs), das vor einem weit entfernten Stern vorbeizieht, für einen Beobachter auf der Erde das Licht dieses Sterns kurzzeitig fokussiert und verstärkt – wie eine Linse.

Man spricht daher auch vom Gravitationslinseneffekt, im Falle eines MACHOs aber eher vom Mikrolinseneffekt, denn die Masse eines solchen Objekts ist weitaus kleiner als die einer »ausgewachsenen« Gravitationslinse, etwa einer Galaxie. Der Stern erscheint aufgrund des Mikrolinseneffekts für einen bestimmten Zeitraum heller als normal – je massereicher das MACHO, desto heller der Stern (in Kapitel 11 erfahren Sie mehr über den Mikrolinseneffekt).

Für die Suche nach MACHOs überwachen Astronomen simultan die Helligkeit der Sterne der Großen Magellanschen Wolke, einer der nächsten Nachbargalaxien der Milchstraße. Auf seinem Weg zur Erde muss das Licht dieser Sterne den Halo der Milchstraße passieren. MACHOs im Halo sollten sich also über den Mikrolinseneffekt verraten.

Tatsächlich leuchten von Zeit zu Zeit Sterne in der Großen Magellanschen Wolke kurzzeitig heller auf, so als ob die Masse eines MACHOs ihr Licht durch den Mikrolinseneffekt verstärken würde. Aber das passiert so selten, dass die Zahl der MACHOs (was auch immer sie sein mögen) keinen gewichtigen Anteil der Dunklen Materie im Milchstraßenhalo ausmachen kann. Dasselbe gilt sicherlich für die Halos anderer Galaxien.

Dunkle Materie unter der Gravitationslinse

Astronomen nutzen den Gravitationslinseneffekt auch, um die Dunkle Materie in Galaxien, Galaxienhaufen und sogar noch größeren Regionen zu kartografieren.

Befindet sich ein Galaxienhaufen von der Erde aus gesehen vor einer weiter entfernten Hintergrundgalaxie, krümmt er den Weg des Lichts der fernen Galaxie, das ist der Gravitationslinseneffekt, den ich im Abschnitt oben beschrieben habe. Der Gravitationslinseneffekt erzeugt in diesem Fall eine Reihe von Geisterbildern der Galaxie im irdischen Teleskop.

Mit dem Hubble-Teleskop haben Astronomen eine Reihe von Galaxienhaufen gefunden, in denen die verzerrten Geisterbilder von Hintergrundgalaxien als kurze, helle Bögen erscheinen.

Um ein bestimmtes Bildmuster der Hintergrundgalaxie zu erzeugen, muss die Masse des als Linse fungierenden Galaxienhaufens in einer besonderen Weise verteilt sein. Weil der Löwenanteil dieser Masse von der Dunklen Materie gestellt wird, können die Astronomen so die räumliche Verteilung der Dunklen Materie im Galaxienhaufen ableiten.

Astronomen haben die Theorie der kalten Dunklen Materie (cold dark matter, CDM) einem wichtigen Test unterzogen. Dazu kombinierten sie verschiedene Beobachtungen eines

Galaxienhaufens, und der Gravitationslineneffekt spielte dabei eine wichtige Rolle. Der Galaxienhaufen trägt den Spitznamen „Bullet Cluster" (von „bullet" für Kugel oder Geschoss), und er besteht eigentlich aus zwei Galaxienhaufen, die am Himmel dicht nebeneinanderstehen und offenbar kollidieren und einander durchdringen. Wenn sich zwei Galaxien durchdringen, schlüpfen die meisten Sterne einfach hindurch, ohne mit anderen Sternen zu kollidieren, denn ihre Abstände voneinander sind riesig. Eine Galaxie besteht hauptsächlich aus leerem Raum, trotz der Milliarden von Sternen, die sie enthält. Das Gleiche gilt, wenn Galaxienhaufen miteinander kollidieren: Die einzelnen Galaxien der beiden Haufen bewegen sich relativ ungestört, bis sie sich schließlich auf der anderen Seite des Haufens wiederfinden. Galaxienhaufen enthalten aber oft sehr heißes Gas, das im Röntgenlicht leuchtet, und – natürlich – jede Menge Dunkle Materie.

Eine Kernaussage von CDM ist, dass die Teilchen der Dunklen Materie nur von der Gravitation nennenswert beeinflusst werden, und von keiner anderen Kraft. Der Test der Astronomen funktionierte nun wie folgt:

✔ Bilder im Licht der Röntgenstrahlung zeigten, wo sich nach der Kollision der beiden Galaxienhaufen das heiße Gas befand.

✔ Bilder im visuellen Licht und im Infrarotlicht zeigten, wo sich die Galaxien der beiden Haufen befanden. Sie zeigten auch jede Menge weit entfernter Galaxien, die nicht zu den beiden Haufen gehörten, deren Licht aber von der Dunklen Materie im Bulletcluster „gravitationsgelinst" wird.

Aus diesen Bildern schlossen die Astronomen Folgendes:

✔ Die beiden Galaxienhaufen haben einander infolge der Kollision durchdrungen.

✔ Das heiße Gas, das ursprünglich *in* den beiden Haufen war, befindet sich nun *zwischen* ihnen.

✔ Die Dunkle Materie, die ebenfalls ursprünglich in den Haufen war, hat sich mit den Haufen mitbewegt und befindet sich immer noch in ihnen.

Die Erklärung, die die Astronomen dafür fanden, geht so: Als die Wolken aus heißem Gas miteinander kollidierten, bremsten sie sich gegenseitig durch den sogenannten Staudruck ab. Sie blieben also hinter ihren Galaxienhaufen zurück. Ein Staudruck übt eine bremsende Kraft auf einen Körper aus, der sich durch ein Fluid bewegt (Fluide können flüssig oder gasförmig sein; in diesem Falle ist das Fluid ein heißes, intergalaktisches Gas). Die Dunkle Materie jeder der beiden sich bewegenden Galaxienhaufen blieb jedoch in den Haufen, denn sie wird von Kräften wie Reibung oder dem Staudruck nicht beeinflusst, so wie es die CDM-Theorie verlangt.

Gegensätze ziehen sich an – Antimaterie

Machen Sie sich bereit, eine mindestens ebenso seltsame Materieart kennenzulernen – die Rede ist von der Antimaterie.

Der britische Physiker Paul Dirac prognostizierte die Antimaterie bereits 1929. Er kombinierte dazu die Quantenmechanik, den Elektromagnetismus und die Relativitätstheorie zu einem eleganten Satz mathematischer Gleichungen. (Wenn Sie mehr über seine Theorie erfahren möchten, schlagen Sie sie in einem entsprechenden Lehrbuch nach; das hier ist schließlich kein Physikkurs!)

Dirac fand heraus, dass zu jedem subatomischen Teilchen ein Spiegelteilchen existieren müsse – identisch in seiner Masse, aber elektrisch umgekehrt geladen. Das Proton hat also sein Antiproton, das Elektron sein Antielektron.

Treffen sich ein Teilchen und sein Antiteilchen, dann annihilieren sie – ihre entgegengesetzten elektrischen Ladungen gleichen sich aus, und ihre Masse zerstrahlt zu purer Energie.

Astronomen haben Antiteilchen der Protonen und Elektronen in der kosmischen Strahlung gefunden, die uns aus dem tiefen Weltall erreichen. Das Antielektron wird *Positron* genannt, das Antiproton einfach *Antiproton*. Das Alpha Magnetic Spectrometer (AMS-02) auf der Internationalen Raumstation, das ich weiter vorn in diesem Kapitel bereits erwähnt habe, sucht zum Beispiel nach Antiheliumteilchen, die ebenfalls in der kosmischen Strahlung existieren könnten. Bis zum März 2020, nach fast neun Jahren im All, hat AMS-02 über 155 Milliarden kosmischer Teilchen detektiert, nicht eines davon konnte zweifelsfrei als Antihelium identifiziert werden. Im Labor haben Physiker schon ganze Antiatome hergestellt, genauer: Antiwasserstoff. Und Ärzte nutzen Strahlen aus Antiteilchen, um Krebszellen zu diagnostizieren und zu bekämpfen.

Mehr Erfolg hatten die Physiker mit Antiprotonen: Im Van-Allen-Gürtel der Erde (mehr zum Van-Allen-Gürtel in Kapitel 5) entdeckten Wissenschaftler aus Italien und anderswo im Jahr 2011 mit PAMELA (Payload for Antimatter-Matter Exploration and Light-nuclei Astrophysics), einem Detektor an Bord des russischen Resurs DK1-Satelliten, einen die Erde umrundenden „Gürtel" Antiprotonen.

Gammaastronomen finden regelmäßig einen besonderen Typ von Strahlung, der bei der Vernichtung von Elektronen und Positronen entsteht: die sogenannte *Annihilationsstrahlung* bei einer Energie von 511 Kiloelektronvolt (keV). Diese verräterische Strahlung entsteht an vielen Orten in der Milchstraße, unter anderem in einem ausgedehnten Bereich um das galaktische Zentrum. (Sie finden eine Karte der Annihilationsstrahlung in der Milchstraße, wie sie der europäische INTEGRAL-Satellit gemessen hat, unter der Webadresse `sci.esa.int/integral/45328-integral-maps-the-galaxy-at-511-kev`.)

Auch in einigen sehr energiereichen Sonnenflares hat man Annihilationsstrahlung gefunden (mehr zu Sonnenflares in Kapitel 10).

Das größte Mysterium bezüglich der Antimaterie auf kosmischen Skalen ist die Frage, warum das Universum so viel mehr Materie als Antimaterie enthält. Mehrere Experimente suchen derzeit nach der Antwort. Viele Physiker glauben, dass im Urknall genau gleiche Mengen an Materie und Antimaterie entstanden sind. Trifft das zu, dann sorgte irgendetwas dafür, dass sich diese Balance im Laufe der Zeit zugunsten der Materie änderte. Andererseits könnte das Ungleichgewicht aus Materie und Antimaterie schon immer existiert haben und ganz natürlich sein.

Zumindest haben wir reichlich Zeit, das Problem der fehlenden Antimaterie zu lösen, bevor unser Universum seinem endgültigen Schicksal entgegengeht (mehr dazu im nächsten Kapitel). Alles in allem bin ich „Pro-Antimaterie".

Ron Couven, Verfasser vieler Publikationen über Astronomie und Weltraum, schrieb die Originalfassung dieses Kapitels. Der Autor, Stephene P. Mahan, überarbeitete es für die zweite und alle folgenden Auflagen von Astronomie für Dummies*. Alle in diesem Kapitel geäußerten Meinungen stammen vom Autor.*

Kapitel 16

Der Urknall und das Werden des Universums

Vor langer, langer Zeit – genauer gesagt, vor etwa 13,7 Milliarden Jahren – gab es das Universum in seiner jetzigen Form noch nicht. Keine Materie, keine Atome, kein Licht, keine Photonen, ja nicht einmal Raum und Zeit existierten.

Auf einmal, innerhalb einer Sekunde vielleicht, nahm das Universum Gestalt an als winziger, dichter, mit Licht erfüllter Fleck. Und im Bruchteil einer Sekunde entstand sämtliche Materie und Energie, die es im Kosmos gibt. Dieses Babyuniversum war kleiner als jedes Atom, aber glühend heiß: ein Feuerball, der sich in einem Höllentempo ausbreitete und abkühlte.

Astronomen und Menschen aus aller Welt kennen dieses Szenario der Geburt des Universums als die *Urknalltheorie.*

Urknall – das klingt, als wäre irgendwo eine Bombe eingeschlagen. Aber wo hätte sie einschlagen sollen? Vor dem Urknall gab es ja nichts. Er war zugleich der Ursprung und die rasche Ausdehnung des Universums. Während eines Sekundenbruchteils von einer Milliarde mal einer Milliarde mal einer Milliarde wurde das Universum um eine Milliarde mal eine Milliarde mal eine Milliarde größer. Aus einer zuvor einheitlichen Mischung aus subatomaren Teilchen und Strahlung formte sich die grenzenlose Vielzahl an Galaxien, Galaxienhaufen und Superhaufen, die heute zusammen das Weltall ergeben. Man bekommt fast einen Knoten im Gehirn, wenn man sich vorzustellen versucht, dass die gewaltigsten Strukturen im Universum – Ansammlungen von Galaxien, die sich über Hunderte Millionen von Lichtjahren am Himmel erstrecken – als subatomare Schwankungen der Energie des neugeborenen Kosmos begannen. Aber genauso stellen Wissenschaftler sich die Entstehung des Universums vor.

In diesem Kapitel versuche ich, ein paar Beweise für den Urknall und die Ausdehnung des Universums zusammenzutragen und Ihnen dazu auch das notwendige Wissen über Dunkle Energie, die kosmische Hintergrundstrahlung, die Hubble-Konstante und Standardkerzen zu vermitteln.

 Weitere Informationen über die Denkansätze in diesem Kapitel finden Sie auf der Website `www.astro.ucla.edu/~wright/cosmology_faq.html`. Professor Ned Wright von der UCLA verrät Ihnen dort alles, was Sie wissen wollen.

Beweise für den Urknall

Warum glaubt man eigentlich, das Universum sei mit einem Knall entstanden?

Um diese Theorie zu stützen, ja zwingend erscheinen zu lassen, verweisen Astronomen gern auf drei Entdeckungen:

✔ **Die Ausdehnung des Universums:** Der möglicherweise überzeugendste Beweis für den Urknall resultiert aus einer erstaunlichen Entdeckung, die Edwin Hubble im Jahre 1929 machte. Zuvor waren die meisten Wissenschaftler von einem statischen Universum ausgegangen – bewegungslos und unveränderlich. Hubble jedoch fand heraus, dass das Universum sich ausdehnt. Galaxiengruppen fliegen auseinander wie die Trümmer von einer kosmischen Explosion. Das liegt aber nicht daran, dass sie ins All geschleudert werden, sondern daran, dass der Raum zwischen ihnen sich fortwährend ausdehnt. Auf diese Weise entfernen sie sich immer weiter voneinander. Der Astronom und katholische Priester Georges Lemaître war der Erste, der daraus die logische Schlussfolgerung zog: Wenn Galaxien auseinanderfliegen, müssen sie sich einst näher gewesen sein. Astronomen, die mithilfe von Teleskopen und Weltraumobservatorien die bisherige Ausdehnung des Universums zurückverfolgten, fanden heraus, dass das Universum vor 13,7 Milliarden Jahren (auf hundert Millionen Jahre mehr oder weniger soll es nicht ankommen) ein unvorstellbar heißer, dichter Ort war, in dem das Freiwerden riesiger Energiemengen zu einer gewaltigen Explosion führte.

✔ **Die kosmische Hintergrundstrahlung:** In den 1940er-Jahren gelangte der Physiker George Gamow zu der Erkenntnis, so etwas wie ein Urknall müsse zu einer intensiven Strahlung führen. Seine Kollegen meinten, dass Überreste von dieser Strahlung, abgekühlt durch die Ausdehnung des Universums, noch immer existieren könnten – wie die Rauchschwaden, die nach Löschung eines Gebäudebrands noch eine Zeit lang in der Luft hängen.

1964 durchforsteten Arno Penzias und Robert Wilson von den Bell-Laboratorien den Himmel mit einem Funkempfänger. Sie entdeckten ein schwaches, monotones Knistern. Was die Forscher zunächst für das statische Geräusch ihres Empfängers hielten, entpuppte sich als das schwache Rauschen einer Strahlung, die vom Urknall zurückgeblieben war. Bei der Strahlung handelt es sich um das einförmige Leuchten von

Mikrowellenstrahlen (Radiokurzwellen), die den Raum durchdringen. Diese *kosmische Mikrowellenhintergrundstrahlung* hat exakt die Temperatur, die Astronomen für den Fall errechneten (2,73 K über dem absoluten Nullpunkt), sie sei nach dem Urknall kontinuierlich abgekühlt. (Der absolute Nullpunkt der Temperatur liegt bei -273,15 °C.) Für ihre historische Entdeckung erhielten Penzias und Wilson 1978 den Nobelpreis für Physik. (Alles darüber finden Sie im Abschnitt »Was Mikrowellen so alles ausplaudern« weiter hinten in diesem Kapitel.)

✔ **Der Überfluss an Helium im Kosmos:** Astronomen fanden heraus, dass der Heliumanteil an der Masse der gesamten baryonischen Materie im Universum 24 Prozent beträgt (der Rest der baryonischen Materie besteht fast ausschließlich aus Wasserstoff; Eisen, Kohle und Sauerstoff und all die anderen guten Sachen kommen im Vergleich zu Helium und Wasserstoff nur in Spuren vor). Die nuklearen Reaktionen im Inneren von Sternen (siehe Kapitel 11) dauerten nicht lange genug, um diese Fülle an Helium hervorzubringen. Das Helium jedoch, das wir entdecken konnten, entspricht genau der Menge, die der Theorie zufolge beim Urknall erzeugt wurde. Diese Beweise werden gestützt von den Erkenntnissen der NASA-Raumsonde WMAP (Wilkinson Microwave Anisotropy Probe), die herausfand, dass es bereits im frühen Universum, noch vor der Entstehung der Sterne, Helium gab.

Auch andere Beobachtungsergebnisse dienen den Astronomen als Beweis dafür, dass das Universum sich ausdehnt und im Laufe der Zeit verändert. Zum Beispiel enthüllen Hubble-Fotos der entferntesten Weltraumregionen, dass in der Frühzeit des Universums viele Galaxien kleiner und unregelmäßiger in ihrer Gestalt waren und eher dazu neigten, miteinander zu kollidieren als heute. Diese Beobachtung deckt sich mit der Vorhersage des Urknallmodells, demzufolge das Universum früher kleiner war als heute und die Galaxien demzufolge weniger weit voneinander entfernt waren. In einem jungen Universum, das erst kürzlich aufgrund eines Urknalls entstanden ist, sind die Galaxien zwangsläufig jünger und kleiner.

All jene Hinweise deuten in die gleiche Richtung: Unser Universum begann mit einem Urknall und wird seitdem immer größer.

Doch obwohl die gängige Urknalltheorie sich mit den kosmischen Beobachtungen auf hervorragende Weise deckt, ist sie nur ein erster Schritt zur Erforschung des frühen Universums. Auf die Frage zum Beispiel, woher der kosmische Sprengstoff, der den Urknall auslöste, überhaupt kam, hat sie bisher keine Antwort parat.

Inflation im Universum

Dass die Urknalltheorie keine Auskunft über den Ursprung der alles in Gang setzenden Explosion geben kann, ist nicht ihr einziger Mangel. Sie lässt auch die Frage offen, wieso verschiedene Regionen des Universums, die durch eine so große Distanz voneinander getrennt sind, dass keinerlei Austausch möglich ist, nicht einmal mittels Lichtgeschwindigkeit, einander so ähnlich sein können.

Im Jahre 1980 stellte der Physiker Alan Guth eine Theorie auf, die uns bei der Lösung dieses Problems helfen könnte – die Theorie vom *inflationären Universum*. Er ging davon aus, dass das Universum schon einen Sekundenbruchteil nach dem Urknall einen gigantischen Wachstumsschub erlebte. In nur 10^{-32} Sekunden (dem hundertmillionsten Teil des billionsten Teils einer Billionstelsekunde) dehnte es sich in einer Geschwindigkeit aus, die es innerhalb der folgenden 13,8 Milliarden Jahre kein zweites Mal erreichte.

Diese gewaltige Wachstumsperiode sorgte dafür, dass winzige Regionen (die einst sehr dicht beieinanderlagen) in die entferntesten Winkel des Universums verstreut wurden. Aus diesem Grund sieht der Kosmos an allen Stellen ziemlich gleich aus, egal in welche Richtung Sie mit Ihrem Teleskop blicken. (Stellen Sie sich eine große Teigkugel mit lauter kleinen Klumpen vor: Wenn Sie mit dem Nudelholz drübergehen und den Teig auswalzen, machen Sie die Klumpen nach und nach »platt«, bis Sie zuletzt eine dünne und völlig glatte Teigschicht haben.) Aufgrund der Ausdehnung (Inflation) wurden aus kleinen Regionen im All so große Regionen, dass Astronomen sie gar nicht mehr überschauen können. Angesichts dieser Ausdehnung könnte man zur verlockenden Annahme kommen, die Expansion habe auch zur Entstehung anderer Universen jenseits unserer Reichweite geführt. Statt eines einzigen Universums gäbe es dann gleich mehrere, ein sogenanntes *Multiversum*. Aber ich persönlich sträube mich gegen diese Annahme – das eine Universum, das wir kennen, ist schon schwer genug zu verstehen.

Die Expansion des Universums hatte noch einen weiteren Effekt: Der unvorstellbar kurze, aber gigantische Wachstumsschub nach dem Urknall fing subatomare Energiefluktuationen ein und blies sie zu makroskopischen Proportionen auf. Im Zuge des Inflationsprozesses blieben diese sogenannten *Quantenfluktuationen* erhalten und verstärkten sich, sodass es im Universum zur Bildung von Regionen kam, die in ihrer Dichte leicht voneinander abwichen.

Aufgrund der Ausdehnung und der Quantenfluktuation enthalten bestimmte Bereiche des Universums im Schnitt mehr Materie und Energie als andere. So gibt es innerhalb der Temperatur der kosmischen Hintergrundstrahlung sowohl kalte als auch heiße Flecken. Im Laufe der Zeit verschmolz die Schwerkraft diese Abweichungen zu einem spinnennetzartigen Gewebe aus Galaxienhaufen und gewaltigen Lücken, und es entstand das Universum, wie wir es heute kennen. (Wenn Sie mehr darüber wissen wollen, lesen Sie den Abschnitt »Was Mikrowellen so alles ausplaudern« weiter hinter in diesem Kapitel.)

Die folgenden Abschnitte beschäftigen sich mit zwei interessanten Aspekten der Inflation des Universums: mit dem Vakuum, von dem die Ausdehnung des Universums ihre Energie bezieht, und mit der Frage, was die Form des Universums mit ihr zu tun hat.

Von nichts kommt was: Inflation und Vakuum

Ironischerweise könnten die Energievorräte, aus denen die Inflation sich speist, aus dem Nichts, aus dem *Vakuum stammen*. Gemäß der Quantentheorie ist das Raumvakuum alles andere als leer. Es wimmelt darin vor Teilchen und Antiteilchen, die ständig neu entstehen und wieder zerstört werden. Ein Griff in diesen großen Energietopf, so meinen Theoretiker, habe den Urknall mit seiner explosiven Energie und Strahlung ermöglicht.

Das Vakuum hat noch eine weitere bizarre Eigenschaft: Es kann von abstoßender Wirkung sein. Im Gegensatz zur *Anziehungskraft*, die zwei Objekte aufeinander zu bewegt, wirkt hier also eine *Abstoßungskraft*, die sie dazu treibt, sich voneinander zu entfernen. Diese Abstoßungskraft des Vakuums könnte den kurzen, aber energiegeladenen Inflationsprozess eingeleitet haben.

Größer, schneller, flacher: Die Inflation und die Form des Universums

Der Inflationsprozess – zumindest so, wie wir ihn uns auf vereinfachte Weise vorstellen – hätte sich auch auf die Geometrie des Universums ausgewirkt: Er hätte sie flach gemacht. Sie können es sich vorstellen wie bei einem Luftballon, den Sie aufblasen: Je größer er wird, umso flacher erscheinen Figuren, die Sie auf seine Oberfläche gezeichnet haben.

Um derart flach zu sein, muss das Universum eine spezielle Dichte haben, die man als *kritische Dichte* bezeichnet. Wenn die Dichte des Universums diesen kritischen Wert überschreitet, wird der Zug der Schwerkraft groß genug, um die Expansion in ihr Gegenteil zu verkehren. Das Universum würde dann in sich zusammenfallen (von den Astronomen *Big Crunch* genannt).

Ein solches Universum würde sich wieder auf sich selbst zurückkrümmen, um einen abgegrenzten Raum zu bilden, mit einem endlichen Volumen, wie die Oberfläche einer Kugel. Ein auf geradem Weg fliegendes Raumschiff käme irgendwann wieder an seinem Startpunkt an. Mathematiker bezeichnen eine solche geometrische Gestalt als *positive Krümmung*.

Ist die Dichte kleiner als der kritische Wert, wird die Schwerkraft nie gegen die Expansion ankommen, und das Universum dehnt sich bis in alle Ewigkeit weiter aus. Ein solches Universum hat eine *negative Krümmung* und wäre ähnlich geformt wie ein Reitsattel.

Obwohl die Inflationstheorie ein flaches Universum voraussetzt, führten verschiedene Beobachtungen zu dem Schluss, dass das Universum nicht über ausreichend (sowohl normale als auch dunkle) Materie verfügt (siehe Kapitel 15), um die kritische Dichte zu erreichen.

Falls das Universum also wirklich flach ist, dann nicht dank der Materie, wie wir sie kennen (oder auch nicht). Doch was die nicht kann, kann Energie bewirken. Sie kann das Universum tatsächlich stabil halten – und neuere Untersuchungen zeigen, dass genau dies der Fall ist. Die in unserem »Babyfoto vom Universum« (das gleichzeitig eine Himmelskarte der von der WMAP-Raumsonde gemessenen kosmischen Hintergrundstrahlung ist) enthaltenen Daten haben alle Wissenschaftler restlos überzeugt, dass das Universum flach ist und dass es Energie ist, die diesen Umstand bewirkt. Allerdings andere Energie als die, die wir bis jetzt kannten; es handelt sich hier um Dunkle Energie. Lesen Sie weiter und bringen Sie Licht ins Dunkel.

Dunkle Energie: Der Universal... äh, Universumsbeschleuniger

Dunkle Energie hat etwas Erschreckendes an sich: Sie erfüllt das gesamte Universum mit Abstoßungskraft. Das ist alles, was die Wissenschaft über sie weiß. Was sie eigentlich ist, wissen wir nicht, also beschreiben wir sie durch das, was an ihr beobachtbar ist – also ihre Abstoßungskraft. Nachdem der Urknall stattgefunden und der Inflationsvorgang begonnen hatte, wurde die Expansion des Universums von der Schwerkraft gebremst. Doch je größer das Universum wurde und je weiter die Materie sich im Raum verteilte, umso geringer wurde die Bremswirkung der Schwerkraft. Wenig später (genauer gesagt, ein paar Milliarden Jahre) gewann die Abstoßungskraft der Dunklen Energie die Oberhand, wodurch das Universum sich noch rascher ausdehnte. Die Entdeckung dieses bizarren Phänomens verdanken wir zwei mutigen Forscherteams und einer Reihe moderner Teleskope.

Die Beobachtungen, die uns über die Existenz Dunkler Energie informierten, indem sie nachwiesen, dass das Universum immer schneller expandiert, bezogen sich auf Supernovae vom Typ Ia in fernen Galaxien. (Alles über Supernovae und die verschiedenen Typen erfahren Sie in Kapitel 11.) Viele Supernovae sind hell genug, um auch in entfernten Galaxien gesehen zu werden, doch die vom Typ Ia haben eine ganz spezielle Eigenschaft: Astronomen sind davon überzeugt, dass sie etwa alle die gleiche intrinsische Helligkeit haben, so wie Glühbirnen eine ganz bestimmte Wattzahl haben (siehe den Abschnitt »In einer weit entfernten Galaxie: Standardkerzen und die Hubble-Konstante« weiter hinten in diesem Kapitel).

Da das Licht einer fernen Galaxie mehrere hundert Millionen Jahre braucht, um zur Erde zu gelangen, kann es sein, dass man bei Beobachtungen dieser Galaxie Supernovae zu sehen bekommt, die bereits ausbrachen, als das Universum noch viel jünger war. Hätte die Expansion des Universums sich seit dem Urknall jemals verlangsamt, so wäre die Entfernung zwischen der Erde und der fernen Galaxie geringer – und das Licht würde einen kürzeren Weg haben und somit auch weniger Zeit benötigen. Deshalb müsste eine Supernova in einer fernen Galaxie im Falle einer langsameren Expansion eine Spur heller sein.

Im Jahre 1998 jedoch gelangten zwei Teams von Astronomen genau zum gegenteiligen Resultat: Weit entfernte Supernovae sahen dunkler aus als erwartet, so als wären ihre Heimatgalaxien weiter entfernt als berechnet. Es sieht so aus, als hätte das Universum bei seiner Expansion noch mal tüchtig Gas gegeben. Diese Entdeckung, mit der die Existenz Dunkler Energie so gut wie bewiesen wurde, brachte gleich drei Astronomen den Nobelpreis für Physik ein, nämlich den Forschungsleitern Saul Perlmutter, Adam Riess und Brian Schmitt.

Was Mikrowellen so alles ausplaudern

Die kosmische Mikrowellenhintergrundstrahlung (das schwache Rauschen der vom Urknall übrig gebliebenen Strahlung) zeigt uns einen Schnappschuss vom Universum im zarten Alter von 379.000 Jahren. Vor dieser Zeit war das Babyuniversum von Elektronennebel durchdrungen, und die beim Urknall erzeugte Strahlung konnte sich im All nicht frei bewegen. Immer wieder absorbierten die negativ geladenen Teilchen die Strahlung und verstreuten sie wieder.

Etwa um die Zeit, als der Kosmos seinen 379.000. Geburtstag feierte, war das Universum kühl genug geworden, damit sich Elektronen an Atomkerne binden konnten. Was bedeutet, dass es keine solche Fülle von Teilchen mehr gab, die mit der Strahlung Pingpong spielen konnten. Der absorbierende Nebel hatte sich gelichtet. Heute finden wir das Licht des 379.000 Jahre alten Universums, dessen Wellenlängen sich aufgrund der Expansion mittlerweile verschoben haben, in Form von Mikrowellen und fernem infrarotem Licht vor.

Wo die Klumpen im Pudding (und im Universum) herkommen

Als Penzias und Wilson in den 1960er-Jahren die kosmische Hintergrundstrahlung entdeckten, schien sie überall am Himmel die gleiche Einheitstemperatur zu haben. Keine Region schien auch nur geringfügig heißer oder kälter zu sein – jedenfalls nicht im Rahmen der Messgenauigkeit der verfügbaren Instrumente. Diese Einheitstemperatur stellte die Wissenschaftler vor ein Rätsel. Denn solche winzigen Temperaturschwankungen hätte es eigentlich geben müssen, um plausibel zu machen, dass das Universum sich von einer gleichförmigen Suppe aus Teilchen und Strahlung zu einer klumpigen Ansammlung aus Galaxien, Sternen und Planeten hatte entwickeln können.

Der Theorie nach war das Babyuniversum nicht völlig gleichförmig. Wie Klumpen in einem Pudding gab es Regionen von größerer und geringerer Dichte, mit einer pro Quadratzentimeter entsprechend höheren oder geringeren Anzahl von Atomen. Diese Regionen verkörpern die kleinen Keimstätten, um die herum sich Materie zusammenballen konnte – Materie, aus der sich letztlich Galaxien bildeten. Heute sollten Wissenschaftler diese Dichteschwankungen als winzige Fluktuationen oder Anisotropien der Temperatur der Mikrowellenhintergrundstrahlung erkennen. Eine *Anisotropie* ist die Schwankung der physikalischen Eigenschaften des Raums (wie zum Beispiel der Temperatur oder der Dichte) an einem Ort im Vergleich zu einem anderen.

1992 gelang dem NASA-Satelliten COBE (Cosmic Background Explorer), der schon drei Jahre zuvor die Temperatur der kosmischen Hintergrundstrahlung erstaunlich exakt gemessen hatte, ein Supercoup: Er entdeckte heiße und kalte Flecken in der Mikrowellenstrahlung. Die COBE-Messungen brachten meinem NASA-Kollegen John Mather sowie George Smoot von der University of California, Berkeley im Jahre 2006 den Nobelpreis für Physik ein. (Ich habe es nie zu einem Nobelpreis gebracht (und auch keinen verdient), aber mehrere Jahre lang lag John Mathers Büro nur ein paar Schritte von meinem entfernt. Es ist eben doch ein kleines Universum.)

Die Abweichungen nach oben oder unten sind in der Tat minimal – weniger als ein zehntausendstel Grad Celsius von der Durchschnittstemperatur, die 2,73 Grad Celsius über dem absoluten Nullpunkt liegt. Nicht einmal die Prinzessin auf der Erbse, die eine winzige Unebenheit durch einen ganzen Stapel von Matratzen hindurch spürte, würde da einen Unterschied bemerken. Dennoch sind diese kosmischen Unebenheiten groß genug, um sich beim Strukturwachstum im Universum bemerkbar zu machen. Also mehr als nur Erbsenzählerei.

Die Daten der Hintergrundstrahlung auswerten

Ja, wie war es nun geformt, das Universum – flach oder wie ein Reitsattel? Die Wissenschaftler suchten nach Antworten mithilfe der kosmischen Hintergrundstrahlung. Ein flaches Universum würde ein bestimmtes Muster der Temperaturfluktuationen erforderlich machen. Die Beobachtungen von ballongetriebenen und stationären Teleskopen lieferten Hinweise darauf, dass ein solches Muster existiert.

Im Jahre 2003 verkündete die NASA, ihre WMAP-Sonde habe die Mikrowellenstrahlung am gesamten Himmel so präzise wie nie zuvor kartografiert und ausgemessen. Das WMAP-Team, unter der Leitung von Charles Bennett, konnte die meisten Fragen zum Urknall klären – bis auf zwei: Was hat ihn ausgelöst? Und was genau ist Dunkle Energie? Insbesondere fanden sie heraus, dass das Universum flach ist (eine Eigenschaft, die ich im Abschnitt „Die Inflation und die Form des Universums" näher erläutere). Das stimmt mit der Vorhersage der Inflationstheorie des Urknalls überein, die ich ebenfalls weiter oben erkläre.

Im Mai 2009 startete die europäische Weltraumorganisation ESA den Planck-Satelliten, der viereinhalb Jahre lang noch präzisere Untersuchungen der kosmischen Hintergrundstrahlung durchführte. Seine Messungen bestätigten im Wesentlichen die von WMAP, mit einem Unterschied: Das Universum ist wohl 100.000 Jahre älter als gedacht. Für das Universum ist das aber keine Katastrophe, es ist ja kein Filmstar. Zusammengefasst haben und WMAP und Planck folgende Erkenntnisse gebracht:

✔ Das gegenwärtige Alter des Universums beträgt 13,8 Milliarden Jahre.

✔ Die kosmische Hintergrundstrahlung entstand, als das Universum 379.000 Jahre alt war.

✔ Die ersten Sterne begannen etwa 200 Millionen Jahre nach dem Urknall zu leuchten.

✔ Das Universum ist flach, was mit der Inflationstheorie übereinstimmt (siehe auch den Abschnitt »Inflation im Universum« weiter vorn in diesem Kapitel).

✔ Der relative Anteil an der Masseenergie im Universum beläuft sich wie folgt:

- Normale Materie (baryonische Materie, wie man sie auch auf der Erde findet): 4,9 Prozent

- Dunkle Materie (siehe Kapitel 15): 26,8 Prozent

- Dunkle Energie: 68,3 Prozent

Zuvor hatten Wissenschaftler die jeweiligen Mengen nur grob geschätzt, nun aber verfügten sie über präzise Werte. Manche Wissenschaftler bevorzugen leicht andere, aber ebenso genaue Werte.

Alles über die Raumsonde WMAP und ihre Entdeckungen können Sie auf deren offizieller Website beim Goddard Space Flight Center unter `map.gsfc.nasa.gov` nachlesen. Dort finden Sie Animationen von der Entwicklung des Universums und Material zu weiteren kosmischen Themen.

In einer weit entfernten Galaxie: Standardkerzen und die Hubble-Konstante

Eine Frage wird Astronomen seit jeher immer wieder gestellt: »Wie alt ist das Universum?« Und mittlerweile können sie diese Frage, dank der Entdeckungen von WMAP, dem Hubble-Weltraumteleskop und weiterer Instrumente, sogar beantworten: Das Universum ist 13,8 Milliarden Jahre alt.

Wie gelangten Forscher zu dieser magischen Zahl? Sie stützten sich auf Informationen, die mit der Ausdehnung des Universums zu tun haben: Die Entfernung von Galaxien wird von Astronomen in sogenannten *Standardkerzen* gemessen. Und dann gibt es noch die *Hubble-Konstante*, die die Entfernung von Galaxien in Beziehung setzt zu ihrer Ausdehnungsgeschwindigkeit. Über diese Themen spreche ich in den folgenden Abschnitten.

Standardkerzen: Galaktische Entfernungen messen

Beim Messen von Entfernungen braucht man so gut wie immer eine feste Bezugsgröße. Bei Glühbirnen ist es die in Watt gemessene Leistung; das kosmische Äquivalent dazu bezeichnet man als *Standardkerze*.

Ein Beispiel: Angenommen, Sie kennen die wahre Helligkeit, also die *Leuchtkraft* eines bestimmten Sterntypus. Das Licht, das von einer entfernten Lichtquelle ausgeht, wird dunkler in direkter Proportion zum Quadrat seiner Distanz – also lässt sich aus der scheinbaren Helligkeit eines Sterns von diesem Typus in einer fernen Galaxie ableiten, wie weit diese Galaxie entfernt ist.

Gelbliche, pulsierende Sterne, bekannt als *Cepheiden*, stellen sehr zuverlässige Standardkerzen dar, um die Entfernung relativ nahe gelegener Galaxien einzuschätzen (siehe Kapitel 12). Diese jungen Sterne werden in periodischen Abständen heller und wieder dunkler. 1912 fand Henrietta Leavitt vom Observatorium des Harvard College heraus, dass die Geschwindigkeit, mit der Cepheiden ihre Helligkeit ändern, auf direkte Weise von ihrer wahren Leuchtkraft abhängt. Je länger eine solche Periode dauert, umso größer ist die Leuchtkraft. Seit Leavitts Entdeckung ist nun ein Jahrhundert vergangen, und noch immer greifen Astronomen zur Messung kosmischer Entfernungen auf Cepheiden zurück.

Supernovae vom Typ Ia (siehe Kapitel 11) sind ein weiterer Typ von Standardkerzen. Da Supernovae viel heller sind als Cepheiden, können wir sie auch in weiter entfernten Galaxien noch sehen. Neuere Berechnungen der Hubble-Konstante bedienten sich beider Standardkerzen, wobei die Resultate nicht nur einander, sondern auch den Daten der WMAP-Raumsonde auf zufriedenstellende Weise entsprachen.

Die Hubble-Konstante: Wie schnell Galaxien wirklich sind

Bei Altersschätzungen des Universums stützt die Wissenschaft sich schon seit Jahrzehnten auf die sogenannte *Hubble-Konstante*. Sie gibt das Tempo an, mit dem das Universum derzeit expandiert. Taufpate dieser Richtgröße war, wie Sie sich denken können, Edwin Hubble, der als Erster herausfand, dass wir in einem Universum leben, das sich ausdehnt. Genauer verdanken wir ihm die bemerkenswerte Entdeckung, dass alle fernen Galaxien (also alle Galaxien jenseits der lokalen Gruppe, siehe Kapitel 12) sich im Eiltempo von unserer Galaxie, der Milchstraße, zu entfernen scheinen.

Was Hubble herausfand: Je weiter entfernt eine Galaxie ist, umso schneller läuft sie von uns weg (das ist eben Sternenlogik). Diese Beziehung bezeichnet man als das *Hubble-Gesetz*. Nehmen wir zum Beispiel zwei Galaxien, von denen eine doppelt so weit von der Milchstraße entfernt ist wie die andere. Die doppelt so weit entfernte Galaxie scheint sich auch doppelt so schnell zu entfernen. (Laut Einsteins Allgemeiner Relativitätstheorie bewegen sich die Galaxien selbst überhaupt nicht, nur das Raumgewebe, in dem sie beheimatet sind, dehnt sich aus.)

Die Proportionalitätskonstante, die eine Beziehung herstellt zwischen der Entfernung einer Galaxie und dem Tempo, in dem sie sich von uns wegbewegt, bezeichnet man als *Hubble-Konstante* (H_0). Anders gesagt: Das Tempo, in dem sich eine Galaxie entfernt, entspricht dieser Konstante H_0, multipliziert mit der Entfernung der Galaxie. H_0 liefert uns also einen Maßstab für das Tempo, in dem das Universum sich ausdehnt, und somit auch für dessen Alter. (Wenn Sie wissen, wie weit eine Galaxie derzeit von uns entfernt ist, und ferner wissen, in welchem Tempo sie sich wegbewegt hat, können Sie ausrechnen, wie lange es gedauert hat, diesen Weg zurückzulegen. Gemäß der Urknalltheorie war das Universum einst verschwindend klein, dann begann der Raum sich auszudehnen. Der Punkt im Universum, an dem wir uns befinden, und ein anderer Punkt, an dem eine bestimmte Galaxie sich befindet, lagen einst direkt übereinander, doch als das Universum älter wurde, bewegten sie sich auseinander. Die Zeit, die sie benötigten, um zu ihrer derzeitigen Entfernung voneinander zu gelangen, ist das Alter des Universums.

Die Hubble-Konstante misst man in Kilometern pro Sekunde pro Megaparsec. (Ein Megaparsec entspricht 3,26 Millionen Lichtjahren.) Bis in die 1990er-Jahre stritten die Top-Experten über den Wert der Hubble-Konstante, manche meinten, sie läge bei 50, andere favorisierten einen doppelt so hohen Wert. Nach jahrelangen Studien gelangten Wissenschaftler mithilfe des Hubble-Weltraumteleskops für die Hubble-Konstante zu einem Wert von 70. Diese Zahl bedeutet, dass eine Galaxie, die etwa 30 Megaparsec (ungefähr 100 Millionen Lichtjahre) von der Erde entfernt ist, sich mit 2.100 Sekundenkilometern davonbewegt. Neueste Messungen widersprechen einander allerdings wieder, und zwar um etwa 8 Prozent. Genaue Messungen mithilfe der Cepheiden liefern einen Wert von etwa 73, Planck hingegen bestimmte einen Wert von 67. Ganz einig sind sich die Kosmologen beim Wert der Hubble-Konstante also noch nicht. Manche Astronomen halten es für möglich, dass die Hubble-Konstante in verschiedenen Regionen des Universums verschieden groß sein könnte. Ich denke: Seien wir erst mal froh, dass die Werte nicht mehr als 10 Prozent auseinander liegen.

Dank der Standardkerzen und der Hubble-Konstante verfügt die Astronomie über verlässliche Daten zur derzeitigen Expansionsgeschwindigkeit des Universums; außerdem wissen wir, dass Dunkle Energie dieses Tempo noch beschleunigt. Das eigentliche Wesen dieser Dunklen Energie jedoch ist und bleibt ein Mysterium.

Das Schicksal des Universums

Dunkle Energie sorgt dafür, dass das Universum im Laufe der Zeit immer schneller expandiert. Folglich bleibt die Hubble-Konstante nicht allzu lange konstant: Sie wird immer größer. Eigentlich müsste man sie die »Hubble-Inkonstante« nennen.

Da das Universum sich immer rascher ausdehnt, werden andere Galaxien sich irgendwann mit Überlichtgeschwindigkeit von uns wegbewegen. Jetzt werden Sie vielleicht sagen: »Moment mal, in Kapitel 13 haben Sie uns erzählt, nichts sei schneller als das Licht – mit Ausnahme von Tachyonteilchen, die es vielleicht gar nicht gibt. Was um alles in der Welt ist nun mit diesen Galaxien?«

Die Antwort: Eines Tags, in Billiarden von Jahren, wenn die Galaxien sich in Überlichtgeschwindigkeit auseinanderbewegen, werden sie das nicht aus eigener Kraft tun. Erinnern Sie sich? Am Anfang dieses Kapitels schrieb ich, der Urknall sei »zugleich der Ursprung und die rasche Ausdehnung des Universums« gewesen. Das hohe Tempo, in dem die Galaxien sich voneinander zu entfernen scheinen, ist im Grunde keine Bewegung der Galaxien selbst; es ist eine Folge der Expansion. Raum ist keine Materie und kann so schnell expandieren, wie er von der Dunklen Energie auseinandergetrieben wird.

Wenn andere Galaxien sich mit Überlichtgeschwindigkeit entfernen, wird ihr Licht unsere Milchstraße nicht mehr erreichen. Die Sonne wird es dann schon lange nicht mehr geben – ihr Kernwasserstoff wird sich in 4 Milliarden Jahren erschöpft haben (mehr darüber in Kapitel 11), und kurz darauf wird sie zum Roten Riesen werden, ihre äußeren Schichten abwerfen und als Weißer Zwerg dahinsiechen. Aber die Milchstraße selbst wird noch existieren, und vielleicht gibt es dort noch andere Sterne mit Planeten, auf denen es sogar intelligentes Leben gibt. Diese Außerirdischen werden die Galaxien, deren Licht sie nicht erreichen kann, nie zu sehen bekommen. Das Universum außerhalb ihrer Galaxie wird sich in der Tat verdunkeln.

Es gab eine Zeit, da dachten Astronomen, das Universum würde bis in alle Zukunft so bleiben, wie wir es kennen. Doch seit der Entdeckung der Dunklen Energie ist alles ganz anders. Wie schon Yogi Berra treffenderweise sagte: »Die Zukunft ist auch nicht mehr das, was sie mal war.«

Ron Cowen, bekannt für seine Publikationen über Astronomie und den Weltraum, hat dieses Kapitel ursprünglich geschrieben. Der Autor Stephen P. Maran überarbeitete es für diese und folgende Ausgaben von Astronomie für Dummies. *Die persönliche Meinung, die in diesem Kapitel zum Ausdruck kommt, ist die des Autors.*

Teil V
Der Top-Ten-Teil

 Mehr über die »... für Dummies«-Bücher auf Instagram:
https://www.instagram.com/furdummies/

Ist Ihnen das auch schon mal passiert? Sie befinden sich in einer Runde von Leuten, denen auf einmal der Gesprächsstoff ausgeht. Welches Thema schneiden Sie in einem solchen Fall am besten an? Nun, Astronomie ist immer gut – vor allem wenn Sie ein paar Fakten parat haben, mit denen Sie andere beeindrucken können. Für diesen Zweck stelle ich Ihnen in den beiden Kapiteln dieses Top-Ten-Teils ein kleines Potpourri zur Verfügung: Als Erstes enthält es eine Liste verblüffender Fakten über das Weltall, bei denen so mancher mit den Ohren schlackern wird.

Danach folgen zehn gängige Irrtümer zum Thema Astronomie, die Leute so von sich geben (und die auch von den Medien gern verbreitet werden). Hier ist der Gesprächsstoff, den Sie suchen – viel Spaß beim Lesen und Weitererzählen!

Kapitel 17
Zehn verblüffende Fakten über das Weltall und die Astronomie

n diesem Kapitel finden Sie einige meiner Lieblingsfakten zum Thema Astronomie, vor allem über die Erde und unser Sonnensystem. Nach der Lektüre dieses Kapitels steigen nicht nur Ihre Chancen, in einem bekannten Fernsehquiz zum Millionär zu werden (vorausgesetzt, der Moderator stellt eine Astronomiefrage), Sie werden auch Ihren Freunden und Ihrer Familie Auskunft geben können, wenn mal wieder jemand fragt: »Wie ist das nun eigentlich mit den Planeten und Sternen ...?«

Sie haben winzige Meteoriten im Haar

Mikrometeoriten (winzige Partikel aus dem Weltraum, die man nur durchs Mikroskop sieht) regnen pausenlos auf die Erde herab. Manche davon lassen sich auf Ihnen nieder, wenn Sie das Haus verlassen. Doch um sie zu sehen, bräuchten Sie eine Laborausrüstung und müssten ausgefeilte Analysen vornehmen, also bleiben sie unbemerkt und verlieren sich im Dickicht aus Pollen, Abgasen, Hausstaub und den Schuppen auf Ihrem Kopf (sorry, nicht persönlich gemeint). (Alles über Meteoriten in allen Größen finden Sie in Kapitel 4.)

Ein Kometenschweif zeigt manchmal nach vorn

Man sagt zwar »Schweif«, aber anders als bei Pferden muss er bei Kometen deshalb nicht hinten am Körper sein. Ein Kometenschweif zeigt immer von der Sonne weg. Wenn der Komet sich der Sonne nähert, wird er den Schweif also hinter sich herziehen; wenn er jedoch wieder davonfliegt ins Sonnensystem, geht sein Schweif ihm voran. (Mehr Informationen über Kometen lesen Sie in Kapitel 4.)

Die Erde besteht aus seltener und ungewöhnlicher Materie

Beim größten Teil aller Materie im Universum handelt es sich um sogenannte *Dunkle Materie* – das ist ein unsichtbares Irgendwas, das die Astronomen noch nicht identifizieren konnten (siehe Kapitel 15). Das Gros an gewöhnlicher oder sichtbarer Materie kommt in Form von Plasma (heißem, elektrisch geladenem Gas, aus dem normale Sterne wie die Sonne bestehen) oder als degenerierte Materie vor (bei der die Atome oder sogar die Atomkerne so fest zusammengepresst sind, dass ein unvorstellbar hoher Dichtegrad erreicht wird, wie bei Weißen Zwergen und Neutronensternen, siehe Kapitel 11). Auf der Erde gibt es keine Dunkle Materie, keine degenerierte Materie, auch nicht sehr viel Plasma. Verglichen mit dem Großteil des Universums müssten vielmehr die Erde und die Erdlinge als »Aliens« gelten.

Die Flut kommt gleichzeitig auf beiden Seiten der Erde

Die Gezeiten auf der dem Mond zugewandten Erdseite sind nicht wesentlich stärker als die auf der gegenüberliegenden Seite. Das mag widersinnig klingen, ist es aber im mathematischen und physikalischen Sinne keineswegs. (Das Gleiche gilt für die geringfügigeren, von der Sonne verursachten Gezeiten; mehr über den Mond finden Sie in Kapitel 5.)

Auf der Venus fällt kein Regen auf den Grund

Es regnet zwar ständig auf der Venus, doch kein Tropfen davon berührt den Grund, ja er berührt überhaupt nichts. Der Regen verdunstet, bevor er den Boden erreicht, und der Regen besteht aus reiner Säure. (Der wissenschaftliche Name für verdunstenden Regen ist *Virga*; mehr über die Venus finden Sie in Kapitel 6.)

Überall auf der Erde liegt Marsgestein herum

Auf der Erde wurden bereits an die 100 Meteoriten entdeckt, die von der Marskruste stammen und infolge des Einschlags größerer Objekte (womöglich solchen aus dem Asteroidengürtel; siehe Kapitel 4 und 7 zum Thema Meteoriten bzw. Asteroiden) abgesprengt wurden. Statistisch gesehen müssten noch viel mehr unentdeckte Steine vom Mars ins Meer gefallen oder in entlegenen Gebieten niedergegangen sein, wo niemand sie entdeckte. (In Kapitel 6 erfahren Sie mehr über den Mars.)

Der Pluto wurde aufgrund eines Irrtums entdeckt

Percival Lowell sagte sowohl die Existenz als auch die ungefähre Himmelsposition des Objekts voraus, das wir heute als Pluto bezeichnen. Als Clyde Tombaugh die betreffende Region überprüfte, entdeckte er den Pluto. Heute aber wissen Wissenschaftler, dass die Theorie Lowells, der die Existenz des Pluto von dessen Gravitationswirkung auf die Bewegung des Uranus ableitete, falsch war. Der Pluto verfügt in Wahrheit über viel zu wenig Masse, um für die »beobachteten« Wirkungen verantwortlich zu sein. Darüber hinaus stellten sich diese Wirkungen später als Messfehler heraus. (Über den Neptun lagen noch nicht genügend Informationen vor, um aus seiner Bewegung etwas schlussfolgern zu können.) Die Suche nach dem Pluto war sehr mühsam; zu guter Letzt jedoch kam den Experten der Zufall zu Hilfe. Und obwohl Lowell von der Existenz eines Planeten ausgegangen war (wofür man den Pluto auch lange Zeit hielt), hat die Internationale Astronomische Union ihn mittlerweile zum Zwergplaneten degradiert. (Alles über den Pluto finden Sie in Kapitel 9.)

Sonnenflecken sind nicht dunkel

Fast jeder würde die Sonnenflecken als »dunkle Stellen« auf der Sonne bezeichnen. Dabei handelt es sich einfach nur um Orte, an denen das heiße Sonnengas eine Idee kühler ist als die Umgebung. (Zur Vertiefung lesen Sie bitte Kapitel 10.) Im Vergleich zur heißeren Umgebung sehen die Flecken tatsächlich dunkel aus; wenn Sie sie jedoch gesondert betrachten, erscheinen sie hell.

Manche Sterne, die wir sehen, sind schon lange explodiert

Eta Carinae ist einer der massereichsten, strahlendsten Sterne in unserer Galaxie, und Astronomen gehen davon aus, dass er irgendwann eine mächtige Supernova erzeugt, falls nicht schon geschehen. Da das Licht jedoch 8.000 Jahre braucht, um von Eta Carinae zur

Erde zu gelangen, könnten wir eine Explosion, die in den letzten acht Jahrtausenden dort stattgefunden hat, noch nicht sehen. (Mehr über den Lebenszyklus von Sternen finden Sie in Kapitel 11.)

Der Urknall wurde im Fernsehen übertragen

Die „Big Bang Theory" läuft seit 2007 im Fernsehen, aber der echte „Big Bang" hatte seine Fernsehpremiere schon viel früher. Wenn man einen der alten Schwarz-Weiß-Fernseher einschaltete, »schneite« und rauschte es erst mal eine Weile, bevor ein Bild kam. Diese Interferenzmuster waren eigentlich Radiowellen von der kosmischen Hintergrundstrahlung, die von unseren Fernsehantennen aufgefangen wurden – eine Art Nachglühen des Urknalls (siehe Kapitel 16) also. Als diese Strahlung in den Bell Telephone Laboratories entdeckt wurde, prüften die Wissenschaftler alle möglichen Gründe für das unerwartete Geräusch im Radioempfänger. Sogar die Ausscheidungen von Tauben (im Wissenschaftlersprech „weißes dielektrisches Material") standen eine Zeit lang zur Debatte – ein Irrtum, bei dem die Experten sich heute taub stellen, wenn man sie darauf hinweist.

Kapitel 18
Zehn verbreitete Irrtümer zum Thema Astronomie

E gal ob wir Zeitung lesen, die Nachrichten sehen, im Internet surfen oder uns mit Freunden unterhalten – es gibt ein paar Irrtümer zum Thema Astronomie, die scheinbar nicht auszurotten sind. In diesem Kapitel wollen wir uns die wichtigsten davon genauer ansehen.

»Es dauerte 1.000 Lichtjahre, bis uns das Licht von diesem Stern erreichte«

Ein für alle Mal: Lichtjahre »dauern« überhaupt nicht. Ein Lichtjahr ist kein Zeitmaß, sondern ein Entfernungsmaß. Es steht für die Strecke, die das Licht in einem Vakuum pro Jahr zurücklegt. Das Licht eines Sterns, der 1.000 Lichtjahre entfernt ist, braucht also 1.000 (ganz normale) Jahre, bis es die Erde erreicht.

Ein gerade vom Himmel gefallener Meteorit ist noch heiß

Nein, das stimmt nicht – er ist kalt! So kalt, dass ihn (aufgrund seines Kontakts mit der Luftfeuchtigkeit) nach seinem Aufprall oft sogar eine Frostschicht bedeckt. Wenn ein angeblicher Augenzeuge behauptet, er habe einen Meteoriten herabfallen sehen und sich nachher die Finger an dem Stein verbrannt, spinnt er (oder sie) höchstwahrscheinlich nur Seemanns- beziehungsweise Sternguckergarn. (Mehr über Meteoriten finden Sie in Kapitel 4.)

Der Sommer kommt immer, wenn die Erde der Sonne am nächsten steht

Dies ist einer der am weitesten verbreiteten Irrtümer zum Thema Astronomie überhaupt. Wenn Sie genau nachdenken, kommen Sie vielleicht von selbst darauf, warum das nicht stimmen kann. Zum Beispiel: In Australien ist es Winter, während in Deutschland Sommer ist. Trotzdem steht außer Frage, dass Australien und Deutschland an jedem beliebigen Tag gleich weit von der Sonne entfernt sind. Tatsächlich sind sich Erde und Sonne im Januar am nächsten, und im Juli am weitesten voneinander entfernt. (Wie die Jahreszeiten genau zustande kommen, steht in Kapitel 5.)

Die Rückseite des Monds ist dunkel

Viele Leute denken, die erdabgewandte Seite des Monds sei dessen »dunkle Seite«. Natürlich ist es dort manchmal dunkel, ebenso oft aber hell, und das gilt gleichermaßen für die erdnahe Seite des Monds. Wenn wir den Vollmond sehen, ist die sichtbare Seite die helle, also von der Sonne angestrahlte Mondseite, und die andere ist dunkel. Bei Neumond jedoch verhält es sich genau umgekehrt – dann würden wir auf der anderen Seite einen Vollmond sehen (wenn wir uns dort hinbeamen könnten). Mehr über den Mond und seine Phasen können Sie in Kapitel 5 nachlesen.

Der »Morgenstern« ist ein Stern

Der »Morgenstern« ist kein Stern; er ist immer ein Planet. Manchmal stehen sogar zwei Morgensterne gleichzeitig am Himmel, wie der Merkur und die Venus (siehe Kapitel 6). Mit dem »Abendstern« ist es genau das Gleiche: Es ist ein Planet (oder es sind mehrere Planeten). Auch sogenannte »Sternschnuppen« haben mit Sternen nichts zu tun – es handelt sich dabei um Meteore, also die Lichtblitze kleinerer Meteoroiden, die bei ihrem Fall die Erdatmosphäre durchdringen (siehe Kapitel 4). Viele der sogenannten »Superstars« aus dem Fernsehen sind auch nur Strohfeuer; aber ihre 15 Minuten Berühmtheit kann ihnen keiner mehr nehmen.

Auf einer Reise durch den Asteroidengürtel wären Sie von unzähligen Asteroiden umgeben

In vielen Science-Fiction-Filmen gibt es eine Szene, in der ein kühner Astronaut sein Raumschiff durch ein ganzes Geschwader von Asteroiden steuert, die in alle Richtungen an ihm vorbeifliegen, manchmal gleich fünf oder sechs auf einmal. Aber solche Szenen sind völlig unrealistisch. Filmemacher sind nur selten auch Astronomen, und meist unterschätzen sie die gewaltige Größe des Universums (oder ignorieren sie aus dramaturgischen Gründen). Wenn Sie sich exakt in der Mitte eines der Hauptasteroidengürtel zwischen Mars und Jupiter befänden, könnten Sie sich schon glücklich schätzen, einen oder zwei Asteroiden mit bloßem Auge zu sehen. Wahrscheinlich aber würde sich gar keiner zeigen. Die Wahrheit über das Universum ist oft ziemlich unspektakulär. (Mehr über Asteroiden lesen Sie in Kapitel 7.)

Ein »Killerasteroid« auf Kollisionskurs mit der Erde ließe sich auf nukleare Weise beseitigen

Zum Thema Asteroiden gibt es zahlreiche Irrtümer, die leider durch Hollywoodfantasien vom »Jüngsten Tag« und den Meldungen der Boulevardpresse über »Killerasteroiden« noch untermauert werden.

Was würde wirklich passieren, wenn wir versuchten, einen drohenden Asteroiden mithilfe einer Wasserstoffbombe aus dem Weg zu räumen? Nun, wir würden ihn nur in kleinere »Portionen« zerteilen, die aber nicht weniger gefährlich für uns wären. Eine bessere Idee wäre es, den Asteroiden mittels eines Raketenmotors etwas zu verlangsamen oder zu beschleunigen, damit er nicht mit der Erde zur gleichen Zeit am gleichen Ort im All ankommen würde. Das Vielversprechendste jedoch wäre ein sogenannter Gravitationstraktor-Satellit, der den Asteroiden sanft aus seiner ursprünglichen Bahn entfernen würde, sodass er die Erde knapp verfehlte. (Diese Methode ist in Kapitel 7 näher beschrieben.)

Die Sonne ist ein Durchschnittsstern

Oft steht irgendwo zu lesen, die Sonne wäre ein ganz normaler Durchschnittsstern. In Wirklichkeit jedoch sind die meisten anderen Sterne kleiner, dunkler, kühler und masseärmer als die Sonne (siehe Kapitel 10). Seien wir also stolz auf unsere Sonne – sie ist ein Ausnahmetalent, ein echtes Wunderkind.

Das Hubbleteleskop ist weit draußen im All unterwegs

Das Hubble-Weltraumteleskop liefert uns eindrucksvolle Bilder – aber es macht sie keineswegs, indem es weit draußen durchs Universum fliegt, vorbei an Spiralnebeln und Sternhaufen, in fernen Welten. Nein, das Teleskop befindet sich permanent auf einer kleinen Umlaufbahn um die Erde – es verfügt nur über eine hervorragende Technik und optische Ausstattung. Was wir hier vom Boden aus fotografieren, wird immer durch die Erdatmosphäre getrübt; dieses Problem hat das Hubbleteleskop, das sich jenseits dieser Schichten befindet, natürlich nicht.

Der Urknall ist widerlegt

Sobald Journalisten über irgendeine Entdeckung berichten, die mit der gängigen kosmologischen Auffassung nicht in Einklang steht, schreiben sie: »Der Urknall ist widerlegt.« (Alles über den Urknall erfahren Sie in Kapitel 16.) Doch meist ist es nur so, dass Astronomen auf Zahlen gestoßen sind, die sich nicht so ganz mit dem bisher berechneten Expansionstempo des Alls vertragen. Der Urknall ist deshalb noch lange nicht widerlegt; es liegen manchmal nur einander widersprechende Ergebnisse vor.

Glossar

Antimaterie: Materie, die aus Antiteilchen besteht, die zwar die gleiche Masse, aber eine gegensätzliche elektrische Ladung haben wie normale Teilchen.

Asteroid: Einer von zahlreichen, kleinen Gesteins- und/oder Metallkörpern, die um die Sonne kreisen.

Bedeckung: Vorgang, bei dem ein Himmelskörper vor einem anderen vorbeizieht und ihn auf diese Weise dem Blick des Betrachters entzieht.

Bolid: Ein sehr heller Meteor, der zu explodieren scheint oder ein lautes Geräusch erzeugt.

Doppelstern: Zwei Sterne, die am Himmel scheinbar dicht beieinander liegen und entweder auf physikalische Weise miteinander verbunden sind (Doppelsternsystem) oder nichts miteinander zu tun haben und ganz unterschiedlich weit von der Erde entfernt sind.

Doppelsternsystem: Zwei Sterne, die um ein gemeinsames Massezentrum kreisen.

Dopplereffekt: Vorgang, bei dem Licht oder Schall scheinbar eine andere Frequenz oder Wellenlänge aussendet. Entsteht durch die Bewegung der Licht- oder Schallquelle in Bezug auf den Beobachter.

Dunkle Energie: Unerforschter physikalischer Prozess, der den Eindruck erweckt, es existiere so etwas wie eine Abstoßungskraft, die das Universum dazu veranlasst, sich mit der Zeit immer schneller und weiter auszudehnen.

Dunkle Materie: Eine oder mehrere unbekannte Substanzen im Raum, die eine Anziehungskraft auf Himmelsobjekte ausüben, sodass Astronomen auf deren Existenz schließen können.

Ekliptik: Der scheinbare Weg der Sonne vor dem Hintergrund der Sternbilder.

Erdnahes Objekt: Ein Asteroid oder Komet, dessen Umlaufbahn ihn in die Nähe der Umlaufbahn der Erde um die Sonne bringt.

Exoplanet: Planet, der nicht zu unserem Sonnensystem gehört. Auch als *extrasolarer Planet* bezeichnet.

Feuerball: Ein sehr heller Meteor.

Finsternis: Das teilweise (partielle) oder vollständige (totale) Verschwinden eines Himmelskörpers, wenn ein anderes Objekt vor ihm vorbeizieht oder er in den Schatten eines anderen Objekts eintritt.

Galaxie: Ein riesiges System aus Milliarden von Sternen, manchmal mit gewaltigen Gas- und Staubmengen.

Gammastrahlenausbruch: Ein intensiver Ausbruch von Gammastrahlen, der ohne Vorankündigung von einem beliebigen Ort des weiter entfernten Universums ausgeht.

Komet: Eines von zahlreichen kleinen Objekten, die aus Eis und Staub bestehen und um die Sonne kreisen.

Krater: Runde Vertiefung auf der Oberfläche eines Planeten, Mondes oder Asteroiden, entstanden durch den Einschlag eines fallenden Körpers, eines Vulkanausbruchs oder dem Auseinanderbrechen einer Landschaft.

Meteor: Im Volksmund auch als »Sternschnuppe« bezeichnet. Das aufflammende Licht eines Meteoroiden, der durch die Erdatmosphäre fällt; wird oftmals mit dem Meteoroiden selbst verwechselt.

Meteorit: Ein auf der Erde gelandeter Meteoroid.

Meteoroid: Ein kleineres, aus Gestein und/oder Metall bestehendes Objekt im All; meist ein abgesprengtes Stück von einem Asteroiden.

Nebel: Eine aus Gas und Staub bestehende Wolke im All, die Licht aussenden, reflektieren und/oder absorbieren kann.

Neutrino: Subatomares Teilchen ohne elektrische Ladung und extrem kleiner Masse. Es kann einen ganzen Planeten und sogar die Sonne durchdringen.

Neutronenstern: Ein Objekt von nur einigen zehn Kilometern Durchmesser, dessen Masse jedoch größer als die der Sonne ist (alle Pulsare sind Neutronensterne, aber nicht alle Neutronensterne sind Pulsare).

Orbit: Der Pfad, dem ein Himmelskörper oder ein Raumschiff folgt.

Planet: Ein großes, rundes Objekt, das sich in der flachen Wolke um einen Stern bildet und – im Gegensatz zu einem Sterne – keine Energie mittels Kernfusionsreaktionen erzeugt.

Planetarischer Nebel: Eine leuchtende, sich ausdehnende Gaswolke, die beim Sterben eines sonnenähnlichen Sterns abgegeben wurde.

Polarlicht: Eindrucksvolles Farbenspiel des Lichts in der oberen Atmosphäre der Erde oder eines anderen Planeten. Hervorgerufen durch den Zusammenstoß elektrisch geladener Teilchen mit Gasatomen und Molekülen.

Pulsar: Ein sich schnell drehendes, winziges und sehr dichtes Objekt, das Licht, Radiowellen und/oder Röntgenstrahlen in Form eines oder mehrerer Strahlen aussendet wie das Licht eines Leuchtturms.

Quasar: Ein kleines, extrem helles Objekt im Zentrum einer fernen Galaxie, von dem man glaubt, dass es den Großteil der Energie repräsentiert, die in der Umgebung eines riesigen Schwarzen Lochs abgegeben wird.

Rotation: Die Drehung eines Objekts um seine eigene Achse.

Roter Riese: Ein großer, äußerst heller Stern mit niedriger Oberflächentemperatur; Spätstadium im Leben eines sonnenähnlichen Sterns.

Rotverschiebung: Erhöhung der Wellenlänge von Licht oder Schall, oft als Folge des Dopplereffekts oder, im Falle ferner Galaxien, der Expansion des Universums.

Schwarzes Loch: Ein Objekt von so großer Anziehungskraft, dass nichts aus ihm entfliehen kann – nicht einmal ein Lichtstrahl.

Seeing: Maßstab für die Beständigkeit der Luft an einem Ort, an dem astronomische Beobachtungen durchgeführt werden (wenn die Sicht gut ist, empfangen Sie schärfere Bilder durchs Teleskop).

SETI: Abkürzung für »Search for Extraterrestrial Intelligence« (Suche nach außerirdischer Intelligenz). Ein Programm für radioastronomische (und andere) Beobachtungen, dessen Ziel es ist, Botschaften von intelligenten Zivilisationen im Weltraum aufzuspüren.

Sonnenaktivität: Änderungen im Erscheinungsbild der Sonne (und ihrer Strahlung), die von Sekunde zu Sekunde, von Minute zu Minute, von Stunde zu Stunde und sogar von Jahr zu Jahr stattfinden. Dazu gehören zum Beispiel Sonneneruptionen, koronare Massenauswürfe und andere Merkmale wie etwa Sonnenflecken.

Sonnenflecken: Verhältnismäßig kühle und dunkle Regionen auf der sichtbaren Oberfläche der Sonne, verursacht durch Magnetismus.

Spektraltyp: Klassifizierung eines Sterns auf der Grundlage des Aussehens seines Spektrums, üblicherweise im Zusammenhang mit der Temperatur in der Region, von der das sichtbare Licht des Sterns ausgeht.

Stern: Eine gewaltige Masse von heißem Gas, zusammengehalten durch die eigene Schwerkraft und gespeist von Kernfusionsreaktionen.

Sternbild: Eine der 88 Himmelsregionen, die typischerweise nach einem Tier, einem Objekt oder einer alten Gottheit benannt wurden (zum Beispiel Ursa Major, der Große Bär).

Sterngruppe: Ein Sternenmuster mit eigenem Namen (wie der Große Wagen), das aber nicht zu den 88 Sternbildern (Konstellationen) zählt.

Sternhaufen: Eine Gruppe von Sternen, die durch ihre gegenseitige Anziehungskraft zusammengehalten wird und die alle etwa um die gleiche Zeit entstanden sind (zu den unterschiedlichen Typen gehören beispielsweise Kugelsternhaufen und offene Sternhaufen).

Supernova: Eine gewaltige Explosion, die einen Stern in seiner Gesamtheit auseinanderreißen und ein Schwarzes Loch oder einen Neutronenstern hervorbringen kann.

Terminator: Die Trennlinie zwischen beleuchteten und dunklen Teilen eines Himmelskörpers, der durch die Reflexion von Licht strahlt.

Transit: Die Bewegung eines kleineren Objekts (wie Merkur) vor einem größeren Objekt (wie der Sonne).

Veränderliche: Sterne, die ihre Helligkeit wahrnehmbar verändern.

Weißer Zwerg: Ein kleines, dichtes Objekt, das aufgrund von gespeicherter Hitze leuchtet und somit auch wieder erlischt. Endstadium im Leben eines sonnenähnlichen Sterns.

Zenit: Der Punkt am Himmel, der sich direkt über dem Beobachter befindet.

Zwergplanet: Ein Objekt, das um die Sonne kreist, weder der Mond noch ein Planet ist, über genügend Masse verfügt, um aufgrund seiner eigenen Schwerkraft rund zu sein, und seine Umlaufbahn nicht von anderen Kleinobjekten gesäubert hat. Pluto ist ein Zwergplanet.

Himmelsmaße

Astronomische Einheit (AE): Maßeinheit für Entfernungen im Weltall, entspricht 149.597.870.700 Metern beziehungsweise der durchschnittlichen Distanz zwischen Erde und Sonne.

Bogenminuten/Bogensekunden: Maßeinheiten für Größen am Himmel. Ein voller Kreis, der den gesamten Himmel einschließt, umfasst 360 Grad, jeder Grad umfasst 60 Bogenminuten, und jede Bogenminute 60 Bogensekunden.

Lichtjahr: Die Strecke, die das Licht in einem Vakuum (wie dem Weltall) in einem Jahr zurücklegt (etwa 9,5 Billionen Kilometer).

Rektaszension: Eine Himmelskoordinate, die dem Längengrad auf der Erde entspricht. Sie wird, ausgehend vom Frühlingspunkt (dem Himmelsort, an dem Himmelsäquator und Ekliptik sich schneiden und an dem am ersten Frühlingstag auf der Nordhalbkugel die Sonne steht), in östlicher Richtung gemessen.

Sterngröße: Bezeichnung für die scheinbare Helligkeit eines Sterns. Je heller ein Stern ist, umso kleiner seine Sterngröße. Beispiel: Ein Stern der ersten Größenordnung ist 100-mal heller als ein Stern der sechsten Größenordnung.

Stichwortverzeichnis

Diese Bücher könnten Sie auch interessieren

C. Phillips und S. Priwer

Astrophysik für Dummies

1. Auflage 2025   **ISBN:** 978-3-527-72258-7
396 Seiten

Format: 176 mm x 240 mm

Ladenpreis: 22,- €*

Was steckt hinter astronomischen Objekten und Phänomenen wie Schwarzen Löchern oder Dunkler Materie? Dieses Buch erklärt in verständlicher Sprache alles, was Sie brauchen, um ein grundlegendes Verständnis der Astrophysik zu erlangen.

S. Owens und M. Schenk

Sterne beobachten für Dummies

1. Auflage 2024   **ISBN:** 978-3-527-72230-3
304 Seiten

Format: 176 mm x 240 mm

Ladenpreis: 20,- €*

Dieses Buch erklärt Ihnen leicht verständlich die grundlegenden Fragen rund ums Sterne beobachten. So erfahren Sie, wie Sie ein Teleskop benutzen und wie Sie sich mit bloßem Auge am Nachthimmel orientieren, bevor Sie die Sternbilder kennenlernen – mit farbigen Abbildungen.

M. Schenk

Mein Weg zu den Sternen für Dummies Junior

1. Auflage 2022   **ISBN:** 978-3-527-71908-2
224 Seiten

Format: 176 mm x 240 mm

Ladenpreis: 18,- €*

Schau in den Himmel und lerne die Planeten, Sterne und Sternbilder kennen. Ob mit bloßem Auge, Fernglas oder Teleskop.